空间态势可视化与分析技术

汪荣峰　著

U0343284

国防工业出版社

·北京·

内 容 简 介

本书共七章。第一章介绍相关概念;第二章在分析航天器轨道可视化需求,设计航天器轨道和星下线绘制算法;第三章研究空间实体可视化技术,剖析空间实体模型的结构及其解析、绘制方法,探讨基于军标的空间实体可视化方法;第四章研究空间态势虚拟对象的可视化技术;第五章研究全球海量地形的实时绘制方法,包括两个绘制算法和相关的海量数据组织、高分辨率输出等技术;第六章研究空间态势二维可视化技术;第七章研究空间态势分析技术,包括时间窗口分析方法、卫星区域覆盖分析方法,并对防御航天侦察综合分析进行探讨。

本书可作为从事空间态势可视化、空间态势分析等方面研究工作的专业人员的参考书,也可供战场可视化、地理信息系统、作战仿真等领域研究人员借鉴。

图书在版编目(CIP)数据

空间态势可视化与分析技术/汪荣峰著 . —北京:国防工业出版社,2017.4

ISBN 978-7-118-11245-0

Ⅰ. ①空⋯ Ⅱ. ①汪⋯ Ⅲ. ①地理信息系统－研究 Ⅳ. ①P208

中国版本图书馆 CIP 数据核字(2017)第 080987 号

※

*国防工业出版社*出版发行

(北京市海淀区紫竹院南路 23 号 邮政编码 100048)

腾飞印务有限公司印刷

新华书店经售

*

开本 710×1000 1/16 印张 25½ 字数 469 千字

2017 年 4 月第 1 版第 1 次印刷 印数 1—2000 册 定价 89.00 元

(本书如有印装错误,我社负责调换)

国防书店:(010)88540777	发行邮购:(010)88540776
发行传真:(010)88540755	发行业务:(010)88540717

前　　言

　　近年来,作者在空间态势可视化与分析相关领域编写了十几万行代码,开发了多个应用系统,并基于其中部分成果发表了20余篇论文。对研究工作的进一步梳理和总结,就形成了本书。作者的研究与开发主要基于C++、OpenGL 而非STK、OSG 等二次开发平台,因此书中内容侧重于算法研究与技术实现。正因本书内容紧贴作者的研究与开发,因此实践性较强,书中所讨论的方法与技术都是经过验证行之有效的,同时本书也对实现中的技术细节做了详细的阐述。

　　态势是敌对双方部署和行为所形成的状态和形势。态势与可视化密不可分,没有可视化手段支持,态势就无从谈起,使用者更无法了解态势、分析态势、掌握态势。以美军共用作战图为代表的态势系统,服务于指挥决策、战术指控和火力协同打击等不同层次的作战应用,发挥着越来越重要的作用。随着技术的不断进步,使用者对态势系统的应用需求已不仅仅是观察态势,更需要各种态势相关的计算、分析与辅助决策支持。

　　与其他态势相比,空间态势具有诸多新特点,如航天器高速运动产生的时变特性、天体运动规律带来的可预测特性、航天任务要求的时空精确性等。这些特点决定了空间态势可视化与分析的实现技术与其他态势的同类技术既有共性、又有区别。可视化方面共性多、区别少,都可视作计算机图形技术的具体应用,如都需要地形可视化技术、层次细节技术等,都需要以各种算法和技术优化速度以获得实时性;空间态势可视化方面也有一些显著区别于其他同类技术的方面,如天球坐标系下的绘制方法、卫星覆盖的表现手段等,但这些问题最终仍需依赖计算机图形技术解决。态势分析方面区别多、共性少,其他态势亦如此,除了在整个态势的估计技术方面有共通之处外,在具体的态势相关计算和分析上,每类态势都有自己的独特之处。

　　本书的第一章为绪论,在梳理相关概念基础上,研究了空间态势图的特点和分类,对其中不同分类的内涵做了阐述,尤其是设计了航天器时空地图的表现形式并进行了初步研究;提出了空间态势可视化与分析的关键技术体系,并对涉及的各种技术进行了简要分析,后续章节围绕这些技术展开。

　　空间态势有别于其他态势的最主要特征是航天器遵循的天体运行规律,在态势中的表现主要是绘制的航天器轨道、星下线以及天球坐标系下的地球自转现象等,因此本书首先在第二章探讨航天器轨道的绘制技术。航天器轨道绘制需要计算模型的支持,涉及时间系统、空间坐标系、二体模型、SGP4 模型等内容,本书从适于非航天专业理解和面向工程实现的角度对上述知识进行阐述。在分析航天器轨道可视化需求的基础上,设计了航天器轨道绘制算法、星下线绘制算法,并给出了相关优化技术、实现细节和组件设计。

第三章研究空间实体的可视化技术。在所有的态势系统中,实体都是必不可少的要素,空间态势也不例外。本章阐述了实体绘制相关的图形学技术,包括实体表示方法、空间数据结构和层次细节技术等,剖析了 STK 实体模型的结构,研究了解析、绘制方法,设计了空间实体绘制组件,并探讨了基于军标的空间实体可视化方法。

虚拟对象是空间态势中不能为人眼所看到,但却实际存在(如空间链路)或反映某种关键信息(如航天器轨道)的要素。空间态势中的虚拟对象包括航天器轨道、传感器作用、空间链路、指挥关系和卫星星座等。航天器轨道和卫星星座的绘制技术分别在第二章和绪论进行了探讨。本书第四章深入研究了传感器作用的绘制算法,包括二维、三维态势中传感器瞬时作用范围和持续时段作用范围的绘制算法和相关模型;提出了面向对抗的空间链路绘制方法;定义了航天指挥关系的图形表示方法,研究了动态航天指挥关系图系统实现的关键技术。

第五章研究全球海量地形的实时绘制方法。地形绘制是一个相对成熟的研究领域,研究成果相当丰硕,在开源软件或商业系统中已经得到推广应用的算法也很多。本书在阐述数字高程模型、梳理地形绘制方法的基础上,围绕作者提出的基于屏幕分割的平面地形绘制算法和基于视锥扩展的球面地形绘制算法进行探讨,包括相关的海量数据组织与快速访问方法、基于多数据集的地形纹理构建方法等,此外还研究了三维场景的高分辨率输出技术、基于海量数字高程模型数据的量测技术等。

尽管三维态势技术不断发展,但二维态势仍有着广泛的应用需求,具有不可替代的作用。第六章研究空间态势二维可视化技术,阐述了地图、地图符号、作战标图、数据模型等二维可视化基本问题;研究了点、线、面符号的绘制方法,重点是作者提出的 GPU 友好的线状符号绘制算法和适于面状符号绘制的多边形求交算法;结合实现的符号库系统,分析相关数据结构、数学模型及关键技术;阐述了基于数据分块的二维态势系统,其关键技术包括海量空间矢量自动拼接与基于多路归并的入库算法、分块矢量数据的符号化算法等。

第七章研究空间态势分析技术。空间态势分析与可视化并不互相割裂,而是相辅相成、有机结合,态势分析结果可嵌入态势,态势分析结果也需各种可视化技术加以表现。空间态势分析的两个核心问题是时间和空间。在时间窗口分析方面,本书提出了二次扫描的时间窗口快速计算算法,并研究了涉及的各计算模型及时间窗口表现形式;在空间分布分析方面,卫星区域覆盖分析可作为其他空间分布分析的基础,研究了基于多边形布尔运算的分析方法和基于覆盖带的网格法,以及结合二维态势的分析结果可视化方法;为解决单纯依赖卫星过境预报进行防御航天侦察的不足,对防御航天侦察的综合分析进行了初步探讨,并深入研究了安全窗口规划算法的实现技术。

由于本书主要是作者研究开发成果的总结,因此并不追求体系的完备,对于大量可归属于空间态势可视化与分析范畴、但作者未进行深入研究或属于其他学者研究成果的内容,本书甚少涉及。

从开始动笔至今,不知不觉已经过近两年时间,完稿之际,油然而生轻松之感,更多则是感激之情,衷心感谢装备学院航天指挥系各位领导和同仁的支持与帮助。

限于时间,或有不达之辞,限于水平,难免无心之谬,限于篇幅,总有未尽之意,敬请批评指正。

作　者
2017 年 1 月

目　　录

第一章 绪 论

本章首先对空间态势可视化与分析相关概念做简单梳理,然后研究总结空间态势图的特点、探讨空间态势图的分类,最后提出并分析空间态势可视化与分析的关键技术体系。

1.1 空间态势可视化与分析基本概念及特点研究

1.1.1 空间态势可视化与分析基本概念

1. 态势与空间态势

"态势"一词对于大多数人耳熟能详,《中国人民解放军军语》将态势定义为:敌对双方部署和行为所形成的状态和形势。国内研究普遍认为战场态势是态势空间内敌我双方兵力和装备部署的当前状态及发展变化趋势,同时包括战场环境以及敌方态势意图等[1]。

空间态势是对当前空间范围内空间实体部署、行动、空间环境等状态以及进程与趋势的综合描述,是对空间信息的形式化组织与表示[2]。可以看出,以上概念是"态势"概念在"空间"的应用和扩展,本书继续沿用此概念。

2. 空间态势图

态势和可视化密不可分,甚至经常被等同起来。李素华[3]把战场态势表现形式划分为5种:态势图;列表,包括动态信息、目标信息、专项查询等;树状分类,包括战场情况分类、关联信息查询等;文字报告,包括态势通报、专项叙述等;辅助文件,包括文档文件、图像文件、视频文件等。

态势图是战场态势最常用、最有效的表现形式,其他形式是态势图的补充。从最早的实物沙盘到现在蓬勃发展的各种计算机态势系统都是为了以可视化的方式将态势要素呈现给使用者,以便于指挥员观察态势、分析态势。虽然可认为态势为态势图提供数据基础和应用需求,态势图是态势的表现形式。但是,离开态势图支持,态势既无法观察、也不能分析,更别提掌控。因此在一定意义上可把二者等同起来,至少可明确可视化对于态势的极端重要性。

态势图方面首推美军的共用作战图(Common Operational Picture,COP)。美

军《联合军语》对 COP 的定义："COP 是若干个指挥部共享的相关信息的唯一共同显示……，COP 有助于制定协同作战计划，辅助所有的部队进行战场态势感知。"美军《联合构想 2020》将 COP 的定义扩充为："COP 是一个系统，它基于网络化和知识共享的环境，融合包括陆、海、空、天和信息域的整个战场空间的火力、ISR（情报、监视、侦察）、后勤和机动信息为一个单一实体，为有效的指挥和控制、实时兵力部署、辅助决策提供直观可视的信息平台。"[4] 从 1997 年美军提出 COP 以来，经过 20 多年发展，美军逐步建立和完善了互操作作战图族（Family of Interoperable Operational Pictures，FIOP），包括用于国家和战区层面的共用作战态势图 COP、战术层面的 CTP（Common Tactical Picture）和火力打击层面的 SIP（Single Integrated Picture，单一合成态势图），分别服务于指挥决策（作战决心/方案/计划）、战术指控和火力协同打击等不同层次的作战应用。COP、CTP 和 SIP 之间主要是应用层次和精细度上有所区别。

国内研究方面，更多针对某类具体态势图，如李苏军等[5] 提出了海战场态势表现系统框架，讨论了三维态势表现中的关键技术；薛本新[6] 提出了利用战场环境可视化技术，表现战场环境当前状态，并分析预测将来一段时间内战场环境变化趋势，构成通用战场环境态势图。

综合以上分析，空间态势图应具备以下内涵：①空间态势图不是一张图，而是一个系统，可输出电子形式和纸质形式的图；②空间态势图必须表现所有的空间态势要素；③空间态势图本身应定位于 CTP 或 SIP 层面，但也可用于 COP 层面；④空间态势图可用于战略决策、指挥控制和任务规划等；⑤空间态势图的核心是可视化和分析。

3. 空间态势分析

随着技术的进步和需求的发展，态势图逐渐超越单纯可视化，而融入更多的计算分析功能。

美国三军实验室理事联席会议（Joint Directions of Laboratories，JDL）对战场态势估计概念的描述是：态势估计是建立在关于作战活动、事件、时间、位置和兵力要素组织形式上的一张视图。该视图将所获得的所有战场力量的部署、活动和战场周围环境、作战意图及机动性有机结合起来，分析并确定发生的事件，估计敌方的兵力结构、使用特点，最终形成战场综合态势图。该描述给出了态势估计的概念和内涵，特别强调了态势估计最终目的是建立作战视图[7]。

态势估计是在决策级上进行的一种推理行为，它接受一级融合的结果，并从中抽取出对当前军事态势尽可能准确、完整的感知以逐步对敌方意图和作战计划加以辨别，为指挥员决策提供直接的支持[8]。研究者采用多级模糊综合评判法[9]、集对分析法[10]、基于模糊概念层次分解的战场态势综合评估方法[11] 等来解决态势整体评估或具体的战役战术评估问题。陈志刚等[12]综合运用各种技术构造态势评估系统:机载、舰载态势威胁估计采用基于知识的系统;贝叶斯网络用于军事单元的识别;使用模糊逻辑技术实现战场事件检测和行动路线预测,以推断敌人的企图和作战目标;遗传算法用于对行动路线进行择优。

在空间态势估计方面,祁先锋等[13]分析了空间态势评估的主要任务和特点,对空间态势评估的过程进行了初步探讨,建立了空间态势评估的功能模型,简述了实现空间态势评估系统的关键技术;苏宪程等[14]以集对分析的同异反联系度为基础,结合武器与人员因素分析战场态势,从全局的角度出发,对空间战场整体态势进行研究,构建空间战场态势分析模型,计算分析空间战场态势优劣。

在上述研究中,态势估计、态势评估和态势分析3个术语代表基本相同的含义。而本书中的空间态势分析,并不是评估态势的优劣,而是根据空间态势的特点和需求,针对一些具体的确定性问题进行计算和分析,如覆盖分析、时间窗口计算、安全窗口规划等。在这方面,一些著作[15-17]阐述了必需的轨道计算、覆盖分析等模型,奠定了计算和分析的基础;秦大国等[2]建立了空间态势计算模型,为空间态势可视化提供支持。

此外,李启元等[18]提出了战场态势可视化分析的概念:战场态势可视化分析技术运用数据可视化、计算机图形学以及虚拟现实技术,在战场信息数据融合的基础上,显示数据的多维属性,分析发现其中的关联和走势,使指挥员快速、准确地获得有效的战场信息,从而激发指挥员的作战"灵感"。即态势分析结果也需可视化手段的支持,态势分析与可视化有机结合在一起,本书中探讨的空间态势分析技术也以分析结果的可视化表现方法作为重要的研究内容。

1.1.2　空间态势图特点研究

美军通用作战图的主要特点为[19]:①多级多层态势体系,有火力打击、战术/战役、战略三级态势图体系,在每个级别内,态势图又按作战空间进行分类;②信息涵盖越大越广,从态势感知领域扩展到作战领域,随着信息范围扩大,网络化程度也逐步提高,随着COP功能向下延伸,信息处理速度越来越快;③共用作战图的数据具有多样性,数据来源多样性、数据格式多样性、数据专业多样性;④角色多重性,用户多样性;⑤系统分布性,包括态势生成分布性、数据表达对象分布性、数据来源分布性、服务对象分布性;⑥系统的开放性,一是作战集团、作战部队和作战单元数量的变化,二是数据容量和数据交换频度的变化。

上述特点大多也适于空间态势图,此外,空间态势图还具有如下特点:

1. 航天器高速运动产生的时变特性

与地面、水面和空中的装备不同,卫星时刻处于高速运动中,每秒可达几千米,这对空间态势图造成显著影响。

传统上,描述部队部署,可采用在二维地图或三维场景中对应位置绘制军标、实体模型、集结区域等方法。由于在一段时间内部队位置基本固定,这种表达方法可以明确地反映态势情况。但对于航天器而言,由于其位置时刻变化,传统表达方式既不符合实际,又难以表达趋势。

传统上,描述行动计划,可根据行动目的位置和计划路线,在二维地图或三维场景中绘制箭头加以表现。由于传统装备在一定时间内行动距离有限,即使飞机等高速运动物体,只要选择涵盖其作战距离的地图,这种方式也足以表达其行动计划。这种传统方式在空间态势中显然也失去用武之地。

2. 天体运动规律带来的可预测特性

地面部队、飞机、舰船根据计划采用各种行动,而卫星必须沿轨道绕地球旋转,轨道机动代价巨大,即使进行轨道机动,在机动过程中和机动之后仍遵循天体运动规律。遵循天体运动规律的特点,使得卫星的位置、速度可预测。这种可预测性在一定意义上是空间态势的一种"趋势",在空间态势图中可采用三维空间轨道、二维地图星下线等方式表现。更重要的是,这种可预测性是空间态势分析的重要基础和前提。

3. 航天任务要求的时空精确性

空间态势图服务于指挥决策、行动计划等航天任务,而不仅仅起到示意图的作用。航天任务与航天指挥中涉及的装备、设备,如测控站、测量船等,都是高技术装备,执行任务时对时间和位置的精度要求很高,需要精确的时间窗口、空间位置和规划分析结果,因此空间态势可视化和分析必须满足这种精确性要求。

4. 层次划分的模糊性

作战态势图可根据应用层次划分为战略、战役、战术等,不同层次态势图的关注点、显示内容甚至表现形式都有所侧重。但空间态势图很难进行明显的层次区分,而是应与各层次的共用作战图有机结合。

5. 图中要素的相对简洁性

陆、海、空作战中,参战人员、武器装备数量诸多,态势图内容复杂、要素繁杂。空间态势图往往针对单个对象或装备执行任务,设备、人员均围绕任务主体展开,态势图中要素相对简洁。

6. 空间尺度大范围变化特性

空间态势图中,卫星运行需要在二维全球地图和三维全球场景的尺度下进行观察、把握,高轨卫星则需要更大的尺度。具体的航天任务则往往作用于某一区域,在一个范围有限的地理范围开展。因此,要想完整、全面地反映空间态势中力量部署、行动计划,空间态势图需要支持空间尺度的大范围变化,这对具体实现技术提出更高要求,如在单精度 GPU 上同时绘制全球大尺度场景和小尺寸的空间实体,会产生实体"抖动"的现象。

7. 表现手段的创新性

态势图的传统形式可概括为底图＋军标,随着计算机技术的发展,又加入了动画、三维实体等形式。空间态势中的军队标号尚不够成熟,在描述空间部署和行动计划时有所欠缺。空间态势的新特点,对表现手段提出新需求,需要空间态势图的表现手段乃至思想、概念上有所创新。

1.1.3　空间态势图的分类

空间态势图可按不同标准进行分类,不同的分类方式代表从不同的视角对空间态势图体系进行观察的结果,不同的分类既有联系,又有区别,互为补充。

1. 按底图与表现形式

空间态势图本质上是在一定形式的底图上,用军队标号、文字、动画、附表等各种手段标绘空间态势要素。其中底图的类型很大程度上决定了表现形式,因此这是一种非常重要的分类标准(图 1-1)。

1) 二维空间态势图

二维空间态势图以各类二维底图作为载体,根据所用底图的不同,二维空间态势图可进行细分。

(1) 二维地形图空间态势图。地形图是尽可能详细标识基本地理要素的地图,对应的空间态势图称为二维地形图空间态势图。根据比例尺的不同又可分为:大比例尺二维空间态势图,以 1:10 万及更大比例尺的地形图作为底图;中比例尺二维空间态势图,以 1:10 万 ~ 1:100 万的地形图作为底图,通常包括 1:20 万、1:25 万、1:50 万比例尺的地形图;小比例尺二维空间态势图,以 1:100 万比例尺地形图作为底图。

(2) 二维普通地理图空间态势图。普通地理图是较概略地表示普通地理要素的地图,以此为底图的空间态势图称为二维普通地理图空间态势图。在内容、应用、要素种类乃至具体实现技术上,本类空间态势图与二维地形图空间态势图并无本质区别。

(3) 二维正射影像空间态势图。以遥感影像作为态势图的底图是随着遥感技术的发展而产生的一种新的态势图描述手段,具有美观、直观、现势性强等优点,且可实现与矢量底图的叠合。其缺点是数据量大、对投影方式缺乏支持。但是对于空间态势而言,这仍是一种有效的表现形式,尤其是全球态势。

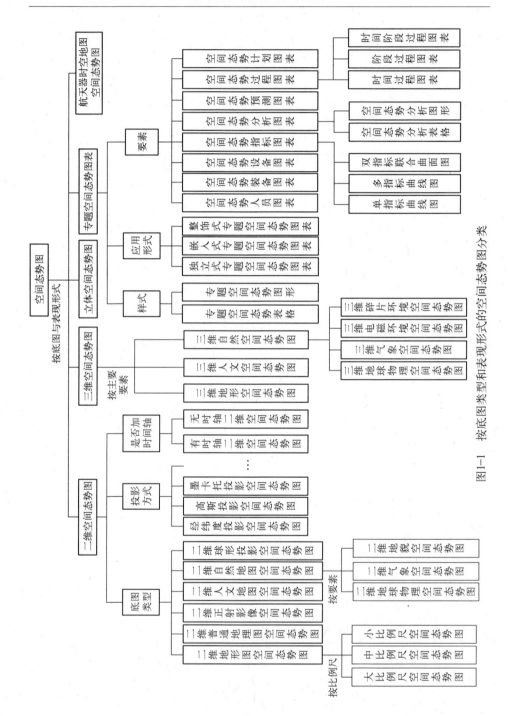

图1-1 按底图类型和表现形式的空间态势图分类

（4）二维人文地图空间态势图。在地图学中,专题地图是突出反映一种或几种主题要素的地图。地图的主题要素根据专门用途的需要确定,它们应表达得很详细,其他的地理要素则根据表达主题的需要作为地理基础选绘。作为主题的专题内容,可以是普通地图上固有的要素,如作为行政区划图主题的境界线和行政中心,作为地势图主题的地貌等;但更多的是普通地图上没有、专业部门需要的内容。地图学中的专题地图分为人文地图和自然地图。人文地图是表示制图区域内各种人文现象的地图,又分为行政区地图、人口地图、经济地图、文化地图、历史地图等。以人文地图为底图表现空间态势,即为二维人文地图空间态势图,主要包括行政区划、交通、城市等人文要素。

（5）二维自然地图空间态势图。以自然现象的专题地图为底图表现空间态势,称为二维专题地图空间态势图。自然地图包括地质图、地球物理图、地势图、地貌图、气象图、水文图、土壤图、植被图、动物地理图、综合自然地理图等。根据空间态势实际,二维专题地图空间态势图主要包括:二维地球物理空间态势图,底图主要包括地磁、重力等地球物理要素;二维气象空间态势图,底图主要包括各种气象要素;二维地貌空间态势图,底图主要包括地表外部特征、类型、区划、形成、发展以及地理分布等要素。

（6）投影方式对空间态势图的影响。由于地球曲面转化成二维平面,总会存在一定变形,因此产生各种投影方式。据统计,全世界地图投影种类现有200余种,主要有UTM投影(横轴墨卡托投影)、Lambert投影(正轴等角割圆锥投影)、高斯投影等。因此可根据投影方式划分为经纬度投影二维空间态势图、高斯投影二维空间态势图、墨卡托投影二维空间态势图等。表示全球范围时一般采用经纬度投影,表示局部小范围可选择变形较小的高斯投影方式。

（7）地图上叠加时间轴。传统地图难于表现空间态势的时变特性,因此可选择在地图的下方、右侧等加一个或多个时间轴,每个轴表示卫星一个周期的轨道所对应的时间范围。需注意以下3点:①由于卫星运动的特点,时间轴不能均匀,需在上面加时间刻度,且各时间轴独立标注;②时间轴的方向性,由卫星的运动方向决定,既可由左向右,也可由右向左;③每个时间轴可用不同颜色区分。

2）三维空间态势图

以三维全球地理要素作为场景来表现空间态势,得到三维空间态势图。为了更好地显示效果和在天球中相对位置的确定,往往也显示星空和星座的信息。

（1）三维地形空间态势图。三维地形空间态势图是最常用的三维空间态势图,建立全球海量地形模型,叠加正射影像作为纹理。

（2）三维人文空间态势图。主要是在图中加入城市、行政区划、交通路线等各种人文信息。

（3）三维自然空间态势图。包括：三维地球物理空间态势图，表现地磁、重力等地球物理要素；三维气象空间态势图，表现各种气象要素；三维电磁环境空间态势图，表现地球空间电磁环境分布状态。

3）立体空间态势图

立体空间态势图是利用人的视差原理，将具有一定视差的场景分别投射到人的左右眼中，从而获得立体视觉的空间态势图。原则上，三维空间态势图均可采用立体成像技术构建真三维显示场景，因此立体空间态势图的分类与三维空间态势图完全一致。

4）专题空间态势图表

专题空间态势图表没有底图，是专为表达某一类空间态势信息的图形、表格的总称。

从基本样式来划分，专题空间态势图表可划分为图形和表格 2 类。按应用形式来划分，包括独立式、嵌入式和整饰式 3 种：独立式是一个专题空间态势图表单独存在；嵌入式是在二维或三维空间态势图中嵌入图形和表格来凸显某类信息；整饰式是在二维或三维空间态势图的边界外部或内部边缘处，为了充分利用图纸空间而显示某类信息。

根据图表中要素的不同，专题空间态势图表包括空间态势人员图表、空间态势装备图表、空间态势设备图表、空间态势指标图表、空间态势分析图表、空间态势预测图表、空间态势过程图表和空间态势计划图表。

图 1-2 为典型的专题空间态势图形，分析不同卫星组合对地面目标覆盖次数情况。图 1-2 的基本样式为图形，按应用形式分类为独立式，按要素可归属于分析图表或预测图表。

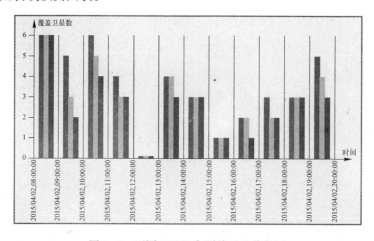

图 1-2　不同卫星组合覆盖对比分析图

5）航天器时空地图空间态势图

这是本书针对航天器时变特性所提出的一种新的地图形式。

（1）航天器时空地图的定义。如图1-3所示，航天器时空地图定义如下：水平轴既是均匀分布的时间轴，也是按时间变形、拉直的航天器星下线；垂直方向表示到星下线的距离；垂直方向的网格为时间线，水平方向的网格称为等距离线。将表示地理现象的点、线、面符号根据与星下线距离投影到图中对应位置，得到航天器时空地图。在航天器时空地图上表现空间态势要素，如装备、能力、行动计划等，得到航天器时空地图空间态势图。

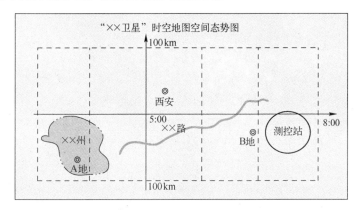

图1-3　航天器时空地图空间态势图

航天器时空地图既可以在一张图上针对单星建立，也可以针对多星或星座设计，但必须保持时间的一致性。

（2）航天器时空地图的应用。可用二维数字地图形式表达的空间态势图，都可采用航天器时空地图表达；有些二维数字地图表达困难的，与时间、分析等有关的空间态势图也可采用这种形式。

航天器时空地图的最大优点是在一张图上同时反映时空信息，可以应用在需同时表现时空范围的情况。如航天器时空地图用于卫星过境预报，比单纯的图表形式更加直观；在航天器时空地图中加入测控范围，可以同时表现测控的时间范围。

（3）航天器时空地图的局限。航天器时空地图具有如下局限：航天器时空地图是针对单颗星定义的，并不适于表达多颗星同时运行情况的综合态势；图的表达形式与传统地图有很大不同，需要使用者进行一定的适应；图中的空间位置关系不能再用传统方式理解，图中不再具有东西南北方向概念；不适于静止轨道卫星，主要适于表示中低轨卫星。

（4）航天器时空地图面临的创新需求。航天器时空地图作为一种全新的图种,要想得到有效利用,还面临着很多挑战:地图基本理论方面需要进一步深化研究,建立与地图体系的关联;制图方法上需要创新,需要新的算法、技术的支持;量测方法上需要创新;分析方法上需要创新;修饰方式和操作模式上需要创新,传统电子地图的放缩操作模式和经纬度线等修饰方式需要改变;应用领域上需要不断创新。

2. 其他分类方式

按信息详略程度,空间态势图可划分为空间态势概略图和空间态势详图,前者概略表示空间态势情况,图中只标绘重点信息,次要信息可以省略;后者详细表示空间态势情况。

按介质类型与结构是最传统的地图分类方法,据此空间态势图可划分为:纸质空间态势图;纸质空间态势图集,采用一系列的纸质地图表示空间态势,包括按时间关系的空间态势序列图集和按空间关系的空间态势图幅集,前者通过图集表示一定时间段态势的变化,后者通过不同图幅拼接更大的空间范围;电子空间态势图,是通过计算机技术,以数字形式表示的空间态势图;电子空间态势图序列,是以动画、脚本的形式表示的一系列空间行动等情况;沙盘空间态势图,指采用实物沙盘的形式表示空间态势。

按时空关系可以划分为:时间无关空间态势图,是指不含任何时间信息的空间态势图,一般用于表示当前态势,很少其他应用场合;时间嵌入式空间态势图,将时间在空间态势图中以小窗口、注释等方式表示;时空一体化空间态势图,将时间信息、空间态势一体化表现,核心是时空分析结果。

虽然可以按不同标准将空间态势图进行分类,但并不是要分别实现和应用多种空间态势图。无论在实现技术还是最终表现上,空间态势图还应作为一个系统整体存在和使用,但可根据权限、层级等进行定制,呈现不同的视角或展现不同的态势要素。

1.2　空间态势可视化与分析关键技术体系

裴晓黎[19]认为,通用作战图主要关键技术包括:①体系结构技术;②时空基准基础技术;③数据融合与航迹管理技术;④态势数据的分布式管理技术;⑤战场空间数据挖掘与知识发现技术。

空间态势图也需上述关键技术的支持,本书并非研究空间态势图涉及的所有关键技术,而只关注空间态势可视化和分析的关键技术。

1. 关键技术体系概述

空间态势可视化与分析的关键技术体系如图1-4所示。

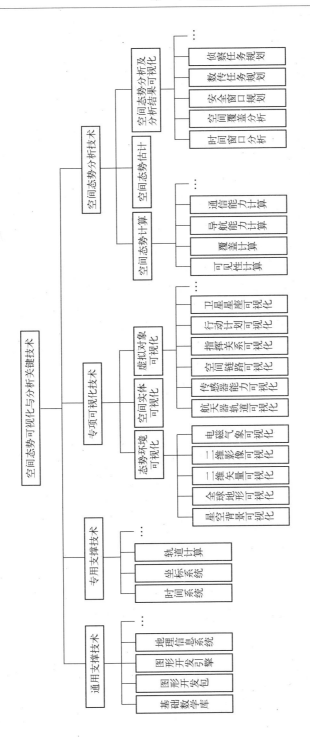

图1-4　空间态势可视化与分析关键技术体系

图1-4中，填充矩形内为本书进行了深入研究与实现的技术，未填充矩形内的技术是关键技术体系的组成部分，但作者尚未实现或研究不够深入的技术。

2. 支撑技术

支撑技术指虽然不直接显示空间态势要素，但却是实现空间态势可视化与分析所必需的基础技术。支撑技术分为通用支撑技术和专用支撑技术两类。

通用支撑技术指大多数态势可视化系统都必须具备的底层支撑技术，主要包括如下内容。

1）基础数学库

图形开发离不开数学运算的支持，尤其是线性代数，包括矢量运算、矩阵运算、四元数、欧拉角等一些基础数学功能。在这方面，文献[20,21]有非常详细的阐述。

2）图形开发包

目前主流开发包是 OpenGL 和 DirectX。随着硬件的发展，这两种图形开发包都经过了多个版本的升级，从早期的固定功能图形绘制流水线发展到可变功能图形绘制流水线，再到目前广泛支持各种着色器（Shader）。开发包中不仅仅是对硬件功能的封装，还将越来越多的辅助功能集成起来，如 OpenGL 中可通过辅助函数实现多边形的凸分解；DirectX 不但支持四元数操作，还支持特定格式图形文件的管理，以及渐近网格（Progressive Mesh，PM）等层次细节技术。

3）图形开发引擎

态势系统虽然可基于 OpenGL 和 DirectX 进行开发，但为了提高开发效率，利用某种已有图形引擎也是可选方案。图形开发引擎往往封装了更为强大的图形功能，简化开发工作。典型的图形开发引擎包括 Unity3D、OSG（Open Scene Graph）、Virtools 等。OSG 是开源引擎，可在多种操作系统上进行开发；Unity3D 除支持 Windows、Linux 操作系统外，还支持在移动平台上进行开发，而且平台功能非常强大，开发者可以非常迅速地建立场景、开发 Shader、完成应用系统。此外，还有开源几何引擎 GEOS（Geometry Engine – Open Source）之类资源，虽不是完整的图形引擎，但是专注于可视化系统的某个方面，且多为开源项目，也可供借鉴和使用。根据作者的测试，GEOS 中所实现的多边形求交等算法效率相对较低，如对速度有较高要求，还需实现一些关键算法。

本书中研究的技术，大多基于 OpenGL 开发包，数学计算采用 C++ 实现，有些算法应用了 GEOS。

专用支撑技术是一般态势系统中不需要，但是空间态势可视化与分析必需的技术。主要包括：①时间系统，主要涉及恒星时、世界时、力学时等概念及其相互转换；②坐标系统，主要涉及协议天球坐标系、瞬时平天极坐标系、瞬时真天极坐标系、瞬时地球坐标系和地球固联坐标系等概念及其相互转换,涉及岁差、章动、极移等概念;③轨道预推模型,包括标准二体模型、SGP4 模型等。

在时间系统、坐标系统和轨道预推方面,文献[22,23]有较为详细的阐述。本书第二章也从不同的视角进行了分析和探讨。

3. 专项可视化技术

专项可视化技术根据空间态势要素进行分类,主要包括空间态势环境、空间实体和空间虚拟对象 3 大类。

空间态势环境可视化,相当于三维态势中的场景背景和二维态势中的底图,虽然可认为不是态势的直接组成要素,但是对于态势可视化效果至关重要,包括三维态势中的星空背景和全球海量地形、二维态势中的全球矢量地图和全球影像。

空间实体表示空间态势中航天器、火箭、地面站等各类实体。

虚拟对象是指空间态势中不能为人眼所看到,但却实际存在(如空间链路)或反映某种关键信息(如航天器轨道)的要素。虚拟对象对空间态势非常重要,且十分必要,是空间态势的特色之一。航天器轨道、传感器作用范围、空间链路、卫星星座是空间态势中 4 个最基本的虚拟对象,此外还包括指挥关系、行动计划等。

1)星空背景绘制技术

星空背景可视化面临的首要问题是可视化数据源的选择。为了不同的研究目的,人们开始了各种巡天计划,并把观测结果编制成星表,出版或以数据库的方式供人们使用。星表的种类有位置星表、自行星表和恒星三角视差星表[24],比较著名的星表包括依巴谷星表、第谷星表、基本星表等,星表中给出了恒星位置、自行、星等及其他光学资料信息。表 1-1 为几种常用星表的特征。

表 1-1 常用星表的特征

星表名称	时 间	星 数	精度(arcsec)
基本星表 FK-6	2000	4150	0.0004
哈佛史密森星表 SAO	1995	258997	1.0
依巴谷(Hipparcos)星表	1997	118218	0.0008
第谷 1(Tycho-1)星表	1997	1058332	0.007
第谷 2(Tycho-2)星表	2000	2539913	0.007

人们在地球上靠目视只能观测到 6000 颗左右的恒星,如作为示意性背景,空间态势中利用基本星表中的数据即可。但存在 3 点问题:①数据量偏少,显示效果不理想;②仅起到示意作用,无法确定对应天球的方位;③只提供人眼在地

球的观测结果,而无法反映具有更高观测能力的设备在太空的观测,不能满足作为星敏感器输入等需求。从表1-1中可看出,依巴谷星表同时具有较高的精度和较大的数据量。

依巴谷星表利用欧洲空间局于1989年8月发射升空的卫星观测得到[25],第谷星表也利用该卫星的观测资料建立。依巴谷卫星是空间观测,不受大气折射影响,也避免了仪器的重力弯曲和热扰动效应,具有高精度的绝对视差和丰富的测光资料,以及双星和聚星系统资料,其极限星等达12.4。著名的开源天文软件celestia使用的即为依巴谷星表,而开源天文软件stellarium的数据则来源于NOMAD(美国海军天文台整理的天体测量数据集)、依巴谷星表和第谷2星表。

如果空间态势系统对恒星数据有较高要求,可选择依巴谷星表作为恒星数据源,选择非恒星星表如NGC星表作为补充,选择星座边界数据线用于划分天球以确定方位。

在星空背景可视化相关研究方面,张磊等[26]针对航天员的星空知识教学,用多个屏幕像素来仿真单个星,以像素数目和亮度来描述星等,用投影变换的方法将全天目视可见的6000颗星投影到平面上实现星空仿真,通过轨道计算模拟航天员的位置,基于该位置观测星空;张健等[27]基于FK5星表进行研究,试验了固定检索、随机检索和圆视场粗选法3种星表内数据选取方法,并进行了验证,而事实上对于FK5星表中的数据量规模,这些方法并无太大区别;缪永伟等[28]提出了一种基于星表数据的建模和仿真方法,模拟在任意观测时刻、任意观测地的星空背景,利用依巴谷星表,首先经过一系列时间转换,将所提供的星表历元时刻数据转换到当前指定时刻,然后经过一系列空间坐标转换,将恒星视位置坐标统一转换到观测点坐标,得到恒星在指定时刻相对于观测者的视位置;许世文等[29]对关键的坐标变换问题进行了探讨。在该项技术的扩展应用方面,张锐等[30]研究了星敏感器CCD相机成像模拟的技术,郭明等[31]研究了星空背景红外图像的生成技术。

从技术实现角度,星空背景可视化需解决如下问题:①数据格式解析,各个星表具有相应格式,需获得数据;②空间数据组织方法,同一时刻需可视化的只是全部数据中的一部分,以合理的空间数据结构组织以提高效率,如celestia软件使用八叉树来管理数据;③时间和空间变换;④星表数据的绘制,如celestia软件为了表示恒星的光谱特征,以不同的纹理或颜色来绘制不同星,而星团、星云等也采用不同的绘制技术。

2) 全球海量地形实时绘制技术

地形是地面战场态势最基本的要素,对空间态势也同样重要,主要区别是地面战场态势往往可视化局部小范围平面地形,空间态势需在地球球面上可视化全球海量地形。

Lindstrom 等[32]实现了全球地理信息和虚拟仿真系统,支持全球地形和目标实体等相结合的快速可视化。将全球范围划分为多个子区域,每个子区域建立自己的局部坐标系,并将几何数据和纹理数据组织为四叉树;设计了系统的体系结构,以多个线程协同工作,以共享 Cache 管理数据;采用高度场的实时连续层次细节模型(Level of Detail, LOD)绘制地形。

Cignoni 等[33]提出了海量地形绘制的 BDAM(Batched dynamic adaptive meshes)算法,以四叉树表示纹理的层次细节模型,以二叉树对表示地形几何数据的层次细节模型;绘制时自顶向下构造地形网格,首先在纹理空间进行细分,然后再进一步利用几何数据细分;几何数据的每个节点是一组可发送到 GPU(Graphic Processing Unit)的三角形带。后来,Cignoni[34]将该算法改进为适应于球面地形的 P‒BDAM 算法,并应用于火星全球数据可视化,算法将全球范围划分为多个子块,块内应用 BDAM 算法。

Losasso 等[35]提出了地形绘制的 clipmap 方法,构造了地形几何数据的 clipmap 金字塔结构,并将相应数据驻留在显存中;依据世界坐标系下的误差进行活动区域的计算和 clipmap 的更新;应用分形的 fbm 技术为地形增加细节;绘制的每个三角形大小接近,绘制的数据量和速度取决于屏幕像素分辨率。Clasen 等[36]将该算法拓展到球面,构造了 spherical clipmap。

康来等[37]提出了基于投影网格的全球多分辨率地形绘制方法,利用投影网格剖分球面,来完成视域内球面的非均匀网格化。由于每帧网格数量保持基本不变,确保了稳定的帧率。

相比于平面地形,空间态势中全球地形可视化还应特别研究以下几点:①球面特征。如何建立球面的层次细节模型、如何进行视锥裁剪等问题需充分考虑和利用球面的特征。②数据管理与调度。将地形扩展到全球,意味着数据量的激增,原来许多 out‒of‒core 算法基本是将数据存储在本地外存,而全球数据不但对数据检索、读取的效率和缓存机制等提出了更高的要求,也要考虑支持更大数据量的存储设备或存储网络。③数据压缩。由于数据量激增,有效的压缩比和快速的解压算法也起着重要作用。④浮点误差。由于 GPU 内部一般采用 32 位浮点数表达几何坐标,对于全球地形可视化可以提供的精度约为 0.5m,当需要使用更高精度的地形数据或在地形中加入车辆、建筑等各类实体模型时,在视点移动时会产生明显的"wobbling"现象[32]。⑤数值计算。球面表达方式需要更多的计算量,尤其是三角函数计算,这也将对效率造成显著影响。

本书第 5 章将以作者提出的 2 个地形绘制算法和 1 个海量数据管理算法为

基础,详细讨论地形数据模型、海量数据管理与地形绘制算法等相关技术。

3) 二维矢量与影像实时绘制技术

对于空间态势,二维可视化仍然是必不可少的表现手段。相比三维态势,二维态势在以下6方面更显优势:①二维地图具有悠久的使用历史,其表现形式尤其是符号体系为大多数人所熟知,易于接受和使用;②二维地图具有成熟的理论体系,投影变换、空间量测、空间分析等都具有成熟的模型、算法乃至开源程序库,易于以此为基础构建空间态势所需的分析、量测等功能;③有数量诸多、各有优长、商业或开源的电子地图系统、地理信息系统可供选择,二次开发相对简单,功能亦比较强大;④二维地图在表达行政区划、道路等人文现象方面,比三维态势效果更理想;⑤在相同分辨率的输出介质上,大多数情况下,二维态势所蕴含的信息量往往比三维态势更丰富,典型例外是局部小范围的战术动作,此时仅仅是表现战术行动,不需要二维态势,甚至已很难称之为态势;⑥二维矢量地图数据量小,对存储容量和网络传输带宽要求低,便于在移动终端上使用。

与三维空间态势一样,二维空间态势也需显示全球范围的信息,因此一般只能选择投影到经纬度平面上。

二维空间态势的底图主要有3种:①地图,可以为普通地图或专题地图,在1.1.3节已经进行了讨论,地图绘制已经是成熟的技术,主要是工程实现的问题,地图绘制的核心是点、线、面符号的绘制算法;②遥感影像,可以采用全球遥感影像作为底图,在其上可叠加矢量数据,此种方式的实现技术与三维地形绘制中以遥感影像做纹理的实现技术有颇多共通之处;③以地形数据生成分层设色平面地形图作为底图。

本书第6章将基于作者所开发的二维态势系统,阐述二维态势底图实现所涉及的数据模型、符号化算法等。

4) 空间实体绘制技术

卫星、空间站以及地面雷达等实体是空间态势的重要组成要素。虽然在计算机图形学领域可以用多边形、双三次参数曲面片、构造实体几何、空间细分和隐函数等形式来表示实体,但各种可视化系统一般直接应用某种特定格式的实体模型,空间态势可视化系统也不例外。Vega 中利用 Multigen Creator 建立 OpenFlight 格式模型,利用 Vega API 进行开发,将模型加入到战场可视化系统[38];开源软件 Orbiter 不提供模型制作工具,但提供了模型转换工具 3ds2msn 和 3ds2msn_gui 将 3ds 格式模型转化为内部使用的 msh 格式模型[39];美国 AGI 公司的卫星工具软件包 STK(Satellite Tool Kit)的解决方法则是使用 LightWave 建模软件制作模型,然后使用模型转换工具 LwConvert 将其转化为 mdl 格式模型[40];开源天文软件 celestia 则直接使用 3ds 模型。

由于 STK 中已经建立了丰富的实体模型资源,而且在实体表达方式上,所设计的图元适于描述空间实体,针对性强,模型不但支持静态显示,而且支持卫星帆板展开、整流罩脱落等关节动作,因此,空间态势可视化系统应对 STK 模型提供支持。STK 模型以文本文件的方式存储,模型为树形结构,最基本单元为图元,通过几何变换、纹理变换、参数改变和关节动作将图元组织在一起,相关文档中对模型格式进行了简要描述。STK 早期版本的二次开发只能通过 Connect 方式进行,高版本软件虽然进行了很好的组件化封装,但是一方面知识产权问题难于解决,另一方面二次开发只能应用 STK 控件,无法脱离 STK 环境使用其模型资源,需开发相应组件实现模型解码和绘制。

由于 OpenFlight 数据格式已成为虚拟现实领域中的标准格式,因此空间态势系统也应支持 OpenFlight 格式的模型。关于 OpenFlight 模型格式以及其他格式模型如 3DS 向该格式转化,有一些研究成果发表[41]。二次开发函数库 OpenFlight API 包含 4 种不同层次的功能函数组[42]:①读取函数,遍历模型并查询其中的信息;②写入函数,创建和修改模型节点;③扩展函数,创建新类型节点或节点新属性;④工具函数,创建 Creator 软件的插件以适应用户特定需求。

此外,3DS 等常用实体模型格式都可应用于空间态势中。对于 OSG 之类的图形开发引擎,一般已对各种常用的实体模型格式提供了支持;应用 OpenGL 或DirectX 开发空间态势系统,大多数实体模型格式均可找到开源程序库加以支持;空间态势系统中也可只支持一种实体模型格式,利用工具软件将其他格式转换为系统内部格式。

本书第 3 章将以 STK 实体模型为研究对象,以作者实现的空间实体可视化组件为基础,系统讨论实体模型格式、绘制技术、场景中对象组织以及基于军标的实体表现技术等。

5）航天器轨道绘制技术

航天器轨道是空间态势有别于其他态势的最核心特点,既是空间态势可视化的关键,也是空间态势分析计算的基础。

在空间态势中绘制航天器轨道有 3 个作用:①增强真实感,不管是以实体模型形式,还是以军标形式,当整个地球都位于显示窗口内时,没有轨道的卫星看起来就像位于二维平面的图标,其运动也类似平面上的移动,但是绘制轨道之后,沿轨道运动的卫星具有明显的空间感;②表现航天器运动趋势,态势应反映趋势,而空间态势中所绘制的航天器轨道,正是表现趋势的有效手段;③是态势分析结果的重要可视化表现手段,态势分析中很多结果是所谓的"时间窗口",但事实上这些时间窗口都具有"空间属性",往往根据某种空间位置关系分析得到,通过将航天器轨道分段绘制并标示时间的形式,可同时表现时空信息,这也是1.1.3节分类中的"嵌入式空间态势图表"的含义。

航天器轨道绘制要解决的关键技术主要有4点:①轨道计算模型与快速预推,航天器轨道计算模型复杂、计算量大,有些研究或软件采用预先计算好卫星轨道数据的方法,但这种技术治标不治本,且很难用于时间延续范围不受明显限制的态势系统(难于预先计算所有数据);②惯性坐标系与地球固联坐标系的支持,轨道面是存在于惯性坐标系而非地球固联坐标系下,绘制效果需符合物理规律实际;③绘制策略与实现技术,包括分段显示、效果增强和军标显示一致性等问题;④二维和三维环境下星下线绘制技术。

本书第二章将系统地讨论上述问题。在轨道计算原理方面,主要从图形学和工程实现角度进行阐述,尽可能以浅显的方式描述轨道计算原理,便于非航天专业人员理解和掌握;在时间系统与空间坐标系转换的实现方面,主要阐述基于IAU提供的开源软件包SOFA(Standards Of Fundamental Astronomy)进行计算的方法;在轨道预推模型方面,主要阐述二体模型和SGP4模型,同时讨论了轨道计算的优化技术及关键细节,以及轨道计算组件的设计。在分析轨道显示需求的基础上,详细阐述了三维态势中航天器轨道绘制技术和二、三维环境下的星下线绘制方法,以及航天器轨道绘制组件、星下线绘制组件的设计。

6)传感器作用绘制技术

空间态势中卫星的作用依赖于其载荷,即各种传感器。卫星传感器共性的、突出的特征即为其覆盖范围,成像侦察、电子侦察、通信、导航、导弹预警等各类卫星莫不如此。

设计符合使用者思维习惯的表现方式,以形象直观的可视化手法表现传感器探测的形状、范围、电磁波频率等信息,在空间态势中起着非常重要的作用,这也是空间态势的特色之一。

传感器作用可视化方面的研究主要集中在雷达或其他电磁可视化方面[43-46],且主要研究复杂的计算模型。而在空间态势传感器作用可视化方面,首推STK所实现的各种效果[47],这也几乎成为事实上的标准,为使用者广泛接受。

STK软件中,传感器作用可视化主要涉及如下要素:①传感器形状,这是最核心的要素,包括矩形传感器(可用于表现相机类传感器)、简单圆锥传感器(用途最为广泛,可用于表现通信覆盖范围、电子侦察覆盖范围等)、复杂圆锥传感器、SAR传感器、定制传感器等类型;②传感器探测距离,距离和形状共同构成了传感器作用范围,当距离超过卫星与地球的距离时,还需与地球表面求交,传感器作用范围最基本的表现形式是半透明表面;③脉冲、频率与方向,采用脉冲形式表现频率信息,这种表示在有些场合可认为是定量表示,如成像频率(每秒次数有限,可表现、可观察),有些场合则为定性表示,如电磁信号频率(频率往往为 M 级甚至 G 级赫兹,无法定量可视化);④其他修饰效果。

传感器作用可视化技术不仅可用于表现卫星载荷的能力,也可用于表现地面设备的探测能力,如测控站测控范围等;将各种传感器组合起来,可以得到更为复杂的效果。

空间态势中,除了应支持 STK 中的传感器类型之外,还应进一步研究:①持续时段传感器覆盖的可视化方法,在空间态势应用中,很多时候使用者除了关心传感器的瞬时覆盖之外,也关注传感器在某个时间范围内的覆盖情况,以进行指挥决策;②探讨更多可视化要素的表现技术,如分辨率;③探讨更多的传感器形状,如推帚式传感器等。

本书 4.1 节将讨论二、三维环境下,传感器瞬时作用范围可视化算法及相关的计算模型、持续时段传感器覆盖的可视化算法,以及传感器作用范围可视化技术扩展应用等。

7)空间链路可视化技术

空间链路既可以代表通信链路、中继链路等真实存在的对象,也可代表星地侦察链路等抽象对象。只要链路 2 个端点中的 1 个或 2 个位于空间,就可认为是空间链路。

空间链路可视化技术主要是工程实现,且相对简单,因此其研究相对较少,但是这并不代表其不够重要。

本书 4.2 节首先系统梳理了空间链路可视化的应用范畴,分析了可视化需求,探讨了可视化的要素,最后分别详细阐述了基于直线和基于文字的空间链路可视化方法。

8)卫星星座可视化技术

除了航天器轨道、传感器作用范围、空间链路之外,卫星星座也是一种重要的虚拟对象,作者尚未对其进行实现,因此作一简单讨论。卫星组网或组成星座执行任务日益成为一种常用且高效的卫星执行任务方式,需构造适宜的方式进行可视化表现:①表现卫星组网情况;②表现卫星组网后执行任务的情况。

卫星组网情况表示方法可设计为 2 种:①边表示法。用线将组网的卫星连接起来,从而使得组网卫星在视觉上组成一个整体。由于这些边并不表示星间链路或其他关系,因此有如下遵循:边没有方向性;边尽量不交叉、也不与地球相交,结构简单;边保证星座可连通。②定制表示法。对于编队飞行的卫星,可根据多个卫星的位置,构造一个包围体、箭头或其他特色鲜明的空间图形,将卫星包含在其中进行表示。

星座的作用在于联合起来发挥更大的作用,一方面表现在链路上,另一方面表现在覆盖上。链路表现可采用4.2节的方法,在覆盖表现方面设计如下:对于通信中继卫星等组成的通信中继星座,由于其轨道较高,因此只需分别表示各个卫星的覆盖范围即可;对于类似于编队飞行的情况,其特征是覆盖有一定重叠,可采用分别表示各卫星覆盖,同时再适当表示卫星的整体覆盖范围;对于类似于导航星座的情况,其特征是覆盖有较大的重叠区间,可以采用将地球表面划分为网格,根据网格内覆盖情况,采用不同颜色加以区分的表现方式。

9)指挥关系可视化技术

指挥关系是指挥者与指挥对象之间、指挥员与指挥机关之间、平行指挥机构之间按照指挥职能规定和权限划分所形成的相互关系。以图形的方式将指挥关系表现出来,并将这种表现方式融入到空间态势中,对使用者明晰关系、熟悉指挥流程极具帮助作用。本书4.3节提出了动态航天指挥关系图的定义,设计了动态航天指挥关系图系统结构,阐述了实现中的关键技术。这对军队标号体系的研究和制定也具有一定的参考意义,在指挥过程可视化方面进行了初步探索,是对传统的战场态势可视化的有益拓展和补充。

以上所讨论的9项技术,星空背景可视化技术和卫星星座可视化技术作者尚未实现,在此简要介绍作者的初步设想;另7项技术都是作者已经实现的技术,在本书后续章节详细阐述;图1-4中,电磁气象可视化、行动计划可视化等技术也应属于空间态势的重要要素,但尚未开展研究。

4. 空间态势分析技术

在1.1.1节中已经对空间态势分析、态势评估、态势估计、态势计算等概念做了介绍。空间态势计算,是空间态势分析所需的基本的计算模型,如可见性计算、覆盖计算、导航卫星几何精度因子(GDOP)计算等,这一部分多具成熟的计算模型,但是很多时候需根据分析的具体问题进行优化和改造;空间态势估计如1.1.1节中所述,侧重于对态势整体给出评估,这很重要,但并非本书的研究内容。本书重点研究空间态势中的量化分析技术,以及分析结果的可视化方法。

时间窗口分析是空间态势中最重要的一类分析技术,有着极其广泛的用途,不论是判断己方卫星的能力,还是防御敌方卫星侦察,最后呈现给使用者的,都是一系列时间窗口。同时,时间窗口分析得到的结果,也是数传任务规划、卫星侦察任务规划的前提条件。时间窗口分析的方法包括结合卫星轨道模型的方法[48]和对卫星采样点逐次判断的方法[49],前者往往只针对某类具体的时间窗口计算问题,后者效率较低。本书7.1.1节阐述通过二次扫描来提高时间窗口计算效率的算法:算法从几何角度解决计算问题,通用性强,可用于星间可见性、星地可见性、卫星覆盖、卫星过境等各种时间窗口的计算;缺点是只适于解析形式的轨道预推模型,如二体模型或SGP4模型。7.1.1节同时阐述了算法所需的各计算模型,并设计了多种时间窗口的图形表现方式。至于将时间窗口计算结果嵌入到空间态势中的一体化表现形式,分别在2.2节和2.3节进行讨论。

时间窗口一般与空间有关,所有的时间窗口计算都离不开空间位置信息,因此在一定程度上,时间窗口称为时空窗口更为合理。如果说时间窗口分析是以时间为目标、空间为基础,而空间态势中还有一类分析是以空间分布为目标、时间为基础,包括区域覆盖分析、导航几何精度因子分布分析等。毫无疑问,区域覆盖分析是这一类分析中最基础的分析。

卫星区域覆盖分析方法主要有解析法[50]、网格点法[51]和基于几何运算的方法[52]。最常用的是网格点法,该方法易于实现、应用广泛,且可以避免重合覆盖区域的多次统计,但计算量大、重复计算多、计算结果受网格大小影响。7.2节分别阐述作者提出的基于多边形布尔运算的卫星区域覆盖分析算法和基于覆盖带的卫星区域覆盖分析网格法,前者属于基于几何运算的方法,后者是对网格点法的改进。7.2节同时介绍二维态势中区域覆盖结果的可视化方法。

本书7.3节主要就防御航天侦察综合分析与辅助决策技术进行探讨,其中一项基本技术是安全窗口计算方法。

空间态势可视化与分析还有许多需进一步深入研究的领域,也有很多学者的研究成果可纳入其关键技术体系之中,本书主要阐述作者的研究成果,他人成果不过多着墨。

参 考 文 献

[1]　李赟,刘钢,老松杨. 战场态势及态势估计的新见解[J]. 火力与指挥控制,2012,37(9):1-5.

[2]　秦大国,陈小武,李波,等. 空间态势计算与可视化建模[J]. 2009,31(12):2904-2908.

[3]　李素华. 面向工程应用的战场态势处理技术研究[J]. 现代电子工程,2004,3:30-35.

[4]　侯锋,张军,李国辉. 共用战场态势信息系统研究综述[J]. 测绘科学,2007,32(6):17-20.

[5]　李苏军,吴玲达,胡世才,等. 数字化海战场态势表现系统研究[J]. 系统仿真学报,2009,21(19):6144-6147.

[6]　薛本新. 通用战场环境态势图研究[J]. 军事运筹与系统工程. 2008,22(3):17-22.

[7]　赵宗贵,李君灵,王珂. 战场态势估计概念、结构与效能[J]. 中国电子科学院学报,2010,5(3):226-230.

[8]　徐晓辉,刘作良. 基于D-S证据理论的态势评估方法[J]. 电光与控制,2005,12(5):36-37.

[9]　马伟江,姚佩阳,冯煊,等. 基于多级模糊综合评判法的态势评估方法研究[J]. 2011,

18(6):21-25.

[10] 张琳,陈绍顺. 基于集对分析的战场态势分析模型[J]. 情报指挥控制系统与仿真技术,2005,27(5):55-59.

[11] 邢清华,刘付显. 空防对抗中战场态势综合评估的一种新方法[J]. 系统工程与电子技术,2006,28(12):1841-1844.

[12] 陈志刚,G. H. 巴尔科夫. 海战场态势评估问题的研究[J]. 指挥控制与仿真,2006,28(4):17-20.

[13] 祁先锋,刘列励. 空间态势评估初探[J]. 空间电子技术,2010(2):10-15.

[14] 苏宪程,于小红,孙福安. 引入权重定量分析空间战场态势[J]. 火力与指挥控制,2009,34(5):57-60.

[15] Oliver Montenbruck,Eberhard Gill. 卫星轨道——模型、方法和应用[M]. 王家松,祝开建,胡小工,译. 北京:国防工业出版社,2012.

[16] 冯书兴,等. 空间力量应用军事概念模型[M]. 北京:国防工业出版社,2010.

[17] 黄文清,等. 空间信息系统建模与效能仿真[M]. 北京:解放军出版社,2010.

[18] 李启元,杨亚桥. 态势可视化分析系统集成架构研究[J]. 舰船电子工程,2009,29(3):6-9.

[19] 裴晓黎. 美军战场态势一致性对海战场态势图体系构建的启示[J]. 指挥控制与仿真,2012,34(3):67-71.

[20] Philip J. Schneider,David H. Eberly. 计算机图形学工具算法详解[M]. 周长发,译. 北京:电子工业出版社,2005.

[21] Fletcher Dunn,Ian Parberry. 3d 数学基础:图形与游戏开发[M]. 史银雪,陈洪,王荣静,译. 北京:清华大学出版社,2005.

[22] 黄珹,刘林. 参考坐标系及航天应用[M]. 北京:电子工业出版社,2015.

[23] 刘林,汤靖师. 卫星轨道理论与应用[M]. 北京:电子工业出版社,2015.

[24] 金文敬. 天体测量星表与巡天观测的进展[J]. 天文学进展,2009,27(3):247-269.

[25] 凌兆芬,萧耐园. 依巴谷星表和第谷星表的特征和意义[J]. 天文学进展,1999,17(1):25-32.

[26] 张磊,王怡灵,张玉忠,等. 计算机星空仿真技术研究[J]. 计算机仿真,2005,22(11):50-52.

[27] 张健,李晓杰,张婷. 室内星空仿真软件的研制初探[J]. 测绘科学,2010,35(3):103-105.

[28] 缪永伟,王章野,王长波,等. 星空背景的建模与仿真[J]. 系统仿真学报,2005,17(2):267-269.

[29] 许世文,龙夫年,付苓,等. 实时星场模拟器中的坐标变换[J]. 哈尔滨工业大学学报,1998,30(5):118-120.

[30] 张锐,姜挺,江刚武. 星敏感器 CCD 相机成像模拟技术[J]. 测绘科学技术学报,2008,25(1):42-45.

[31] 郭明,王学伟. 空间目标/星空背景红外建模与仿真[J]. 红外与激光工程,2010,39 (3):399 – 404.

[32] Lindstrom Peter, Koller David, Ribarsky William, et al. An integrated global gis and visual simulation system[R]. Tech. Rep. 1998, Graphics, Visualization and Usability Center, Georgia Tech, USA.

[33] Cignoni Paolo,Ganovelli Fabio, Gobbetti Enrico, et al. BDAM:Batched dynamic adaptive meshes for high performance terrain visualization[J]. Computer Graphics Forum,2003, 22 (3):505 – 514.

[34] Cignoni Paolo, Ganovelli Fabio, Gobbetti Enrico, et al. Planet – sized batched dynamic adaptive meshes (P – BDAM)[C]. In:VIS'03:Proceedings of the 14th IEEE Visualization,2003:147 – 154.

[35] Losasso Frank, Hoppe Hugues. Geometry clipmaps:terrain rendering using nested regular grids[C]. In:SIGGRAPH 2004, New York,2004:769 – 776.

[36] Clasen Malte, Hege Hans – Christian. Terrain Rendering using Spherical Clipmaps[C]. In:Eurographics/IEEE – VGTC Symposium on Visualization,2006:91 – 98.

[37] 康来,吴玲达,宋汉辰,等. 基于投影网格的全球多分辨率地形绘制[J]. 计算机工程, 2009,35(8):230 – 232.

[38] 张飞宇,闫晓勇. 基于 Creator/Vega 的寻的导弹飞控系统[J]. 计算机工程,2010,36 (9):43 – 45.

[39] 杨乐平,朱彦伟,黄涣. 航天器相对运动轨迹规划与控制[M]. 北京:国防工业出版 社,2010.

[40] 杨颖,王琦. STK 在计算机仿真中的应用[M]. 北京:国防工业出版社,2005.

[41] 肖羽,李光耀,王文举. 基于 3DS 的 OpenFlight 模型构建方法[J]. 计算机应用,29 (6):302 – 304.

[42] MuhiGen – Paradigm, Inc. OpenFlight API User's Guide[M]. USA:Multigen Press,2003.

[43] 陈鹏,杨超,吴玲达. 硬件加速的三维雷达作用范围表现[J]. 国防科技大学学报, 2007,29(6):49 – 53.

[44] 周桥,陈景伟,李建胜,等. 电磁环境三维可视化技术[J]. 计算机工程,2008,34(9): 248 – 250.

[45] 邱航,陈雷霆. 地形影响下雷达作用范围三维可视化研究[J]. 电子测量与仪器学报, 2010,24(6):528 – 535.

[46] 陈弓,戴晨光,刘航冶. 雷达阵地场景三维可视化系统的研究与实现[J]. 计算机仿 真,2008,25(9):227 – 230.

[47] 杨颖,王琦. STK 在计算机仿真中的应用[M]. 北京:国防工业出版社,2005.

[48] 李冬,易东云,罗强,蒋亮. 基于 J2 项摄动的星地链路时间窗口快速算法[J]. 航天控 制,2010,28(1):27 – 31.

[49] GILMORE J S. W OLHUTER R. Predicting Low Earth Orbit Satellite Communications Qual-

ity and Visibility Over Time[c]∥Southern African Telecommunication Networks and Applications Conference (SATNAC),ser. Access Networks,2009.

[50] 张润. 基于重访周期的对地侦察小卫星星座设计[D]. 西安:西安电子科技大学,2011:23 – 32.

[51] 马吉康. 通信卫星组网仿真系统的设计与实现[D]. 北京:北京邮电大学,2008:18 – 23.

[52] 白萌,李大林,陈梦云. 卫星对地覆盖区域的融合算法研究[C]∥中国空间科学学会. 第二十三届全国空间探测学术交流会论文集. 厦门:中国空间科学学会,2010:341 – 346.

第二章 航天器轨道可视化技术

航天器轨道的可视化可增加空间态势的真实感、航天器的三维位置感。空间态势与其他态势最显著的区别就在于时间系统、空间坐标系以及航天器按轨道运行的特殊规律,而前二者又与轨道计算息息相关。因此,本书首先探讨航天器轨道的可视化技术。

2.1 航天器轨道计算

航天器轨道计算涉及复杂的轨道动力学模型及时间空间坐标系,文献[1-5]对此有详细阐述。本书力图从非航天专业的角度,梳理与轨道计算密切相关的问题,并从实现角度探讨轨道计算中的优化技术。

2.1.1 时间系统

航天器在轨道上时刻处于运动状态中,轨道计算与时间息息相关,对时间精度要求很高。时间是物质存在的基本形式,根据建立时间计量系统所依据的物质运动,计时系统分为几大类:①以地球自转运动为依据建立的计时系统,称为世界时;②以地球公转运动为依据建立的计时系统,称为历书时;③所谓的现代计时系统,是以原子内部电子能级跃迁时,辐射电磁波的振荡频率为依据建立的计时系统,称为原子时。

近地航天器轨道计算涉及多个概念:恒星时、世界时、力学时。

1. 几个基本概念

首先回顾一下开普勒运动定律,开普勒三大定律的内容是:①行星运动的轨道是椭圆,太阳位于椭圆的一个焦点上;②以太阳为坐标原点的行星向径在相等的时间内扫过相等的面积;③不同行星在其轨道上公转周期的平方与轨道半长径的立方成正比。

开普勒定律也适用于航天器围绕地球的运动,即在理想情况下,航天器是在一个以地球球心为焦点的椭圆轨道运动,而且在轨道上运动的速度不均匀,轨道半长轴不同,轨道运行周期也不同。

地球的运动方式是:地球一边公转,一边自转,自转轴的指向在公转过程中基本保持不变。实际上,自转轴有微小的改变,这也是后面空间坐标系变换要重点明确的问题。

以空间任一点为中心,以任意长(无穷大)为半径的圆球称为天球。

地球绕太阳公转的轨道面称为黄道面,黄道面与赤道面延展与天球相交后形成赤道、黄道,黄道与赤道有 2 个交点,分别是春分点和秋分点,如图 2-1 所示。

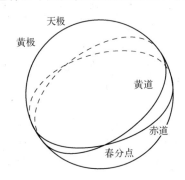

图 2-1 天球、黄道、赤道、天极、黄极的概念

过天球的中心做一条与地球自转轴平行的直线,称为天轴。天轴与天球相交的 2 个点分别称为北天极、南天极。过天球中心做垂直于黄道面的直线,与天球的 2 个交点称为北黄极、南黄极。天极、黄极的概念如图 2-1 所示。

2. 恒星时、平太阳时与世界时

人站在地球上,不觉得地球自转,只看到天球在反方向旋转,每 24h 旋转一圈,称为天球的周日视运动。对地球上的观测点而言,天体周日视运动经过该位置所在子午圈的瞬时称为天体的中天。显然,每个运动周期会经过 2 次,分别称为上中天和下中天。

以春分点为参考点,将其想象为一个天体,由它的周日视运动所确定的时间称为恒星时。春分点连续 2 次上中天的间隔称为一个恒星日。每个恒星日等分为 24 个恒星时,每个恒星时再等分为 60 个恒星分,每个恒星分又等分为 60 个恒星秒。

由于春分点实际上并不存在,以太阳作为参考似乎更符合人们的习惯,但太阳的运动并不均匀。天文学上设定一个假想的天体称为平太阳,它满足三个条件:①沿赤道做周年运动;②运动速度均匀;③运动周期等于一个回归年。以平太阳为参考点,由它的周日视运动所确定的时间称为平太阳时,简称平时。

各地的子午圈不同,天体经过不同两地的子午圈不在同一瞬间,因此各地所得的时间也不一样,形成了各自的计时系统,称为地方恒星时、地方平太阳时。

历史上规定天文经度起算点是格林尼治天文台的子午线,因此,格林尼治地方时在时间计量中具有重要作用。将格林尼治地方平时称为世界时,记为 UT(Universal Time)。格林尼治恒星时记为 GST 或 GAST(Greenwich Apparent Sidereal Time)。

世界时系统有 UT0、UT1、UT2 之分。UT0 是直接由观测得到的世界时,1956 年起对世界时引入了两项小的修正:①由于极移变化引起的观测站经度的变化,修正后的时间称为 UT1;②因地球自转速度所引起的季节性变化改正,称为 UT2。一般计算中采用的是 UT1。

3. 原子时与协调世界时

原子时利用原子内部稳定性高的特点建立。1967 年第十三届国际度量衡会议确定,以位于海平面上的铯原子基态的两个超精细能级在零磁场中跃迁辐射振荡 9192631770 周所持续的时间作为一秒的长度,称为国际单位秒。通过全世界 100 多台原子钟比对、处理,得到统一的国际原子时。国际原子时以 1958 年 1 月 1 日 0 时为计时起点。

原子时的优点是秒长均匀、稳定度高,但是其本身与地球自转无关,而在轨道计算中涉及地球瞬时位置。因此,为了兼顾世界时时刻和原子时秒长两者的需要建立了一种折中的时间系统,称为协调世界时(Universal Time Coordinated System,UTC)。协调世界时的秒长与原子时接近,在时刻上则要求尽量与世界时接近。为此可能在每年的年中或年底对协调世界时时刻做一整秒的调整,加上一秒叫正跳秒,取消一秒叫负跳秒。

4. 力学时

1976 年 IAU(International Astronomic Union)决议从 1984 年起的天体力学理论研究以及天体历表的编算中采用力学时。力学时分两种:一种是相对于太阳系质心的运动方程所采用的时间,称为太阳系质心力学时,记为 TDB(Barycentric Dynamical Time);另一种是相对地球质心的运动方程所采用的时间,称为地球力学时(Terrestrial Dynamical Time,TDT),1991 年以后改称为地球时,记为 TT。航天器轨道动力学中,运动方程即以 TDT 作为时间变量。

地球力学时建立在国际原子时(International Atomic Time)的基础上。地球力学时与国际原子时的关系是

$$TDT = TAI + 32''.184 \tag{2-1}$$

5. 儒略日

轨道计算还涉及历元取法问题。现在我们所用的是公历,是格里高利(R. Gregory)对儒略历改进得到的,每 4 个公历年中,设一闰年,凡能被 4 整除的都是闰年,但是在 400 年中要去掉 3 个闰年,为此规定只有当世纪数能被 4 整除时才是闰年。

天文上常用小数标识某一特殊瞬间的时刻,即历元。儒略历元就是真正的年初,用年份前加符号 J、年份号加 .0 表示。从 1984 年起采用新的历元标准

J2000.0,即 2000 年 1 月 1 日 12 时。

在轨道计算中应用的往往是两个时刻的间隔,这用儒略日(Julian Date,JD)数来表示,这也是天文上应用的长期记日法。它以倒退到公元前 4713 年 1 月 1 日 12 时为起算日期,每天顺数相加得到。随着岁月推移,儒略日数值变得很大,为此引入简约儒略日(Modified Julian Date,MJD),其起算日期为 1858 年 11 月 17 日 0 时,定义为

$$MJD = JD - 2400000.5 \tag{2-2}$$

给定公历日期,对应儒略日为

$$\begin{aligned}
JD = &D - 32075 + \left[1461 \times \left(Y + 4800 + \left[\frac{M-14}{12} \right] \right) \div 4 \right] \\
&+ \left[367 \times \left(M - 2 - \left[\frac{M-14}{12} \right] \times 12 \right) \div 12 \right] \\
&- \left[3 \times \left[Y + 4900 + \left[(M-14)/12 \right] \right) \div 100 \right] \div 4 \right] - 0.5
\end{aligned} \tag{2-3}$$

式中,Y、M、D 分别表示公历日期的年、月、日;[ ]表示整数部分。

需要指出的是,在式(2-3)中,D 可以包括当天的小数部分,也可以计算整数部分后直接加上小数部分;另外,也可以根据儒略日的定义、不同年份天数的确定方法进行计算。

给定儒略日,对应的公历日期计算方法为

$$\begin{cases}
J = [JD + 0.5] \\[2mm]
N = \left[\dfrac{4 \times (J + 68569)}{146097} \right] \\[3mm]
L_1 = J + 68569 - \left[\dfrac{N \times 146097 + 3}{4} \right] \\[3mm]
Y_1 = \left[\dfrac{4000 \times (L_1 + 1)}{1461001} \right] \\[3mm]
L_2 = L_1 - \left[\dfrac{1461 \times Y_1}{4} \right] + 31 \\[3mm]
M_1 = \left[\dfrac{80 \times L_2}{2447} \right] \\[3mm]
D = L_2 - \left[\dfrac{2447 \times M_1}{80} \right] \\[3mm]
L_3 = \left[\dfrac{M_1}{11} \right] \\[3mm]
M = M_1 + 2 - 12 L_3 \\[2mm]
Y = [100(N - 49) + Y_1 + L_3]
\end{cases} \tag{2-4}$$

以上定义各时间的使用,将在后面结合基于 SOFA 库的空间坐标系转换一并阐述。

2.1.2　空间坐标系及其转换

轨道动力学涉及多个坐标系,下面尽量避免复杂的坐标系定义方法,而采用简单的方式阐述计算所涉及的问题。

1. 岁差、章动与极移的概念

在不考虑任何摄动的情况下,航天器轨道面与地球赤道面的夹角固定。假如地球的自转轴始终不变,那么轨道计算的问题就相当简单:基于地球轴向或其他方位建立一个天球坐标系,在该坐标系下航天器轨道为一封闭椭圆,在该坐标系下根据时间计算航天器当前位置;然后根据当前时刻地球自转情况,计算一个旋转矩阵,计算航天器位置。

然而实际情况是:地球自转轴指向缓慢变化,地球赤道面也在缓慢变化,即使航天器轨道与赤道面的夹角仍然固定,其计算也要复杂得多,主要是岁差、章动和极移。

地球自转轴倾斜,地球又不是正球体,根据刚体转动的力学原理,在日、月引力的作用下,自转轴有被"扶正"的趋势。但转动着的地球产生一种抗力,使地球自转轴不但不会被扶正,还要保持倾角不变,绕着黄极缓缓旋转,扫过一个圆锥面,旋转一周是 26000 年。这一运动称为地球自转轴进动,也称为日月岁差。由于行星对地球的引力,黄道面也存在一种缓慢而持续的运动,相应地引起黄极的运动,这种现象称为行星岁差,行星岁差比日月岁差的影响要小得多。也可以假想一个平天极(平极),绕黄极沿小圆运动,其运动统称岁差(precession)。岁差示意图如图 2-2 中实心箭头所示,其中 P_0 为平天极,绕黄极旋转。

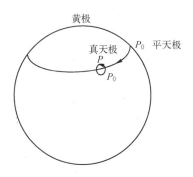

图 2-2　岁差与章动示意图

　　地球自转轴的运动除了沿光滑圆锥面进动之外,还受到其他各种天体和地球表面海洋潮汐、大气环流等作用的影响,这些作用所导致的地球自转轴变化称为章动(nutation)。章动可以假想为一个真天极绕平天极的运动,这是由很多不同周期的运动合成的,其轨迹十分复杂,若忽略短周期的微小运动并从天球外看,真天极绕平天极做椭圆运动,周期为18.6年。章动如图2-2中小箭头所示,其中 P 为真天极,绕平极 P_0 旋转。

　　由于地球不是刚体以及一些其他地球物理因素的影响,地球自转轴相对于地球的位置并非固定不变。由于地球自转轴在地球体内的运动,地球极点在地球表面的位置随时间产生变化,这种现象称为地极移动,简称极移(polar motion)。极移自1888年被天文学家发现以来,受到天文、地球物理和大地测量学界的普遍关注,成立了国际组织加以监测,即国际地球自转服务组织(International Earth Rotation Service,IERS),向全世界发布实测数据。监测方法从天文光学光测,发展到采用卫星、激光测距等技术,监测精度达到1m量级。一个世纪以来,地球北极在不超过20m的地面范围内扑朔迷离地转了80多圈。图2-3为极移示意图,其中图2-3(a)为1968-1970年间的极移,图2-3(b)为2000-2009年间的极移。

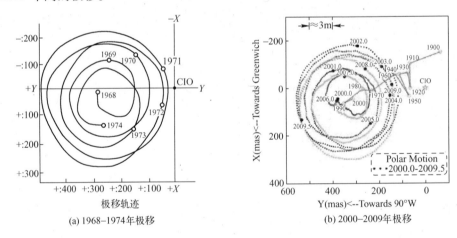

(a) 1968-1974年极移　　　　　　　　(b) 2000-2009年极移

图2-3　极移示意图(均来源于网络)

　　极移和岁差、章动是既有区别又有联系的两种现象。前者是地球自转轴在地球本体内的运动,后者是地球自转轴在空间的运动。不管是哪种运动,都对轨道计算产生影响。

2. 岁差计算模型

　　毫无疑问,岁差、章动和极移既然导致轴向的改变,必将导致坐标系的改变,从数学视角看,这种变换相当于绕坐标系 Z 轴的旋转。

目前岁差计算仍广泛采用 IAU1976 岁差模型,章动计算采用 IAU1980 章动模型。STK8.1 版本以前都采用上述模型,其后版本未进行数据比对、分析,尚不清楚采用的模型。经精密观测发现,IAU1976 岁差模型每年约有 3×10^{-3} 角秒的误差,IAU1980 章动模型也有一些误差。因此,IERS 于 2003 年通过决议决定启用 IAU2000 岁差章动模型[6],并给出 A、B 两个版本,前者具有更高的精度。更进一步,国际天文联合会 2006 年推荐采用 P03 岁差模型代替 IAU2000A 岁差模型[7],以进一步提高计算精度。

IAU1976 岁差模型为

$$\begin{cases} \psi_A = 5038.7784''t - 1.07259''t^2 - 0.001147''t^3 \\ \omega_A = \varepsilon_0 + 0.05127''t^2 - 0.007726''t^3 \\ \chi_A = 10.5526''t - 2.38064''t^2 - 0.001125''t^3 \\ \varepsilon = \varepsilon_0 - 46.815''t - 0.00059''t^2 + 0.001813''t^3 \\ \boldsymbol{P}(t) = \boldsymbol{R}_x(-\varepsilon_0) \times \boldsymbol{R}_z(-\psi_A) \times \boldsymbol{R}_x(\omega_A) \times \boldsymbol{R}_z(\chi_A) \end{cases} \quad (2-5)$$

式中,$\varepsilon_0 = 84381.448''$;$\boldsymbol{R}_x$、$\boldsymbol{R}_y$、$\boldsymbol{R}_z$ 分别为绕 x、y、z 轴旋转得到的矩阵;t 为从标准历元 J2000.0 起算的地球力学时 TT。

IAU2000A 岁差模型为[8]

$$\begin{cases} \psi_A = 5038.47875''t - 1.07259''t^2 - 0.001147''t^3 \\ \omega_A = \varepsilon_0 - 0.02524''t + 0.05127''t^2 - 0.007726''t^3 \\ \chi_A = 10.5526''t - 2.38064''t^2 - 0.001125''t^3 \\ \varepsilon = \varepsilon_0 - 46.84024''t - 0.00059''t^2 + 0.001813''t^3 \\ \boldsymbol{P}(t) = \boldsymbol{R}_x(-\varepsilon_0) \times \boldsymbol{R}_y(-\psi_A) \times \boldsymbol{R}_x(\omega_A) \times \boldsymbol{R}_z(\chi_A) \end{cases} \quad (2-6)$$

Capitaine 等人给出了上述岁差计算模型等效的算法

$$\begin{cases} \xi_A = 2.5976176'' + 2306.0809506''t + 0.3019015''t^2 \\ \qquad + 0.0179663''t^3 - 0.0000327''t^4 - 0.0000002''t^5 \\ \theta_A = 2004.1917476''t - 0.4269353''t^2 - 0.041825''t^3 \\ \qquad - 0.0000601''t^4 - 0.0000001''t^5 \\ Z_A = -2.5976176'' + 2306.0803226''t + 1.094779''t^2 \\ \qquad + 0.0182273''t^3 + 0.000047''t^4 - 0.0000003''t^5 \\ \boldsymbol{P}(t) = \boldsymbol{R}_z(-Z_A) \times \boldsymbol{R}_y(\theta_A) \times \boldsymbol{R}_z(-\xi_A) \end{cases} \quad (2-7)$$

也称式(2-6)为四参数模型,式(2-7)为三参数模型。

IAU2006 岁差模型为

$$
\begin{cases}
\varepsilon = \varepsilon_0 - 46.836769t - 0.0001831''t^2 + 0.0020034t^3 \\
\qquad - 0.000000576''t^4 - 0.0000000434''t^5 \\
\gamma = -0.052928 + 10.556378t + 0.4932044''t^2 - 0.0003123t^3 \\
\qquad - 0.0000602788''t^4 - 0.000000026''t^5 \\
\phi = \varepsilon_0 - 46.811016t - 0.0511268''t^2 + 0.00053289t^3 \\
\qquad - 0.00000044''t^4 - 0.0000000176''t^5 \\
\psi = -0.041775 + 5038.481484t + 1.5584175''t^2 - 0.00018522''t^3 \\
\qquad - 0.000026452''t^4 - 0.0000000148''t^5 \\
\boldsymbol{P}(t) = \boldsymbol{R}_z(\gamma) \times \boldsymbol{R}_x(\phi) \times \boldsymbol{R}_z(-\psi) \times \boldsymbol{R}_x(-\varepsilon)
\end{cases}
\tag{2-8}
$$

3. 章动计算模型

IAU1980 章动序列给出与日月引力有关的项,共 106 项,其计算公式为[9]

$$
\begin{cases}
\Delta\psi = \displaystyle\sum_{i=1}^{106} (A_i + A_i' \cdot t)\sin(\text{ARGUMENT}) \\
\Delta\varepsilon = \displaystyle\sum_{i=1}^{106} (B_i + B_i' \cdot t)\cos(\text{ARGUMENT}) \\
\boldsymbol{N}(t) = \boldsymbol{R}_z(-\Delta\psi) \times \boldsymbol{R}_x(-\Delta\varepsilon)
\end{cases}
\tag{2-9}
$$

式中,A_i、B_i、A_i'、B_i' 的值可通过 IERS 下载,ARGUMENT 计算方法为[9]

$$
\begin{cases}
\text{ARGUMENT} = \displaystyle\sum_{i=1}^{5} N_i F_i \\
F_1 = 134.96340251° + 1717915923.2178t \\
\qquad + 31.8792t^2 + 0.051635t^3 - 0.0002447t^4 \\
F_2 = 357.52910918° + 129596581.0418t \\
\qquad + 0.5532t^2 + 0.000136t^3 - 0.00001149t^4 \\
F_3 = 93.27209062° + 1739527262.8478t \\
\qquad + 12.7512t^2 + 0.001037t^3 - 0.00000417t^4 \\
F_4 = 297.85019547° + 1602961601.209t \\
\qquad + 6.3706t^2 + 0.006593t^3 - 0.00003169t^4 \\
F_5 = 125.04455501° + 6962890.5431t \\
\qquad + 7.4722t^2 + 0.007702t^3 - 0.00005939t^4
\end{cases}
\tag{2-10}
$$

式中,N_i 可通过 IERS 获取;F_i 为儒略时的函数,分别是月球的平近点角、太阳的平近点角、月球平升交角距、月球平角距和月球轨道升交点黄经。

　　IAU2006 章动模型给出了新的黄道定义,并考虑地球动力学扁率的长期变换,计算方法是利用 IAU2000A 模型获得章动系数后,对其进行修正。

　　IAU2000A 章动序列给出的黄经章动和交角章动的计算公式包括与日月引力相关的 678 项和与行星有关的 687 项,共 1365 项[9],其计算形式为

$$
\begin{cases}
\Delta\psi_{2000A} = \displaystyle\sum_{i=1}^{N} (A_i + A_i' \cdot t)\sin(\text{ARGUMENT}) + (A_i'' + A_i''' \cdot t)\cos(\text{ARGUMENT}) \\[2mm]
\Delta\varepsilon_{2000A} = \displaystyle\sum_{i=1}^{N} (B_i + B_i' \cdot t)\cos(\text{ARGUMENT}) + (B_i'' + B_i''' \cdot t)\sin(\text{ARGUMENT}) \\[2mm]
\text{ARGUMENT} = \displaystyle\sum_{j=1}^{14} N_j F_j
\end{cases}
\tag{2-11}
$$

式中,A_i、B_i、A_i'、B_i'、A_i''、B_i''、A_i'''、B_i''' 的值可通过 IERS 得到;$\Delta\psi_{2000A}$ 为 IAU2000A 的黄经章动;$\Delta\varepsilon_{2000A}$ 为 IAU2000A 的交角章动,可直接使用式(2-9)计算 IAU2000A 的章动变换矩阵。

　　在 ARGUMENT 的计算中,前 5 项与 IAU1980 章动序列的计算完全相同,第 6 ~ 第 13 项分别为水星到海王星的平黄经,最后一项为黄经基本岁差量。如下式

$$
\begin{cases}
F_6 = 4.402608842 + 2608.7903141574t \\
F_7 = 3.176146697 + 1021.3285546211t \\
F_8 = 1.753470314 + 628.3075849991t \\
F_9 = 6.203480913 + 334.0612426700t \\
F_{10} = 0.599546497 + 52.9690962641t \\
F_{11} = 0.874016757 + 21.3299104960t \\
F_{12} = 5.481293872 + 7.4781598567t \\
F_{13} = 5.311886287 + 3.8133035638t \\
F_{14} = 0.02438175t + 0.00000538691t^2
\end{cases}
\tag{2-12}
$$

对应的 IAU2006 修正及章动矩阵计算为

$$
\begin{cases}
\omega = -0.00000027774 \times t \\
\Delta\psi = \Delta\psi_{2000A} + (0.0000004697 + \omega) \times \Delta\psi_{2000A} \\
\Delta\varepsilon = \Delta\varepsilon_{2000A} + \omega \times \Delta\varepsilon_{2000A} \\
N(t) = R_z(-\Delta\psi) \times R_x(-\Delta\varepsilon)
\end{cases}
\tag{2-13}
$$

4. 极移计算方法

极移矩阵的计算公式为

$$
W(t) = R_y(-X_p) \times R_x(-Y_p)
\tag{2-14}
$$

IERS 每月定期发布 A、B、C、D 四类公告(下载网址为 http://www.iers.org),其中公告 A 给出了地球极移 X_p、Y_p 的每日具体值。该数据为文本文件格式,每行记录一天的数据,包括时间、儒略日、X_p、Y_p 以及世界时修正值 UT1 – UT0。针对某天,可直接查找其对应值,然后按式(2-14)计算极移矩阵;也可根据要计算的时刻在连续 2 天的极移数据之间插值,插值与否对计算结果基本没有影响。对于未来的时刻,由于没有观测数据,而极移不可预测,可假设极移值为 0,即极移矩阵为单位矩阵。

STK 软件也包括对应数据,一般位于安装目录的 DynamicEarthData 子目录下,文件名为 EOP – v1.1.txt 和 EOP – All – v1.1.txt。但是经对比发现,STK 和 IERS 的数据值有微小差别,但对计算结果影响不大。

5. 天球坐标系定义与转换

以瞬时真天极和瞬时真春分点为基础建立的天球坐标系称为瞬时真天球坐标系,记为 $O - X_{CT}Y_{CT}Z_{CT}$。以瞬时平天极和瞬时平春分点为基础建立的天球坐标系称为瞬时平天球坐标系,记为 $O - X_{M(t)}Y_{M(t)}Z_{M(t)}$。

由于岁差和章动的影响,瞬时天球坐标系的轴向不断变化、旋转。为了建立统一的、与惯性坐标系接近的天球坐标系,选择某一时刻作为标准历元,以此历元的平天极和平春分点为基础建立瞬时平天球坐标系,称为协议天球坐标系,也称为协议惯性坐标系(Conventional Inertial System, CIS),记为 $O - X_{CIS}Y_{CIS}Z_{CIS}$。国际大地测量委员会和国际天文学联合会决定,以 2000 年 1 月 1.5 日 TDB 历元的平天极和平春分点定义 J2000.0 协议天球坐标系:原点位于地球质心,Z_{CIS} 指向 J2000.0 平天极,X_{CIS} 指向 J2000.0 平春分点。

由 J2000.0 协议惯性坐标系向瞬时真天球坐标系的转换分 2 步:

(1)由 J2000.0 协议天球坐标系转换到瞬时平天球坐标系,通过岁差矩阵完成

$$V_{M(t)} = P(t) \times V_{J2000.0} \tag{2-15}$$

式中,$P(t)$ 为式(2-5)~式(2-8)中的岁差变换矩阵;$V_{J2000.0}$ 为在 J2000.0 协议天球坐标系中的位置矢量;$V_{M(t)}$ 为在瞬时平天球坐标系中的位置矢量。

(2)由瞬时平天球坐标系变换到瞬时真天球坐标系,通过章动矩阵完成

$$V_{CT} = N(t) \times V_{M(t)} \tag{2-16}$$

式中,$N(t)$ 为通过式(2-9)~式(2-13)计算得到的章动矩阵;V_{CT} 为瞬时真天球坐标系中的位置矢量。

6. 地球坐标系定义与转换

1960 年国际大地测量与地球物理联合会 IUGG(International Union Geodesy and Geophysics)将 1900 – 1905 年地球极点瞬时位置的平均值定义为地球的平极位置,称为国际协议原点(Conventional International Origin, CIO),或称协议地极(Conventional Terrestrial Pole, CTP)。

1968 年国际时间局(Bureau International de l'Heure, BIH)决定用通过 CIO 和格林尼治天文台的子午线作为起始子午线,称为 BIH 零子午面。该子午线与协议赤道面的交点 E_{TCP} 作为经度零点,称为 BIH 经度零点。

瞬时地球坐标系是以瞬时地极定义的,记为 $O-X_{ET}Y_{ET}Z_{ET}$,其坐标系原点在地球质心,Z_{ET} 指向地球的瞬时地极,X_{ET} 指向瞬时极与 E_{TCP} 构成的子午线与赤道的交点,Y_{ET} 与 Y_{ET}、X_{ET} 构成右手坐标系。

协议地球坐标系(Conventional Terrestrial System, CTS)是以 CTP 定义的,记为 $O-X_{CTS}Y_{CTS}Z_{CTS}$,其坐标系原点在地球质心,Z_{CTS} 指向 CTP,X_{CTS} 指向 BIH 经度零点 E_{TCP}。

瞬时地球坐标系到协议地球坐标系间通过极移矩阵进行变换。

$$V_{CTS} = W(t) \times V_{ET} \tag{2-17}$$

式中,$W(t)$ 为式(2-14)得到的极移矩阵;V_{ET} 为瞬时地球坐标系下的位置矢量;V_{CTS} 为协议坐标系下的位置矢量。

瞬时天球坐标系和瞬时地球坐标系的 Z 轴均为地球自转轴,但瞬时天球坐标系的 X 轴指向真春分点,瞬时地球坐标系的 X 轴指向瞬时地极与经度零点构成的子午线与真赤道的交点,二坐标系 X 轴的夹角为格林尼治真恒星时 GAST。瞬时天球坐标系到瞬时地球坐标系的转换关系为

$$V_{ET} = R_z(GAST) \times V_{CT} \tag{2-18}$$

7. J2000ECI 到 ECF 的转换

实际应用中,J2000.0 协议天球坐标系也称为 J2000.0 地心惯性坐标系,记为 J2000ECI(J2000 Earth Centered Inertial),协议地球坐标系简称为地固坐标系,记为 ECF(Earth Centered Fixed)。

在航天器轨道计算中,给定的轨道根数一般是在 J2000ECI 下,据此计算的位置、速度也处于该坐标系。地球表面位置的定义在 ECF 中,变换过程如图 2-4 所示。

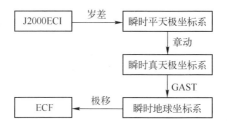

图 2-4　J2000ECI 到 ECF 的变换过程

总的变换公式为

$$V_{ECF} = W(t) \times R_z(GAST) \times N(t) \times P(t) \times V_{J2000ECI} \tag{2-19}$$

式中，V_{ECF}为地固坐标系的矢量；V_{J2000ECI}为 J2000.0 协议天球坐标系的矢量；$W(t)$、$R_z(\text{GAST})$、$N(t)$、$P(t)$分别为极移矩阵、恒星时旋转矩阵、章动矩阵和岁差矩阵。由 ECF 向 J2000ECI 的变换则是上述过程的相反过程。

　　另一个问题是速度的变换。由于地球自转的影响，速度不能直接应用式(2-19)进行变换(如静止轨道卫星在地固系下速度近似为 0，但其实际保持高速运动)。速度变换的方法如式(2-20)所示。

$$\begin{cases} VEL_{\text{tmp}} = R_z(\text{GAST}) \times N(t) \times P(t) \times VEL_{\text{J2000ECI}} \\ VEL_{\text{tmp1}} = VEL_{\text{tmp}} - V_0 \times P_{\text{ET}} \\ VEL_{\text{ECF}} = W(t) \times VEL_{\text{tmp1}} \end{cases} \quad (2-20)$$

式中，VEL_{J2000ECI}为惯性坐标系中的速度；P_{ET}为瞬时地球坐标系中的位置矢量；$V_0 = (0,0,0.0000729211514670698)$；$W(t)$、$R_z(\text{GAST})$、$N(t)$、$P(t)$与式(2-19)含义相同；$VEL_{\text{ECF}}$即为所求地固系中速度矢量。

2.1.3　基于 SOFA 库的坐标系变换

　　空间坐标系变换过程中岁差和章动的计算比较繁琐，还涉及恒星时计算等问题，易于出错。值得庆幸的是，IAU 以源代码形式提供了计算软件包 SOFA(Standards Of Fundamental Astronomy)，可以从网上下载。

　　SOFA 软件包实现基本的天文计算，包括 Fortran77 和 C 语言两个版本。在 2010 年发布的第 8 版中(2016 年已发展到第 12 版)，包括 131 个天文计算函数和 55 个辅助的矢量/矩阵计算函数。以此为基础可完成航天器轨道计算所需的时间计算和坐标系变换[10,11]。

1. SOFA 天文库

1) 历元计算函数

　　历元计算函数如表 2-1 所示。

表 2-1　SOFA 历元计算函数

函 数 名	含 义	输 入	输 出
iauCal2jd	计算儒略日	年、月、日	儒略日
iauEpb	儒略日转换为贝塞尔年	儒略日	贝塞尔年
iauEpj2jd	贝塞尔年转为儒略日	贝塞尔年	儒略日
iauEpj	儒略日转换为儒略年	儒略日	儒略年
iauEpj2jd	儒略年转换为儒略日	儒略年	儒略日
iauJd2cal	儒略日转换为公历时间	儒略日	年月日、日内比值
iauJdcalf	同上，日内比值的格式	儒略日	年月日、格式化比值

需做如下说明：

（1）由于 SOFA 是采用标准 C 语言的形式，因此有些函数的计算结果是通过指针类型的参数返回，有些函数则直接通过返回值返回，使用时要注意。

（2）在 SOFA 中，儒略日都是采用 2 个 double 型数据表示，等效于二者的和；对于儒略日作为输出的情况，可以认为是简约儒略日 MJD0、MJD，第一个输出参数固定为 2400000.5。

2）时间计算与转换函数

时间计算与转换函数如表 2-2 所示。

表 2-2　SOFA 时间计算与转换函数

函　数　名	含　　义	输　　入	输　　出
iauD2dtf	儒略日转换为公历时间（考虑跳秒）	儒略日	UTC
iauDat	计算 TAI – UTC	UTC	Delta(AT) = TAI – UTC
iauDtdb	估算 TDB – TT	JD、UT、经度	TDB – TT
iauDtf2d	计算给定时间的儒略日	年月日时分秒	JD
iauTaitt	原子时转换为地球力学时	TAI	TT
iauTaiut1	原子时转换为修正世界时	TAI	UT1
iauTaiutc	原子时转换为协调世界时	TAI	UTC
iauTcbtdb	太阳系坐标时转太阳系力学时	TCB	TDB
iauTcgtt	地心坐标时转地球力学时	TCG	TT
iauTdbtcb	太阳系力学时转太阳系坐标时	TDB	TCB
iauTdbtt	太阳系力学时转地球力学时	TDB	TT
iauTttai	地球时转原子时	TT	TAI
iauTttcg	地球时转地心坐标时	TT	TCG
iauTttdb	地球时转太阳系力学时	TT	TDB
iauTtut1	地球时转为修正世界时	TT	UT1
iauUt1tai	修正世界时转为原子时	UT1	TAI
iauUt1tt	修正世界时转为地球时	UT1	TT
iauUt1utc	修正世界时转协调世界时	UT1	UTC
iauUtctai	协调世界时转原子时	UTC	TAI
iauUtcut1	协调世界时转修正世界时	UTC	UT1

3）地球旋转角度与恒星时计算函数（表2-3）

表2-3　SOFA地球旋转角度与恒星时计算函数

函　数　名	含　义	输　入	输　出
iauEe00	计算赤经章动（IAU 2000）	JD、平黄赤交角、黄经章动	赤经章动
iauEe00a	计算赤经章动（IAU 2000A）	JD	赤经章动
iauEe00b	计算赤经章动（IAU 2000B）	JD	赤经章动
iauEe06a	计算赤经章动（IAU 2006A）	JD	赤经章动
iauEect00	赤经章动补充值（IAU 2000）	JD	赤经章动补充值
iauEqeq94	计算赤经章动（IAU 1994）	JD	赤经章动
iauEra00	计算地球自转角度（弧度）	JD	地球自转角
iauGmst00	格林尼治平恒星时（IAU 2000）	UT1、TT	GMST
iauGmst06	格林尼治平恒星时（IAU 2006）	UT1、TT	GMST
iauGmst82	格林尼治平恒星时（IAU 1982）	UT1	GMST
iauGst00a	格林尼治恒星时（IAU 2000A）	UT1、TT	GST
iauGst00b	格林尼治恒星时（IAU 2000B）	UT1	GST
iauGst06	格林尼治恒星时（IAU 2006）	UT1、TT	GST
iauGst06a	格林尼治恒星时（IAU 2006）	UT1、TT	GST
iauGst94	格林尼治恒星时（IAU 1982/94）	UT1	GST

表2-3中大部分函数所涉及JD是2个double型数表示的儒略日。

4）岁差、章动、极移计算函数（表2-4）

表2-4　主要的岁差、章动和极移相关计算函数

函　数　名	含　义	输　入	输　出
iauBi00	计算ICRS平春分点转角	经度交角校正	平春分点转角
iauBp00	计算框架偏移和岁差	TT	偏移和岁差矩阵
iauBpn2xy	从矩阵中提取CIP的x、y值	偏移岁差章动矩阵	CIP的x、y
iauC2i00a	天球中间变换矩阵（IAU2000A）	TT	rc2i
iauC2i00b	天球中间变换矩阵（IAU2000B）	TT	rc2i
iauC2i06a	天球中间变换矩阵（IAU2006）	TT	rc2i

（续）

函　数　名	含　义	输　入	输　出
iauC2ibpn	天球中间变换矩阵（IAU2000）	TT	rc2i
iauC2ixy	天球中间变换矩阵（IAU2000）	TT、CIP 的 xy	rc2i
iauC2ixys	天球中间变换矩阵（IAU2000）	TT、CIP 的 xys	rc2i
iauC2t00a	天球地心变换矩阵（IAU2000A）	TT、UT 和极移	rc2t
iauC2t00b	天球地心变换矩阵（IAU2000B）	TT、UT 和极移	rc2t
iauC2t06a	天球地心变换矩阵（IAU2006）	TT、UT 和极移	rc2t
iauC2tcio	天球系（CIO）地心系变换矩阵	rc2i,era,rpom	rc2t
iauC2teqx	天球系地心系变换矩阵	rbpn,gst,rpom	rc2t
iauC2tpe	天球系地心系变换矩阵	TT、UT、章动和极移	rc2t
iauC2txy	天球系地心系变换矩阵	TT、UT、CIO 和极移	rc2t
iauEo06a	计算赤经章动	TT	章动值
iauEors	计算赤经章动	Rnpb、CIO	章动值
iauNum00a	计算章动矩阵（IAU2000A）	TT	章动矩阵
iauNum00b	计算章动矩阵（IAU2000B）	TT	章动矩阵
iauNum06a	计算章动矩阵（IAU2006）	TT	章动矩阵
iauNumat	建立章动矩阵	章动值、黄道倾角	章动矩阵
iauNutm80	计算章动矩阵（IAU1980）	TT	章动矩阵
iauObl80	计算黄道倾角（IAU1980）	TT	黄道倾角
iauObl06	计算黄道倾角（IAU2006）	TT	黄道倾角
iauPmat00	计算岁差矩阵（含参考价偏差）	TT	岁差矩阵
iauPmat06	计算岁差矩阵（IAU2006）	TT	岁差矩阵
iauPmat76	计算岁差矩阵（IAU1976）	TT	岁差矩阵
iauPnm00a	计算岁差章动矩阵（IAU2000A）	TT	岁差章动矩阵
iauPnm00b	计算岁差章动矩阵（IAU2000B）	TT	岁差章动矩阵
iauPnm06a	计算岁差章动矩阵（IAU2006）	TT	岁差章动矩阵
iauPnm80	计算岁差章动矩阵（1976 年岁差模型、1980 年章动模型）	TT	岁差章动矩阵
iauPom00	计算极移矩阵	极移值	极移矩阵

由于这类函数非常多,因此表 2-4 中只给出了一些关键函数。其中,rc2i 是一个 3×3 矩阵,表示天球坐标系到中间坐标系的变换矩阵;era 表示地球自转角度;rpom 表示极移矩阵;rc2t 表示天球坐标系到地球坐标系的变换矩阵;rbpn 表示天球坐标系到瞬时真天球坐标系变换矩阵;rnpb 表示岁差矩阵、章动矩阵和偏移矩阵的乘积;gst 表示格林尼治恒星时;CIO 表示天球中间零点。

5) 章动参数计算函数

共 14 个函数,用于计算章动所需的太阳、月亮和各行星的参数,包括 iau-Fad03、iauFae03、iauFaf03、iauFaju03、iauFal03、iauFalp03、iauFama03、iauFame03、iauFane03、iauFaom03、iauFapa03、iauFasa03、iauFaur03、iauFave03,由于均内部使用,不再阐述。

6) 恒星位置、星表转换及大地坐标转换函数(表 2-5)

表 2-5　恒星位置、星表转换及大地坐标转换函数

函 数 名	含 义	输 入	输 出
iauEpv00	计算地球位置和速度	TDB	太阳中心和质心中心位置速度
iauPlan94	计算行星位置和速度	TDB 和行星	太阳系中位置速度
iauPvstar	恒星位置速度转换为星表值	位置速度	星表框架值
iauStarpv	星表值转换为位置速度	星表框架值	位置速度
iauFk52h	FK5 星表数据转换为依巴谷星表数据	FK5 星表值	Hipparcos 星表值
iauFk5hip	FK5 转换为依巴谷星表	无	旋转矩阵
iauFk5hz	FK5 数据转换为依巴谷星表	FK5 值、TDB	依巴谷值
iauH2fk5	依巴谷星表数据转换为 HK5 星表数据	依巴谷星表值	FK5 星表值
iauHfk5z	依巴谷数据转换为 HK5	依巴谷、TDB	FK5
iauStarpm	计算恒星自行	数值及 TT 差	TT 后恒星星表数值
iauEform	获得 WGS84、GRS80 和 WGS72 坐标系的半长轴和偏心率	坐标系	半长轴、偏心率
iauGc2gd	地心坐标转换为大地坐标	地心坐标	经纬高
iauGd2gc	大地坐标转换为地心坐标	经纬高	地心坐标

2. SOFA 矢量/矩阵库

SOFA 中的矢量一般为三维矢量,采用数组表示,用 p-vector 表示位置矢量,pv-vector 表示位置/速度矢量;旋转采用 3×3 矩阵表示,记为 r-matrix。SOFA 矢量/矩阵库(SOFA Vector/Matrix Library)的函数可以分为 3 类,分别用于矢量/矩阵、位置速度和角度。

1）用于矢量和旋转矩阵的函数

这一类函数的输入/输出一般是 p – vector 或 r – matrix（表2–6）。

表2–6　用于矢量和旋转矩阵的函数

函　数　名	含　义	输　入	输　出
iauZp、iauZr	初始化零矢量和零矩阵	矢量、矩阵	零矢量、零矩阵
iauIr	初始化为单位矩阵	矩阵	单位矩阵
iauCp、iauCr	复制矢量和矩阵	矢量、矩阵	复制的矢量、矩阵
iauRx、iauRy、iauRz	构造旋转矩阵	角度	绕各个轴的旋转矩阵
iauS2c、iauC2s	球面坐标与方向余弦互相转换	球面坐标/方向余弦	方向余弦/球面坐标
iauS2p、iauP2s	球面坐标半径与位置矢量转换	球面坐标 + 半径/位置	位置/球面坐标 + 半径
iauPpp、iauPmp	矢量相加、相减	a、b	$a+b$、$a-b$
iauPpsp	矢量与乘系数矢量相加	a、b、s	$a+sb$
iauPdp、iauPxp	矢量点积、叉积	a、b	$a \cdot b$、$a \times b$
iauPm	矢量长度	矢量	矢量模
iauPn	矢量归一化	矢量	单位矢量、矢量模
iauSxp	矢量与标量相乘	a、s	sa
iauRxr	矩阵相乘	2 输入矩阵	矩阵乘积
iauTr	矩阵转置	矩阵	矩阵的转置
iauRxp	矩阵与矢量相乘	矩阵、矢量	结果矢量
iauTrxp	矩阵转置后与矢量相乘	矩阵、矢量	结果矢量
iauSepp	两矢量夹角	2 矢量	夹角
iauSeps	两球面坐标夹角	2 球面坐标	夹角
iauPap	两位置相对角,正北0,逆时针	2 点矢量	第二点相对第一点角度
iauPas	两球面位置相对角度	2 点的经纬度	相对角度
iauRv2m	根据欧拉轴计算旋转矩阵	矢量方向表轴向,模表示角	旋转矩阵
iauRm2v	根据旋转矩阵计算欧拉轴	旋转矩阵	欧拉轴

2）用于位置和速度的函数

这类函数与表2-6中函数基本对应,区别在于本类函数中一般是同时作用于2个矢量,即位置矢量和速度矢量,不再详细阐述。

主要包括:初始化函数 iauZpv;复函数 iauCpv,扩展速度矢量函数 iauP2pv,丢弃速度矢量数据函数 iauP2pv;球面坐标和笛卡儿坐标转换函数 iauS2pv、iauPv2s;矢量操作函数 iauPvppv、iauPvmpv、iauPvcpv、iauPvxpv、iauPvm、iauSxpv、 iauS2xpv、iauPvu、iauPvup；矩阵与矢量相乘函数 iauRxpv 和 iauTrxpv。

3）角度函数（表2-7）

表2-7　角度计算函数

函　数　名	含　　义	输　　入	输　　出
iauAnp	将弧度值规范到 0～2PI	弧度	弧度
iauAnpm	将弧度值规范到 -PI～PI	弧度	弧度
iauA2tf	弧度变为时、分、秒等	弧度	四元素数组
iauA2af	弧度变为度、分、秒等	弧度	四元素数组
iauAf2a	度、分、秒变为弧度	度、分、秒	弧度
iauD2tf	天变为时、分、秒等	天	四元素数组
iauTf2a	时、分、秒变为弧度	时、分、秒	弧度
iauTf2d	时、分、秒变为天	时、分、秒	天

3. 基于 SOFA 的坐标系变换过程

在 2.1.2 节中，式（2-19）给出了惯性坐标系到地固坐标系的变换方法，下面阐述利用 SOFA 库，进行基于 IAU1974 模型的变换。基于 IAU2000A 及 IAU2006 模型的变换，可参见文献[11]。

例程2-1　IAU1976 变换矩阵计算

```
01    void ECI2ECFbyIAU1976(int y,int mo,int d,int h,int mi,int s,double RC2IT[3][3]){
02        double DJMJD0 , DATE , DAT;
03        iauCal2jd(y,mo,d,&DJMJD0,&DATE);                //儒略日
04        double TIME = double(60 * (60 * h + mi) + s)/86400;   //天内分数
05        double UTC = DATE + TIME;                       //协调世界时 UTC
06        iauDat(y, mo,d,TIME,&DAT);                      //原子时与协调世界时差值 TAI - UTC
07        double TAI = UTC + DAT/86400;                   //原子时 TAI
08        double TT = TAI + 32.184/86400;                 //地球力学时 TT
09        double TUT = TIME + DUT1/86400;
10        double UT1 = DATE + TUT;                         //计算修正世界时 UT1
11        double RP[3][3];
12        iauPmat76(DJMJD0,TT,RP);                         //岁差矩阵 RP
13        double DPSI, DEPS;
14        iauNut80(DJMJD0,TT1,& DPSI,& DEPS);              //IAU1980 章动值
15        double EPSA = iauObl80(DJMJD0,TT);               //黄道倾角
16        double RN[3][3];
```

17	iauNumat(EPSA, DPSI, DEPS, RN);	//章动矩阵 RN
18	double RNPB[3][3];	
19	iauRxr(RN, RP, RNPB);	//岁差章动矩阵 RNPB
20	double EE = wiauEqeq94(DJMJD0, TT, DPSI) + DEPS * cos(EPSA);	//赤经章动
21	double GST = iauAnp(iauGmst82(DJMJD0 + DATE, TUT) + EE);	//恒星时 GST
22	double RC2TI[3][3];	
23	iauCr(RNPB, RC2TI);	
24	iauRz(GST, RC2TI);	//岁差章动矩阵乘以旋转矩阵
25	double PROM[3][3];	
26	iauIr(PROM);	
27	iauRx(− YP, PROM);	
28	iauRy(− XP, PROM);	//极移矩阵, YP、XP 值需从文件加载
29	iauRxr(PROM, RC2TI, RC2IT);}	

例程 2-1 中,02~10 行根据给定时刻,计算所需力学时、修正世界时,对于 IAU2000、IAU2006 也是一样的。上述例程中 12 行计算得到岁差矩阵,15 行得到章动矩阵,19 行将岁差、章动矩阵相乘,21 行得到恒星时并在 24 行计算旋转矩阵,27、28 行得到极移矩阵,29 行最终把所有矩阵级联在一起,实现了式(2-19)。

2.1.4　航天器轨道计算的二体模型

1. 轨道根数

根据开普勒三定律可知,航天器的运动轨迹是以地心为焦点的椭圆。需指出这是指在惯性坐标系的情况。要想确定航天器在任一给定时刻的位置、速度,需要一些给定参数条件,这就是所谓轨道根数,根据轨道根数计算得到惯性坐标系下的位置、速度,再将其变换到地固坐标系。

轨道根数有 6 个量,下面结合确定轨道的过程进行阐述。

1) 确定椭圆形状

航天器运行轨道为椭圆,椭圆形状采用半长轴 a 和偏心率 e 来表示,椭圆长半轴、短半轴和偏心率关系如式(2-21)所示:

$$e = \sqrt{\frac{a^2 - b^2}{a^2}} \tag{2-21}$$

圆的偏心率为零,椭圆的偏心率大于 0 但小于 1,抛物线的偏心率等于 1,双曲线的偏心率大于 1。

2) 确定轨道平面

如从数学角度确定三维空间中的平面,需 4 个参数的平面方程。对于处于惯性坐标系的航天器轨道,假定旋转中心和轴固定,只需描述其与中心和轴的关系,这通过轨道倾角 i 和升交点赤经 Ω 确定。

倾角是轨道面与赤道面之间的夹角,如图 2-5(a)所示(图中用 2 个平面法向夹角表示)。倾角的范围在 $0°\sim180°$,倾角为 $0°$ 为赤道轨道;倾角在 $0°\sim90°$,表明卫星运动方向与地球自转方向一致,称为顺行轨道;倾角为 $90°$ 为极地轨道;倾角为 $90°\sim180°$ 则表示卫星运动方向与地球自转方向相反,称为逆行轨道。图 2-5(a)中,平面法向有正负之分,图中表示顺行轨道,平面法向与赤道面法向夹角小于 $90°$;如果是逆行轨道,则其法向指向图中指向相反,与赤道面法向夹角大于 $90°$;但两种情况下轨道平面相同。

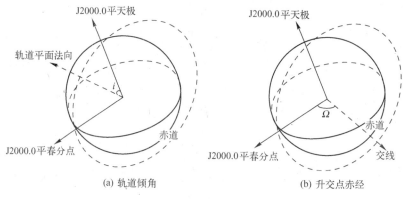

(a) 轨道倾角　　　　　　　　(b) 升交点赤经

图 2-5　轨道倾角与升交点赤经

由图 2-5(a)可以看出,过地心且给定倾角的平面有无数个(相当于图中平面绕过平天极和地心的轴旋转),要把平面固定,还需一个参数,即升交点赤经。

轨道面与赤道面相交于一直线,该直线穿过地心并向空间延伸,如图 2-5(b)所示。该直线与卫星轨道有 2 个交点:①在卫星由南半球进入北半球的上升段,称为升交点;②在卫星由北半球进入南半球的下降段,称为降交点。地心到升交点方向与地心到平春分点方向的夹角即为升交点赤经,如图 2-5(b)中 Ω 所示。

3) 确定平面上的轨道

通过轨道倾角和升交点赤经确定了空间平面,利用地心、半长轴和偏心率确定了平面上椭圆的形状,但符合以上条件的椭圆仍存在无数个。可以想象一下:以地心为中心,将一个符合条件的椭圆绕过地心的轨道平面法向旋转,可得到无数个椭圆。为此通过近地点幅角 ω 确定平面上的椭圆。

椭圆半长轴方向与椭圆有两个交点,分别是距离地心最近的点和最远的点,称为近地点和远地点。地心到近地点方向与地心到升交点方向的夹角即为近地点幅角 ω,如图 2-6(a)所示。对于每个确定的 ω 值,椭圆在平面上的位置固定。

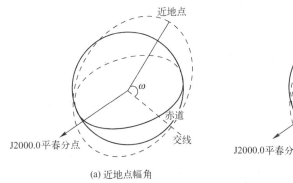
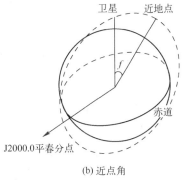

(a) 近地点幅角　　　　　　　　　　　(b) 近点角

图 2-6　近地点幅角与近点角

4) 确定卫星位置

通过上面 5 个参数,已经唯一地确定空间椭圆,但并没有确定卫星的位置。可以想象:给定初始时刻,卫星可以从椭圆上任一位置出发,然后按动力学规律运行。

为进一步确定卫星位置,一个方法是指定卫星过近地点的时刻,称为过近地点时刻 τ。但更为常用的方法是确定给定时刻卫星与近地点的角度差,即"近点角"。有 2 个可互相转化的量,一是真近点角,给出了轨道历元时刻地心到卫星位置方向与地心到近地点方向的角度差,如图 2-6(b)所示;还有一个量称为平近点角,后面再讨论。

综上所述,航天器轨道根数通常可采用 $(a,e,i,\Omega,\omega,\tau)$、$(a,e,i,\Omega,\omega,f)$、$(a,e,i,\Omega,\omega,M)$ 等形式表达,半长轴、偏心率、轨道倾角、升交点赤经、近地点幅角定义了空间的椭圆轨道,最后一个参数分别以过近地点时刻或给定历元的真近点角、平近点角来表示时间的影响。

2. 轨道平面坐标系中航天器位置速度计算

所谓二体模型,就是只考虑地球和航天器之间引力作用的情况下,航天器位置、速度的计算方法。

如果计算出任一给定时刻卫星的真近点角,则根据椭圆方程可以得到卫星位置。由于卫星在轨道上并非匀速匀度,因此引入偏近点角和平近点角概念。

如图 2-7 所示,以椭圆长半轴为半径作辅助圆。地心到卫星当前位置方向与地心到近地点方向所形成夹角 f 为真近点角;过卫星当前位置的垂线与辅助圆交于 Q

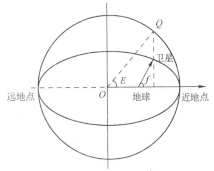

图 2-7　真近点角与偏近点角

点,则 OQ 方向与地心到近地点方向的夹角即为偏近点角 E。定义平近点角为

$$M = \sqrt{\frac{\mu}{a^3}}(t - \tau) \tag{2-22}$$

式中,$\mu = 3.9860044181\mathrm{e}^5$,为地球引力常数;$\tau$ 为卫星过近地点时刻。

平近点角的含义是假设航天器从近地点开始以平均角速度运行,经过$(t - \tau)$时间后运行的角度。

如以(a,e,i,Ω,ω,M)形式给定的轨道根数,则通过下式计算任一时刻的偏近点角:

$$E - e\sin E - M = \sqrt{\frac{\mu}{a^3}}(t - t_0) \tag{2-23}$$

式中,E 为偏近点角;t 为待计算时刻;e 为偏心率;a 为轨道半长轴;M 为平近点角;t_0 为轨道根数对应的时刻。

式(2-23)需迭代计算

$$\begin{cases} E_0 = 0.0 \\ E_i = e\sin E_{i-1} + M + \sqrt{\frac{\mu}{a^3}}(t - t_0) \\ \varepsilon = |E_i - E_{i-1}| \end{cases} \tag{2-24}$$

利用上式反复迭代计算,直到 ε 小于给定阈值。该过程一般较快。

得到偏近点角后,真近点角为

$$f = 2\arctan\left(\sqrt{\frac{1+e}{1-e}}\tan\left(\frac{E}{2}\right)\right) \tag{2-25}$$

对于轨道根数以(a,e,i,Ω,ω,f)形式给定的情况,可先计算对应的平近点角,再按上述过程计算,平近点角计算为

$$\begin{cases} E = 2\arctan\left(\sqrt{\frac{1-e}{1+e}}\tan\left(\frac{f}{2}\right)\right) \\ M = E - e\sin E \end{cases} \tag{2-26}$$

建立卫星轨道坐标系:以地心为原点,地心到卫星当前位置为 x 轴,与 x 轴垂直的卫星运动方向为 y 轴,过原点的轨道面法线为 z 轴,则卫星轨道坐标系相当于位于惯性坐标系中的一个局部坐标系。轨道坐标系中的 xy 平面如图 2-8 所示。

则在轨道坐标系中,卫星的位置矢量为

$$p = \left(\frac{a(1-e^2)}{1+e\cos f}, 0, 0\right) \tag{2-27}$$

即矢量的 x 分量相当于地心到卫星的距离 r,其他两个分量为 0。其中,a 为半长轴,e

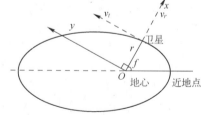

图 2-8　轨道平面坐标系

为偏心率，f 为真近点角，x、y 为卫星在轨道面平面坐标系中的平面坐标。

根据开普勒定律，卫星速度的径向分量 v_r 和切向分量 v_t 为

$$\begin{cases} h = \sqrt{\mu(r + re\cos(f))} \\ v_r = \dfrac{\mu}{h}(1 + e\cos(f)) \\ v_t = e\sin(f) \end{cases} \tag{2-28}$$

式中，h 为角动量；μ 为地球引力常数；r 为地心到卫星距离；e 为偏心率；f 为真近点角。

卫星在轨道坐标系中的速度矢量为

$$\boldsymbol{v} = (v_r, v_t, 0) \tag{2-29}$$

3. 轨道坐标系转换到惯性坐标系

从几何角度来分析轨道根数的定义，可通过一系列旋转变换将图 2-8 所表示的平面旋转到与赤道面重合，且其 x 轴指向平春分点方向，即将轨道坐标系旋转为与惯性坐标系重合。坐标系旋转过程中，坐标系中的矢量自然也变换到惯性坐标系。

绕 x、y 和 z 轴旋转的矩阵分别为

$$\boldsymbol{R}_x(\phi) = \begin{bmatrix} 1 & 0 & 0 \\ 0 & \cos\phi & -\sin\phi \\ 0 & \sin\phi & \cos\phi \end{bmatrix} \tag{2-30}$$

$$\boldsymbol{R}_y(\phi) = \begin{bmatrix} \cos\phi & 0 & \sin\phi \\ 0 & 1 & 0 \\ -\sin\phi & 0 & \cos\phi \end{bmatrix} \tag{2-31}$$

$$\boldsymbol{R}_z(\phi) = \begin{bmatrix} \cos\phi & -\sin\phi & 0 \\ \sin\phi & \cos\phi & 0 \\ 0 & 0 & 1 \end{bmatrix} \tag{2-32}$$

上述各式中，逆时针旋转时角度为正。在计算机图形学中，矢量以齐次坐标形式表示，因此旋转矩阵为 4×4 矩阵，在 2.1.3 节中的 SOFA 库中旋转矩阵为 3×3。

需要指出的是，上述 3 个公式以及 SOFA 库中的函数均是针对坐标系不动，点旋转给出的，与坐标系旋转恰好是逆过程，即公式中的角度取负值。但在将轨道坐标系旋转回惯性坐标系的过程中，都是顺时针旋转，因此后面给出的各式中角度均为正值。

（1）将轨道坐标系绕 z 轴顺时针旋转真近点角 f，使得其 x 轴与地心到近地点方向重合，参见图 2-6(b)，相应矢量变换为

$$\begin{cases} \boldsymbol{p}_1 = \boldsymbol{R}_z(f) \times \boldsymbol{p} \\ \boldsymbol{v}_1 = \boldsymbol{R}_z(f) \times \boldsymbol{v} \end{cases} \tag{2-33}$$

（2）将坐标系绕 z 轴按顺时针旋转近地点幅角 ω，使得 x 轴与地心升交点方向重合，参见图 2-6（a），对应矢量变换为

$$\begin{cases} \boldsymbol{p}_2 = \boldsymbol{R}_z(\omega) \times \boldsymbol{p}_1 \\ \boldsymbol{v}_2 = \boldsymbol{R}_z(\omega) \times \boldsymbol{v}_1 \end{cases} \tag{2-34}$$

（3）绕 x 轴旋转轨道倾角 i，使得轨道坐标系的 xy 平面与惯性坐标系的 xy 平面重合，参见图 2-5（a），对应矢量变换为

$$\begin{cases} \boldsymbol{p}_3 = \boldsymbol{R}_x(i) \times \boldsymbol{p}_2 \\ \boldsymbol{v}_3 = \boldsymbol{R}_x(i) \times \boldsymbol{v}_2 \end{cases} \tag{2-35}$$

（4）绕 z 轴旋转升交点赤经 Ω，使得 x 轴指向平春分点方向，参见图 2-5（b），对应矢量变换为

$$\begin{cases} \boldsymbol{p}_4 = \boldsymbol{R}_z(\Omega) \times \boldsymbol{p}_3 \\ \boldsymbol{v}_4 = \boldsymbol{R}_z(\Omega) \times \boldsymbol{v}_3 \end{cases} \tag{2-36}$$

将计算得到的惯性坐标系中的位置矢量 $\boldsymbol{p}_4$ 和速度矢量 $\boldsymbol{v}_4$，利用式（2-19）和式（2-20），计算出地固坐标系中的位置和速度。

需指出 3 点：①上述的旋转变换过程不可交换顺序，如（3）、（4）步，如按先升交点赤经、后轨道倾角的顺序，则当按升交点赤经变换时，轨道面尚处于倾斜状态，此时的升交点赤经值并不符合轨道根数定义；②步骤（2）～（4）的变换对于给定卫星固定，由于矩阵支持级联，因此可预先计算并合并为一个矩阵以优化计算效率；③没必要像很多书中所述构造一个复杂的旋转矩阵计算公式，采取上述分步计算更为清晰、不易出错。

2.1.5　航天器轨道计算的 SGP4 模型

北美防空联合司令部（NOARD）利用其先进的空间目标监视系统对航天器和空间碎片进行探测、跟踪、编目和目标识别，并以两行轨道根数（two-line element）的形式发布绝大多数空间目标轨道数据。

可以基于 TLE 数据进行轨道预报的模型共 5 种：SGP、SGP4、SGP8 适用于近地空间目标（轨道周期小于 225min），SDP4 和 SDP8 用于轨道周期大于等于 225min 的空间目标[12,13]。

1. TLE 数据格式

TLE 轨道根数以 2 行文本的格式给出（也有 3 行根数的格式，其第 1 行为航天器名称），每行为 69 个字符，有效字符为数字 0～9、大写字母 A～Z、正负号、空格和句点。其格式如图 2-9 所示。

其中，偏心率、平运动二阶导数和 Bstar 数据直接是小数部分，前面没有小数点和符号位；平运动一阶导数已经除以 2，平运动二阶导数已经除以 6，这两个数

1	2	3–7	8	9	10–11	12–14	15–17	18	19–20	21–32	33	34	35–43	44	45	46–52	53	54	55–59	60	61	62	63	64	65–68	69
		卫星编号	密级		国际标志符（发射）				历元			平运动一阶导数			平运动二阶导数			BSTAR阻力系数					轨道模型		数据套序号	校验和
					年	序号	部件号		年	天		S			S.			S.		S	E					
1		00671	U		63	038	C		15	098.18639314			.00000067			00000-0			10000	-	3		0		3487	2

1	2	3–7	8	9–16	17	18–25	26	27–33	34	35–42	43	44–51	52	53–63	64–68	69
		卫星编号		轨道倾角（度）		升交点赤经（度）		偏心率		近地点幅角（度）		平近点角（度）		平运动（每天圈数）	总圈数	校验和
2		00671		090.1178		308.6896		0038562		277.3006		082.3759		13.44559344	40333	0

图2-9　TLE轨道根数格式

在 SGP4 模型中未使用;标记为阴影的部分为空、不使用。下面简要介绍:

(1) 卫星编号与密级。第 1 和第 2 行分别以字符 1、2 开始,紧跟其后的就是 5 位数字表示的卫星编号,由 NOARD 为卫星定义,第 1 行中随后是密级位,"U"表示公开,"S"表示秘密。

(2) 国际标识符。分为 3 个部分,即发射年份、发射次序号、部件序号,其中年份只使用年份的后两位,1957 年以前人造卫星、航天器都不存在,故 00 ~ 56 对应于 2000 – 2056。

(3) 历元。历元可以划分为年份和当年历元时刻两部分,后者指从当年 1 月 1 日起累计的天数及当天的分数部分。

(4) 轨道类型。更准确地说是轨道计算类型,根据文献[12]的建议,1 = SGP,2 = SGP4,3 = SDP4,4 = SGP8,5 = SDP8,但由于这些值只是作内部分析使用,而所有发布的数据都由 SGP4/SDP4 模型生成,该字段为 0。

(5) 数据套序号。对于同一颗卫星,其轨道参数并非一成不变,需根据需要发布新的数据以更新原有数据,每次生成新的一套数据,序号加 1。

(6) 轨道倾角、升交点赤经、偏心率、近地点幅角、平近点角,其含义可以参见二体模型部分的定义。

(7) 每天圈数。根据每天圈数,可计算周期,周期与卫星轨道半长轴的关系为

$$\frac{2\pi}{T} = \sqrt{\frac{\mu}{a^3}} \tag{2-37}$$

式中,T 为卫星运行的周期;μ 为地球引力常数;a 为半长轴。

(8) Bstar 阻力系数。通常空气动力学中使用弹道系数(ballistic coefficients,BC),而 Bstar 使用大气密度来对 BC 进行调整。

2. SGP4 轨道预推模型

根据 NORAD 公布的 TLE 数据,利用 SGP4/SDP4 近似解析模型计算空间目标位置和速度的主要步骤是:①引入基本的参数系统;②由 TLE 数据恢复出平根数;③由平根数依次计算长期项、长周期项、短周期项;④计算空间目标的位置与速度。SGP4/SDP4 模型均运用正则变换消除奇点问题。长期项表现为多项式的形式,有长期积累效应;而周期项是以真近点角与近地点幅角的和角为幅角的三角函数,表现出明显的周期性。

在下面模型的阐述中遵循如下原则:前面已提及变量、常量均不再重述,仅阐述未用到的变量或常量,即凡是没有特别说明的公式,其中的变量、常量均可在该公式以前找到。

1）计算初始的平速度 n_0'' 和半长轴 a_0''

$$\begin{cases} a_1 = \left(\dfrac{k_e}{n_0}\right)^{\frac{2}{3}} \\ k_e = 0.0743669161 \\ n_0 = \dfrac{2\pi n_c}{1440} \end{cases} \tag{2-38}$$

式中，n_c 为 TLE 数据中的圈数。

$$\delta_1 = 1.5 \frac{k_2}{a_1^2} \frac{(3\cos^2 i_0 - 1)}{(1-e_0^2)^{\frac{3}{2}}} \tag{2-39}$$

式中，$k_2 = 0.5 J_2 a_e^2 = 0.0005413080$；$a_1$ 为式（2-38）结果；i_0 和 e_0 分别为 TLE 数据中的轨道倾角和偏心率。

$$a_0 = a_1 \left(1 - \frac{1}{3}\delta_1 - \delta_1^2 - \frac{134}{81}\delta_1^3\right) \tag{2-40}$$

$$\delta_0 = 1.5 \frac{k_2}{a_0^2} \frac{(3\cos^2 i_0 - 1)}{(1-e_0^2)^{\frac{3}{2}}} \tag{2-41}$$

以上二式根据前面得到值的计算，式（2-42）和式（2-40）形式基本一致。

然后，计算初始平速度 n_0'' 和半长轴 a_0''：

$$n_0'' = \frac{n_0}{1+\delta_0} \tag{2-42}$$

$$a_0'' = \frac{a_0}{1-\delta_0} \tag{2-43}$$

2）相关常数计算

计算近地点高度：

$$\text{PERIGEE} = (a_0''(1-e_0) - a_E)\text{XKMPER} \tag{2-44}$$

式中，$a_E = 1$，$\text{XKMPER} = 6378.135$。

计算 SGP4 模型所需的大气密度参数 s 和 $(q_0 - s)^4$。

当近地点高度 PERIGEE 大于 156km 时，有

$$\begin{cases} s = 1.01222928 \\ (q_0 - s)^4 = 1.88027916E^{-9} \end{cases} \tag{2-45}$$

当近地点高度小于 156km 而大于 98km 时，s 需在式（2-45）的基础上调整为

$$s^* = a_0''(1-e_0) - s + a_E \tag{2-46}$$

而当近地点高度小于 98km 时，s 需调整为

$$s^* = \frac{20}{\mathrm{XKMPER}} + a_\mathrm{E} \tag{2-47}$$

如果近地点高度小于 156km，即式（2-46）或式（2-47）条件满足时，$(q_0 - s)^4$ 调整为

$$(q_0 - s^*)^4 = \left[\left[(q_0 - s)^4\right]^{\frac{1}{4}} + s - s^*\right]^4 \tag{2-48}$$

按如下顺序计算所需常量（后面公式中所用的 s 和 $(q_0 - s)^4$ 根据情况不同，可能为 s^* 和 $(q_0 - s^*)^4$）：

$$\theta = \cos i_0 \tag{2-49}$$

$$\xi = \frac{1}{a_0'' - s} \tag{2-50}$$

$$\beta_0 = (1 - e_0^2)^{\frac{1}{2}} \tag{2-51}$$

$$\eta = a_0'' e_0 \xi \tag{2-52}$$

$$C_2 = (q_0 - s)^4 \xi^4 n_0'' (1 - \eta^2)^{-\frac{7}{2}} \left[a_0''(1 + 1.5\eta^2 + 4e_0\eta + e_0\eta^3) + \right.$$
$$\left. 1.5 \frac{k_2\xi}{(1 - \eta^2)}(-0.5 + 1.5\theta^2)(8 + 24\eta^2 + 3\eta^4)\right] \tag{2-53}$$

$$C_1 = B^* C_2 \tag{2-54}$$

式中，B^* 为 TLE 数据中的 Bstar 值。

$$C_3 = \frac{(q_0 - s)^4 \xi^5 A_{3,0} n_0'' a_\mathrm{E} \sin i_0}{k_2 e_0} \tag{2-55}$$

其中，

$$A_{3,0} = -J_3 a_\mathrm{E}^3 = -0.253881\mathrm{E}^{-5} \tag{2-56}$$

$$C_4 = 2n_0''(q_0 - s)^4 \xi^4 a_0'' \beta_0^2 (1 - \eta^2)^{-\frac{7}{2}} \left\{\left[2\eta(1 + e_0\eta) + 0.5e_0 + 0.5\eta^3\right]\right.$$
$$- \frac{2 k_2\xi}{a_0''(1 - \eta^2)} \times \left[3(1 - 3\theta^2)(1 + 1.5\eta^2 - 2e_0\eta - 0.5e_0\eta^3)\right.$$
$$\left.\left. + 0.75(1 - \theta^2)(2\eta^2 - e_0\eta - e_0\eta^3)\cos 2\omega_0\right]\right\} \tag{2-57}$$

式（2-57）中，新出现变量为 ω_0，为 TLE 数据中的近地点幅角值。

$$C_5 = 2(q_0 - s)^4 \xi^4 a_0'' \beta_0^2 (1 - \eta^2)^{-\frac{7}{2}} \left[1 + \frac{11}{4}\eta(\eta + e_0) + e_0\eta^3\right] \tag{2-58}$$

$$D_2 = 4a_0'' \xi C_1^2 \tag{2-59}$$

$$D_3 = \frac{4}{3} a_0'' \xi^2 (17a_0'' + s) C_1^3 \tag{2-60}$$

$$D_4 = \frac{2}{3} a_0'' \xi^3 (221a_0'' + 31s) C_1^4 \tag{2-61}$$

3）计算大气效果

$$M_{\mathrm{DF}} = M_0 + \left[1 + \frac{3k_2(-1+3\theta^2)}{2a_0''^2\beta_0^3} + \frac{3k_2^2(13-78\theta^2+137\theta^4)}{16a_0''^4\beta_0^7} \right] n_0''(t-t_0)$$

$$(2-62)$$

式中，M_0 为 TLE 数据中的平近点角；$(t-t_0)$ 为从星历时刻之后经过的时间。

$$\omega_{\mathrm{DF}} = \omega_0 + \left[-\frac{3k_2(1-5\theta^2)}{2a_0''^2\beta_0^4} + \frac{3k_2^2(7-114\theta^2+395\theta^4)}{16a_0''^4\beta_0^8} \right.$$

$$\left. + \frac{5k_4(3-36\theta^2+49\theta^4)}{4a_0''^4\beta_0^8} \right] n_0''(t-t_0) \qquad (2-63)$$

式中，ω_0 为 TLE 数据中的近地点幅角；$k_4 = -\dfrac{3}{8}J_4 a_{\mathrm{E}}^4 = 0.62098875\mathrm{E}^{-6}$。

$$\Omega_{\mathrm{DF}} = \Omega_0 + \left[-\frac{3k_2\theta}{a_0''^2\beta_0^4} + \frac{3k_2^2(4\theta-19\theta^3)}{2a_0''^4\beta_0^8} + \frac{5k_4\theta(3-7\theta^2)}{2a_0''^4\beta_0^8} \right] n_0''(t-t_0) \qquad (2-64)$$

式中，Ω_0 为 TLE 数据中的升交点赤经值。

$$\delta\omega = B^* C_3 (\cos\omega_0)(t-t_0) \qquad (2-65)$$

$$\delta M = -\frac{2}{3}(q_0-s)^4 B^* \xi^4 \frac{a_{\mathrm{E}}}{e_0\eta} \left[(1+\eta\cos M_{\mathrm{DF}})^3 - (1+\eta\cos M_0^3) \right] \qquad (2-66)$$

$$M_p = M_{\mathrm{DF}} + \delta\omega + \delta M \qquad (2-67)$$

$$\omega = \omega_{\mathrm{DF}} - \delta\omega - \delta M \qquad (2-68)$$

$$\Omega = \Omega_{\mathrm{DF}} - \frac{21}{2} \frac{n_0'' k_2 \theta}{a_0''^2 \beta_0^2} C_1 (t-t_0)^2 \qquad (2-69)$$

$$e = e_0 - B^* C_4 (t-t_0) - B^* C_5 (\sin M_p - \sin M_0) \qquad (2-70)$$

$$a = a_0'' \left[1 - C_1(t-t_0) - D_2(t-t_0)^2 - D_3(t-t_0)^3 - D_4(t-t_0)^4 \right]^2 \qquad (2-71)$$

$$\Gamma = M_p + \omega + \Omega + n_0'' \left[1.5 C_1(t-t_0)^2 + (D_2+2C_1^2)(t-t_0)^3 \right.$$

$$+ 0.25(3D_3+12C_1 D_2+10C_1^3)(t-t_0)^4$$

$$\left. + 0.2(3D_4+12C_1 D_3+6D_2^2+30C_1^2 D_2+15C_1^4)(t-t_0)^5 \right] \qquad (2-72)$$

$$\beta = \sqrt{(1-e^2)} \qquad (2-73)$$

$$n = \frac{k_e}{a^{\frac{3}{2}}} \qquad (2-74)$$

以上计算中，如卫星近地点高度小于 220km，则式（2-71）和式（2-72）计算 a 和 Γ 时，所有 C_1 以后的项均舍去，同时 C_5、$\delta\omega$ 和 δM 将无效。

4）计算长周期项

$$a_{xN} = e\cos\omega \qquad (2-75)$$

$$\Gamma_L = \frac{A_{3,0}\sin i_0}{8k_2 a\beta^2}(e\cos\omega)\left(\frac{3+5\theta}{1+\theta}\right) \tag{2-76}$$

$$a_{yNL} = \frac{A_{3,0}\sin i_0}{4k_2 a\beta^2} \tag{2-77}$$

$$\Gamma_T = \Gamma + \Gamma_L \tag{2-78}$$

$$a_{yN} = e\sin\omega + a_{yNL} \tag{2-79}$$

5）解开普勒方程求出 $E+\omega$

采用下式迭代求解：

$$\begin{cases} (E+\omega)_{i+1} = (E+\omega)_i + \Delta(E+\omega)_i \\ \Delta(E+\omega)_i = \dfrac{U - a_{yN}\cos(E+\omega)_i + a_{xN}\sin(E+\omega)_i - (E+\omega)_i}{-a_{yN}\sin(E+\omega)_i - a_{xN}\cos(E+\omega)_i + 1} \end{cases} \tag{2-80}$$

其中，

$$U = \Gamma_T - \Omega \tag{2-81}$$

6）计算短周期项

$$e\cos E = a_{xN}\cos(E+\omega) + a_{yN}\sin(E+\omega) \tag{2-82}$$

$$e\sin E = a_{xN}\sin(E+\omega) - a_{yN}\cos(E+\omega) \tag{2-83}$$

在式（2-82）和式（2-83）中，公式左侧虽然形式为 $e\cos E$ 和 $e\sin E$，但后续计算中将 $e\cos E$ 和 $e\sin E$ 作为一个值直接使用，并不需要对其求解，将其当作一个变量使用。后面有些公式与此类似，公式左侧看似一个式子，但实际当成一个变量。

$$e_L = \sqrt{(a_{xN}^2 + a_{yN}^2)} \tag{2-84}$$

$$p_L = a(1 - e_L^2) \tag{2-85}$$

$$r = a(1 - e\cos E) \tag{2-86}$$

可以看出，在上式中直接使用式（2-82）求得的结果。

$$\dot{r} = k_e\frac{\sqrt{a}}{r}e\sin E \tag{2-87}$$

同样，在上式中直接使用式（2-83）求得的结果。

$$r\dot{f} = k_e\frac{\sqrt{p_L}}{r} \tag{2-88}$$

$$\cos u = \frac{a}{r}\left[\cos(E+\omega) - a_{xN} + \frac{a_{yN}(e\sin E)}{1 + \sqrt{1 - e_L^2}}\right] \tag{2-89}$$

$$\sin u = \frac{a}{r}\left[\sin(E+\omega) - a_{yN} - \frac{a_{xN}(e\sin E)}{1 + \sqrt{1 - e_L^2}}\right] \tag{2-90}$$

$$u = \arctan\left(\frac{\sin u}{\cos u}\right) \tag{2-91}$$

短周期项为

$$\Delta r = \frac{k_2}{2p_L}(1 - \theta^2)\cos 2u \tag{2-92}$$

$$\Delta u = -\frac{k_2}{4p_L{}^2}(7\theta^2 - 1)\sin 2u \tag{2-93}$$

$$\Delta \Omega = \frac{3k_2\theta}{2p_L{}^2}\sin 2u \tag{2-94}$$

$$\Delta i = \frac{3k_2\theta}{2p_L{}^2}\sin i_0\cos 2u \tag{2-95}$$

$$\Delta \dot{r} = -\frac{k_2 n}{p_L}(1 - \theta^2)\sin 2u \tag{2-96}$$

$$\Delta r\dot{f} = \frac{k_2 n}{p_L}\left[(1 - \theta^2)\cos 2u - 1.5(1 - 3\theta^2)\right] \tag{2-97}$$

7）加入短周期项，得到最终计算所用参数值

$$r_k = r\left[1 - 1.5k_2\frac{\sqrt{1 - e_L{}^2}}{p_L{}^2}(3\theta^2 - 1)\right] + \Delta r \tag{2-98}$$

$$u_k = u + \Delta u \tag{2-99}$$

$$\Omega_k = \Omega + \Delta\Omega \tag{2-100}$$

$$i_k = i_0 + \Delta i \tag{2-101}$$

$$\dot{r}_k = r + \Delta\dot{r} \tag{2-102}$$

$$r\dot{f}_k = r\dot{f} + \Delta r\dot{f} \tag{2-103}$$

8）计算最终结果

计算方向矢量，首先令

$$\boldsymbol{M} = \begin{bmatrix} -\sin\Omega_k\cos i_k \\ \cos\Omega_k\cos i_k \\ \sin i_k \end{bmatrix} \tag{2-104}$$

$$\boldsymbol{N} = \begin{bmatrix} \cos\Omega_k \\ \sin\Omega_k \\ 0 \end{bmatrix} \tag{2-105}$$

则方向矢量为

$$U = M\sin u_k + N\cos u_k \qquad (2-106)$$

$$V = M\cos u_k - N\sin u_k \qquad (2-107)$$

最后可得航天器的位置矢量和速度矢量为

$$\begin{cases} \boldsymbol{r} = r_k \boldsymbol{U} \\ \dot{\boldsymbol{r}} = \dot{r}_k \boldsymbol{U} + r \dot{f}_k \boldsymbol{V} \end{cases} \qquad (2-108)$$

3. SGP4 模型的坐标系

TLE 数据使用的是轨道坐标系,它是真赤道、平春分点坐标系(True Equator Mean Equinox,TEME)。利用上述模型计算所得结果也是该坐标系下的位置与速度。

TEME 坐标系中的位置矢量转换到地固坐标系的公式为

$$\boldsymbol{V}_{\mathrm{ECF}} = \boldsymbol{W}(t) \times \boldsymbol{R}_z(\mathrm{GAST}) \times \boldsymbol{V}_{\mathrm{TEME}} \qquad (2-109)$$

TEME 坐标系中的速度矢量转换到地固坐标系的公式为

$$\boldsymbol{VEL}_{\mathrm{ECF}} = \boldsymbol{W}(t) \times \left[\boldsymbol{R}_z(\mathrm{GAST}) \times \boldsymbol{V}_{\mathrm{TEME}} - \boldsymbol{V}_0 \times \boldsymbol{P}_{\mathrm{ET}} \right] \qquad (2-110)$$

式中,$\boldsymbol{W}(t)$、$\boldsymbol{R}_z(\mathrm{GAST})$、$\boldsymbol{V}_0$、$\boldsymbol{P}_{\mathrm{ET}}$ 含义均参见式(2-20)。

同样,也可以得到 TEME 坐标系与 J2000.0 天球坐标系中矢量的变换公式为

$$\boldsymbol{V}_{\mathrm{TEME}} = \boldsymbol{N}(t) \times \boldsymbol{P}(t) \times \boldsymbol{V}_{\mathrm{J2000ECI}} \qquad (2-111)$$

2.1.6 航天器轨道计算若干细节问题

理论上应用上述公式即可完成航天器轨道计算,但在实现中还会涉及算法优化、模型精度等各类问题,下面梳理相关问题。

1. IAU1976、IAU2000A 和 IAU2006 模型的精度对比

蒋方华等[14]用 IAU1976、IAU2000 和 STK6.1 进行了精度对比,运行 2 天内其位置误差不超过厘米和分米级,但由于该文在章动量的选取上,交角章动和黄经章动分别取主要的 48 项和 77 项,可能存在一定误差。

基于轨道计算二体模型进行对比,分别实现 IAU1976、IAU2000A 和 IAU2006 模型,并与 STK8.1 的计算结果进行对比。在极移的处理上,STK 软件带有极移数据文件,STK8.1 的极移数据截止到 2008 年 5 月 28 日,对于没有极移数据的时刻,极移值设为 0,该文件中的极移数据与从 IERS 下载的数据存在非常微小的差别。分别选取 2006 年 7 月 1 日和 2017 年 5 月 1 日(分别对应有极移数据和极移数据值为 0)2 个时间点,高、中、低 3 种轨道类型,按步长 1 分钟连续计算 15 天,统计与 STK8.1 计算结果的最大位置差,如表 2-8 所示(A、B 对应前述 2 时间点)。

表 2-8 IAU1976、IAU2000A 和 IAU2006 模型的精度对比

计算模型 半长轴/km	IAU1976/m		IAU2000A/m		IAU2006/m	
	时间点 A	时间点 B	时间点 A	时间点 B	时间点 A	时间点 B
42164	0.46	0.37	6.10	9.39	6.10	9.41
20000	0.38	0.19	2.84	4.45	2.85	4.46
7000	0.18	0.16	0.92	1.42	0.92	1.43

经过大量对比,在计算精度方面有以下结论:①所实现的 IAU1976 模型计算结果与 STK8.1 计算结果基本一致;②IAU2000A 模型的计算结果与 IAU1976 模型的计算结果存在一定的差,具有更高的精度;③IAU2006 模型与 IAU200A 模型计算结果的差异较小。

2. 章动计算的优化

计算章动矩阵需要大量的三角函数运算,是最为耗时的部分。如不需进行预推,而只计算一个场景中所有航天器的当前位置,或只需计算单个航天器的单个位置,只需计算 1 次章动,无需考虑优化问题。然而在空间态势可视化和分析中,更为普遍的情况是存在很多的航天器(空间目标),而且每个航天器进行相当长时间范围的轨道预推,此时章动计算的优化问题就非常重要。

虽然有研究[15]提出章动模型中减少三角函数计算次数的方法,但是提高效率的关键却不在此,而在于尽量减少章动计算的次数,有两个思路:①在误差允许的条件下,某个时间段内所有时刻的章动值都以同一近似值来代替;②对于已经计算过的章动值,进行有效管理以避免重复计算。

首先分析采用近似章动值所导致的误差,分别采用 1min、1h、1 天的近似计算,计算 2006 年 7 月 1 日开始的 1 天时间,3 个典型轨道的误差如表 2-9 所示。由表中可知,近似会导致一定误差,可以根据需要运用各个近似方法。

表 2-9 章动近似计算的误差

半长轴/km	1min/m	1h/m	1 天/m
42164	0.0001	0.239	6.605
20000	0.0001	0.147	3.967
7000	0.0001	0.044	1.372

计算出的章动矩阵需存储起来,当其他航天器轨道计算需要该章动矩阵时,直接访问已存储数据。由于航天器运行周期不同,计算过的章动矩阵的数量较多,如对于地球同步轨道卫星,采用 1min 近似的方法,则 1 个周期内的章动矩阵有 1440 个;同时,在态势随时间推进的过程中,还需要进行数据插入、删除等操

作。因此,需要在查找、插入、删除三方面都满足效率需求的数据结构来管理章动矩阵数据,平衡查找树是首选数据结构。标准模板库(Standard Template Library, STL)对常用的数据结构进行了封装,其中有多个容器均满足要求,可用来管理章动矩阵数据。

综合应用上述章动优化技术,针对不同数量的卫星,每颗卫星轨道预推128个点,统计其在直接计算章动、1min 近似、1h 近似、1 天近似计算时所需时间。统计结果如表 2-10 所示。需要说明 2 点:①当几十颗卫星同时计算时,即使最为优化方法也需要 85ms(表 2-10),但是由于各卫星周期不同,其更新的时间点也不相同,大量卫星同时计算的情况只出现在整个态势初始化等少数时候,在很多情况下只有少量卫星需更新数据;②对于 1 颗星的情况,1min 近似的效率提升并不高,但这同样出现在初始化阶段,当态势运行时,由于所需章动数据有很大概率已经计算出,其平均效率要高得多。总之,3 种近似都能够满足空间态势可视化与分析实时性要求。

表 2-10　章动优化计算的效率对比

卫星数	直接计算/s	1min 近似/s	1h 近似/s	1 天近似/s
1	0.032	0.025	0.002	0.002
10	0.327	0.043	0.018	0.018
47	1.514	0.228	0.093	0.085

于燕等[16]利用视锥体对轨道进行裁剪的方法来减少需计算的航天器个数,但该方法只能针对某一时刻的航天器位置计算,对大量轨道同时计算或空间分析所需的轨道计算无能为力。

3. SGP4 模型的优化问题

解决了章动计算的优化问题之后,对于二体模型,进一步优化的空间已经不大,而 SGP4 模型还有一定的优化空间。

SGP4 模型在解析出数据之后,还需经过由式(2-38)~式(2-108)的 70 个公式才可计算出结果,而这些公式中又存在大量的浮点运算乃至三角函数计算。

分析这些公式,有两个可以优化的地方:①式(2-63)以前公式与时间无关,可预先计算并存储;②式(2-64)以后各公式,即使与时间有关,但很多系数与时间无关,也可预先计算并存储。此外,由 TLE 字符串解析 SGP4 模型系数也可只进行一次,不必每次计算都重新解析。

按照上述几点,对 SGP4 模型计算进行优化,在已进行章动优化的基础上,效率再提升 50%。

4. 其他问题

再探讨两个问题。

（1）岁差、章动和极移中，岁差产生的误差最大，预推 2014 年的卫星位置，轨道高度 7000km 的情况下，最大误差约 60～70km；其次是章动，产生的误差大约为 2～3km；极移误差基本是在几百米的量级。

（2）地球引力常数的影响。前已给出 $\mu = 3.9860044181E^5$，但是在有些资料上该值为 $\mu = 3.986004361E^5$，这个微小的差值会造成非常难以查找的错误。在二体模型下，开始结果与 STK 完全一样，但随着时间推进，差距越来越大，精度不能满足需要。

2.1.7　航天器轨道计算组件设计与实现

按照面向对象、组件化、接口与实现分离的思路，设计实现了航天器轨道计算组件。下面描述中术语对象、接口和方法，可参照 COM 规范来理解。

1. 轨道计算接口

空间态势可视化软件中并不只有一个空间目标，每个空间目标都需要调用轨道计算模型，轨道计算模型涉及很多参数（如 TLE 中的字符串）和初始计算结果（如 TLE 中解析出的数据，临时变量），按照面向对象的思想，这些应由轨道计算模型实现类管理。

定义轨道接口类，抽象轨道相关操作，其他所有需要使用轨道计算模型的算法、软件，大部分情况下都只使用这个接口完成工作，包括预推、计算位置速度乃至管理显示信息等。此接口采用类似 COM 组件中的接口定义，为纯虚基类，轨道模型具体实现类对此接口提供支持。

按照组件规范，图 2-10 定义了轨道计算接口及接口的部分方法，限于篇幅，一些次要方法未列出，但后续算法直接使用。下面阐述主要方法：

<<接口>>
Orbit_Interface
+SetPredictType(in type: int)
+SetPredictStrategy(in strategy: int)
+SetPredictVariable(in SecondsOrCycles: int, in stepmillseconds: int)
+SetCurrentTime(in dt: QDateTime): bool
+GetTimeOfCycle(): double
+GetCurPosInPredict(inout pos: int): int
+GetHeightRange(out lowerHeight: double, out upperHeight: double): bool
+GetTRFBox(out box[8]: CPoint3D)
+GetCRFPts(): QVector<CPoint3D>*
+GetCRFVels(): QVector<CVector3D>*
+GetTRFPts(): QVector<CPoint3D>*
+GetTRFVels(): QVector<CVector3D>*
+CalculatePosandVel(in ct: QDateTime, out CRFPt: CPoint3D, out CRFVel: CVector3D, out TRFPt: CPoint3D, out TRFVel: CVector3D): bool
+GetCurrentPosandVel(out CRFPt: CPoint3D, out CRFVel: CVector3D, out TRFPt: CPoint3D, out TRFVel: CVector3D): bool
+QueryInterface(in orbitinterfacetype: OrbitInterfaceType, inout ppInterface: Orbit_Interface): bool
+Clone(): Orbit_Interface

图 2-10　轨道计算接口

（1）前3个方法分别设置预推类型、预推策略和预推参数，第4个方法执行预推算法，以上内容在预推算法部分进行讨论。

（2）第5个方法获得轨道周期，第6个方法获得当前时间在轨道预推数据中的位置，这2个方法用于轨道绘制算法，后面讨论。

（3）第7个方法获得轨道高度范围，用于一些空间态势分析算法的快速过滤。

（4）紧跟其后的5个方法用于获得轨道预推的结果数据，再之后2个方法进行直接计算给定时刻的位置和速度。

（5）QueryInterface 方法与 COM 中的同名方法含义一致，用于查询其他接口；由于接口是纯虚函数，不支持直接复制，Clone 方法生成接口的副本（内部隐含对象创建的逻辑）。

2. Astro 接口

每个 Orbit_Interface 接口必须组合一个 Astro_Interface 接口。

为了进行速度优化，需将章动计算结果存储在可进行快速查找的数据结构中，因此需跨越单个对象的管理机制，这是 Astro_Interface 的第一个目的。

如仅出于上述目的，则每个动态库维持一个 QSet 之类的全局变量或类对象中静态成员变量即可实现。但软件中往往需要进行当前时刻轨道计算、当前时刻太阳月亮位置计算等与当前时刻有关的计算，而一个软件中完全可能有多个时间不同的场景（或态势分析任务）。定义接口 Astro_Interface（图2-11），相当于对于软件中的每个场景或分析模块，使用该接口的一个实例，不同场景中天文相关信息各自独立维护，不致混淆。

<<接口>>
Astro_Interface
+SetCurrentAstroTime(in ct : QDateTime) : bool
+SetNutResolution(in resolution : int) : bool
+SetIAUMODEL(in model : int) : bool
+CRF2TRF_CurrentTime(inout pos : CPoint3D) : bool
+TRF2CRF_CurrentTime(in pos : CPoint3D) : bool
+GetCRF2TRFMat(out premutmat : CMatrix3D, out polarmat : CMatrix3D) : bool
+GetTRF2CRFMat(out prenutmat : CMatrix3D, out polarmat : CMatrix3D) : bool
+QueryCRF2TRFMats(in dt : QDateTime, in mats[] : CMatrix3D) : bool
+GetSunPos(out CRFpos : CPoint3D, out TRFpos : CPoint3D) : bool

图2-11　天文计算接口

下面阐述接口的主要方法：

（1）SetCuurentAstroTime 方法设置当前时间。

（2）SetNutResolution 方法设置所采用的章动计算优化措施（见2.1节），即确定按天、小时或分钟进行章动近似计算。

（3）SetIAUMODEL 方法设置所采用的 IAU 模型，可以为 IAU1976、IAU2000A、IAU2000B、IAU2006。

（4）CRF2TRF_CurrentTime 和 TRF2CRF_CurrentTime 方法，支持当前时刻位置矢量在天球坐标系和地固坐标系之间的转换。

（5）GetCRF2TRFMat 和 GetTRF2CRFMat 方法，获得当前时刻天球坐标系和地固坐标系之间的变换矩阵，岁差章动矩阵和极移矩阵分开获得。

（6）QueryCRF2TRFMats 方法，用于查询给定时刻的变换矩阵，如已经计算并存储就直接取用，否则进行计算。

针对 Astro_Interface 接口的实现，需指出两点：①由于坐标系变换需经过多个步骤，因此实际存储变换矩阵，既包括各个分步骤得到的矩阵，也包括总的变换矩阵，以优化实时计算的效率；②极移存储在文件中，其数据量也很大，预先加载并存储在支持高效搜索的 QMap 数据结构中，由于软件中各场景可共用极移数据，因此采用全局变量处理。

3. 二体模型与 SGP4 模型接口

根据空间态势可视化与分析的需要，Orbit_Interface 接口定义了不同类型轨道计算模型的共用接口。针对不同的轨道计算模型，还需专用接口。

轨道计算二体模型接口如图 2-12（b）所示，其中轨道根数结构定义如图 2-12（a）所示。

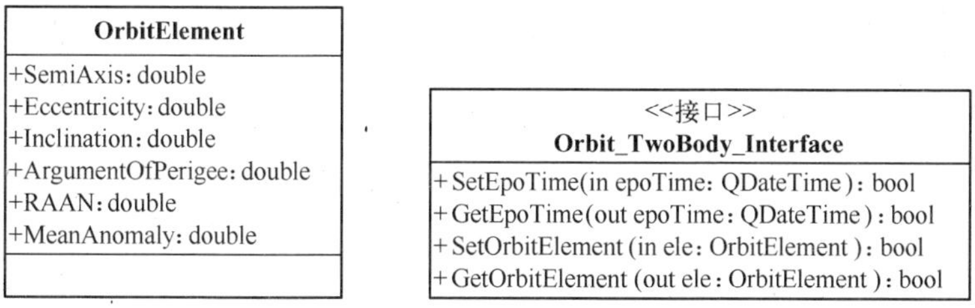

OrbitElement
+SemiAxis: double
+Eccentricity: double
+Inclination: double
+ArgumentOfPerigee: double
+RAAN: double
+MeanAnomaly: double

<<接口>>
Orbit_TwoBody_Interface
+SetEpoTime(in epoTime: QDateTime): bool
+GetEpoTime(out epoTime: QDateTime): bool
+SetOrbitElement (in ele: OrbitElement): bool
+GetOrbitElement (out ele: OrbitElement): bool

　　　(a) 轨道根数　　　　　　　　　　　(b) 二体模型接口

图 2-12　轨道计算二体模型接口

轨道计算 SGP4 模型接口如图 2-13 所示。

<<接口>>
Orbit_SGP4_Interface
+SetOrbit_TLE(in tle1: QString &, in tle2: QString &): bool
+GetOrbit_TLE(out tle1: QString &, out tle2: QString &): bool
+GetEpoTime (out epo: QDateTime): bool

图 2-13　轨道计算 SGP4 模型接口

由于采用了组件化设计思想,具体计算模型的接口非常简单(内部计算模型复杂),主要是对象初始化相关方法,计算模型则实现 Orbit_Interface 接口的相应方法。各空间态势可视化和分析算法大多直接调用 Orbit_Interface 接口。

4. 实现类层次关系

SGP4 轨道计算模型的实现类层次如图 2-14 所示,类 Base_Orbit 的作用是定义各类模型都需要的共性成员,并将 Orbit_Interface 接口中一部分共性程度较高的方法加以实现,以实现代码复用。这种定义方法使得组件使用者完全做到"面向接口"的编程。

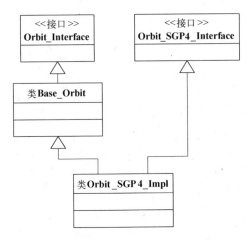

图 2-14　SGP4 轨道计算模型实现类层次关系

5. 预推算法

根据空间态势可视化与分析的需要,定义了轨道预推类型、预推策略,设计实现了预推算法,该算法由类 Base_Orbit 实现,对于各轨道预推模型可复用。

轨道预推类型包括不预推、按秒数预推和按周期数预推 3 种:不预推时,只计算当前时刻的位置、速度;按秒数预推时,给定预推时间的绝对值(以秒数为单位),按该值预推;按周期数预推时,给定预推周期数,计算对应秒数,然后进行预推。

轨道预推策略包括静态预推和动态预推。静态预推是指预推后,当前时刻改变时并不时刻改变预推结果,而是直到当前时刻超出预推范围时再重新进行一次预推;动态预推则随时间推进不断改变预推结果,保证预推数据以当前时刻为预推起点。

预推算法所对应的方法名为 SetCurrentTime(图 2-10),下面阐述预推算法。

算法 2-1 轨道预推算法

```
01   SetCurrentTime( QDateTime dt ) {
02       if( 预测类型为不预推 ) 清除所有数据, 计算包围盒, 设置相应参量, 返回;
03       if( 预推类型为按周期预推 ) 计算预推秒数 milliseconds;
04       else 直接得到预推秒数 milliseconds;
05       计算预推步长 stepseconds;
06       if( 预推策略为静态预推 ) {
07           if( 已经有预推数据且 dt 处于预推范围之内 ) return;
08           int num = milliseconds / m_StepMilliSeconds;
09           for( int i = 0; i <= num; i++ ) {
10               CalCRFandTRFPosVel( ) 并存储;}
11           计算包围盒, 设置相应参数等; }
12       else //预推策略为动态预推
13           int tag = 0;
14           if( m_CRFPts. size( ) == 0 )    tag = 1;
15             else {
16                 if( 当前时间位于预推起点和下一个预推点之间 ) return;
17                 else if( 当前时间在预推起点之前或预推终点之后 ) tag = 1;
18                 else tag = 0; }
19           if( tag == 1 )    //需要全部重新预推
20               repeat 08 ~ 11
21           else {
22               计算预推起点到当前时间之间的采样点数 num;
23               清除掉原预推数据前 num 个点
24               for( int i = 0; i < num; i++ )
25                   CalCRFandTRFPosVel( ); append 到预推数据; }}
```

上述算法中, 需正确处理预推类型和预推策略, 同时避免重复计算。在第 10 行和第 25 行, CalCRFandTRFPosVel 是纯虚函数, 各计算模型类必须实现, 用于计算给定时刻在惯性坐标系和地固坐标系的位置、速度。计算模型需根据 2.1.6 节中的讨论, 利用 Astro_Interface 接口, 优化 CalCRFandTRFPosVel 的效率。

6. 其他几个重要方法的实现

除预推外, 还有几个比较重要的方法, 以下简要介绍其实现思路:

（1）GetCurPosInPredict 方法, 用于获得当前时刻所对应的采样点在预推数据列表中的位置, 对于预推类型为不预推和预推策略为动态预推的情形, 其位置为 0, 对于静态预推的情况, 为当前时间与预推起始时间之差除以预推步长。

（2）QueryInterface 方法，目的是实现类型之间的安全转换，根据要转换的类型，使用 dynamic_cast < Interface * >（this）方法来进行安全转换。

（3）Clone 方法，目的是根据接口对应的实际类对象的复制，需要通过 dynamic_cast 来确定接口相应对象的实际数据类型，然后进行对象的创建、参数设置等，以完成对象副本生成。

（4）Orbit_SGP4_Interface 接口的 SetOrbit_TLE 方法，实现对象初始化，包括由字符串解析出 TLE 数据，根据 2.1.6 节优化技术对 SGP4 模型中与时间无关的公式和系数进行预计算等。

2.2　三维场景航天器轨道可视化方法

单纯地实现航天器轨道可视化似乎是很简单的事：计算机图形学中绘制曲线、曲面的基本技术是离散化，将轨道预推的点按顺序连接起来，如显示效果不够平滑，就选择更小的预推步长或进行插值。但这种方法距满足应用需求还有差距。

2.2.1　航天器轨道可视化需求分析

下面分析三维场景航天器轨道可视化的需求。

1. 天球坐标系与地固坐标系下的轨道显示问题

提及轨道，人们往往会想到"轨道面"概念，即航天器在三维空间中的某个平面上运行，航天器轨道可视化需对此提供支持。

基于前述简单方法，由于地球自转的存在，要实现这一点并不容易：如果直接将地固坐标系中预推的航天器位置连接起来，其效果如图 2-15(a)所示，这种效果也很必要，但无法形成"轨道面"效果；静止轨道卫星在地固坐标系下位置近似不变，轨道可视化几乎没有任何效果。

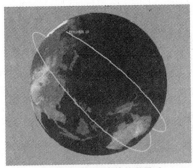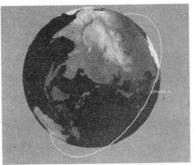

(a) 地固坐标系中的轨道显示　　　　　(b) 惯性坐标系中的轨道显示

图 2-15　惯性坐标系和地固坐标系中的航天器轨道可视化

解决思路是假设在太空中观察地球,将 J2000.0 协议坐标系中的点连接起来作为轨道显示,此时效果如图 2-15(b)所示,可显示出航天器"轨道面"。但地球表面地理信息以及实体等往往定义在地固坐标系中,必须妥善处理。

处理方法是[17]:场景中的照相机定义在地球固联坐标系,但其位置、指向基于 J2000.0 协议天球坐标系,随时间改变动态修改。之所以不将其定义在 J2000.0 协议天球坐标系下,一是由于绘制最终在地球固联坐标系下完成,二是缩放、旋转等交互操作会修改照相机参数,在地固系下更为直观、方便。三维场景中相机可通过视点、观察点和参考向上矢量表示,基于 J2000.0 协议天球坐标系的相机实时动态改变算法为

算法 2-2　基于 J2000.0 协议天球坐标系的三维场景相机实时动态改变算法

01　　Algorithm RenderOrbitCRF{

02　　　　获得相机的视点、观察点和参考向上矢量;

03　　　　根据上一时刻的天球到地固坐标系的变换矩阵计算上述矢量在天球坐标系下的值;

04　　　　计算当前时刻天球坐标系到地固坐标系的变换矩阵 CRFtoTRFMat;

05　　　　根据 CRFtoTRFMat 将天球坐标系各值反算到地固系;

06　　　　利用反算结果修改相机参数;

07　　　　利用 CRFtoTRFMat 计算轨道包围盒,以计算相机近远平面;

08　　　　将 OpenGL 的当前变换矩阵乘以 CRFtoTRFMat;

09　　　　绘制轨道及轨道面;}}

上述算法在实现"轨道面"效果的同时,自然实现了地球随时间自转的效果。轨道的绘制算法将在 2.2.2 节阐述。

2.　分段显示问题

一些空间态势分析的结果是时间窗口,对应航天器轨道中的一段或多段。轨道绘制需支持以醒目的方式显示其中一段或几段,或者仅仅显示少数几段而不显示整个轨道。如图 2-16 所示。

最简单的处理方法是轨道正常绘制,然后根据要显示的时间窗口,对该范围轨道进行预推然后绘制该段轨道。其存在的问题是:时间窗口的起止时间未必与原轨道预推采样点一致,导致两部分显示错位;即使时间窗口采样点与原轨道的预推采样点完全一致,但由于这些点 Z 值相等,图形绘制 Z 缓冲消隐将导致在该区间并非显示希望的颜色,而是呈现 2 种颜色交迭、忽隐忽现,效果非常不理想。

因此,须考虑轨道的分段绘制问题。

图 2-16　航天器轨道的分段显示

3. 显示效果增强及控制问题

　　显示轨道面和轨道面上的射线,能显著增强可视化效果。地固系中航天器轨道、轨道面及轨道面射线显示如图 2-17(a)所示,协议天球坐标系中航天器轨道、轨道面及轨道面射线显示如图 2-17(b)所示。此外,还包括时间窗口标记显示(如图 2-16 所示,以文字显示窗口的时刻、时长等信息)等。

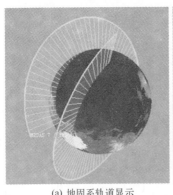 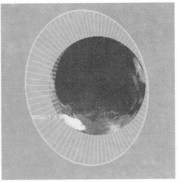

(a) 地固系轨道显示　　　　　　　　(b) 天球系轨道显示

图 2-17　航天器轨道显示效果增强

　　为了给使用者更多的自主权,需对各显示要素进行控制:各要素可控制是否显示;航天器轨道和轨道面上射线可控制颜色、线宽等;轨道面可控制颜色、透明度等。

4. 航天器实体、军标等显示与轨道显示的一致性问题

在空间态势可视化中,除显示航天器轨道之外,还需以三维实体、军标等形式实时显示航天器位置、朝向信息。为了组件之间良好的独立性,实体显示与轨道显示各自独立完成,在态势中综合呈现。

但是,轨道显示与实体显示存在不一致的问题:轨道是由离散的采样点连接而成的,但是态势时间可任意,既可是轨道采样点上的时刻,也可是采样点中间的时刻。此时,航天器轨道直接绘制 2 采样点位置之间连线,轨道计算得到的航天器位置显然不在此连线上,显示将会出现明显错位。

如图 2-18 所示,A、B 为轨道预推的采样点,当前时刻航天器位置并不处于这些采样点上,而是位于 2 点之间,如轨道直接按上述预推点连线,出现航天器不在轨道位置上的情况。因此,航天器轨道绘制算法须解决该一致性问题。

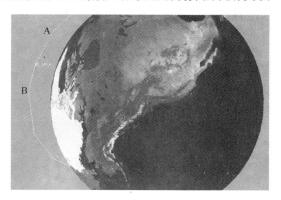

图 2-18　航天器实时位置显示与轨道一致性

解决该问题的一个简单算法是调整卫星位置,即对于不是采样点对应的时刻,卫星位置速度根据采样点插值得到(线性插值,与轨道绘制保持一致)。但这种方法毕竟会使得卫星位置不够准确,应通过轨道绘制算法解决,STK 中也未采用插值方法。

2.2.2　航天器轨道可视化算法

航天器轨道绘制算法的思路是:①以航天器轨道计算 Orbit_Interface 接口为支撑,依赖于其预推得到的惯性系和地固系下的位置数据;②为了实现分段显示效果,利用时间区间的边界,对整个预推时间范围进行分割,绘制算法针对分割后的时间段设计,对于每个小的时间段,计算出对应的边界位置,分段内部点直接使用预推得到的采样点绘制;③J2000.0 协议坐标系下的轨道绘制还须考虑轨道周期的控制,多绘制采样点和少绘制采样点都会导致错误的显示效果,而且

所选绘制范围必须包含当前时刻;④轨道面、射线等的绘制结合在分段绘制的算法中。

1. 分段处理算法

首先定义描述单个分段的数据结构,如图 2-19 所示。

其中包括:开始时刻、结束时刻,这两个时刻的位置一般不与采样点重合,因此需要计算对应的惯性系和地固系位置;绘制参数,包括颜色、线宽等;标注参数与标注文字,对于每个时间区间,除以特殊的颜色和线宽绘制外,还可用文字进行标注,标注参数包括标注颜色、标注内容(时间、文字或同时标注时间文字)、标注位置(起点、终点、中点)等。

TimesSegInfo
+bt: QDateTime
+et: QDateTime
+bposCRF: CPoint3D
+eposCRF: CPoint3D
+bposTRF: CPoint3D
+eposTRF: CPoint3D
+renderOption: RenderOption
+markerOption: MarkerOption
+markerText: QString

图 2-19　分段数据结构

后续绘制算法要求分段数据按时间排序处理。关键是有重叠区间的处理。首先基于各时间段起点进行排序,则排序后 2 时间段可能关系如图 2-20 所示。

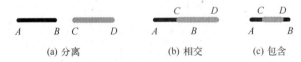

| (a) 分离 | (b) 相交 | (c) 包含 |

图 2-20　时间区间的关系

最简单的关系如图 2-20(a)所示,CD 位于 AB 之后,且与 AB 完全不重叠,处理结果为 AB、CD 段;第 2 种关系如图 2-20(b)所示,C 在 B 之前(C 与 A 重合也视为此种情形),D 在 B 之后,处理结果是 AC、CD;第 3 种关系如图 2-20(c)所示,CD 均在 AB 之间(C 与 A 重合、D 与 B 重合也视为此种情形),处理结果是 AC、CD 和 DB。

时间段处理算法如算法 2-3 所示。其中 TimeSegs 和 ShowTimeSegs 用于存储分段数据的容器,定义为 QVector < TimeSegInfo >,前者是原始数据,同时用于标注显示,后者供分段绘制使用。

算法 2-3　时间分段处理算法

```
01    void  GenerateShowTimeSegs(){
02        根据开始时刻对 TimeSegs 中的数据进行排序;
03        取出 TimeSegs 中的第一个数据赋予 tsi;
04        while(TimeSegs 数据未处理完){
05            取出 TimeSegs 中下一数据赋予 tsi1;
06            if(tsi. ems < tsi1. bms){//第一种情况
```

```
07              ShowTimeSegs. append( tsi) ;
08              tsi = tsi1 ;
09              continue ; }
10          else if( tsi. ems < tsi1. ems){ //第二种情况
11              tsi. et = tsi1. bt ;
12              ShowTimeSegs. append( tsi) ;
13              ShowTimeSegs. append( tsi1 ) ;
14              tsi = tsi1 ;
15              continue ; }
16          else{ //第三种情况
17              tsi. et = tsi1. bt ;
18              ShowTimeSegs. append( tsi) ;
19              ShowTimeSegs. append( tsi1 ) ;
20              tsi. bt = tsi1. et ;
21              ShowTimeSegs. append( tsi) ; } }
22      ShowTimeSegs. append( tsi) ; }
```

设某航天器预推开始时刻为20130501T080000,预推6h,预推步长60s,需特殊显示而先后加入的时间段为9:15:20～9:30:40、8:30:20～8:40:40、9:10:30～9:20:30。则算法经排序后,TimeSegs 中的数据如图 2-21(a)所示;经过处理后,ShowTimeSegs 中数据如图 2-21(b)所示。

开始时刻	结束时刻	起点位置	……
8:30:20	8:40:40	(x, y, z)	
9:10:30	9:20:30	(x, y, z)	
9:15:20	9:30:40	(x, y, z)	

(a) 排序后分段数据

开始时刻	结束时刻	起点位置	……
8:30:20	8:40:40	(x, y, z)	
9:10:30	9:15:20	(x, y, z)	
9:15:20	9:30:40	(x, y, z)	

(b) 处理后分段数据

图 2-21　分段数据处理结果

2. 分段绘制算法

分段算法涉及如下关键问题:①出于效率和数据管理需要,虽然分段绘制,但坐标数据不分段存储,通过坐标数据集合中的索引访问数据;②虽然分段绘制,但保持整体一致性,这主要影响修饰用射线,由于采样点一般较为密集,因此射线往往是间隔若干个采样点绘制,如每个分段都从头开始绘制射线,会导致射线疏密不均,因此通过一计数器变量加以控制;③如航天器当前时刻恰好位于待绘制段,则需以该位置为分界点,分 2 次进行绘制,以确保解决 2.2.1 节中第 4 个问题;④算法本身不需区分惯性系和地固系,都是针对一个点集合进行;⑤算法需考虑闭合情况,此时轨道需在终点和起点间连线,轨道面也需在该区间绘制。

分段绘制算法如算法 2-4 所示。

算法 2-4　分段绘制算法

参数说明:QVector < CPoint3D > * pts, int bpos, int epos:点集合指针(可以为 CRF 或 TRF)及索引;

　　　　int cpos,CPoint3D& cpt:航天器当前是否在段内标志及其位置;

　　　　CPoint3D& bpt, int bpttag,CPoint3D& ept, int epttag:起点和终点标志及位置;

　　　　int looptag,int planetag,int radialtag:循环、绘制轨道面和绘制射线的标志;

　　　　int& radialcnt, int radialforcebegin, int radialforceend:射线计数及起终点射线强绘标志

```
01    void RenderSub( ){
02        if( radialtag){ //绘制射线
03        if( radialforcebegin) radialcnt = 0;
04        for( int i = bpos; i <= epos; i ++ , radialcnt ++ ){
05            if( ( radialcnt% m_radialinterval) ==0)
06                地心到点之间绘制线段;
07            if( ( radialcnt ! =1) && radialforceend)
08                终点处强制绘制射线; }
09        if( planetag ==0){//不绘制轨道面
10            if( cpos > = bpos && cpos < epos){ //如果航天器当前位置在段内
11                根据 looptag 选择 GL_LINE_LOOP 或 GL_LINE_STRIP 图元;
12                将 bpos 与 cpos 之间点发送到绘制流水线;
13                将 cpt 发送到绘制流水线;
14                将 cpos 之后直至 epos 的点发送到绘制流水线;}
15            else{
16                根据 looptag 选择 GL_LINE_LOOP 或 GL_LINE_STRIP 图元;
17                将 bpos 与 epos 之间所有点发送到绘制流水线;}}
18        else{    //绘制轨道面
19            if( cpos > = bpos && cpos < epos){ //如果航天器当前位置在段内
20                选择 GL_TRIANGLE_FAN 图元;
21                将地心坐标发送到绘制流水线;
22                if( bpttag)将 bpt 发送到绘制流水线;
23                将 bpos 与 cpos 之间点发送到绘制流水线;
24                将 cpt 发送到绘制流水线;
25                将 cpos 之后直至 epos 的点发送到绘制流水线;
```

26	if(looptag)根据 bpttag 值,发送 bpt 或 bpos 索引处点到绘制流水线;
27	else{//如果航天器当前位置不在段内
28	选择 GL_TRIANGLE_FAN 图元;
29	将地心坐标发送到绘制流水线;
30	if(bpttag)将 bpt 发送到绘制流水线;
31	将 bpos 与 epos 之间点发送到绘制流水线;
32	if(looptag)根据 bpttag 值,发送 bpt 或 bpos 索引处点到绘制流水线;}}}

虽然上述算法将轨道、轨道面、射线的绘制集中在一起实现,但实际上这三者完全独立。而且在实际绘制中,由于三者绘制时涉及 OpenGL 状态的切换(颜色、线宽、混合模式等),因此分别调用以提高绘制效率。

3. 地固系轨道绘制算法

前述轨道分段数据包括每段的起止时刻和对应位置,而分段绘制算法中应用点集中的索引值,因此还需利用分段数据生成对应点集的索引数组。方法是:根据时间段起止时刻,用该时刻与轨道预推开始时刻差值,除以轨道预推步长,得到该时刻对应于轨道预推采样点集的位置,并存储在 QVector < int > 类型的变量 TimeSegPosInOrbit 中。

地固系下轨道绘制算法相对简单,全部预推采样点都参与绘制,如算法 2-5 所示。

算法 2-5 地固系轨道绘制算法

01	void RenderTRF( ){
02	利用轨道接口 Orbit_Interface 获得点集指针;
03	ShowBegin = 0;ShowEnd = pPts -> size( ) - 1;ShowLoop = 0;ShowCurrent = 0;
04	获得航天器当前位置 cpt 和在数组中索引 cpos;
05	if(m_TimeSegPosInOrbit. size( ) ==0){//无分段
06	根据轨道显示参数,设置 OpenGL 状态;
07	调用 RenderSub,完成轨道绘制;
08	根据轨道面显示参数,设置 OpenGL 状态;
09	调用 RenderSub,完成轨道面绘制;}
10	else{ //有分段
11	//首先绘制所有的时间分段,然后再绘制整个轨道的剩余部分
12	for(int i = 0; i < TimeSegPosInOrbit. size( ); i +=2){
13	bpttag = epttag = 1;
14	bpos = TimeSegPosInOrbit. at(i);
15	epos = m_TimeSegPosInOrbit. at(i + 1);
16	从 ShowTimeSegs 中获得地固系的起止点坐标;

17　　　　　　　　根据 ShowTimeSegs 中显示参数，设置 OpenGL 状态；

18　　　　　　　　调用 RenderSub 完成轨道绘制；

19　　　　　　　　根据轨道面显示参数，设置 OpenGL 状态；

20　　　　　　　　调用 RenderSub 完成轨道面绘制；}

21　　　　　　for(int i = 0; i <= m_TimeSegPosInOrbit. size( ); i += 2) {

22　　　　　　　　if(i == 0) {

23　　　　　　　　　　bpos = 0; epos = m_TimeSegPosInOrbit. at(0) − 1;

24　　　　　　　　　　bpttag = 0; epttag = 1; }

25　　　　　　　　else if(i == m_TimeSegPosInOrbit. size( )) {

26　　　　　　　　　　bpos = m_TimeSegPosInOrbit. at(i − 1) + 1; epos = pPts −> size( ) − 1;

27　　　　　　　　　　bpttag = 1; epttag = 0; }

28　　　　　　　　else{

29　　　　　　　　　　bpos = m_TimeSegPosInOrbit. at(i − 1) + 1;

30　　　　　　　　　　epos = m_TimeSegPosInOrbit. at(i) − 1;

31　　　　　　　　　　bpttag = epttag = 1; }

32　　　　　　　　根据显示参数，设置 OpenGL 状态；

33　　　　　　　　调用 RenderSub 完成轨道绘制；

34　　　　　　　　根据轨道面显示参数，设置 OpenGL 状态；

35　　　　　　　　调用 RenderSub 完成轨道面绘制；} }

36　　　　调用 RenderSub 完成射线绘制；}

在图 2-21 示例的基础上进一步说明，设当前时刻为 9:12:30。如图 2-22 所示，画出轨道上部分采样点。图中曲线上点为轨道预推的采样点，曲线下方标出的是采样点在点集中的索引号，不再分段的点未画出。

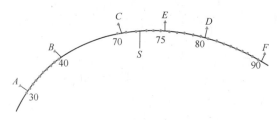

图 2-22　卫星轨道采样点与分段

输入的分段为 AB、CD 和 EF，而分段经过处理后，为 AB、CE、ED、DF。A、B、C、D、E、F 这 6 个时刻均不在采样时刻上，需预推其实际位置。S 点为卫星当前时刻所对应的位置。

轨道绘制之前，需生成 TimeSegPosInOrbit 位置数组，其值为{31,40,71,75,76,80}。

算法 2-5 中,第 12～20 行绘制特殊分段。第 1 次循环,bpos = 30,epos = 40,bptag 和 eptag 均被设置,表示绘制时两端都需要使用非采样点数据,使用 A、31～40、B 点进行绘制。同样,第 2 次循环使用 C、71～75、E 点绘制,第 3 次循环使用 E、76～90、F 点绘制。

算法 2-5 中,第 21～35 行绘制轨道中剩余部分。第 1 次循环,第 22～24 行条件满足,bpos = 0,epos = 30,bptag = 0,eptag = 1,表示起点使用采样点、终点不使用采样点,使用 0～30、A 点进行绘制。同样,第 2 次循环,第 28～31 行条件满足,使用 B、41～70、C 点绘制;第 3 次循环,bpos = 76,epos = 75,不需要绘制。第 4 次循环,第 25～27 行条件满足,使用 F、91～360 采样点进行绘制。

4. J2000.0 协议天球坐标系轨道绘制算法

正如 2.2.1 节所讨论的,协议天球坐标系下,采样点近似在一个平面上。轨道绘制算法需与算法 2-2 配合、共同作用,相当于相机置于太空中,地球在自旋。此时,轨道绘制算法要复杂一些。

1) 绘制采样点区间的计算

由于天球坐标系下的采样点近似在一个平面上,因此轨道及轨道面绘制的时候,最多只能绘制一个周期的采样点,否则显示混乱。轨道预推的时间可能小于或大于一个周期,因此首先需确定显示的采样点范围,并确定是否要循环绘制,如算法 2-6 所示。

算法 2-6　轨道绘制采样点区间确定算法

```
01  CalCRFShowInfo( int& bpos, int& epos, int& loop) {
02      利用轨道接口 Orbit_Interface 获得天球系采样点集指针 pts;
03      获得周期 cycle 和预推步长 millisecond;
04      计算一个周期的近似采样点个数 num;
05      if( pts -> size( ) <= num) {
06          bpos = 0; epos = pts -> size( ) - 1; loop = 0; }
07      else {
08          获得航天器当前时刻对应的采样点集中位置 cpos;
09          if( cpos <= 0) {
10              cpos = 0; bpos = 0; loop = 1; epos = num - 1; }
11          else {
12              if( cpos + num + 1 < pts -> size( ) )
13                  bpos = cpos;
14              else
15                  bpos = pts -> size( ) - 1 - num - 1;
16              epos = bpos + num - 1; loop = 1; } } }
```

　　以上算法的目的是计算 bpos、epos 和 loop 的值,供绘制算法使用。当预推时间小于一个周期时,逻辑为第 05～06 行,从头绘制到结束,且不循环。当预推时间大于一个周期时,必须确保航天器当前时刻在采样范围内,因此首先计算当前时刻对应的采样点集位置:当对应预推开始时刻,绘制从头开始的 num 个采样点且循环;当对应预推中间某个位置时,首先判断由该位置到预推结束时刻是否足够一个周期,如果足够,则绘制该位置开始的 num 个采样点,否则,由预推终点前 num 个采样点开始绘制。

2）坐标系变换

　　如算法 2-2 所示,虽然可认为将相机置于天球坐标系,但 OpenGL 中的坐标框架在地固系中,直接使用轨道预推得到的天球坐标系采样点集绘制会得到错误结果,必须将坐标系转换为天球坐标系。通过获得天球坐标系到地固坐标系的旋转变换矩阵,然后调用 glMultMatrixd 将 OpenGL 的 MODELVIEW 矩阵乘以该矩阵即可。

3）轨道绘制算法

　　经过上两步之后,天球系下航天器轨道绘制算法与地固系绘制算法基本一致,只是在算法 2-5 的逻辑中加入一些控制,如算法 2-7 所示。

算法 2-7　天球系轨道绘制算法

```
01    void RenderCRF( ) {
02        利用轨道接口 Orbit_Interface 获得天球系点集指针;
03        调用算法 2-6 获得绘制采样的区间 ShowBegin、ShowEnd 和 ShowLoop;
04        OpenGL 的 MODELVIEW 矩阵乘以天球坐标系到地固坐标系的旋转矩阵;
05        获得航天器当前时刻对应的采样点位置 ShowCurrent 和当前位置 cp;
06        if( m_TimeSegPosInOrbit. size( ) ==0) {//无分段
07            根据轨道显示参数,设置 OpenGL 状态;
08            调用 RenderSub,完成轨道绘制;
09            根据轨道面显示参数,设置 OpenGL 状态;
10            调用 RenderSub,完成轨道面绘制;}
11        else{ //有分段
12            //首先绘制所有的时间分段,然后再绘制整个轨道的剩余部分
13            for( int i =0; i < TimeSegPosInOrbit. size( ) ; i +=2) {
14                bpttag = epttag = 1;
15                bpos = TimeSegPosInOrbit. at( i) ;
16                epos = m_TimeSegPosInOrbit. at( i +1) ;
17                if( bpos < ShowBegin) {
18                    bpos = ShowBegin;bpttag = 0;}
19                if( epos > ShowEnd) {
```

```
20          epos = ShowEnd; epttag = 0;}
21      从 ShowTimeSegs 中获得天球系的起止点坐标;
22      根据 ShowTimeSegs 中显示参数,设置 OpenGL 状态;
23      调用 RenderSub 完成轨道绘制;
24      根据轨道面显示参数,设置 OpenGL 状态;
25      调用 RenderSub 完成轨道面绘制;}
26      for( int i = 0; i <= m_TimeSegPosInOrbit. size( ); i += 2){
27          if( i == 0){
28              bpos = 0; epos = m_TimeSegPosInOrbit. at(0) - 1;
29              bpttag = 0; epttag = 1;}
30          else if( i == m_TimeSegPosInOrbit. size( )){
31              bpos = m_TimeSegPosInOrbit. at( i - 1) + 1; epos = pPts -> size( ) - 1;
32              bpttag = 1; epttag = 0;}
33          else{
34              bpos = m_TimeSegPosInOrbit. at( i - 1) + 1;
35              epos = m_TimeSegPosInOrbit. at( i) - 1;
36              bpttag = epttag = 1;}
37          if( bpos < ShowBegin){
38              bpos = ShowBegin; bpttag = 0;}
39          if( epos > ShowEnd){
40              epos = ShowEnd; epttag = 0;}
41          根据显示参数,设置 OpenGL 状态;
42          调用 RenderSub 完成轨道绘制;
43          根据轨道面显示参数,设置 OpenGL 状态;
44          调用 RenderSub 完成轨道面绘制;}}
45      调用 RenderSub 完成射线绘制;}
```

算法 2-7 与算法 2-5 的主要区别有:加入第 17 ~ 20 行、第 37 ~ 40 行的绘制区间控制;所有涉及坐标均取天球系坐标;调用 RenderSub 时相应参数不同。

2.2.3　航天器轨道可视化组件设计与实现

1. 轨道绘制接口

轨道可视化组件最主要的就是轨道绘制接口,是 2.2.1 节和 2.2.2 节中阐述算法的实现与封装,如图 2-23 所示。

接口中,前 6 个方法用于设置和获取轨道、轨道面、射线的显示属性:轨道的显示属性包括浮点类型的 rgb 颜色分量和线宽;轨道面的显示属性包括颜色和透明度;射线除颜色和线宽,还包括显示间隔,即每隔几个采样点显示射线。

AddTimeSeg、GetTimeSegNum、GetTimeSegInfo 和 ClearTimeSegs 这几个方法

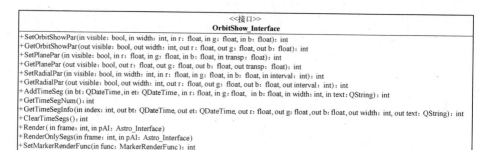

图 2-23　轨道绘制接口

用于处理分段数据,后 3 个主要是对数据的访问和清除,第一个方法实现算法 2-3。

　　Render 方法根据参数指定的坐标系类型进行绘制,对应算法 2-5 和算法 2-7。而 RenderOnlySegs 方法并不显示航天器全部预推轨道,而只显示其中分段部分。相当于不使用算法 2-5 的第 21～35 行、算法 2-7 的第 26～44 行。

　　OpenGL 中可依托于 GLUT 之类的库显示文字。但考虑尽量充分利用系统的字库及其他绘制资源,标注绘制采用如下机制:组件使用者提供文字绘制回调函数,轨道绘制实现类中调用该函数完成文字显示。设置回调函数的方法是 SetMarkerRenderFunc。

2. 对象管理与实现类层次

　　接口本身是纯虚基类,不能直接创建对象,同时为了做到接口与实现分离,采用 singleton 的工厂模式实现对象的管理。工厂类如图 2-24 所示。

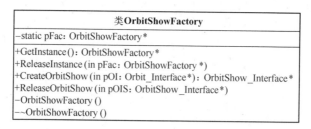

图 2-24　轨道可视化组件对象工厂类设计

　　构造函数和析构函数均为私有,无法通过对象定义或指针分配方式创建工厂,而只能通过 GetInstance 函数获得对象指针,以此实现工厂在系统中的唯一性。

　　OrbitShow_Interface 接口指针只能通过 CreateOrbitShow 和 ReleaseOrbitShow 函数来创建和释放。需要注意的是 CreateOrbitShow 函数以 Orbit_Interface 接口

作为参数,其原因是:轨道绘制接口并不能独立工作,必须依赖于轨道预推数据,即 OrbitShow_Interface 接口和 Orbit_Interface 接口强耦合,这样就避免创建无效的 OrbitShow_Interface 接口,减少错误的发生。

本书中其他组件接口对象的创建、管理也采用上述机制,后续均不再赘述。

轨道绘制接口及其实现类关系相对简单,如图 2-25 所示。

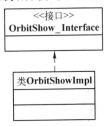

图 2-25　轨道绘制接口及其实现类关系

实现类 OrbitShowImpl 实现轨道绘制接口定义的所有方法(虚函数),同时定义相应的成员变量管理分段数据、各类显示属性、标注等信息。实现类对于组件的使用者并不可见,使用者只能利用接口进行开发。2.2.1 节和 2.2.2 节中所有算法都由 OrbitShowImpl 类实现。本书中其他组件接口与实现类关系大都与此类似,均不再阐述。

图 2-15 ~ 图 2-17 均是利用上述组件接口绘制的场景。

2.3　星下点轨迹可视化

卫星和地球质心的连线与地球表面的交点,称为卫星星下点,星下点按照飞行顺序连接成线,即为卫星星下点轨迹(可简称星下线)。星下点轨迹绘制中的数据、算法等与轨道绘制有很多共通之处。

2.3.1　星下点计算模型

在不考虑地球表面实际高程的前提下,星下点的计算固然可采用计算卫星到地球质心射线与地球椭球面(或球面)交点的方法,但比较繁琐,有如下简便方法:①根据卫星当前位置,计算其经纬度;②根据经纬度,反算地表点坐标。在二维显示中,一般只需经纬度数据进行星下线绘制。

给定经纬度和高程,采用 WGS84 坐标系,计算地心系坐标方法为

$$\begin{cases} N = \dfrac{a}{\sqrt{1 - e \times \sin B \times \sin B}} \\ x = (N + H) \times \cos B \times \cos L \\ y = (N + H) \times \cos B \times \sin L \\ z = (N \times (1 - e) + H) \times \sin B \end{cases} \qquad (2\text{-}112)$$

式中,L 为经度;B 为纬度;H 为高程;$a = 6378137\text{m}$ 为地球长半轴长度;$e = 0.00669437999013$ 为地球偏心率的平方;x、y、z 为计算得到的地心系坐标。

根据地心系坐标计算经纬度和高程时,纬度和高程需迭代计算,初值为

$$\begin{cases} \delta = \sqrt{x^2 + y^2} \\ L = \arctan \dfrac{y}{x} \\ B_0 = \arctan \dfrac{z}{\delta} \end{cases} \tag{2-113}$$

迭代过程中 H 和 B 的计算方法为

$$\begin{cases} N = \dfrac{a}{\sqrt{1 - e \times \sin B_i \times \sin B_i}} \\ H = \delta - N \\ B_{i+1} = \arctan \dfrac{z}{\delta \times \left(1 - e \times \dfrac{N}{N + H}\right)} \\ \varepsilon_i = B_{i+1} - B_i \end{cases} \tag{2-114}$$

直到误差 ε_i 小于阈值时迭代终止,得到经纬度和高程。

2.3.2　三维场景星下点轨迹可视化算法

将卫星多个时刻的星下点连接在一起,就构成了星下点轨迹,但其绘制还需解决一些关键技术。

1. 惯性系和地固系数据选择与分段绘制问题

与轨道绘制一样(参见 2.2.1 节中相关讨论),存在天球坐标系、地固坐标系下绘制数据选择问题,以及分段绘制问题,但并不需要采用面、射线等增强效果,也不需显示实体或军标。三维场景中星下线绘制和轨道绘制的方法基本类似,参见算法 2-3 ~ 算法 2-7。

地固系下星下线绘制如图 2-26 所示,其中图 2-26(a)仅显示星下线,图 2-26(b)除显示星下线,还显示卫星轨道。二图中均有分段显示的时间段。

天球系星下线显示效果如图 2-27 所示。

2. z 值冲突问题

由于星下点位于地球表面,经投影变换后该点和对应的地球表面几何图元的 z 值一般在浮点误差范围内相等,甚至小于后者;星下点连线上的像素更是如此。因此直接利用星下点连线绘制,显示不连续、且可能产生忽隐忽现的现象(flickering)。

图形学中解决此类问题一般采用多边形偏移(polygon offset)技术,为共面多边形设置不同的 z 值偏移。但是该技术对于星下线绘制存在不足:①该技术针对多边形(可以是点、线模式绘制的多边形),而星下线为线,要应用该技术需

(a) 仅显示星下线　　　　　　　　　　(b) 同时显示轨道

图 2-26　地固系星下线绘制

(a) 仅显示星下线　　　　　　　　　　(b) 同时显示轨道

图 2-27　天球系星下线绘制

转为多边形绘制;②空间场景中,坐标值大且随视点改变具有很大的变化尺度,z值变化也很大,很难确定理想的偏移值;③星下点位于地球表面上,但是一般情况下点之间的连线无法确保落在地球表面上(如果严格按地球表面所离散的多边形生成星下线,其计算量过大),这进一步导致多边形偏移技术受限。

采用如下技术:对于星下线的每条线,根据地球表面,判断其二端点的可见性;如果二端点均可见,则关闭深度检测(GL_DEPTH_TEST),绘制线段;否则,线段不可见,不绘制。由于关闭深度检测,将使得线段一定会绘制到颜色缓冲区中,为确保地球之外其他实体可以正确地遮挡星下线,在整个场景中,在绘制完地球及星下线之后,再绘制其他实体。

如图 2-28 所示,E 为视点,星下线 ABCD,其中 EA、EC 与地球相切。

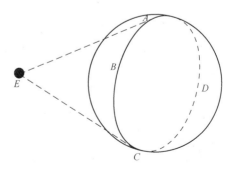

图 2-28　星下线采样点相对视点的可见性

相对于视点,*ABC* 段中每条线段的 2 个端点均可见,绘制线段;*CDA* 段中每条线段的 2 个端点均不可见,不绘制线段;当线段的一个端点位于 *A*、*C* 处,而另一端点位于 *CDA* 段时,线段 1 个端点可见,但此时整条线段并不可见,不必绘制。

如果视点与星下线共面,则采样点是否可见可通过计算点到视点的距离判断:如该距离小于切点到视点距离,则可见。但星下线与视点一般并不共面,因此基于距离的快速判断方法无法使用,需构造过视点、采样点的射线,与地球表面求交,根据交点情况进行判断:如只有 1 个交点,则相切,该采样点可见;如果有 2 个交点,则通过判断采样点与哪个交点重合,来确定是否可见。此时地球可以采用球形近似,而不必使用椭球。

将射线表示为参数方程的形式

$$p = p_0 + v \times t \tag{2-115}$$

式中,p_0 为视点;v 为视点到采样点方向的矢量;t 为参数,其值范围是 $[0,1]$,即采样点对应参数值为 1。

而球面方程为

$$(x - x_0)^2 + (y - y_0)^2 + (z - z_0)^2 = r^2 \tag{2-116}$$

式中,x_0、y_0、z_0 为球心坐标,星下点计算时值均为 0。

将式(2-115)代入式(2-116),得

$$\begin{cases} at^2 + bt + c = 0 \\ a = v_x \times v_x + v_y \times v_y + v_z \times v_z \\ b = 2 \times (v_x \times p_{0x} + v_y \times p_{0y} + v_z \times p_{0z}) \\ c = (p_{0x} \times p_{0x} + p_{0y} \times p_{0y} + p_{0z} \times p_{0z}) - r^2 \end{cases} \tag{2-117}$$

式(2-117)是以 t 为变量的一元二次方程,解为

$$t = \frac{-b \pm \sqrt{b^2 - 4ac}}{2a} \tag{2-118}$$

如只有 1 个解,则相切,采样点为切点,可见。

如有 2 个解,则当采样点的参数值(固定为 1)为 2 个解中的小值时,表明采样点在射线上更接近视点的一侧才可见。注意,对于浮点运算,二值的差在根据数据类型所确定的一定误差范围内即视为相等。

采用上述技术的缺点在于运算量较大,对于采样点不是太密的少量星下线,可采用此技术,如星下线数量过于庞大,则运算负担过重。不过,由于大量星下线同时显示时效果过于混乱,一般并无此需求。

2.3.3　二维环境星下点轨迹可视化算法

二维环境星下点轨迹可视化,是指在二维电子地图或数字正射影像图上绘

制星下线。由于二维地图可以提供行政区划、位置关系等诸多信息,因此也是一种有效的航天器飞行信息展示手段。

利用式(2-114)得到每个采样点的经纬度后,二维可视化还涉及两项关键技术。

(1) 投影变换问题。由于星下线范围遍及全球,因此一般情况下星下线直接根据经纬度绘制,但也有可能在某种投影方式的地图上绘制星下线。由于地图是将球面转换为平面的表示形式,涉及投影变换问题,如高斯6度带投影、兰伯特投影、UTM投影等。各种地理信息系统平台如MapGIS、ArcGIS等都对投影变换提供支持;如不基于这些平台显示电子地图,开源库GDAL(Geospatial Data Abstraction Library)或者PROJ.4(Cartographic Projections Library,GDAL也依赖PROJ.4)也能够对投影变换提供支持。利用这些变换库,将经纬度坐标转化为投影坐标系的坐标,再基于相应平台的接口绘制线。

(2) 跨越东西经180°经度线问题。地球表面展开成平面后,180°两侧本身在空间上相邻,但在平面上分布于地图的最左和最右侧。当星下线由180°线左侧穿到右侧,或者反向穿越时,如机械地将采样点之间进行连线,如图2-29中线段AB所示,则形成了接近水平方向的布满地图的长直线,显示混乱。

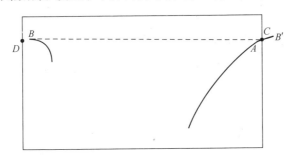

图2-29　星下线跨越180°经度的处理

需解决2个问题:①判断是否跨越了180°经度线,通过相邻2个采样点经度差来判断,如差值较大(可设阈值为180),则肯定跨越了180°经度线;②计算与180°经度线的交点。当跨越180°经度线时,如果只是简单地到下一个点重新开始绘制,由于得到的只是完整的星下线上的采样点,会出现很多距离180°经度的断线,如图2-29中,第1段只是绘制到A点,第2段则由B点直接开始,星下线视觉上不完整。

因此需将星下线延长到对应的180°经度线,如直接将点水平平移到180°经度线,形成1个新的采样点,其显示效果依然较差,因此采用如下方法:首先得到下一采样点(或上一采样点)的对应点,然后计算当前点和对应点连线与180°经度线的交点。

如对于图 2-29 中 A 点，其下一点为 B 点，其对应点是将其加上 360°得到的 B' 点，计算 AB' 线段与 180°经度线的交点，即图中 C 点，AC 线段也作为星下线的一部分进行绘制。对于图 2-29 中 B 点，将 A 减去 360°，得到对应点，计算得到交点 D，DB 线段作为星下线的一部分进行绘制。

线段与垂直直线求交，可通过参数方程形式，先依据水平方向的 2 个坐标和垂直线水平坐标（180°或 -180°）得到交点参数，再计算交点垂直坐标。

在数字正射影像图上显示的星下线如图 2-30 所示。

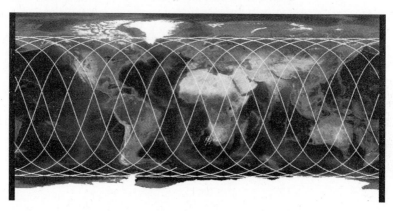

图 2-30　数字正射影像图上显示星下线

2.3.4　星下点轨迹可视化组件设计与实现

按照模块独立、数据与显示分离的思路，星下点轨迹可视化组件包括 2 个接口：用于管理星下线数据的 SatTracking_Interface 和用于绘制的 SatTrackingShow_Interface 接口。

SatTracking_Interface 接口如图 2-31 所示，用于管理星下点数据，与 2.1.7 节的 Orbit_Interface 接口强耦合。

<<接口>> **SatTracking_Interface**
+UpdateData ()
+ClearData ()
+GetCRFpts (): QVector<CPoint 3D>*
+GetTRFpts (): QVector<CPoint 3D>*
+GetCRFvels (): QVector<CVector 3D>*
+GetTRFvels (): QVector<CVector 3D>*
+GetLBpts (): QVector<CPoint 2D>*
+GetPos (in dt: QDateTime , out CRFpos: CPoint 3D, out TRFpos: CPoint 3D, out LBpos: CPoint 2D)

图 2-31　星下线数据组件接口

SatTracking_Interface 接口核心方法是 UpdateData，根据所绑定的 Orbit_Interface 接口，获取预推轨道数据，然后生成星下点数据，存储为 3 个数组，即地固系星下点坐标、天球系星下点坐标和经纬度坐标。此外，还包括获取位置、速度数据等方法。

SatTrackingShow_Interface 接口如图 2-32 所示，与 SatTracking_Interface 接口强耦合，创建时需绑定 SatTracking_Interface 接口。

图 2-32　星下线绘制组件接口

接口前 6 个方法和第 9 个方法用于设置参数、添加分段数据等，与轨道绘制接口的对应方法类似，参见 2.2.3 节。

接口其余 4 个方法是绘制方法，其中第 7、8 个方法在三维场景中绘制星下线或仅绘制星下线中的特殊时间段，第 10、11 个方法是在二维环境绘制星下线或仅绘制星下线中的特殊时间段，分别对应 2.3.2 节和 2.3.3 节所阐述算法。

SatTracking_Interface 接口和 SatTrackingShow_Interface 接口均为纯虚基类，通过相应工厂创建、释放。

本章中各个接口的依赖关系如图 2-33 所示。

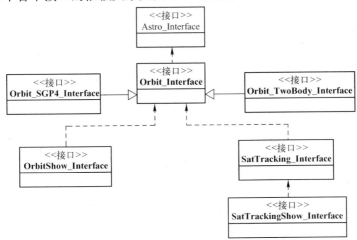

图 2-33　轨道可视化各接口依赖关系

　　各接口均为纯虚基类,核心是 Orbit_Interface 接口,将绘制、星下点计算以及后续空间态势分析所需共性功能抽象出来。轨道绘制接口 OrbitShow_Interface 和星下线数据接口 SatTracking_Interface 完全不关心轨道计算模型,只需访问 Orbit_Interface 接口即可支持不同的轨道预推类型,后续章节的分析组件亦如此。其他关系在 2.1.7 节、2.2.3 节已有提及,不再赘述。

参 考 文 献

[1] 郗晓宁,王威,高玉东. 近地航天器轨道基础[M]. 长沙:国防科技大学出版社,2003.

[2] Oliver Montenbruck,Eberhard Gill. 卫星轨道——模型、方法和应用[M]. 王家松,祝开建,胡小工,译. 北京:国防工业出版社,2012.

[3] 黄珹,刘林. 参考坐标系及航天应用[M]. 北京:电子工业出版社,2015.

[4] 刘林,汤靖师. 卫星轨道理论与应用[M]. 北京:电子工业出版社,2015.

[5] 苏宜. 天文学新概论[M]. 北京:科学出版社,2009.

[6] DENNIS D MCCARTHY,GIRARD PETIT. IERS Conventions(2003)[EB/OL]. (2004 – 05 – 28)[2004 – 06 – 03]. http://www.iers.org/nn_11216/SharedDocs/Publikationen/EN/IERS/Publications/tn/TechnNote32/tn32, templateId = raw, property = publicationFile.pdf/tn32.pdf.

[7] 马高峰,马国强,张捍卫,等. 岁差章动量的关系与坐标转换方法[J]. 测绘科学技术学报,2011,28(1):5 – 9.

[8] GIRARD PETIT,BRIAN LUZUM. IERS Conventions (2010)[EB/OL]. (2010 – 12 – 15)[2010 – 12 – 15]. http://www.iers.org/nn _ 11216/SharedDocs/Publikationen/EN/IERS/Publications/tn/Techn Note36/tn36, templateId = raw, property = publicationFile.pdf/tn36.pdf.

[9] 王明明,罗建军,马卫华. IAU1976、1980 及 2000A 岁差章动模型的比较[J]. 中国空间科学技术,2009,5:42–47.

[10] International Astronomical Union. The SOFA Software Libraries [EB/OL]. (2010 – 09 – 05)[2010 – 09 – 05]. http://www.iausofa.org/2016_0503_C/sofa/manual.pdf.

[11] International Astronomical Union. SOFA Tools for Earth Attitude [EB/OL]. (2010 – 09 – 05)[2010 – 09 – 05]. http://www.iausofa.org/2016_0503_C/sofa/sofa_pn_c.pdf.

[12] Hoots F R,Roehrich R L. Space Track Report No. 3 – Models for Propagation of NORAD Element Sets. Peterson:NORAD. 1980. 1.

[13] Vallado D A,Crawford P,Hujsak R,et al. Revisiting Spacetrack Report 3,In:the AIAA/AAS Astrodynamics Specialist Conference. Keystone. 2006.

[14] 蒋方华,李俊峰,宝音贺西. 基于不同天文标准计算地球引力对卫星轨道的影响[J]. 空间控制技术与应用,2009:35(2):38 – 41.

[15] 林钦畅,林原. 计算章动的一个新方法[J]. 人造卫星观测与研究,1997,39(2): 32-40.

[16] 于燕,汤晓安. 面向空间作战仿真的卫星轨道快速计算方法[J]. 计算机工程与设计, 2008,29(16):4296-4299.

[17] 汪荣峰,张海波. 空间态势中航天器轨道的可视化方法[J]. 计算机应用,2012,12,32 (S2):255-257.

第三章　空间实体可视化技术

本章首先阐述实体表示和绘制的基础知识,然后深入剖析 STK 实体模型结构,研究基于 STK 实体模型进行空间实体可视化的关键技术,设计实现空间实体可视化组件,探讨基于军标的空间实体可视化方法。

3.1　实体可视化基础

态势系统往往直接应用某种格式的实体模型,不需要深入研究复杂的实体表示、造型技术以及过于专业的图形学算法,但必须掌握实体表示、图形变换、绘制流水线等相关技术。

3.1.1　实体的表示

1. 实体的多边形表示法

这是表示实体最常见的方法[1],具有 2 个优点:①创建多边形比较容易;②适于硬件绘制。目前已有很多成熟的造型软件(如 3DS),可表达非常复杂的实体,但其他表示方法在绘制之前要转换为多边形。

多边形表示法中,复杂的物体可视作多边形网格,由一系列多边形组成,每个多边形由一系列边所组成,边由点构成。根据需要,多边形或顶点还包括其他信息,如法线、材质等。

如图 3-1(a)的立方体由 6 个多边形组成,每个多边形由 4 条边围成,每条边由 2 个点确定。多边形有公共边、边有公共顶点。要准确地描述实体及作用于实体的各种可能运算,就需要能够描述这些拓扑关系的数据结构。

如图 3-2(b)的球体,最简单的描述方式是球心加半径,很多造型软件即如此,存储在数据文件中的数据也按此形式。但绘制时需将球体表面离散为一系列的平面多边形。至于更为复杂的曲面,如 Coons 曲面、Bezier 曲面、B 样条曲面等,绘制时都要离散为多边形,称为细分。

2. OpenGL 中的基本图元

任何复杂的场景和物体最后总要利用最基本的图元表示,各图形 API 所支持基本图元类型近似。下面以 OpenGL 为例,对基本图元的概念做一介绍。

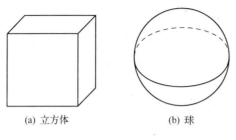

(a) 立方体　　　　　　　(b) 球

图 3-1　实体的表示

在 OpenGL 中,基本几何图元利用一系列点定义,图元类型包括点、线、三角形、多边形等[2]。

点类图元只有 1 个,通过 GL_POINTS 定义一系列点,点至少为一个像素大小,也可为多个像素大小,通过 glPointSize 来进行设置。点图元绘制速度快,在空间态势中有 3 个典型应用:①用于表示星空背景,为了表现空间态势,往往以各种星表(如可见星表、依巴谷星表等)为基础,绘制星空背景,复杂实现如 celestia,根据恒星属性采用纹理技术表现,简单实现如 STK 采用点来表示;②表现空间碎片,空间态势中显示空间碎片往往是为了表现分布,用点表示即可;③用于粒子系统特殊效果实现。

线类图元有 3 种,线(GL_LINES)定义一系列线段,每 2 个顶点定义一条线段;线带(GL_LINE_STRIP)定义连续的线段,即顶点 n 和顶点 $n+1$ 定义线段 n;线环(GL_LINE_LOOP)将线带首尾相连。线类图元在空间态势中可用于表示链路、边界、特殊效果(如第二章轨道面上的射线),在绘制空间实体时也需使用。

三角形类图元有三角形集合、三角形带、三角形扇 3 种。

三角形集合(GL_TRIANGLES)图元,每 3 个顶点定义一个三角形。如图 3-2(a)所示,给定 6 个顶点,$V_0V_1V_2$ 确定一个三角形,$V_3V_4V_5$ 确定另一个三角形。三角形 3 个顶点有方向,一般逆时针为正(图形 API 一般支持设置顺时针或逆时针,默认为逆时针)。一方面,为优化速度,默认情况下背向视点的三角形往往不渲染;另一方面,时针方向决定平面法向,而法向在计算光照时必须使用。因此,图元顶点未按顺序设置是一常见错误。

三角形带(GL_TRIANGLE_STRIP)图元,N 个顶点定义了 $N-2$ 个三角形,即除第 1 个和最后 1 个顶点外,其他顶点都要 2 个或 3 个三角形共用。如图 3-2(b)所示,$V_0V_1V_2$ 确定第 1 个三角形,$V_1V_3V_2$ 确定第 2 个三角形,$V_2V_3V_4$ 确定第 3 个三角形。可以看出,为了确保每个三角形为逆时针方向,并非按顶点顺序确定三角形。

三角形扇(GL_TRIANGLE_FAN)图元,N 个顶点定义 $N-2$ 个有公共顶点的三角形。如图 3-4(c)所示,$V_0V_1V_2$ 确定第 1 个三角形,$V_0V_2V_3$ 确定第 2 个三角

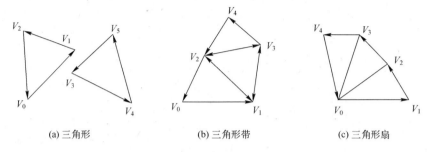

(a) 三角形　　　　　　　(b) 三角形带　　　　　　(c) 三角形扇

图 3-2　三角形类图元

形, $V_0 V_3 V_4$ 确定第 3 个三角形。

　　三角形带和三角形扇较之于独立的三角形,效率有很大提升,主要原因是:减少图形绘制需处理的顶点数量;减少函数调用的开销;由于对于每个顶点,除几何数据之外,还有法线、纹理坐标等诸多数据,所以也减少了在 CPU 和显卡之间传送的数据量。

　　四边形类图元包括四边形集合和四边形带。

　　四边形集合(GL_QUADS)图元,每 4 个点定义一四边形,按顺时针顺序给定顶点。如图 3-3(a)所示, $V_0 V_1 V_2 V_3$ 确定第 1 个四边形, $V_4 V_5 V_6 V_7$ 确定第 2 个四边形。

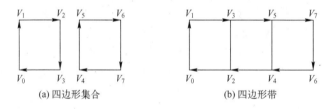

(a) 四边形集合　　　　　　　　　(b) 四边形带

图 3-3　四边形类图元

　　四边形带(GL_QUAD_STRIP)图元定义一组连续四边形,顶点 $2n-1$、$2n$、$2n+2$、$2n+1$ 定义第 n 个四边形。如图 3-3(b)所示, $V_0 V_1 V_2 V_3$ 确定第 1 个四边形, $V_2 V_3 V_4 V_5$ 确定第 2 个四边形, $V_4 V_5 V_6 V_7$ 确定第 3 个四边形。

　　四边形带和四边形集合确定的每个四边形,虽然顶点按顺时针方向给出,但法向仍需按逆时针方向计算。

　　图形 API 支持的多边形通常为凸多边形(GL_POLYGON),即多边形任意 2 个顶点连线都在多边形之内。凸多边形可直接转化为三角形扇或三角形带进行绘制,如图 3-4(a)所示。

　　以上几类图元在空间实体可视化中用途都比较广泛。

　　多边形表示法中,实体由平面多边形组成,但并非所有平面多边形都可直接

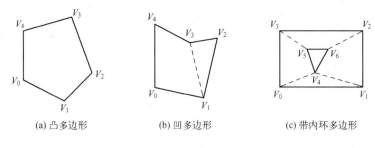

(a) 凸多边形   (b) 凹多边形   (c) 带内环多边形

图 3-4 多边形

绘制。凹多边形或带内环的多边形,必须分解为凸多边形才能绘制。3.2 节所描述的 STK 多边形图元即是如此。

如图 3-4(b)所示,$V_0V_1V_2V_3V_4$ 为凹多边形,一个可行的凸分解为 $V_0V_1V_2V_4$ 和 $V_1V_2V_3$ 两个凸多边形;如图 3-4(c)所示,为 1 带内环的多边形,可分解为 $V_0V_1V_4$、$V_0V_4V_5V_3$、$V_3V_5V_6V_2$ 和 $V_1V_2V_6V_4$,共 4 个凸多边形。多边形的顶点顺序,一般是外环逆时针、内环顺时针,沿任何边前进时,左侧为内部区域。

在计算几何相关著作中有很多多边形凸分解算法,互联网上也可下载到开源的计算几何库直接使用,本书讨论基于 OpenGL 辅助库的分解方法。

3. 基于 OpenGL 辅助库的多边形凸分解

OpenGL 中提供了辅助函数来实现多边形三角化或凸剖分,即 Tesselator,译作镶嵌器或分格器。

Tesselator 的使用过程如下:

(1) 创建 Tesselator 对象,设置回调函数;

(2) 开始多边形,gluTessBeginPolygon;

(3) 开始轮廓线(环),gluTessBeginContour;

(4) 添加环的顶点,gluTessVertex;

(5) 结束轮廓线,gluTessEndContour;

(6) 如果还有环未处理,转(3);

(7) 结束多边形,gluTessEndPolygon。

Tesselator 通过回调函数来获得分解结果。所谓回调函数,就是按规定格式定义函数,把函数地址传递给相应接口,函数何时何处被调用由开发包决定。必须正确定义和设置回调函数,主要有 3 个,分别对应于 GLU_TESS_BEGIN、GLU_TESS_VERTEX 和 GLU_TESS_END,当 Tesselator 分解出结果时,分别调用这 3 个回调函数(下面简称为开始回调、顶点回调和结束回调)。

如图 3-4(b)所示,分解结果为 1 个四边形和 1 个三角形。当得到四边形时,Tesselator 会首先调用开始回调,以 GL_QUADS 为参数,指示图元为四边形;

然后按顺序 4 次调用顶点回调,以 $V_0 V_1 V_2 V_4$ 各顶点的数据作为参数(包括位置、颜色、纹理坐标等,取决于提供的数据,此外有可能生成新的顶点,顶点位置及其他属性插值得到);最后调用结束回调通知已经有 1 个图元分解完成。三角形过程类似。

多边形的凸分解算法相对耗时,因此不能每次绘制都重新分解,而是在数据加载时进行 1 次分解,分解结果可保存在显示列表中(这也是一般资料上介绍的做法),也可保存在自定义数据结构中,绘制时调用。

显示列表的作用是将一系列的命令封装起来,供以后重复执行,且显示列表中的所有命令编译并存储在显存中,这样在执行时可显著减少在 CPU 和显卡之间传送的数据量,提高绘制速度。显示列表以 glNewList 函数开始,以 glEndList 函数结束,其间的所有命令被编译到 glNewList 所指定的显示列表中,以后通过 glCallList 执行。因此可把 Tesselator 的整个过程置于上述显示列表函数之间,将开始回调函数设为 glBegin,结束回调设为 glEnd,顶点回调设为 glVertex,直接将多边形凸分解结果存储到显示列表中。

显示列表对于重复调用的命令可显著提高绘制速度,但并非对于所有情况都适用,有些情况下反而会使得效率下降。由于显示列表的建立需要时间,还要占用显存资源,所以并非所有情况都适于采用显示列表。此外,对于软件中有多个 OpenGL 窗口的情况,由于显示列表与设备绑定,会出现问题。

因此,从数据与显示分离的角度,更好的做法是把凸分解的结果数据存储起来,绘制时再灵活选择用显示列表或实时绘制,这样通用性、模块独立性更好。

定义图元数据类型,如图 3-5 所示。将图元类型及数据封装在一起,在开始回调函数中,创建一个新的图元 GlCmd2D 并设为当前图元;在顶点回调中,向当前图元加入数据;在结束回调中,将当前图元保存起来。

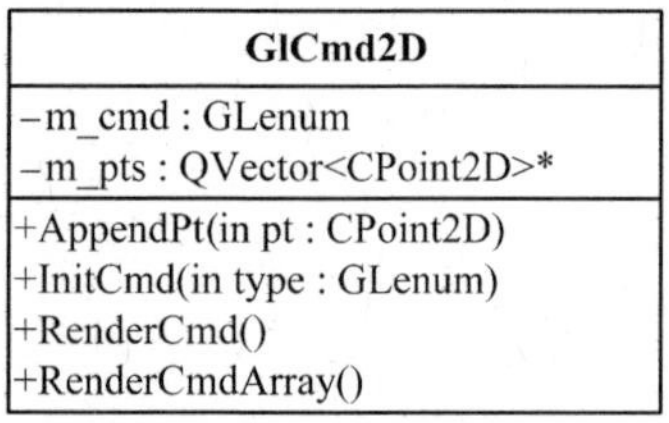

GlCmd2D
−m_cmd : GLenum
−m_pts : QVector<CPoint2D>*
+AppendPt(in pt : CPoint2D)
+InitCmd(in type : GLenum)
+RenderCmd()
+RenderCmdArray()

图 3-5　图元数据类型

存储的图元只是数据,与显示无关,不占据显示资源,也可用于显示之外的情况,如面积计算等。

除多边形表示法之外,计算机图形学中表示实体还有构造实体几何(Constructive Solid Geometry,CSG)、边界表示(Boundary Representation,B − Rep)、八叉树方法等。但这些多用于几何造型领域而非绘制,不再讨论。

3.1.2　图形绘制流水线

随着计算机图形硬件的飞速发展,基于 GPU(Graphic Process Unit)的图形绘制流水线（Graphics Rendering Pipeline）成为实时图形绘制的核心[3]。

早期的图形绘制流水线表示图形由构造到生成的固定绘制过程，称为"固定功能流水线"（fixed function pipeline）。DirectX8 之后，开始引入可编程着色器（Programmable Shader），包括顶点着色器（Vertex Shader）和像素着色器（Pixel Shader），随后 OpenGL 也对这些功能提供了支持。近年的图形 API 又推出了细分着色器等，使得图形绘制流水线变得更加灵活，功能更加强大，选择范围更宽。另外，GPU 的应用也在不断拓展，从单纯的图形绘制发展到 GPGPU（General Purpose GPU，通用计算机图形处理器）、CUDA（Compute Unified Device Architecture，通用并行计算架构）、OpenCL（Open Computing Language，开放运算语言）等。

本书基于固定功能流水线进行讨论。

流水线的概念存在于很多领域，如在汽车产业中，使用生产流水线把生产划分成一系列的环节，各环节之间流水作业，大幅度提高生产效率；在现代数字信号处理（DSP）芯片中，采用了非常好的流水线结构，如有的流水线分为 4 个或 8 个阶段，在一个时钟周期内同时进行多条指令的不同阶段，包括取指、译码、执行等。

流水线将整个绘制过程划分为多个阶段并行执行，有效提高绘制效率。同时，如某个阶段的效率较低，则成为整个流水线绘制的瓶颈。

概念上，可将图形绘制流水线粗略划分为 3 个阶段：应用程序、几何、光栅化。在一些图形 API 中，流水线划分不同，如 DirectX9 中的流水线包括预处理、顶点处理、图元处理、像素处理等阶段。但不论怎么划分，要反映的都是由实体表示到绘制出二维图像的整个过程。

1. 应用程序阶段的主要功能

应用程序阶段都是软件实现，开发者能够对该阶段进行完全控制，通过各种数据结构、算法和程序设计技巧来提高性能。几何阶段和光栅化阶段全部或部分由硬件实现，改变比较困难，通过调整参数或者进行 GPU 编程，可对绘制的效率施加影响。应用程序阶段对后 2 个阶段的效率有直接影响，可减少传递到下一个阶段的几何对象的数量，这也是空间数据结构和层次细节模型要研究的内容。

应用程序阶段可以认为是整个程序最主要部分，其概念的边界也很难界定。从广义上讲，可认为包括交互、碰撞检测、动画、几何变形、视锥裁剪、场景数据采集、管理等。但从图形绘制的角度来看，也可认为其中有关几何对象的管理、化简等才属于应用程序阶段的工作。总体而言，高效的空间态势可视化系统对此阶段有较高要求。

在应用程序阶段末端,将需绘制的几何体输入到绘制流水线的下一阶段,这些几何体就是在3.1.1节所讨论的图元,几何体数据包括几何体的位置、颜色、纹理等诸多信息。

2. 几何阶段的主要功能

几何阶段主要负责大部分多边形和顶点操作,可以将该阶段进一步划分为模型与视点变换、光照、投影、裁剪和屏幕映射5个功能阶段。

根据具体实现,这些阶段可以和硬件流水线阶段相同,也可不同。极端情况下,整条流水线都由软件实现,如DirectX中,支持两种设备类型,一种是硬件支持的设备抽象层(Hardware Abstraction Layer,HAL),另一种是完全由软件实现整个流水线的硬件模拟层(Hardware Emulation Layer,HEL)。

需要注意的是,几何阶段执行的是计算量非常大的任务,例如在只有一个光源的情况下,每个顶点大约需要100次的浮点运算。由于运算由硬件实现,所以其速度较之于在CPU中进行运算,还是要快得多。例如,无论在OpenGL还是DirectX中都有一个参数,可指定法向量的归一化是由应用程序计算还是交由硬件计算,由硬件实现法向量归一化,其效率有相当提升。

1) 模型变换

在绘制过程中,模型通常需要变换到若干不同的坐标系中。一般模型都定义在自己的模型空间中,称为模型坐标系,可认为它没有进行任何变换。所有模型都存在于一个唯一的世界坐标系中,将一个模型放在场景中,需要设置其所处的位置、方向和大小。如对于空间态势中的一颗卫星,其实体模型位于以卫星位置为原点的一个局部坐标系中,随着卫星的运动局部坐标系不断改变,需将其置于以地心为原点的世界坐标系(如第二章讨论的地固系或天球系)。

每个模型可以和一个模型变换相联系,也可以和几种不同的模型变换联系在一起。通过多个模型变换可以在同一场景放置具有不同位置、方向和大小的同一模型,而不需同时存储多个模型的数据。如图3-6所示,将一定义在局部坐标系的立方体,利用两种不同的模型变换(Model Transform),变换到世界坐标系的不同位置。模型变换需同时变换模型的顶点和法线。

模型变换主要包括平移、缩放和旋转,其具体的公式可从任一本计算机图形学教材找到,不再赘述。在OpenGL中,对应的函数为glTranslate、glScale和glRotate。

在计算机图形学中,采用齐次坐标表示空间点,如(x,y,z,w)表示点$(x/w,y/w,z/w)$,表示变换的矩阵也针对齐次坐标,其优点是可统一表示各种变换。

齐次矩阵表示的另一好处是可以将多个矩阵级联为单个矩阵,以提高效率。例如,对于由很多顶点组成的物体,需要进行平移、缩放、旋转等多种变换,如果

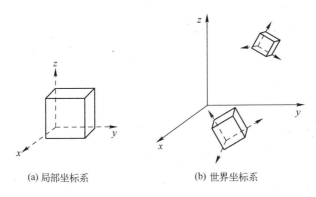

(a) 局部坐标系　　　　　　　(b) 世界坐标系

图 3-6　模型变换

对每个顶点都按顺序进行各个变换,显然效率较低;先将所有的变换矩阵相乘,级联为一个矩阵,效果与分别应用各个矩阵完全一样。

例如,$C = TRS$,表示首先进行缩放 S,然后进行旋转变换 R,最后是平移变换 T。对于每个点,相当于其最终的变换 $p' = Cp = TRSp = T(R(Sp))$。在 OpenGL 中也如此,先调用的变换函数后执行。

由于矩阵乘法运算不满足交换律,因此矩阵相乘的顺序反映的含义不同。

法线通过几何图形变换矩阵的逆矩阵的转置矩阵进行变换,如几何变换矩阵为 M,则法线变换矩阵为 $N = (M^{-1})^{\mathrm{T}}$。

2) 视点变换

在图形绘制流水线中,只绘制相机(视点、观察点)可见的模型。相机在世界坐标系中有位置和方向。为便于后续投影和裁剪,需对所有模型进行视点变换(View Transform),目的是把所有模型变换到以视点为原点的新坐标系。这个新坐标系称为相机坐标系,或者称为观察坐标系。相机坐标系的原点是视点,视点到观察点构成观察坐标系的 z 轴(或 $-z$ 轴,取决于所用 API),x 轴向右,y 轴向上。

视点变换需定义视点位置、观察点位置、参考向上矢量等。在 OpenGL 中,可通过调用辅助函数 gluLookAt 设置此矩阵。利用观察点位置和视点位置,确定观察坐标系的 z 轴;然后利用参考向上矢量与 z 轴的叉积,确定观察坐标系的 x 轴;利用 x 轴和 z 轴的叉积确定观察坐标系的 y 轴。如图 3-7 所示,视点为 E,观察点为 O,参考向上矢量为 $\textbf{\textit{up}}$,则 $\textbf{\textit{EO}}$ 为相

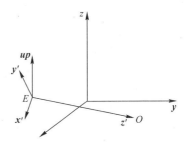

图 3-7　视点变换

机坐标系的 z' 轴,up 与 EO 的矢量积为照相机坐标系的 x' 轴,x' 与 z' 轴的矢量积为 y' 轴。可利用相机坐标系及视锥进行层次细节选择和对象快速剔除。

几何变换和坐标系变换可互相转化,都通过 4×4 的矩阵实现,在绘制流水线中,在变换之前,将所有的矩阵级联。所以将模型变换和视点变换作为一个功能阶段,即模型由局部坐标系变换到相机坐标系,在一般图形 API 中,也不对这二者进行严格区分。

3) 光照和着色

为了使模型看起来更加真实,可为场景配上一个或多个光源;几何模型可以设置顶点的颜色或配上纹理。

所谓明暗效应,是对光照射到物体表面所产生的反射、透射现象的模拟。当光照射到物体表面时,可能被吸收、反射或透射。被物体吸收的那部分光转化为热,而被反射、透射的光传到我们的视觉系统。使用一些数学公式来近似计算物体表面按什么规律来反射、透射光,称为明暗效应模型。图 3-8(a) 为没有加上光照效果的图,图 3-8(b) 为有光照效果的图,没有光照的情况下更像是平面图。

(a) 无光照   (b) 有光照

图 3-8　有无光照的效果对比

为进行绘制,须在场景中定义光源,当前的 API 一般支持如下光源:点光源,是向四面八方发射光线的单点,又称全向光或球状光;平行光,代表从无限远处射来的点光源光线,场景中所有光线平行,平行光没有位置,也没有衰减;聚光灯,是从特定光源向特定方向射出的光,其照亮区域为圆锥形;环境光,是不属于任何光源而照亮整个场景的光。

在图形 API 中,一般支持多个光源。在 OpenGL 中,利用 glLight 和 glLightfv 两个函数设置光源,前者参数为标量形式,后者参数为矢量形式。可设置光源的位置、方向、衰减系数、聚光灯范围等参数。

对于每个顶点,可设置其材质,OpenGL 对应函数为 glMaterial 和 glMaterialv,本质上是设置光照模型所需各种参数,包括环境光反射系数、漫反射光反射系数、镜面光反射系数以及镜面指数等。

物体顶点的亮度可表示为环境光、漫反射光、镜面光和发射光的总和。环境光(泛光)用于模拟从环境中周围物体散射到物体表面再反射出来的光,环境光的值仅与环境光源亮度和物体本身环境光反射系数有关,等于其各个分量的乘积;漫反射光的空间分布均匀,但反射光强与入射光的入射角余弦成正比,即兰伯特余弦定律;镜面光用于描述光滑表面,在视点所见的反射光强随视线与反射光线的夹角的增加而减少,其控制参数除了光强和材质反射系数之外,还有镜面指数,其值越大,表示反射光越集中在反射方向附近。

漫反射光和镜面反射光的计算都依赖顶点法向,必须为顶点设置正确的法向值。

以上计算得到顶点的颜色值,三角形内部各像素颜色值利用明暗模式控制,这是光栅化阶段的工作。目前主流 API 支持的明暗模式有 flat 模式和 Gouraud 模式(smooth)。前者直接使用顶点颜色作为像素颜色,后者利用三角形顶点颜色双线性插值得到像素颜色。

随着 GPU 的发展,可利用像素着色器技术来实现高级明暗模型,如 Phong 模型,利用双线性插值得到每个像素的法向,再利用光照模型计算其颜色。

影响物体颜色的另一要素是纹理,纹理映射的过程也在光栅化阶段完成,但是在几何阶段需要设置每个顶点的纹理坐标。纹理映射的原理在光栅化阶段再进行讨论。

4) 投影与裁剪

投影目的是将视体变换为一个单位立方体,这个立方体的对角顶点分别是(-1, -1, -1)和(1,1,1)。这个单位立方体称为规范视体(Canonical view volume)。

主要有正投影(平行投影)和透视投影两种投影方式。平行投影的主要特性是平行线在变换之后仍保持平行,通过 glOrtho 函数实现。透视投影的主要特性是近大远小,物体距离相机越远,投影越小。此外,平行线会相交。透视投影与人眼观察物体的过程非常相似,也是一般情况下所采用的投影方式。

经视点变换后,相机坐标系是如图 3-7 所示,相机坐标系只有一定范围可见,即视锥(该视锥通过 gluPerspective 或 glFrustum 定义,参数为视场角、长宽比和远近裁剪面),如图 3-9(a)所示,而投影变换后如图 3-9(b)所示。可以看出,投影变换非均匀、非线性,会导致近大远小的效果,变换后的 z 值分布不均匀。

透视投影的变换矩阵为

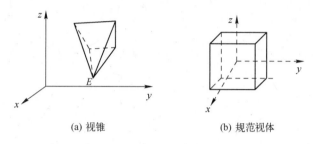

(a) 视锥　　　　　　　　(b) 规范视体

图 3-9　投影变换

$$
\begin{bmatrix}
\dfrac{2near}{right-left} & 0 & \dfrac{right+left}{right-left} & 0 \\[3mm]
0 & \dfrac{2near}{top-bottom} & \dfrac{top+bottom}{top-bottom} & 0 \\[3mm]
0 & 0 & -\dfrac{far+near}{far-near} & -\dfrac{2far*near}{far-near} \\[3mm]
0 & 0 & -1 & 0
\end{bmatrix}
\tag{3-1}
$$

单位立方体便于裁剪,只有当图元完全或部分位于视体内时,才需将其发送到光栅化阶段。当图元完全位于单位立方体内部时,直接进入下一阶段;其他图元则会部分或全部裁剪掉,再进入下一阶段。需要指出的是,此处所指裁剪是在图形绘制流水线中由硬件所进行的裁剪,而不是在应用程序阶段,结合空间数据结构与视锥体所进行的大量物体剔除。

5) 屏幕映射

裁剪后的图元进入屏幕映射阶段,此时的坐标仍是三维坐标。每个图元的 x 和 y 坐标变换到屏幕坐标系,屏幕坐标系连同 z 坐标一起称为窗口坐标系。屏幕映射的过程实际上是根据窗口大小和位置,对 x 和 y 坐标进行平移和缩放的过程,而 z 坐标不受影响。在 OpenGL 中,指定窗口大小的函数为 glViewport。在屏幕映射阶段,将归一化的 (x, y) 坐标线性变换到 $(0,0)$ 到 (cx, cy) 之间。变换后的 (x, y, z) 坐标值一起进入光栅化阶段。

3. 光栅化阶段的主要功能

各图元经几何阶段之后,其顶点信息包括窗口坐标系下的坐标、颜色(经过光照处理得到)、纹理坐标等。光栅化阶段根据上述信息,计算图元内部每个像素颜色值,图元内部既包括三角形内部像素,也包括线段中间像素。此过程称作光栅化或扫描转换。

为了决定屏幕每个像素的颜色,主要有两个问题:①究竟哪个图元或者图元的哪个部分可见,目前多使用 z 缓冲器算法;②可见部分的像素颜色如何确定,这涉及插值和纹理映射。

1）z 缓冲器算法

z 缓冲器算法是一个非常简单、适于硬件实现的消隐算法。

有和窗口分辨率相同的颜色缓冲器和 z 缓冲器，颜色缓冲器存储当前颜色值；z 缓冲器存储每个像素所代表的图元与视点的距离。开始绘制时，颜色缓冲器所有像素都设为某种颜色，z 缓冲器的值都设为最大。处理图元时，计算该像素位置处图元的 z 值并与 z 缓冲器中已有值进行比较。如图元 z 值小于缓冲器中已有值，则说明该图元在原图元之前，同时更新颜色缓冲器和 z 缓冲器的值；否则颜色缓冲器和 z 缓冲器的值都不变。

以上算法中，图元的绘制顺序可任意。但透明图元的绘制需要特殊处理。

投影变换后的 z 值与变换前的 z 值并非线性变换，而是非均匀分布，视点离近平面的距离越近，其 z 值的分布越集中。图形 API 可指定 z 缓冲器的深度值，如 24 位或 32 位。虽然 z 值本身按浮点表示，但其中不同值只有 16M 或 4G 个，对于比较接近的 z 值，容易产生错误比较结果。对于比较接近的面，经透视变换后很容易产生消隐错误。适当拉大视点到近平面的距离可使 z 值分布更均匀，有效减少错误消隐的发生。

2）双线性插值

几何阶段生成每个顶点的数据，包括位置（屏幕坐标系）、z 值（屏幕坐标系）、颜色（经过光照处理）、纹理坐标等。光栅化生成三角形内部每个像素值（虽然最终是颜色值，但在光栅化过程中，上述值都需要）。如明暗模式为 flat，则每个像素的值均使用顶点值；如为 smooth 模式，则需要根据三角形顶点的屏幕坐标进行插值。

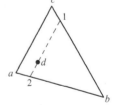

图 3-10 双线性插值

如图 3-10 所示，欲确定三角形内 d 点的值（颜色、纹理坐标、z 值等），首先利用 a、b 点的值插值得到点 2 的值，利用 c、b 点值得到点 1 的值；再利用 1、2 点的值得到 d 点的值，如式（3-2）所示。

$$\begin{cases} V_1 = V_c \times \dfrac{|b1|}{|bc|} + V_b \times \dfrac{|c1|}{|bc|} \\[2mm] V_2 = V_a \times \dfrac{|b2|}{|ba|} + V_b \times \dfrac{|a2|}{|ba|} \\[2mm] V_d = V_1 \times \dfrac{|d2|}{|12|} + V_2 \times \dfrac{|d1|}{|12|} \end{cases} \quad (3\text{-}2)$$

3）纹理映射

仅使用光照模型得到的场景,往往由于表面过于光滑和单调,看起来反而不真实。现实世界中物体的表面往往有各种表面细节,如卫星表面的图层、飞机和坦克上的迷彩等。通过颜色色彩或明暗变换体现出来的细节称为颜色纹理。另一类纹理是表面上不规则的细小凹凸,如空间碎片表面的皱纹。

纹理映射将纹理图像贴到物体表面上。无论纹理图像的分辨率是多少,对应的纹理坐标范围都是$[0,1] \times [0,1]$。根据顶点纹理坐标和式(3-2),得到屏幕空间像素纹理坐标,计算对应的图像位置,根据采样方式(最近邻插值、双线性插值、双三次方重采样等)计算屏幕像素的颜色值,即实现纹理映射。

3.1.3　空间数据结构与层次细节技术

对于空间态势而言,并不一定应用非常复杂的计算机图形学技术,也不一定追求高度真实感,不需使用诸如辐射度算法、光线跟踪等复杂技术。但是实时性必须满足要求,即使是面对海量空间数据或超大规模场景的情况下,实时性也是不断追求的目标。空间数据结构和层次细节技术正是解决效率问题所需的关键技术。

空间数据结构通常是层次结构,具有嵌套和递归的特点。使用层次结构的原因主要是效率,但空间数据结构的构造开销比较大,很多时候无法做到实时更新,而是需要利用预处理过程建立。

1. 包围体层次

顾名思义,包围体层次(Bounding Volume Hierarchies,BVH)就是包围体所形成的层次结构。包围体或包围盒是图形学中的一种常用技术。包围体是包含一组物体的空间体,由于包围体一般选择简单形状,所以使用包围体进行测试的速度要比使用物体本身快得多。

主要包围体类型有:包围球,包围物体的最小球体,物体包围球的中心即是物体的中心,包围球的直径是物体表面各点之间的最大距离,包围球往往存在较大冗余;轴对齐包围盒(Axis-aligned Bounding Boxes,AABB),AABB结构简单,内存开销小、计算速度快,也存在冗余,有些测试比球体慢;有向包围盒(Oriented Bounding Boxes,OBB),是最贴近物体的长方体;其他的凸多面体也可用作物体的包围体。

选定包围体的类型后,可以应用包围体建立空间数据的层次结构。图3-11为一场景的示意图,包含6个物体,每个物体有自己的包围体,而包围体再形成一个更大的包围体,依此类推,直到构成一个包含所有物体的包围体为止。

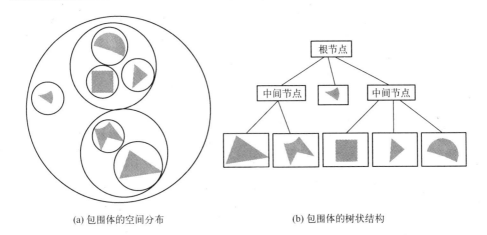

(a) 包围体的空间分布　　　　　　　　(b) 包围体的树状结构

图 3-11　包围体层次结构示意图

另外,还可以多次应用不同的包围体技术,如首先应用球体进行粗测试,然后应用 AABB 或 OBB 进行精测试。

2. 场景图

上面介绍的包围体层次只是对几何体进行管理,而在绘制过程中,场景中除几何体之外,还存在很多其他要素,如纹理、光源、相机、变换等,场景图将所有相关要素都管理起来。

场景图是一种将场景中的各种数据以图的形式组织在一起的场景数据管理方式,它是一个树结构,根节点是整个场景,树中的每一个节点可有任意个子节点,每个节点存储场景的数据,包括几何物体、光源、相机、纹理、几何变换等。

如对于空间态势场景中的卫星,以卫星的几何变换(根据卫星位置、速度)作为中间节点,卫星实体作为叶节点。

由于一些状态切换非常耗时(如纹理设置,需由主存向显存传送图像数据),在实际绘制时应尽量减少状态切换的次数,所以基于场景图组织的数据往往基于状态进行绘制。基本思路是把场景物体按绘制状态分类,对于相同状态的物体只设置一次状态。状态切换是指影响当前状态的函数调用,包括纹理、材质、光照、多边形光照模式、融合等函数。

根据场景图构造多个状态集合,每个状态集合由多个状态组成;根据各个状态的耗时情况,对状态进行排序;根据状态排序,将状态集合构造出一颗状态树,最耗时的操作作为树根,次之的紧随其后,依此类推。

绘制时按深度优先顺序对树进行遍历,每条路径可以构造一个状态集合,到达该状态集合后,绘制所有使用该状态集合的物体。

设有状态为{纹理1,材质1,Smooth 插值方式},{纹理1,材质1,Flat 插值方式｝，｛纹理 1，材质 2，Smooth 插值方式｝，｛纹理 2，材质 2，Smooth 插值方式｝，可构造状态树如图 3-12 所示。

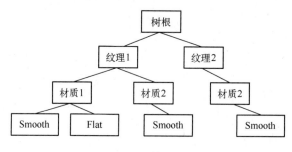

图 3-12　绘制状态树

著名的开源引擎 OpenSceneGraph（OSG）就综合应用了上述技术。OSG 中可向场景的根节点加入子节点，节点类型包括空间变换节点、相机节点、开关节点、绘制属性节点等。叶节点为几何体，具有包围体（OSG 中综合应用包围球和包围盒），向上逐级构成了包围体层次树，以加速场景的裁剪、相交测试、碰撞检测等。通过绘制属性 StateSet，将所有的 OpenGL 状态进行了封装，以支持基于状态的绘制。

3. 层次细节技术

层次细节技术（Level of Detail，LOD）的基本原理是利用透视投影的特性，距离当前视点越远的物体在成像平面上的投影面积越小，因此对于远处的物体可以用较少的等效绘制元素来表现它。例如，一个由 5 万个三角形组成的卫星模型，投影到 100 个屏幕像素，此时绘制全部 5 万个三角形显然造成了极大的浪费，此时也许用 100 个或者少的三角形就可以逼真地表现卫星。

通常，LOD 算法包括 3 个主要部分：①LOD 的生成，生成具有不同细节程度的模型表示，一种 LOD 生成方法是根据不同应用构造算法自动生成，另一种是利用建模工具手工生成不同层次细节的模型；②LOD 的选择，基于某种准则选取细节层次；③LOD 切换，要构造方法实现由一个细节层次到另一个细节层次的平滑切换。

构造出物体或场景的层次细节模型之后，实时绘制时必须确定绘制其中的哪一个层次或哪几个层次，方法有：①基于距离的 LOD 选取，细节最丰富的层次所对应的距离是 0 ~ r1，下一层次对应的距离是 r1 ~ r2，依此类推，根据物体距离视点的距离选取对应的细节层次；②基于投影面积的 LOD 选取，直接应用物体的投影面积并不可行，因为精确计算物体的投影面积非常耗时，效率损失将抵消 LOD 带来的益处，可根据包围体的投影面积计算近似值。还有一些其他可用准则,如物体的重要程度、运动、颜色、纹理等。其出发点是在场景中,观察者的注意力集中的物体使用更高精细的细节,而对于观察者不注意的地方,则使用比较粗糙的细节。

当从一个细节层次切换到另一个细节层次的时候,通常会产生一种突变现象,称为"Poping",有很多研究致力于解决这个现象:①离散 LOD(Discrete LOD),不同的层次采用不同模型,突变现象较明显;②混合 LOD(Blend LOD),在一定的 LOD 选取标准范围内,取两个层次的 LOD 进行混合,首先以不透明方式绘制 LOD1,然后通过不断调整透明度来绘制 LOD2,实现 LOD 之间的混合,优点是硬件支持,易于实现,缺点是效果未必理想,甚至可能更不理想;③连续层次细节 CLOD(Continuous LOD)是对层次细节技术的更高要求,要求在视觉上基本看不出细节层次的切换,这方面的一个经典算法是 Hoppe 等人于 1995 年提出的渐近网格技术(Progressive Mesh),已经被成功地应用于 DirectX9 中。

3.2　STK 实体模型剖析

STK 具有强大的影响力,在航天任务分析领域占据统治地位,其中的空间实体模型具有如下优点[4]:①建立了丰富的实体模型资源,包括各种卫星、空间站、飞机以及地面站等;②模型不但支持静态显示,而且支持卫星帆板展开、整流罩脱落等关节动作,这对于武器平台的战术仿真非常必要;③设计的图元适于描述空间实体,针对性强;④空间实体采用树状结构表示模型,易于实现高效绘制;⑤模型支持层次细节表达;⑥支持基于纹理的尾焰等特殊效果,效率高于粒子系统方式。STK 模型的研究方面,只有韩潮等[5,6]尝试了将 STK 模型转化为 VRML 格式,模型绘制等研究尚为空白。

3.2.1　STK 模型总体结构

STK 模型以文本文件的方式存储,文件后缀为 mdl,一般存储在 STK 安装目录的"\STKData\VO\Models"子目录下,包括各种卫星、空间站、地面站等航天实体以及飞机、舰船、车辆等武器装备实体,资源非常丰富。

1. 模型的树状结构

STK 模型依赖两对关键字构成树形结构:Component 和 EndComponent 之间包含一个组件,如一组件含 Root 关键字,则是树根;Refer 和 EndRefer 定义引用,引用内可包含其他组件或图元,相当于指向子节点的指针。如一模型为

Component Ring

......

```
EndComponent
Component Body
    Root
    Refer
        Component Ring
    EndRefer
EndComponent
```

定义了 2 个组件,树结构有 2 层,树根中指针指向 Ring 组件。

如一卫星模型结构如图 3-13 所示,卫星由卫星主体和左右帆板组成,主体又包括其他组件,左右帆板每个包括 1 ~ 4 级,每一级指向同一个包括基本图元的组件。

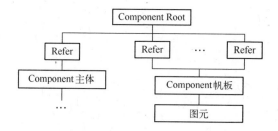

图 3-13　STK 模型树状结构示意图

2. STK 模型的颜色表

STK 模型中可以设置颜色,既可按 RGB 设置,也可按颜色名设置,如 red、green 等。颜色名称所对应的颜色存储在文件 rgb. txt 中,该文件一般位于安装目录的"\STKData"子目录下,格式如下:

```
0   0   0     black
0   0   0     grey0
0   0   0     gray0
0   0 128     navy
0   0 128     NavyBlue
0   0 139     DarkBlue
```

文件中每行定义一颜色值,其顺序为:红、绿、蓝、颜色名,其中红、绿、蓝分量的取值范围是[0,255]。将颜色文件中所有颜色读出,以数组或 QMap 等容器存储,供解码绘制使用。

3. STK 模型的纹理

STK 模型所用纹理文件存储在安装目录的"\STKData\VO\Textures"目录

下,实体所用纹理包括 tga、png、jp2(jpeg)、ppm 等格式,地形所用纹理包括 txm、jp2、pdttx 三种。tga、png、jpeg 等格式较为复杂,可借助于成熟的开发包解码,以下重点介绍 ppm 格式。

STK 所用的二进制 ppm 格式是一种非压缩的图像数据,开始部分是文件头:以 0xa0 和 0x20 作为分隔符;最前面 2 个字节为 P6;随后可有 1 行或多行以"#"开始的注释行;随后 3 行数据是图像的宽、高和值的范围(一般为 255)。文件头之后按顺序存储图像数据,每个像素包括 RGB 数值。

3.2.2　STK 模型的图元

STK 模型包括 8 类图元:Cylinder、Extrusion、Helix、Polygon、PolygonMesh、Revolve、Skin、Sphere,每种图元具有相应参数,适于描述不同形状,如火箭箭体适合用 Revolve 图元描述。下面阐述图元含义、顶点位置、法向、纹理坐标的计算方法,以及图元的绘制方法。

1. Cylinder 图元

Cylinder 图元定义两端封闭的柱体,以关键字 Cylinder 开始,关键字 EndCylinder 结束,典型定义如下:

```
Component LowerCap
    Cylinder
        FaceColor red
        NumSides 8
        Face1Position 0. 0 0. 0 0. 0
        Face1Radius 0. 455
        Face1Normal  - 1. 0 0. 0 0. 0
        Face2Position 1. 01 0. 0 0. 0
        Face2Radius 0. 455
        Face2Normal 1. 0 0. 0 0. 0
    EndCylinder
EndComponent
```

定义图元绘制效果如图 3-14(a)所示。

Cylinder 图元的局部坐标系如图 3-14(b)所示,柱向为 x 轴,定义图元几何形状的关键字包括:

(1) NumSides,离散个数,决定了圆柱面离散的多边形数和柱顶、柱底离散的三角形个数,圆柱面和柱顶、柱底的离散个数需一致,图 3-14(a)对应的离散个数为 8。

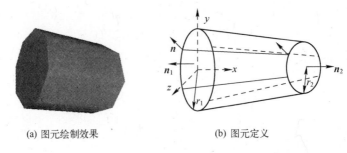

(a) 图元绘制效果　　　　　　(b) 图元定义

图 3-14　Cylinder 图元

（2）Face1 Position、Face2 Position 或 length，定义圆柱高度，如采用前面二者，等效于以二者的距离作为 length，柱底固定在平面 $x = 0$ 上，柱顶在平面 $x =$ length 上。

（3）Face1 Radius 和 Face2 Radius，定义柱底和柱顶的半径，如图 3-14(b) 中 r_1、r_2。

（4）Face1 Normal 和 Face2 Normal，定义柱底和柱顶的法向，如图 3-14(b) 中 n_1、n_2。

图元关键字及其范围、默认值如表 3-1 所示。

表 3-1　Cylinder 图元关键字

参　　数	范围	默认值	描　　述
NumSides ＜ Value ＞	≥3	10	圆柱边的数量
Face1 Radius ＜ Value ＞	＞0.0	1.0	柱底半径
Face1 Normal ＜ x ＞ ＜ y ＞ ＜ z ＞	＞0.0	-1 0 0	柱底法向
Face2 Radius ＜ Value ＞	＞0.0	1.0	柱顶半径
Face2 Normal ＜ x ＞ ＜ y ＞ ＜ z ＞	＞0.0	1 0 0 0	柱顶法向
Length ＜ Value ＞	≠0.0	1.0	圆柱长度

从文件中解析出上述信息后，即可计算绘制几何体所需数据。

1）位置计算

圆柱离散后的每个点，其坐标为

$$\begin{cases} \boldsymbol{p}_i = \left(0, r_1 \times \cos \dfrac{2\pi i}{n}, r_1 \times \sin \dfrac{2\pi i}{n} \right), \text{柱底点} \\ \boldsymbol{p}_i = \left(l, r_2 \times \cos \dfrac{2\pi i}{n}, r_2 \times \sin \dfrac{2\pi i}{n} \right), \text{柱顶点} \end{cases} \tag{3-3}$$

式中，n 为 NumSides 确定的离散个数；l 为 Face1 Position、Face2 Position 或 length 关键字确定的圆柱高度；r_1、r_2 分别为关键字 Face1 Radius 和 Face2 Radius 确定的

半径;i 的取值范围是 $0 \sim n$。

2）法向计算

虽然圆柱两端和圆柱体共享顶点,但圆柱两端与圆柱体的边缘并不平滑变化,对应平面的法向需分别计算和存储,绘制时也应用各自的法向。

顶面和底面的法向由模型文件中直接获得,一般为由柱内部沿与柱顶、柱底垂直的方向向外。

对于圆柱面的法向,可假设面为平面、利用顶点计算面法向的方法。但这种方法的固有缺陷是相邻面之间法向不连续,导致面视觉不光滑、拼接痕迹明显。因此法向定义为由该顶点所在平面柱心指向该点,如图 3–14(b)中法向 $\boldsymbol{n}$。

$$\boldsymbol{n}_i = \left(0, \sin\frac{2\pi i}{n}, \cos\frac{2\pi i}{n} \right) \tag{3-4}$$

3）纹理坐标计算

当图元所在组件包括 TxGen 关键字时(其他图元亦如此),需计算各点纹理坐标。

纹理只应用在圆柱面上,而不应用在两端平面。纹理有 2 个坐标分量 u 和 v。其中柱顶点纹理坐标 v 值为 1,柱底点纹理坐标 v 值为 0。

顶点纹理坐标 u 分量计算方法是绕圆柱在 $[0,1]$ 范围按角度均匀插值,即 $u_i = i/n$。

4）绘制方法

柱顶和柱底采用三角形扇(TRIANGLE_FAN)进行绘制,绘制时为整个三角形扇指定法向;圆柱面以四边形带(QUAD_STRIP)绘制,为每个顶点指定法向,且需根据情况设置纹理坐标。

2. Extrusion 图元

Extrusion 图元定义一平面线集沿 x 轴平移一定距离所形成的"挤出形状"图元。以 Extrusion 关键字开始,以 EndExtrusion 关键字结束,典型定义如下:

```
Component LowerCap
    Extrusion
        Length 2
        NumVerts 4
        Data
            -1.0  -1.75 1.03952
            -1.0 1.75 1.03952
            -1.0 1.75  -1.4912
```

$$-1.0 \quad -1.75 \quad -1.4912$$

EndExtrusion

EndComponent

其定义图元绘制效果如图 3-15(a)所示。

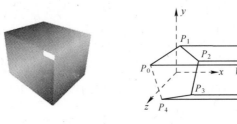

(a) 图元绘制效果　　　　　　　(b) 图元定义

图 3-15　Extrusion 图元

定义 Extrusion 图元几何形状的关键字有：

（1）Length，定义挤出长度，即点沿 x 轴平移的距离。

（2）NumVerts 和 Data，前者定义线集点的个数，后者给定点坐标，每点 1 行，按 x、y、z 顺序给出，如图 3-15(b)中给定的 5 个点是 P_0、P_1、P_2、P_3、P_4。

（3）IsOpen，表示线集不闭合，即最后 1 点到第 1 点之间无连线，形成的图元会少 1 个面。对于图 3-15(b)，如闭合，形成的多边形为 $P_0P_1V_1V_0$、$P_1P_2V_2V_1$、$P_2P_3V_3V_2$、$P_3P_4V_4V_3$、$P_4P_0V_0V_4$；如不闭合，无最后 1 个多边形。图 3-15(a)中的图元不闭合后如图 3-16(a)所示。

（4）SharpEdges，面之间边缘是否平滑过渡，定义了 SharpEdges 的图元如图 3-16(b)所示。

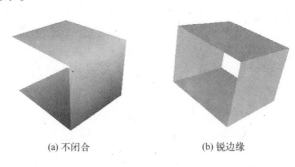

(a) 不闭合　　　　　　　　　(b) 锐边缘

图 3-16　Extrusion 图元效果

图元关键字及其范围、默认值如表 3-2 所示。

表 3-2　Extrusion 图元关键字

参　　数	范　　围	默认值	描　　述
Length < Value >	>0.0	1.0	长度,可设为负值
NumVerts < Value >	≥3		顶点数量
Data < x >< y >< z >	任意实数		点坐标
IsOpen		OFF	线集闭合
SharpEdges		OFF	锐边缘

1）位置计算

一组顶点的坐标由文件中解析得到;另一组顶点的坐标,y、z 与第 1 组相同,x 值等于第 1 组相应顶点的 x 坐标加上 Length 关键字确定的长度。

2）法向计算

如定义了 SharpEdges 关键字,每个面采用同一法向。面法向采用矢量积计算,如图 3-14(b)中,面 $P_0P_1V_1V_0$ 的法向 $\boldsymbol{n}_0$,通过 V_0 到 V_1 的矢量和 V_1 到 P_1 的矢量的矢量积计算得到。

如未定义 SharpEdges 关键字,顶点法向需为相邻面法向的均值,如图 3-14(b)中,顶点 V_1 的法向 $\boldsymbol{n}$ 为平面 $P_0P_1V_1V_0$ 法向 $\boldsymbol{n}_0$ 和平面 $P_1P_2V_2V_1$ 法向 $\boldsymbol{n}_1$ 的均值。

3）纹理坐标计算

沿 x 轴方向为 u 方向,原始线集上点的 u 分量为 0,新生成点的 u 分量为 1。v 值的计算方法为:首先计算线集的总长度;对于线集上每个点,计算由起点到该点的累加长度;累加长度除以总距离即为该点的 v 值。

4）绘制方法

如未定义 SharpEdges 关键字,以四边形带(QUAD_STRIP)绘制图元,正确设置每点的法向和纹理坐标即可;如定义了 SharpEdges 关键字,由于各面法向不同(即同一顶点表示不同面时,法向不同),只能以四边形(QUADS)绘制。

3. Helix 图元

Helix 图元定义螺旋线,尤其适于表示天线。以 Helix 关键字开始,以 End-Helix 关键字结束,典型定义如下:

```
Component LowerCap
    Helix
        NumSides 10
        NumCoils 23
```

```
        CoilHeight 10. 0
        CoilRadius 0. 75
        WireRadius 5. 0
      EndHelix
 EndComponent
```

定义的图元绘制效果如图 3-17 所示。

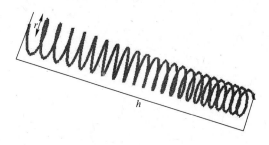

图 3-17　Helix 图元

Helix 图元局部坐标系的 x 轴为螺旋垂直向上的方向,关键字包括:

(1) CoilHeight,定义螺旋总长度,如图 3-17 中 h,螺旋上点坐标 x 值的范围是 $[0,h]$。

(2) CoilRadius,定义螺旋半径,如图 3-17 中 r,限定了螺旋上点 y、z 值范围。

(3) NumCoils,定义螺旋个数,如图 3-17 中一共有 23 个螺旋。

(4) NumSides,定义每个螺旋内离散点个数。

(5) WireRadius,定义螺旋线线宽,用 glLineWidth 设置。

图元关键字及其范围、默认值如表 3-3 所示。

表 3-3　Helix 图元关键字

参　　数	范　　围	默认值	描　　述
NumSides < Value >	≥3	3	螺旋内离散点数
NumCoils < Value >	≥2	1	螺旋个数
CoilHeight < Value >	≠0. 0	1. 0	总长度
CoilRadius < Value >	>0. 0	1. 0	半径

螺旋线图元由线组成,无纹理或光照效果,不需计算法向,以线带(LINE_STRIP)绘制即可。

螺旋线离散点坐标采用如下方法计算:

$$\begin{cases} n = N_c \times N_s \\ x_i = \dfrac{h}{n} \\ y_i = r \times \cos \dfrac{2\pi \times (i\%N_s)}{N_s} \\ z_i = r \times \sin \dfrac{2\pi \times (i\%N_s)}{N_s} \end{cases} \quad (3-5)$$

式中，N_c 为由 NumCoils 关键字所确定的螺旋个数；N_s 为 NumSides 关键字所确定的每个螺旋内的离散点个数；n 为整个螺旋线的点数；h 和 r 为图元的高度和半径；x_i、y_i、z_i 为生成的第 i 个点的坐标分量。

4. Polygon 图元

Polygon 图元定义平面多边形，以关键字 Polygon 开始，关键字 EndPolygon 结束，典型定义如下：

```
Component LowerCap
    Polygon
        FaceColor red
        NumVerts 4
        Data
            0.0    0.4    -0.2
            0.0    2.4    -0.2
            0.0    2.0     1.8
            0.0    0.4     2.0
    EndPolygon
EndComponent
```

定义的多边形绘制效果如图 3-18(a)所示。

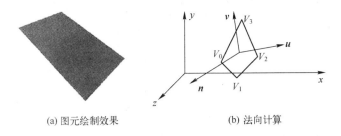

(a) 图元绘制效果　　　　　　(b) 法向计算

图 3-18　Polygon 图元

定义 Polygon 图元几何数据的关键字只有 2 个：

（1）NumVerts,定义多边形顶点个数。

（2）Data,定义多边形各顶点的坐标,包括 x、y、z 坐标分量值。

图元各关键字及其范围、默认值等如表 3-4 所示。

表 3-4　Polygon 图元关键字

参　　　数	范　　围	默认值	描　　述
NumVerts < Value >	≥3		多边形顶点数
Data < Vertices >	任意实数		多边形顶点坐标

1）位置计算

模型文件中直接存储顶点坐标,但由于模型转换或造型软件本身的原因,这些数据有可能存在重合情况,必须剔除连续的重合顶点。之所以强调连续的重合顶点,是因为经过多个顶点后又回到原来某个顶点的情况合法,不需剔除。

2）法向计算

Polygon 图元上各点共面,所有顶点法向相同,通过 3 个相邻顶点构造 2 个矢量,然后计算矢量积得到。平面法向有正负,因此构造 2 矢量时需按顶点的排列顺序。

3）纹理坐标计算

当图元中有 TxGen 关键字时,Polygon 图元需计算顶点纹理坐标。由于图元定义在三维空间,但纹理坐标为二维,因此首先将多边形转换到二维平面上,再计算纹理坐标。

如图 3-18(b)所示,多边形法向为 n,需确定其平面坐标系的 u、v 轴,其原则是尽量与 x、y 轴一致。

当 n 的 x 或 z 坐标为 3 个坐标分量中的最大值时,计算方法为

$$\begin{cases} up = \{0,1,0\} \\ u = up \times n \\ v = n \times u \end{cases} \tag{3-6}$$

式中,up 为参考向上矢量。

当 n 的 y 坐标为 3 个分量中最大值时,参考矢量 $up = \{0,0,1\}$,其他仍按式(3-6),得到的 u、v 轴更接近 y、z 轴。

新坐标系的原点取 Polygon 图元的第 1 个顶点,图元顶点在新坐标系中的坐标为

$$\begin{cases} r = v_i - v_0 \\ u = r \cdot u \\ v = r \cdot v \end{cases} \tag{3-7}$$

式中,v_i为待计算的顶点;v_0为图元第 1 个顶点;r 为第 1 个顶点到待求顶点的矢量;u、v 坐标值分别为矢量 r 与坐标轴矢量 u、v 的数量积。

计算所有顶点的 u、v 坐标后,计算平面包围盒$[u_{min},u_{max}]$、$[v_{min},v_{max}]$,将该范围映射为纹理坐标$[0,1]$、$[0,1]$,顶点纹理坐标根据该范围线性插值得到。

4）绘制方法

Polygon 图元可能为凹多边形,不能直接绘制,需要利用 3.1.1 节的 Tesselator 凸分解,然后基于分解结果绘制。

5. PolygonMesh 图元

PolygonMesh 图元定义多边形网格,以关键字 PolygonMesh 开始,关键字 EndPolygonMesh 结束,典型定义如下:

```
Component LowerCap
    PolygonMesh
    FaceColor red
    NumVerts 648
    Data
        0.24661830068    - 5.21999979019    - 0.05249395221
        0.28016510606    - 5.21999979019    - 0.05070838705
        0.05411937088    - 5.09999990463      0.25233381987
        0.08766619116    - 5.09999990463      0.27411937714
        ……
    NumPolys 1082
    Polys
        4   641   642   643   640
        3   125   144   123
        3   123   120   118
        3   118   125   123
        ……
    EndPolygonMesh
EndComponent
```

定义的网格图元绘制效果如图 3-19(a)所示,是用 PolygonMesh 图元表示的飞机模型的机身表面。

定义 PolygonMesh 图元的关键字包括:

(1) 关键字 NumVerts,定义网格顶点的个数,如图 3-19(a)的 PolygongMesh 顶点个数为 648,图 3-19(b)中顶点个数为 6。

(2) 关键字 Data 和 DataTx,定义顶点数据,前者只包括位置,每行为 x、y、z,

(a) 图元绘制效果 　　　　　　　　　　　　　(b) 法向计算

图 3-19　PolygonMesh 图元

后者除位置还包括纹理坐标,每行数据为 x、y、z、u、v。

(3) 关键字 NumPolys,定义网格中多边形个数,如图 3-19(a)的 Polygong-Mesh 多边形个数为 1082,图 3-19(b)中多边形个数为 4,网格中的每个多边形为三角形、四边形或凸多边形,多为三角形。

(4) 关键字 Polys,定义每个多边形的索引数据,每行数据格式为[点数 点索引值]。

如图 3-19(b)所示 PolygonMesh,共 6 个顶点,分别为 v_0、v_1、v_2、v_3、v_4、v_5,则其 NumVerts 值为 6,Data 关键字后存储这 6 个顶点的坐标。共 4 个多边形,则 NumPolys 为 4,Polys 关键字之后 4 行存放多边形信息,分别为{3 0 1 6}、{3 0 6 5}、{3 5 6 4}和{5 1 2 3 4 6}。{3 0 1 6}表示一个三角形,三角形顶点在顶点数组中的索引号为 0、1、6,其他 3 个分别表示 2 个三角形和 1 个五边形。

图元关键字及其范围、默认值如表 3-5 所示。

表 3-5　PolygonMesh 图元关键字

参　　数	范　围	默认值	整型或实型	描　　述
NumVerts < Value >			整型	多边形网格中顶点数量
Data < x >< y >< z >	任意实数		实型	多边形网格顶点的坐标
DataTx < x >< y >< z >	任意实数		实型	多边形网格顶点的坐标(含纹理)
NumPolys < Value >	>1		整型	多边形的数量
Polys	任意实数		实型	多边形索引值

PolygongMesh 图元顶点坐标可直接获得,但其他处理相对复杂。

1) 法向计算

需区分两种情况:如图元中定义了"SmoothShading No"关键字,则图元中的各多边形使用自身法向;否则顶点的法向须是其相邻的所有平面法向的平均值。对于第一种情况,只需预先通过矢量积计算每个多边形法向并存储即可。

多边形网格中,往往 1 个顶点属于相邻的多个多边形。对于复杂网格,顶点的相邻关系十分复杂,为使得顶点法向为相邻所有多边形法向的均值,采用如下算法。

算法 3-1 多边形网格顶点法向计算算法

```
23   void  GenerateMeshVertexNormal( ){
24        根据顶点数,分配法向数组 normals、计数器数组 cnts,且均设为 0;
25        for( NumVerts) ;{
26            根据索引得到点坐标;
27            计算多边形的法向并归一化,得到 norm;
28            for(多边形的每个顶点索引 i){
29                normals[i]  += norm;
30                cnts[i]  ++ ; }}
31        for(每个顶点)
32            normals[i] /= cnts[i];}
```

算法首先遍历每个多边形,将多边形的法向加到多边形每个顶点的累加法向量,同时相应计数器加 1。遍历完成后,计数器存储每个顶点相邻多边形个数,累加法向量存储相邻所有多边形法向量的和,二者相除得到法向量平均值。

对于前述 Cylinder 图元,法向计算也可采用上述算法。

2)纹理坐标计算

如定义了 DataTx 关键字,数据中包含纹理坐标,否则需计算纹理坐标。

如数据中不含纹理坐标,则定义 AutoGenTxCoord X(或 Y、Z)关键字,利用顶点坐标中的两个分量产生纹理坐标,方法与 Polygon 图元生成纹理坐标的方法类似,首先生成包围盒,将其坐标值映射到[0,1]范围线性插值。

如 AutoGenTxCoord 关键字跟随"X",利用顶点 y、z 坐标计算 u、v 纹理坐标;如 AutoGenTxCoord 关键字跟随"Y",利用顶点 z、x 坐标计算 u、v 纹理坐标;如 AutoGenTxCoord 关键字跟随"Z",利用顶点 x、y 坐标计算 u、v 纹理坐标。

3)绘制方法

虽然也可逐多边形绘制,但更高效的方法是通过索引顶点数组(glDrawElements 函数)绘制。该方法可参见《OpenGL 超级宝典》,该书指出,索引顶点数组方法理论上甚至比显示列表还要高效,而内存和显存占用要远远小于显示列表。

在实现过程中,发现一些需要处理的特殊情况:

(1)描述多边形的顶点索引值可能会重复,需要特殊处理。

(2)组成多边形的顶点可能会重复,且有可能多个顶点共线,导致多边形退化为边,需特殊处理。

（3）极个别多边形不能保证为凸，还需使用 Tesselator 凸分解。但由于网格中多边形数目诸多，且多为三角形和四边形，全部进行分解效率低且无必要，可以过滤掉三角形和四边形（四边形即使为凹多边形，也可直接分解为 2 个三角形绘制）。对于多于 5 个顶点的多边形，首先判断其凹凸性，只有凹多边形才需进行分解，以优化速度。另外，由于分解过程可能生成新顶点，因此这些需分解的多边形不能使用索引顶点数组方法绘制，而必须基于顶点坐标单独绘制。

6. Revolve 图元

Revolve 图元定义空间线集绕 x 轴旋转一定角度所形成的形状，如果旋转 360° 则形成管状，非常适合表示火箭箭体等空间实体，以关键字 Revolve 开始，关键字 EndRevolve 结束，典型定义如下：

```
Component LowerCap
    Revolve
        FaceColor OliveDrab
        StartAngle 0. 0
        EndAngle 359. 99
        NumRevolve 15
        NumVerts 5
        Data
            0. 0       0. 5675    0. 0
            0. 2198    0. 5675    0. 0
            0. 6908    0. 4313    0. 0
            4. 867     0. 4313    0. 0
            5. 1025    0. 48      0. 0
    EndRevolve
EndComponent
```

定义图元的绘制效果如图 3-20（a）、（b）所示，其中图 3-20（a）为侧视效果，图 3-20（b）为顶视效果，从中可看出离散多边形的边缘。

定义 Revolve 图元的关键字有：

（1）StartAngle 和 EndAngle，定义线集旋转的开始角度和结束角度，如图 3-20（c）所示，线集定义在 xy 平面上，绕 x 轴旋转，逆时针为正，y 轴对应旋转角度 0°，z 轴对应 90°。

（2）NumRevolve，定义沿旋转方向离散个数。

（3）NumVerts 和 Data，前者定义空间线集点的个数，后者定义点的坐标，每行 1 个点，x、y、z 形式。

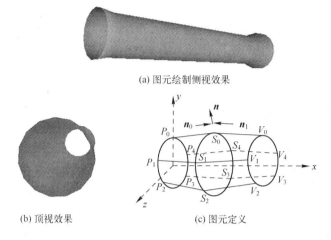

(a) 图元绘制侧视效果

(b) 顶视效果　　　　　　(c) 图元定义

图 3-20　Revolve 图元

如图 3-20(c)所示,给定点为位于 $z = 0$ 平面上的点 P_0、S_0、V_0,离散点数为 6 (注意,如旋转 1 周,最后 1 圈与第 1 圈的点重合),最终形成的表面包括 $P_0P_1S_1S_0$、$P_1P_2S_2S_1$、$P_2P_3S_3S_2$、$P_3P_4S_4S_3$、$P_4P_0S_0S_4$、$S_0S_1V_1V_0$、$S_1S_2V_2V_1$、$S_2S_3V_3V_2$、$S_3S_4V_4V_3$、$S_4S_0V_0V_4$。

图元关键字及其范围、默认值如表 3-6 所示。

表 3-6　Revolve 图元关键字

参　　数	范　围	默认值	整型或实型	描　　述
StartAngle < Value >	0 ~ 360	0	实型	初始角度
EndAngle < Value >	0 ~ 360	360	实型	结束角度
NumRevolve < Value >	≥3	10	整型	离散个数
NumVerts < Value >	≥2		整型	顶点数
Data < x > < y > < z >	任意实数		实型	顶点坐标

1) 位置计算

Revolve 图元顶点位置计算为

$$\begin{cases} x_{i,j} = x_i \\ y_{i,j} = y_i \times \cos\dfrac{j \times (\alpha - \beta)}{n} \\ z_{i,j} = y_i \times \sin\dfrac{j \times (\alpha - \beta)}{n} \end{cases} \quad (3-8)$$

式中,x_i、y_i 为数据文件中给定的第 i 个顶点的坐标;$x_{i,j}$、$y_{i,j}$、$z_{i,j}$ 为待计算的沿旋

转方向第 j 个多边形中第 i 个顶点的坐标；α 和 β 分别为结束角度和开始角度。

2）法向计算

试验表明，法向取相邻多边形法向均值的绘制效果并不理想。采用如下方法：对边界点，如图 3-20(c) 中 P_0、V_0，以圆心到该点方向为法向；对非边界点，如图 3-20(b) 中 S_0，取沿 x 轴向的相关二点到该点构成矢量的均值，即图中法向 $\boldsymbol{n}$ 为矢量 $\boldsymbol{n}_0$ 和 $\boldsymbol{n}_1$ 的均值。

3）纹理坐标计算

根据顶点的 x 坐标生成纹理坐标 u 分量，第 1 点值为 0，最后 1 点值为 1，其他点根据 x 坐标线性插值；根据旋转角度生成纹理坐标 v 分量，不管旋转角度多少，都映射到 $[0,1]$ 范围。即

$$\begin{cases} u = \dfrac{x_{i,j} - x_{0,j}}{x_{m,j} - x_{0,j}} \\ v = \dfrac{j}{n-1} \end{cases} \tag{3-9}$$

式中，m 为线集顶点个数；$x_{m,j}$ 为最后 1 点的 x 坐标；$x_{0,j}$ 为第 1 点的 x 坐标；n 为旋转方向的离散多边形个数。

4）绘制方法

采用四边形带绘制（QUAD_STRIP）。

7. Skin 图元

Skin 图元定义将 2 个或多个线集连接起来所形成的形状，以关键字 Skin 开始，关键字 EndSkin 结束，典型定义如下：

```
Component LowerCap
    Skin
        FaceColor DarkOliveGreen
        NumFrames 2
        NumFramePts 4
        Data
            0.0     0.0      -0.15
            0.0     0.5448   -0.15
            0.0     0.5448    0.15
            0.0     0.0       0.15
            0.408   0.0      -0.11
            0.408   0.245    -0.11
            0.408   0.245     0.11
            0.408   0.0       0.11
```

EndSkin

EndComponent

定义图元的绘制效果如图 3-21(a)、(b)所示,其中图 3-21(a)为闭合图元,图 3-21(b)为不闭合图元。

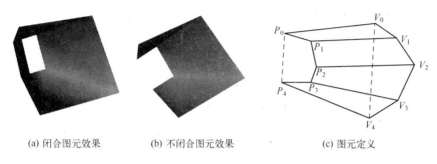

(a) 闭合图元效果　　　　(b) 不闭合图元效果　　　　(c) 图元定义

图 3-21　Skin 图元

定义 Skin 图元的关键字有:

(1) NumFrames,定义线集个数。

(2) NumFramePts,定义线集顶点个数。

(3) Data,定义数据,按线集优先,如 NumFrames 为 4,NumFramePts 为 6,则 Data 之后共有 24 行数据,前 6 行定义第 1 个线集,随后 6 行定义第 2 个线集,依此类推,每行定义 1 个点,存储点的 x、y、z 坐标。

(4) OpenFrame,定义线集是否闭合,即最后 1 个点与第 1 个点之间是否连线,如图 3-21(a)、(b)分别表示闭合与不闭合的线集所连成形状。

图元各关键字及其范围、默认值等如表 3-7 所示。

表 3-7　Skin 图元关键字

参　　数	范　　围	默认值	整型或实型	描　　述
NumFrames < Value >	≥2		整型	横截面数
NumFramePts < Value >	≥2		整型	每个横截面顶点数
Data < x >< y >< z >	任意实数		实型	顶点坐标值
OpenFrame		关闭		是否闭合

如图 3-21(c)所示,NumFrames 为 2,NumFramePts 为 5,P_0、P_1、P_2、P_3、P_4、V_0、V_1、V_2、V_3、V_4 为给定点,构成的面为 $P_0P_1V_1V_0$、$P_1P_2V_2V_1$、$P_2P_3V_3V_2$、$P_3P_4V_4V_3$;如无 OpenFrame 关键字,还包括面 $P_4P_0V_0V_4$。

Skin 图元可实现 Extrusion 图元的效果,而且可支持更为复杂的形状,当表现与 Extrusion 图元相同的形状时,需要存储的数据较多。

Skin 图元的位置数据直接从模型文件中获得;顶点法向计算,采用相邻多边形法向均值;绘制直接采用四边形带(QUAD_STRIP)。

简要阐述纹理坐标计算:以 x 轴向映射 u 分量,线集所在平面映射 v 分量;u、v 方向的计算方法基本一样,首先计算该方向的总距离(对于闭合线集,v 方向需要回到起点),然后以待处理点在相应方向的累加距离除以总距离作为纹理坐标值。

如图 3-21(c)所示,P_0、P_1、P_2、P_3、P_4 所定义的第 1 个线集位于 $x=0$ 的平面上,V_0、V_1、V_2、V_3、V_4 所定义的第 2 个线集位于另一垂直于 x 轴的平面上,则 P_0、P_1、P_2、P_3、P_4 纹理坐标 u 分量值为 0,V_0、V_1、V_2、V_3、V_4 纹理坐标 u 分量值为 1。当图元闭合时,设由 P_0 开始,到 P_0、P_1、P_2、P_3、P_4 再回到 P_0 的累加距离分别为 0、20、30、50、70、100,则其纹理坐标 v 分量值分别为 0、0.2、0.3、0.5、0.7 和 1.0。如果预先计算并存储到数组中,当图元闭合时,纹理坐标数组的个数多于顶点坐标数组。

8. Sphere 图元

Sphere 图元定义中心在原点的球,以关键字 Sphere 开始,关键字 EndSphere 结束,典型定义如下:

```
Component LowerCap
    Sphere
            FaceColor red
            Slices 32
            Stacks 32
            Radius 10
    EndSphere
EndComponent
```

定义图元的绘制效果如图 3-22(a)、(b)所示。

Sphere 图元的关键字有:

(1) Stacks,定义沿 z 轴方向的离散个数。

(2) Slices,定义在 xy 平面方向一个圆周的离散个数,离散个数越多球面越光滑,计算、绘制的负担也越重。如图 3-22(a)所示,垂直和水平方向的离散数为 32;图 3-22(b),垂直和水平方向的离散数均为 8,显然图 3-22(a)更为平滑。

(3) Radius,球的半径。

图元关键字及其范围、默认值如表 3-8 所示。

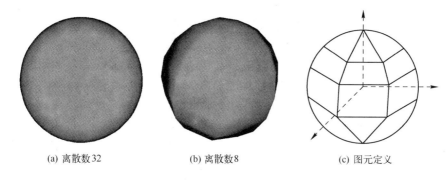

(a) 离散数32　　　　　(b) 离散数8　　　　　(c) 图元定义

图 3-22　Sphere 图元

表 3-8　Sphere 图元关键字

参　数	范　围	默认值	整型或实型	描　述
Slices < Value >	> 3	10	整型	球体垂直离散数
Stacks < Value >	> 1	5	整型	球体水平离散数
Radius < Value >	> 0.0	1.0	实型	球体半径

如图 3-22(c) 所示,Stacks 为 4,Slices 为 6,图中画出了半球的离散表示,用以表示整个球的离散平面包括靠近二极点的 12 个三角形和中间的 12 个四边形。

1) 位置计算

球面离散点的计算方法为

$$
\begin{cases}
x_{i,j} = r \times \cos\left(-\dfrac{\pi}{2} + \dfrac{\pi \times i}{m+1} \right) \times \cos\left(-\pi + \dfrac{2\pi \times j}{n} \right) \\[2mm]
y_{i,j} = r \times \cos\left(-\dfrac{\pi}{2} + \dfrac{\pi \times i}{m+1} \right) \times \sin\left(-\pi + \dfrac{2\pi \times j}{n} \right) \\[2mm]
z_{i,j} = r \times \sin\left(-\dfrac{\pi}{2} + \dfrac{\pi \times i}{m+1} \right)
\end{cases}
\tag{3-10}
$$

式中,i 代表垂直方向,j 代表水平方向;r 为半径,m 为 Stacks 关键字所确定的 z 轴方向离散个数,n 为 Slices 关键字所确定的水平方向离散个数。

2) 法向计算

点的坐标归一化后作为该点的法向。

3) 纹理坐标计算

水平方向为 u 分量,垂直方向为 v 分量,范围均是 [0,1],根据离散值 i,j 计算

$$\begin{cases} u_{i,j} = \dfrac{j}{n} \\ v_{i,j} = \dfrac{i}{m+1} \end{cases} \tag{3-11}$$

对于纹理 u 分量,由于球表面闭合,因此第 1 个点的纹理坐标 u 值有 2 个,第 1 次绘制时为 0,最后一次绘制时为 1。

4）绘制方法

靠近极点以三角形扇绘制(TRIANGL_FAN),其他以四边形带绘制(QUAD_STRIP)。

3.2.3　STK 模型的变换与参数

OpenGL 可视作状态机,3.1.2 节中流水线中很多过程通过设置 OpenGL 状态来改变,如光照、纹理、混合、深度测试等,模型和视点变换也可视作状态,在 OpenGL 内部有一当前变换矩阵(Current Transform Matrix,CTM)表示。

在 OSG 中,将 OpenGL 中的状态设计为渲染状态类 StateSet,将 OpenGL 状态改变的函数封装起来。

STK 模型中,上述 8 种基本图元定义在局部坐标系下,其基本信息包括位置坐标、纹理坐标和法向。但要将图元组合成模型,还有两个问题:①图元需调整到模型的局部坐标系,如卫星太阳能帆板由 4 个小板拼接而成,每个小板可以用 Extrusion 图元表示,但该图元定义在自己的局部坐标系,需将其调整到以卫星中心为原点的模型局部坐标系下,这需通过变换完成;②需设置图元的显示属性,如纹理、光照等,在 STK 模型中,前者称为变换(Transformations),后者称为参数(Parameter),本质上都是修改 OpenGL 状态的操作(在 STK 的 Parameters 中,也有若干个不属此类,在此不讨论)。

1. 变换

变换分为两类:几何空间的变换和纹理空间的变换,分别影响相应的变换矩阵(在 OpenGL 中,有 Modelview、Projection、Texture 等 3 个变换矩阵)。

1）平移

格式为"Translate　tx　ty　tz",表示其后的组件(或图元)平移(tx,ty,tz)。典型定义为:

```
Component LowerCap
    Translate 20.0 10.0 3.0
    Refer
        Component Cap
```

　　　　EndRefer

　　EndComponent

表示 Refer 所连接的组件 cap 平移(20.0,10.0,3.0)。该变换通过调用 glTrans-latef 函数实现。

2）比例变换

比例变换有 2 个,格式分别为"Scale　　sx　　sy　　sz"和"UniformScale scale"。前者表示在 x、y、z 方向坐标值分别乘以 sx、sy、sz,后者在 3 个方向同时乘以 scale。均通过调用 glScalef 函数实现。

3）旋转变换

格式为"Rotate　　rx　　ry　　rz"。表示图元先绕 x 轴旋转 rx(度),然后绕 y 轴旋转 ry,最后绕 z 轴旋转 rz。由于 OpenGL 中变换先调用者后作用于图元,因此相应 OpenGL 代码为

glRotatef(rz,0,0,1);

glRotatef(ry,0,1,0);

glRotatef(rx,1,0,0);

上述变换作用于模型的几何数据,此外还有作用于纹理坐标的变换,与上述变换一一对应,分别为 TxTranslate、TxScale、TxRotate 和 TxUniformScale,其格式、处理方法与几何变换一致。

变换可定义在图元中或组件中的任何位置。

2. 参数

STK 模型中的参数只是 OpenGL 状态的一个子集,分为颜色参数、几何参数、材质参数和纹理参数 4 类。

1）颜色参数

有 3 个关键字。

(1) FaceColor。格式为"FaceColor　　% RRRBBBGGG"或"FaceColor name",定义当前颜色。前者定义颜色名,具体的颜色值需查找颜色表(见 3.2.1 节)得到;后者直接给出颜色的 R、G、B 分量,如%021233098 表示颜色的 RGB 分量分别是 21、233、98。

(2) FaceEmissionColor。定义当前发射颜色,格式与 FaceColor 相同。

(3) Specularity。定义当前的透明度,格式为"Translucency　　x",值在[0,1]之间。

在 STK 模型中,颜色和透明度通过不同关键字分开定义,但 OpenGL 中颜色包括透明度,需将 RGB 值和透明度值合并。同时,由于光照需设置材质,因此除

了颜色状态外,还需同时设置材质状态,如下:

glColor4fv(Color) ;
glMaterialfv(GL_FRONT_AND_BACK,GL_DIFFUSE,Color) ;
glMaterialfv(GL_FRONT_AND_BACK,GL_AMBIENT,Color) ;

2) 几何参数

集合参数是关于绘制时的一些与几何体相关的特征。

(1) BackfaceCullable。定义是否进行背面裁剪,格式为"BackfaceCullable Yes│No"。三维场景中任一多边形,法向所指方向为平面的正向。如果视点位于平面的背面,为了提高绘制效率,一般不绘制。但在有些情况下需绘制背向面,如在实体内部进行观察、绘制透明或半透明几何体。对应的 OpenGL 函数为 glCullFace。

(2) FaceStyle。定义多边形填充模式,格式为"FaceStyle　Hollow│Filled│Points"。分别表示以线、实心和点来填充多边形,与 OpenGL 的 glPolygonMode 函数的填充模式一一对应。

(3) FrontFaceCCW。定义多边形的正方向,格式为"FrontFaceCCW　Yes│No"。默认情况逆时针(CCW)为正,并据此确定多边形平面的法向(正向),但根据需要可设置顺时针为正。对应 OpenGL 函数 glFrontFace。FrontFaceCCW 和 BackfaceCullable 两个关键字互相关联,共同起作用。

3) 材质参数

实体在场景中呈现出颜色依赖于场景中的光源和物体本身的材质属性,材质属性包括环境光、漫反射光、镜面反射光的反射系数等。环境光和漫反射光的材质属性,按 RGB 三个分量,根据 FaceColor 的值设置。

顶点的镜面高光与光源、材质和观察者位置有关,计算公式为

$$I = k_s I_p \cos^n \alpha \tag{3-12}$$

式中,k_s 为镜面反射系数,一般不区分 RGB;I_p 为镜面光强度;α 为反射反向与视线的夹角,如图 3-23 所示;L 为光线入射方向,N 为法向,R 为反射方向,V 为视线方向,α 为 R 与 V 之间的夹角;n 为镜面指数。当 α 增大时,镜面高光急剧衰减,n 越大,衰减的越快,高光越集中。

STK 模型中材质属性有两个关键字。

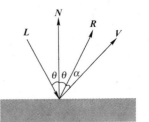

图 3-23　镜面高光

(1) Shininess。设置镜面指数,即式(3-12)中的 n。格式为"Shininess　n",值的范围是 0～128,通过 glMaterialf 函数实现。

（2）Specularity。设置镜面反射系数，即式（3-12）中的k_s。格式为"Specularity　s"，值的范围是 0 ~ 1，也通过 glMaterialf 函数实现。

此外，还有 SmoothShading 关键字，其值为"Yes | No"，用于设置 ShadeModel，见 3.1.2 节。

4）纹理参数

纹理参数中用于图元纹理坐标生成的是"TxGen"，图元中定义了该关键字，即需生成纹理坐标。前面已经阐述了各图元的纹理坐标生成方法。

另外的纹理参数主要是定义纹理图像，有两种方法。

（1）TxDef。格式为"TxDef　name　NoAA | AA | TranspAA | TranspNoAA"，设置某个文件作为纹理图像。其中，name 为文件名，不包含路径。

"AA"和"NoAA"表示纹理重采样方式。在图形流水线的光栅化阶段，对于颜色缓冲区中的每个像素，根据其所在三角形顶点进行双线性插值，得到该像素的纹理坐标；然后根据纹理图像分辨率，映射成纹理空间坐标；根据该坐标获取纹理颜色即为纹理重采样。纹理重采样有最近邻重采样和线性插值两种方式：最近邻插值是取距离该坐标最近的纹素颜色作为采样结果，效率高，但是效果相对较差；线性插值取该坐标周围 4 个纹素颜色进行双线性插值，效果好，但需更多时间。"AA"关键字表明采用线性插值方式，NoAA 关键字表示采用最近邻重采样方式。通过 glTexParameterf 实现。

Transp 表示图像是否进行透明处理，即 TranspAA 表示图像透明处理，且采用线性插值，TranspNoAA 表示透明处理，且采用最近邻重采样，AA 和 NoAA 都不进行透明处理。

STK 模型中的纹理图像，本身只包括 RGB 值（见 3.2.1 节），需进行透明处理，转化为 RGBA 格式数据。处理方法是：以图像最左上角像素值作为关键色（key color）；创建 RGBA 格式的同分辨率数据缓冲区作为输出；遍历整个图像，如果颜色与关键色相同，则输出颜色 A 分量为 0，否则 A 分量为 255；以新生成的 RGBA 格式数据作为纹理；设置相应的 OpenGL 混合参数。

（2）Texture 数据块。Texture 数据块是比 TxDef 更为灵活的纹理定义方式，以关键字 Texture 开始，以关键字 EndTexture 结束，其典型定义为：

```
Texture
        RGB flame
        Alpha blue
        Env Decal
        Parm    TranspNoAA
        MipMap
```

EndTexture

其中,关键字 RGB 定义颜色纹理文件,Alpha 定义透明度纹理文件,RGB 可以单独使用,也可与 Alpha 结合使用。纹理数据中的每个像素,取 RGB 定义文件中对应位置的 RGB 值作为像素的 RGB 分量值,取 Alpha 定义文件中对应位置数据作为像素的 Alpha 分量值。

关键字 Env 定义纹理环境,可选值包括 Decal、Blend 和 Modulate,可通过 glTexEnvi 函数设置 GL_TEXTURE_ENV_MODE 的类型。

关键字 Parm 的参数与 TxDef 中一致。

MipMap 关键字表示是否生成 MipMap 纹理,对采样方式有影响。

STK 模型中参数如表 3-9 所示

表 3-9　STK 模型的参数

关　键　字	值	含　义
BackfaceCullable	Yes 或 No	背面裁剪
FaceColor	颜色名或% RRRBBBGGG	当前颜色
FaceEmissionColor	颜色名或% RRRBBBGGG	当前发出的颜色
FaceStyle	Hollow、Filled、Points	多边形填充模式
FrontFaceCCW	Yes 或 No	前向面的方向
Shininess	0 ~ 128	镜面反射指数
SmoothShading	Yes 或 No	明暗模式
Specularity	0 ~ 1	镜面参数
Translucency	0 ~ 1	透明度
TxDef	name + NoAA ∣ AA ∣ TranspAA ∣ TranspNoAA	定义纹理图像
TxGen	无	生成纹理坐标

3. STK 模型中的尾焰特效

空间态势中导弹、火箭、飞机等实体都喷射尾焰,图形学中一般的解决方法是采用粒子系统技术,而 STK 模型在实现尾焰效果时应用了透明图元和纹理两种技术,有一定的借鉴意义,在此一并介绍。

1) 基于 Revolve 图元的尾焰

采用两个具有透明度的 Revolve 图元,设计其形状为尾焰形状,如图 3-24 所示。

2) 基于纹理的尾焰

使用 4 个或 8 个矩形平面(相隔一定角度),每个矩形上以尾焰图像(RGB 和 Alpha 混合)作为纹理,如图 3-25 所示。

图 3-24　基于图元的导弹尾焰

图 3-25　基于纹理的飞机尾焰

3.2.4　STK 模型的关节动作

空间实体的形态并非一成不变,需动态调整,如卫星的太阳能帆板可以逐级收起或打开、火箭的整流罩会脱落、成像卫星的镜头盖可以打开或关闭。如图 3-26 所示卫星实体模型,图(a)卫星帆板全部展开,图(b)帆板的 1、2 级进行了折叠,图(c)帆板各级全部折叠。

(a)帆板完全展开　　　　　(b)帆板1、2级折叠　　　　　(c)帆板全部折叠

图 3-26　卫星模型的关节动作

STK 模型设计了一种机制,可直接控制实体模型中的部分(组件或图元),使之调整位置、大小,称为关节动作(articulation)。

关节动作也定义为数据块,以 Articulation 开始、EndArticulation 结束,数据块可位于组件、图元内。如定义在组件内,则作用于该组件内所有 Refer;如果定义在图元内,则影响该图元。典型定义如下:

```
Component FlameAssembly
    Refer
        Component NozzleFlame
    EndRefer
```

```
Refer
    Component InnerFlame
EndRefer
Articulation ScaleFlame
    xScale ScaleX 0 0 1
    yScale ScaleY 0 0 1
    zScale ScaleZ 0 0 1
EndArticulation
EndComponent
```

上述数据所定义的组件,由 2 个子组件组成,该组件有 1 关节动作,分别是 3 个方向的比例变换。由于关键动作定义在组件内,因此该变换作用于 2 个子组件。

一共定义了 20 个关节动作,格式为"type　name　minvalue　curvalue　maxvalue"。type 为预定义关键字,表示动作类型;name 为动作名字,应唯一,模型使用者(开发者)根据该名字修改动作参数;minvalue、curvalue、maxvalue 分别表示该动作的最小值、当前值和最大值。

如对于上述 ScaleFlame 关节动作(用 Revolve 图元表示的尾焰,见图 3-24), 第 1 个动作是"xScale ScaleX 0 0 1",表示对于组件进行 x 轴方向的比例变换,最小值为 0,最大值为 1,当前值为 0;另外 2 个方向也是如此。如果 3 个方向当前值都为 0,则整个尾焰不显示;如果 3 个方向当前值都为 1,尾焰最大;如果 x、y 方向为 1,z 方向为 0,则退化为 1 个平面;如果随着时间的改变,控制 x 值在一定范围变化,则实现尾焰伸缩的动态效果。

STK 模型的关键动作及其含义如表 3-10 所示。

表 3-10　STK 模型的关节动作

关 键 字	含 义	关 键 字	含 义
XTranslate	沿 x 轴平移	XTxTranslate	纹理坐标沿 x 轴平移
YTranslate	沿 y 轴平移	YTxTranslate	纹理坐标沿 y 轴平移
ZTranslate	沿 z 轴平移	ZTxTranslate	纹理坐标沿 z 轴平移
XRotate	绕 x 轴旋转	XTxRotate	纹理坐标绕 x 轴旋转
YRotate	绕 y 轴旋转	YTxRotate	纹理坐标绕 y 轴旋转
ZRotate	绕 z 轴旋转	ZTxRotate	纹理坐标绕 z 轴旋转
XScale	沿 x 轴缩放	XTxScale	纹理坐标沿 x 轴缩放
YScale	沿 y 轴缩放	YTxScale	纹理坐标沿 y 轴缩放
ZScale	沿 z 轴缩放	ZTxScale	纹理坐标沿 z 轴缩放
uniformScale	沿 3 个坐标轴等比缩放	TxuniformScale	纹理坐标沿 3 个坐标轴等比缩放

3.3　空间实体可视化组件的设计与实现

为脱离 STK 环境应用其实体模型,在深入剖析模型格式的基础上,需解决如下问题[7]:①绘制策略,单图元的绘制方法在上一节已经进行了分析,但将图元按树状结构组织起来,并与变换、参数、关节动作结合起来尚有难度;②数据结构设计,用于表示图元、变换、纹理、组件等各种要素;③模型加载,解决图元几何数据生成和纹理数据生成、模型树结构生成、命令和关节动作解析等;④组件化封装,以便于应用。

3.3.1　基于命令与逆命令的绘制策略

1. 问题分析

STK 模型中的变换、参数和关节动作,都相当于 OpenGL 状态的改变。STK 实体采用树状结构组织在一起,最简单的绘制方法是利用堆栈进行递归调用,其中每个节点的编程模型如下:

```
01   RenderNode( Node) {
02       glPushMatrix( );
03       glPushAttrib( );
04       几何变换与纹理变换(包括 STK 变换和关节动作);
05       改变状态(STK 参数,包括纹理);
06       绘制当前节点中的图元(STK 图元);
07       for( 所有子节点 subNode)
08           RenderNode( subNode);
09       glPopAttrib( );
10       glPopMatrix( );}
```

以上过程的第 4、5、6 行,处理了 STK 模型中的变换、参数和关节动作,并绘制当前节点中的图元。

上述方法实现方便,但存在一个严重问题:节点绘制前利用 glPushMatrix、glPushAttrib 将当前矩阵或状态压入堆栈,节点绘制完毕后将当前矩阵或状态出栈。但堆栈深度和显示设备相关、由硬件决定,如果树的层数超出了堆栈深度,执行结果就会错误、混乱。如显卡只支持 32 级堆栈,但是模型树层次为 36(对于 STK 中复杂模型,如空间站,树层次很多),此时绘制错误。这还只是单个实体绘制的情况,当将实体置于场景中时,由于绘制实体前,堆栈可能已被使用,上述绘制方法存在的问题将更加突出。

　　解决上述问题的一种方法是采用 3.1.3 节所介绍的渲染状态树,根据变换和渲染状态的改变情况,重新组织模型结构,将原来基本按几何关系组织的模型树重新组织为渲染状态树,以有效降低树的高度。如渲染状态树的高度仍然超过硬件支持的堆栈深度,仍会面临此问题。

　　另一种可有效解决矩阵堆栈的方法是自行定义矩阵变换(几何、纹理),在整个树加载之后,遍历实体树,对于每个图元,将其由树根到该节点的所有变换级联并存储,绘制时直接使用该级联矩阵与当前变换矩阵相乘。对于参数,如果当前节点不涉及参数变换,则不进行压栈、出栈操作,减少栈调用,但都难于从根本上解决问题。

　　第三种办法与第二种类似,改递归绘制方法为逐图元绘制。针对每个最终绘制的图元,构造一个新的数据结构,包括指向图元的指针和一个变换链表,这个链表包括由根节点直到图元所在节点的所有变换,如图 3-27 所示。

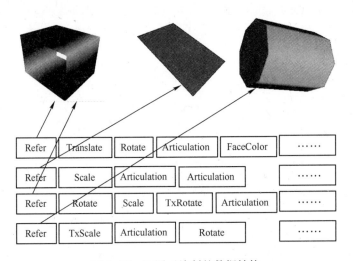

图 3-27　逐图元绘制的数据结构

　　该数据结构的生成方法:当模型中所有组件加载完毕构造出树状结构后,构造一个命令类堆栈(变换、参数、关键变换都属于此类),按深度优先顺序遍历树,遇到一个命令则将其输出到堆栈中;如遇到一个图元,则生成一个新的数据项,将当前堆栈中所有命令按顺序输出到数据项链表中,并为数据项中的图元指针赋值;遍历后,所有数据项组织为一个数组。

　　绘制时,访问数组中所有数据项,在每个数据项中,按顺序执行链表中的命令,然后绘制图元。该方法有大量的重复变换,效率很低。实验表明,其耗时平均在按树状遍历绘制的 5 倍以上。

2. 命令与逆命令机制

为解决上述问题,构造了命令与逆命令机制:将变换、参数设置、关节动作等都表示为命令,如平移命令、颜色设置命令、背面裁剪命令等,而每个命令有一个对应的逆命令,如平移命令的逆命令为反向平移同样距离。通过逆命令还原每个节点状态,而非借助堆栈操作,这样仍可以按树结构递归绘制,前述编程模型变为

```
01    RenderNode( Node) {
02        for(所有命令对象)执行命令;
03        绘制当前节点;
04        for(所有子节点 subNode)
05            递归绘制子节点 RenderNode( subNode);
06        for(所有命令对象)执行逆命令; }
```

采用上述方法,既保持了绘制的效率,又解决了树层次过多时绘制的正确性问题。

将变换和参数结合在一起,构造命令类,所有变换和参数设置由该类派生;关节动作与其类似,但是定义成另一基类。

3. 变换、参数类设计

将 STK 中的变换和参数抽象为命令类(纯虚基类),由命令类派生 18 个派生类,分别对应 STK 模型中的如下关键字:BackFaceCull、FaceColor、FaceStyle、FrontFaceCCW、Translucency、Shininess、SmoothShading、Specularity、Texture、TxDef、Translate、Rotate、Scale、UniformScale、TxTranslate、TxRotate、TxScale、TxUniformScale。命令类层次如图 3-28 所示。

按照所设计的命令与逆命令机制,抽象出 5 个基本操作,定义为基类的纯虚函数,各派生类必须实现。

(1) ExecuteByGL,变换或参数所执行的任务。如 CCommand_TxTranslate 类为纹理坐标的平移,其对应的 ExecuteByGL 实现为

```
void CCommand_TxTranslate::ExecuteByGL( ) {
    glMatrixMode( GL_TEXTURE);
    glTranslatef( TranslateX, TranslateY, TranslateZ);
    glMatrixMode( GL_MODELVIEW); }
```

即根据图 3-28 中类 CCommand_TxTranslate 的变量值,对纹理坐标系进行平移。

CCommand_Specularity 类用于设置镜面光发射系数,对应的实现为

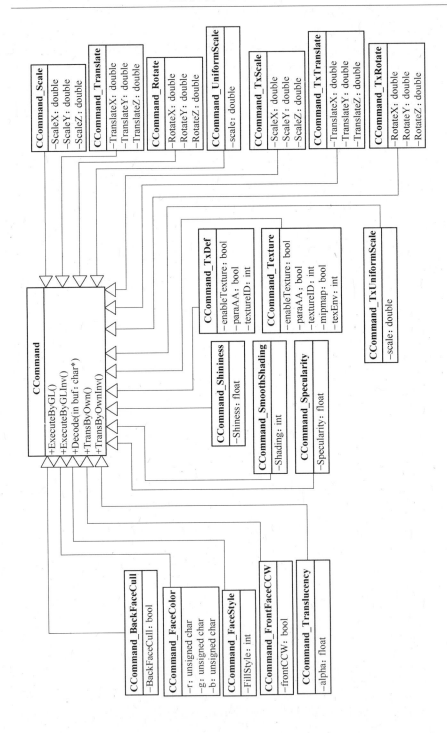

图3-28 命令类层次

```
void CCommand_Specularity :: ExecuteByGL( ) {
    GLfloatpara[ 4 ] = { Specularity, Specularity, Specularity, 1 } ;
    glMaterialfv( GL_FRONT_AND_BACK, GL_SPECULAR, para) ; }
```

即根据图 3-28 中类 CCommand_Specularity 中的镜面光反射系数变量,设置材质镜面反射系数的 RGB 分量。

（2）ExecuteByGLInv,执行变换或参数的逆命令。仍以 CCommand_TxTranslate 为例,其对应实现为

```
void CCommand_TxTranslate :: ExecuteByGLInv( ) {
    glMatrixMode( GL_TEXTURE) ;
    glTranslatef( - TranslateX, - TranslateY, - TranslateZ) ;
    glMatrixMode( GL_MODELVIEW) ; }
```

可以看出,平移的逆命令是沿相反的方向平移同样距离。而 CCommand_Specularity 等参数,所对应的逆命令是恢复相应 OpenGL 状态的默认值。

（3）Decode,解码接口,参数是字符串,即 3.2 节中给定格式的定义变换或参数的字符串,各类针对自身格式进行解码。

（4）TransByOwn 和 TransByOwnInv,主要用于几何变换,即 CCommand_Translate、CCommand_Rotate、CCommand_Scale、CCommand_UniformScale,对于其他类无用。其作用是几何变换的自定义实现,主要应用是模型加载时计算包围盒。

如 CCommand_Translate 类的实现为

```
void CCommand_Translate :: TransByOwn( ) {
    CMatrix3D mat ;
    mat. SetShift( m_x, m_y, m_z) ;
    g_CTM = mat * g_CTM; }
```

即自行定义当前变换矩阵(CTM),实现模型中的对应变换。其作用在 3.3.2 节中模型加载总体逻辑讨论。

变换与参数处理中,还有两点需特殊对待,即颜色与透明度处理、纹理对象与纹理池技术。

1）颜色与透明度的处理

通过命令与逆命令机制,结合面向对象的封装,图 3-28 中大多数类只需要关注自身逻辑、改变对应 OpenGL 状态即可,但是有 2 个参数例外,即 FaceColor 和 Translucency。这 2 个参数对应的是相同的 OpenGL 状态(颜色和材质的漫反射系数、环境光反射系数)。

一个解决方法是处理时先获得当前 OpenGL 状态的另一值,再设置。如执

行 FaceColor 时,首先获得 OpenGL 的当前颜色,取出其 Alpha 分量,再与 FaceColor 的 RGB 值组合在一起,重新设置 OpenGL 当前颜色;执行 Translucency 时也类似。这种方法的好处是仍然维持原来的类结构、执行逻辑;缺点是 glGet 函数获得当前值比较耗时,效率低。

因此构造另一状态类,同时封装 FaceColor 和 Translucency 的值,这 2 个类在执行时只是改变状态类中参数,最后由状态类调用 OpenGl 函数。其优点是效率高;缺点是需要在每个组件、图元绘制时执行状态类操作,对执行逻辑有所改变。

2) 纹理对象与纹理池

由于纹理数据量大,需要进一步优化:

(1) 纹理加载、透明处理、mipmap 生成等,已在 3.2.3 节讨论。

(2) 纹理数据量较大,且经常存在多个图元使用同一纹理的情况,因此使用纹理对象以使得纹理数据驻留在显存,避免主存和显存间频繁的数据交换。

(3) 由于纹理可在多个图元甚至多个模型间重复使用,因此构造纹理池管理所有纹理,每个纹理对象采用引用计数进行控制。当需要使用纹理时,首先查询是否已在纹理池中,如果已加载并生成了纹理对象,则直接使用,引用计数增加,否则再加载纹理数据并进行透明处理、生成 mipmap、生成纹理对象等。当纹理不使用时,并不直接释放,而是减少引用计数,当引用计数为 0 时才释放所占用资源。

4. 关节动作类设计

关节动作包括几何变换和纹理变换,也采用命令与逆命令机制实现。但由于所有关节命令格式相同,因此其解码由基类进行,数据也组织在基类中。一共有 20 个派生类,分别对应于表 3-10 的 20 个关键字。类层次如图 3-29 所示。

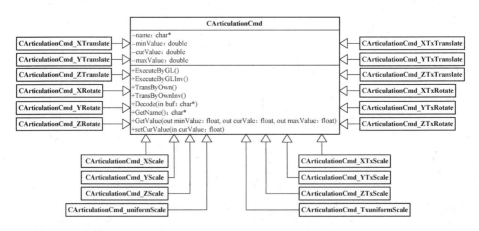

图 3-29　关节动作命令类层次

类 CArticulationCmd 是基类,并实现其中 Decode、GetName、GetValue、setCurValue 等 4 个函数:Decode 负责解码,由于各个关节动作具有相同的格式,因此可以共用实现;GetName 和 GetValue 分别用于获取关节动作的名字、最小值、当前值和最大值,setCurValue 则用于设置当前值,这 3 个函数是对关节动作实施控制的关键。

ExecuteByGL、ExecuteByGLInv、TransByOwn 和 TransByOwnInv 等 4 个函数由各派生类实现,其作用与命令类中对应函数一致。如 CArticulationCmd_XTranslate 类的 ExecuteByGL 函数为

```
void CArticulationCmd_XTranslate::ExecuteByGL( ){
    glTranslatef( m_curValue,0,0 ); }
```

该函数执行 x 轴向的平移,而 ExecuteByGLInv 进行反向的平移,TransByOwn 和 TransByOwnInv 函数则对应自定义矩阵操作。其他派生类与此类似。

3.3.2　STK 模型中组件与图元的处理

1. 图元的处理

采用面向对象的思想设计图元,定义图元基类,8 类图元由该类派生,将所有图元都需要的功能由基类实现,如顶点数据管理、包围盒计算等,而各类图元比较独立的部分由派生类处理,如解码、绘制等。图元类层次如图 3-30 所示。

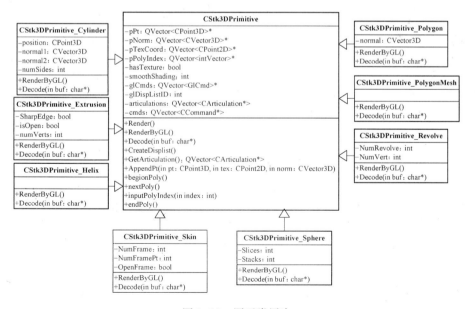

图 3-30　图元类层次

　　STK 模型中 8 类图元最为复杂的是 PolygonMesh 图元,因此基类的数据结构以满足该图元的要求进行设计:以数组形式存储顶点的位置、法向、纹理坐标;以索引数组表示多边形,所有的索引数组组织在一起,见图 3-19(b)。

　　基类的函数 AppendPt 用于加入顶点数据,beginPoly、nextPoly、inputPolyIndex 和 endPoly,用于输入多边形的信息,其应用模型为

```
01    for(所有顶点)
02        AppendPt( );
03    beginPoly( );
04    for(所有多边形)
05        nextPoly
06        for(多边形每个顶点)
07            inputPolyIndex( );
08    endPoly( );
```

　　输入所有顶点和多边形之后,endPoly 函数实现算法 3-1,生成各顶点法向。

　　上述方法不仅仅用于 PolygonMesh 图元,需通过算法 3-1 生成顶点法向的图元均可使用,如 Revolve、Cylinder 等图元。如对于 Revolve 图元,可首先生成顶点坐标,然后输入每个离散多边形的索引,最后生成法向。

　　基类中定义了命令基类指针数组 cmds 和关节动作命令指针数组 articulations,分别代表图元内的变换、参数和关节动作。关节动作指针数组提供访问接口、接受控制。

　　派生类的数据并不与关键字一一对应,而是仅仅存储那些在绘制中需要使用的数据,如 Cylinder 图元的关键字包括 NumSides、Face1 Position、Face2 Position、length、Face1 Radius、Face2 Radius、Face1 Normal 和 Face2 Normal,而类定义中只包括绘制时所需的法向、NumSides 和 Position 等数据,其他关键字对应数据仅用于生成数据。

　　需由派生类实现的纯虚函数有 2 个:RenderByGL,用于绘制,实现 3.2.2 节讨论的各绘制方法,而基类的绘制函数调用各派生类的 RenderByGL 实现绘制(先执行 cmds 和 articulations 的命令,调用 RenderByGL 后,再按相反顺序执行逆命令);Decode 进行解码,从数据流中解析出图元的关键字,以及变换、参数和关节动作,如果遇到 TxGen 关键字,还需按 3.2.2 节的方法生成纹理坐标。图元解码逻辑如下:

```
01    Decode( ){
02        图元数据初始化;
03        while(1){
```

04　　　　读入一行数据,解析关键字;

05　　　　if(是图元结束关键字)break;

06　　　　else if(是本图元所需关键字)按其含义处理;

07　　　　else if(关键字是 TxGen)设置纹理产生标志;

08　　　　else if(关键字是 Articulation)调用关节动作类的解码模块;

09　　　　else 调用命令解码模块;

10　　生成各顶点法向数据;

11　　if(纹理产生标志被设置)生成顶点纹理坐标;

12　　如为多边形和多边形网格图元,进行凸分解;

图元加载时顶点坐标生成、纹理坐标计算、法向计算均已在 3.2.2 节讨论,对于多边形和多边形网格图元,凸分解技术已在 3.1.1 节讨论,分解的优化方法已在 3.2.2 节讨论,分解结果存储在 glCmds 数组中,供绘制时使用。

2. Component 和 Refer 的处理

Component 和 Refer 是 STK 模型树状组织的关键,Component 中有 1 个或多个 Refer,每个 Refer 中又包含 1 个或多个 Component(名字,可视为指针),见图 3-13。二者既有共性、又有区别:①二者都可包括变换、参数和关键动作;②Component 包含 Refer,Refer 包含 Component,都不能包含同类型数据;③Component 中有图元、有名称,Component 可以是 Root。

因此,二者都可视为树的节点,将其抽象出来作为基类,然后派生 2 个类,类层次如图 3-31 所示。

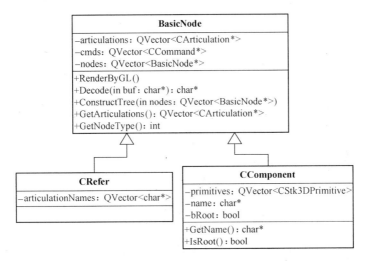

图 3-31　Component 和 Refer 的类层次

BasicNode 中, cmds 是变换和参数的集合, articulations 是关节动作的集合, nodes 是子节点指针集合, 由于 CRefer 和 CComponent 由 BasicNode 派生, 因此对于 CRefer, nodes 中为 CComponent 指针, 对于 CComponent, nodes 为 CRefer 指针, 通过 nodes 构造树结构。

ConstructTree 用于构建树结构, 相当于向节点加入子节点; GetArticulation 用于获得关节动作, 以对实体进行操控; GetNodeType 获得节点类型。这 3 个函数由基类实现。

RenderByGL 是绘制函数, Refer 和 Component 的绘制逻辑基本一致, 区别在于后者需要绘制组件内各图元, 即按 3.3.1 节所阐述的绘制流程。

Decode 为解码函数, 组件的解码逻辑如下:

```
01   CComponent::Decode( ) {
02       while( TRUE ) {
03           解码出当前行的关键字,
04           if( 关键字是 EndComponent ) break;
05           if( 关键字为 8 类图元的关键字 )
06               读入数据流, 直到遇到表示图元结束的关键字;
07               将数据流交由各类图元对象的解码模块进行解码;
08           else if( 关键字为 Refer ) 调用 CRefer 类对象进行解码;
09           else if( 关键字为 Articulation ) 调用 CArticulation 类对象进行解码;
10           else 交由命令解码模块进行解码; } }
```

上述解码逻辑的第 09、10 行与图元解码逻辑的第 08、09 行实际是完全一样的, 都需要处理 articulation 解码和命令解码。由于命令解码在图元、Component、Refer 中都会用到, 因此作为一个相对独立的模块, 其内部逻辑是根据关键字, 创建对应的命令类对象并进行解码。

Refer 的解码逻辑与 Component 的类似, 但不需要处理图元, 第 8 行处理 Component 关键字。

3.3.3 模型加载总体逻辑与处理

在定义图元类、命令类、关节动作类、实体节点类的基础上, 进一步定义模型类, 实现模型的加载和绘制, 如图 3-32 所示。

模型的加载逻辑相对简单: 对于模型文件而言, 由一系列 Component 组成, 其他都在 Component 内部处理。其逻辑为

```
01   CSTKModel::Decode( ) {
02       打开文件, 读入数据流;
```

```
03        while(1){
04            读入一行数据,遇到文件结束跳出;
05            if(数据中为 Component 关键字)
06                持续读入数据,直到遇到 EndComponent 关键字;
07                将以上数据流交由 CComponent 类对象进行解码;
08                解码出对象存储在 components 中;}
09        for(所有 CComponent)
10            根据其 Refer,建立树结构;
11        遍历树,取出所有 conmponent 的 Articulation 指针,并存储;
12        遍历树,计算实体包围盒;}
```

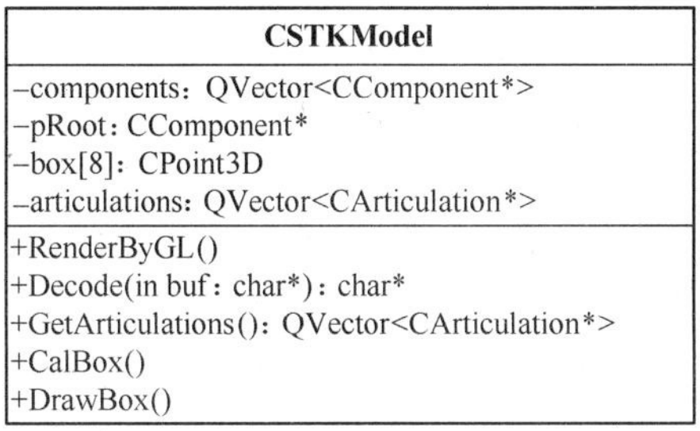

CSTKModel
−components: QVector<CComponent*>
−pRoot: CComponent*
−box[8]: CPoint3D
−articulations: QVector<CArticulation*>
+RenderByGL()
+Decode(in buf: char*): char*
+GetArticulations(): QVector<CArticulation*>
+CalBox()
+DrawBox()

图 3-32　STK 模型类定义

绘制时,从根节点出发,递归完成绘制即可。

下面讨论涉及的几个问题。

1. 树的构建

解码时,首先解码出所有的 Component,并将其存储在一个列表中。Component 中虽然已经创建了 Refer 对象,但是 Refer 对应的 Component 还未必解码完成,因此,Refer 中只是先记录其包含的 Component 名称。当所有 Component 解码完毕后,对于每个 Component 中的每个 Refer,根据名字查找 Component,构建树结构。

2. 关节动作的处理

不论关节动作位于模型树结构的哪一位置,都应支持由开发者在模型层次上进行控制。如卫星各级帆板都定义了 articulation,使用者显然不需知道该 aiticulation 是在哪个 Component、Refer 或 Primitive,而只需根据名字设置 articlation 的当前值即可。因此,一个模型的所有 articulation 名字应不重复。

因此,建立树之后需进行遍历,取出所有的 articulation(指针),并在模型类层面提供使用者进行访问和修改的方法。

树的遍历采用深度优先遍历的方法,定义一个深度优先搜索的接口,然后以函数指针或仿函数类的方式来完成遍历任务,后面的包围盒计算亦如此。

3. 包围盒计算

当实体绘制在场景中时,需根据实体的包围盒来确定其可见性,根据包围盒的投影选择绘制策略,根据包围盒调整相机的近远平面,因此在模型加载时需计算其包围盒,该计算应与设备无关,不应利用 OpenGL 中的变换矩阵。

计算包围盒采用的方法是利用图元类的 TransByOwn 函数:定义一个当前变换矩阵(不是 OpenGL 中的矩阵,而是自定义矩阵),初始化为单位矩阵,同时定义包围盒;按树结构遍历模型,对于每个几何变换,执行相应的变换和逆变换(图 3-28 中 TransByOwn 和 TransByOwnInv);遇到具体图元时,计算图元各顶点(或图元包围盒)与当前变换矩阵的积,改变包围盒数据。

3.3.4 空间实体实例组件设计

利用上述 STKModel 类,可实现 STK 模型的加载与绘制,但在场景中直接使用该类进行实体的加载绘制还不够灵活、不够实用:①场景中可能有多个对象使用相同的实体模型,每个对象都加载实体模型,会导致资源的极大浪费;②场景中的对象总是具有自己的空间位置、朝向,而模型绘制在自己的局部坐标系下;③空间场景的尺度非常大,显示实体时需对其大小进行适当控制,如一卫星,当视点在其附近时,可以根据卫星模型尺寸进行绘制,但是对于那些距离视点较远的卫星,如果按模型尺寸进行绘制,在屏幕上的投影往往连一个像素都不到;④还需设置模型加载绘制中的一些参数,包括纹理文件路径、是否使用显示列表等。

为此,在应用层面上设计实现空间实体实例组件,如图 3-33 所示。

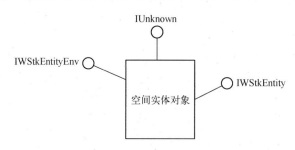

图 3-33　空间实体实例组件

实例组件有 2 个接口:IWStkEntity 接口是场景中实体对象接口,可以视为对象绘制时一些参数的集合,对应类如图 3-34 所示;IWStkEntityEnv 接口用于设置实体绘制的参数,包括设置纹理路径、加载颜色表、设置当前视锥(相机)、是否使用显示列表、是否使用纹理对象等,对应实现较简单,不再画出。

CStkEntity
-entityID：int
-entityName：char*
-box[8]：CPoint3D
-artCmds：QVector<ArtCmd*>
-localCoord：CLocalCoord
+Create(in modelName：char*, in entityName：char*)
+getLocalCoord()：CLocalCoord*
+RenderByGL()
+AddArtCmd(in ArtName：char*, in CmdName：char*, in value：double)：bool
+ChangeArtCmd(in ArtName：char*, in CmdName：char*, in value：double)：bool
+DrawBox()

图 3-34　空间实体实例类

下面讨论涉及的关键技术。

1. 视锥的表示

关于模型坐标系、相机坐标系、视锥等已在 3.1.2 节已经进行了讨论,固然这些由 OpenGL 开发包提供支持,但往往还需对其进行控制,这与 3.3.1 节和 3.3.3 节所讨论的自定义变换是同一道理。

视锥类如图 3-35 所示。

Frustum
-eye：CPoint3D
-center：CPoint3D
-axis[3]：CVector3D
-ray[4]：CVector3D
-zNear：double
-zFar：double
-fovy：double
-viewportx：double
-viewporty：double
+generateFrustum()
+setRenderState()
+World2Screen(in wp：CPoint3D, out sp：CPoint2D)
+Screen2World(in sp：CPoint2D, out wp：CPoint3D)
+PtInFrustum(in pt：CPoint3D)：bool
+Pitch(in angle：double)
+Yaw(in angle：double)
+Roll(in angle：double)
+Strafe(in length：double)
+Fly(in length：double)
+Walking(in length：double)

图 3-35　视锥类

Frustum 中定义了视点(eye)、观察点(center)、相机坐标系(3 个轴,axis)、近远平面(zNear、zFar)和视口(viewportx、viewporty)。

generateFrustum 的功能:①生成相机坐标系(3 个轴矢量),其方法在 3.1.2 节已经讨论;②生成视锥,用由视点发出的 4 条射线表示(ray),同时根据这 4 个射线矢量,也可以生成视锥 4 个侧面的法向。setRenderState 则是根据 Frustum 的设置调用相应的 OpenGL 函数,包括 gluLookAt 和 gluPerspective 等。

World2Screen 将世界坐标系下的坐标转换为屏幕坐标系的二维坐标,Screen2World 则反之。

如图 3-36 所示,E 为视点,xAxis、yAxis、zAxis 为相机坐标系三个轴,zNear、zFar 分别为近平面和远平面,$fovy$ 为视角,将 zNear 所在的平面映射到屏幕空间。

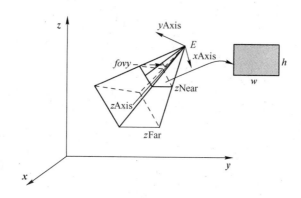

图 3-36　Frustum 变换

下面讨论计算世界坐标系下任一点屏幕坐标的方法。

(1) 计算近平面的尺寸:

$$
\begin{cases}
h_n = z\text{Near} \times \tan\,(fovy) \\
w_n = h_n \times \dfrac{w}{h}
\end{cases}
\tag{3-13}
$$

式中,zNear 为视点到近平面的距离;$fovy$ 为视角;w、h 分别为视口的宽度和高度;w_n、h_n 为近平面的大小(世界坐标系单位)。

(2) 计算该点在相机坐标系下的坐标,采用矢量数量积的方法,以该点矢量分别与 xAxis、yAxis、zAxis 计算数量积。

$$
\begin{cases}
x_c = \boldsymbol{p} \cdot \boldsymbol{x\text{Axis}} \\
y_c = \boldsymbol{p} \cdot \boldsymbol{y\text{Axis}} \\
z_c = \boldsymbol{p} \cdot \boldsymbol{z\text{Axis}}
\end{cases}
\tag{3-14}
$$

(3) 得到该点在相机坐标系下近平面的投影坐标:

$$
\begin{cases}
x_n = x_c \times \dfrac{z\text{Near}}{z_c} \\
y_n = y_c \times \dfrac{z\text{Near}}{z_c}
\end{cases}
\tag{3-15}
$$

（4）按比例关系得到屏幕坐标：

$$\begin{cases} x_s = x_n \times \dfrac{w}{w_n} \\ y_s = y_n \times \dfrac{h}{h_n} \end{cases} \tag{3-16}$$

一个屏幕坐标对应无数的世界坐标，因此计算对应的近平面上的世界坐标。通过矢量运算计算：首先根据屏幕坐标，按比例关系计算在相机坐标系近平面上的投影坐标；然后根据该投影坐标得到世界坐标

$$\boldsymbol{p} = \boldsymbol{E} + \boldsymbol{x}\text{Axis} \cdot x_n + \boldsymbol{y}\text{Axis} \cdot y_n + \boldsymbol{z}\text{Axis} \cdot z\text{Near} \tag{3-17}$$

式中，$\boldsymbol{E}$ 为视点矢量；$\boldsymbol{p}$ 为所求矢量形式的世界坐标。

PtInFrustum 函数用于判断点是否在视锥内部，可用于快速排除不需要绘制的物体，方法是：①从视点到待判断点构造矢量，与视线矢量（单位矢量）计算数量积，该值如果在 zNear 与 zFar 之外，则点在视锥外；②计算该矢量与视锥 4 个平面法向的数量积，如果任一值小于 0，则点在视锥外。

Pitch、Yaw、Roll 函数分别是在俯仰（绕相机坐标系 x 轴）、偏航（绕相机坐标系 y 轴）、滚动（绕相机坐标系 z 轴）方向的角度改变；Strafe、Fly、Walking 则是沿相机坐标系各轴移动一定距离。这些函数是对相机的操作，也可以设计更复杂的操作方式。

2. 实例的创建

图 3-34 中的 Create 函数是实例的创建函数，由于实体模型可在场景中的多个对象之间共享，而只是位置、朝向和比例关系有区别。因此与 3.3.1 节中的纹理池技术一样，模型也采用类似技术，构造一个模型池，将所有已加载的 CSTKModel 对象（图 3-32 定义）管理起来。当创建实例时，根据所使用的实体模型名称查询，如已有对应名称 CSTKModel 对象，直接使用，否则加载模型。CSTKModel 模型也采用引用计数管理对象的创建、释放。图 3-34 中实体实例中存储模型的 ID（entityID），用于绘制时访问对应 CSTKModel 对象。

3. 局部坐标系

为表示实体在场景中的位置，可以采用四元数、欧拉角、矩阵等多种形式，本书采用原点和坐标轴的局部坐标系表示方式，如图 3-37 所示。

局部坐标系类的成员为坐标系原点及其 3 个坐标轴。

generateFromZX、generateFromXY、generateFromYZ 的作用是创建局部坐标系，其实质是根据给定的 2 个坐标轴矢量，确定坐标系（如果给定 2 轴不正交，计算第 3 轴后，再利用矢量积修正给定轴，参见 3.1.2 节）。

World2Local 和 Local2World 实现局部坐标系坐标和世界坐标系坐标的相互转

CLocalCoord
−center: CPoint3D
−xAxis: CVector3D
−yAxis: CVector3D
−zAxis: CVector3D
+generateFromZX()
+generateFromXY()
+generateFromYZ()
+RenderState()
+OwnState()
+World2Local(in wp: CPoint3D, out sp: CPoint2D)
+Local2World(in sp: CPoint2D, out wp: CPoint3D)

图 3-37　局部坐标系类

换。局部坐标转换为世界坐标按式(3-17),世界坐标转换为局部坐标按式(3-14)。

实体绘制时,需根据实体的位置、朝向、比例,设置 OpenGL 当前变换矩阵,方可正确显示实体,局部坐标系主要影响位置和朝向,RenderState 函数即完成此功能。

实体本身定义在自己的局部坐标系,将其变换到场景中,需经一系列几何变换。几何变换和坐标系变换本质一样,实体平移相当于坐标系逆向平移、实体旋转相当于坐标系反向旋转。因此计算局部坐标系到世界坐标系的变换方法,其反向过程即可将实体放置于场景中正确位置。

图 3-38(a)中,$Oxyz$ 为世界坐标系,$Cx'y'z'$ 为实体所处局部坐标系,要将后者变换为与前者重合,需经如下过程:①将局部坐标系平移,使其原点与世界坐标系原点重合,平移后如图 3-38(b)所示;②将局部坐标系绕 z 轴旋转 α 角(z'轴与 zy 平面的夹角),旋转后,z'轴落在 zy 平面上,如图 3-38(c)所示;③将局部坐标系绕 x 轴旋转 β 角(z'轴与 zx 平面夹角),旋转后,z'轴与 z 轴重合,如图 3-38(d)所示;将局部坐标系绕 z 轴旋转 γ 角(y'轴与 zy 平面夹角),旋转后,$Cx'y'z'$ 与世界坐标系重合。

上述过程中,α 和 β 可利用 z'轴矢量计算:

$$\begin{cases} \alpha = \operatorname{atan} \dfrac{x_{z'}}{y_{z'}} \\ \beta = \operatorname{atan} \dfrac{\sqrt{x_{z'} \times x_{z'} + y_{z'} \times y_{z'}}}{z_{z'}} \end{cases} \tag{3-18}$$

而 γ 的计算相对复杂:取 y'矢量值作为点坐标,将该点分别绕 z 轴旋转 α 角、绕 x 轴旋转 β 角,得到一个新点,取新点 x、y 分量,以二者相除结果计算反正切,得到角度。

RenderState 逻辑为

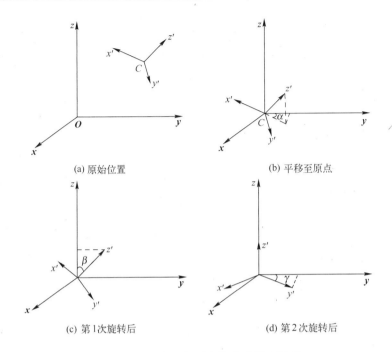

(a) 原始位置　　　　　　　　　　　(b) 平移至原点

(c) 第1次旋转后　　　　　　　　　(d) 第2次旋转后

图 3-38　局部坐标系变换为世界坐标系

```
void CLocalCoord∷RenderState( ){
    glTranslated( center. x,center. y,center. z);
    glRotated( - alph * (180/PI),0,0,1);
    glRotated( - beta * (180/PI),1,0,0);
    glRotated( - gma * (180/PI),0,1,0);}
```

　　由于几何变换相当于坐标变换的逆过程,因此上述平移、角度参数均为图 3-38 中值的负值。OpenGL 中变换函数,先调用者后作用于顶点,上述调用所产生的作用顺序与图 3-38 中顺序相反(平移变换顺序无关)。

　　上述变换除调用 OpenGL 实现外,也需基于自定义矩阵的实现,即图 3-37 中的 OwnState。

4. 关节动作控制

　　对于场景中的每个对象,并不一定要控制模型中每个 articulation,使用相同模型的不同对象所控制的 articulation 及其参数也可能不同。因此,在实体实例中需要控制 articulation 的数据结构,即 ArtCmd,主要是 articulation 的名称、动作名称及当前值。由于每个 articulation 组中可能有多个实际的动作,因此该结构对每个 articulation 组中的每个动作有一条记录。图 3-34 中 AddArtCmd 和

ChangeArtCmd 完成实例对象的 articulation 管理功能。

5. 绘制

实例绘制的逻辑为

```
01    void CStkEntity::RenderByGL( ){
02        调用 localCoord 的 OwnState 获得变换矩阵；
03        变换矩阵级联相应比例变换；
03        获得相应 STKModel 对象的包围盒；
04        利用 Frustum 的 World2Screen，计算包围盒 8 个顶点的屏幕坐标；
05        计算包围盒在屏幕上投影的大小；
06        如果投影过小或过大(给定阈值)，则重新生成一个比例系数；
07        调用 localCoord 的 RenderState，以及新的比例变换；
08        获得 STKModel 指针 pModel；
09        根据实例的 artCmds，设置 pModel 的 articulations；
10        使用 pModel 进行绘制；  }
```

如不进行过大或过小时的显示控制，上述逻辑只需执行第 07 行之后。

6. 应用实例

基于以上组件，开发了空间实体浏览软件。图 3-39(a)是软件的界面，其中

(a) 实体浏览软件界面

(b) articulation控制对话框

(c) 实体模型加入场景

图 3-39　实体可视化组件应用实例

所显示的实体是一空间站模型。图3-39(b)中所弹出的对话框是articulation控制对话框,对话框最左边以列表形式显示出模型中的articulation。当选中左侧列表中的某个articulation时,对话框中间显示该组articulation中所有动作的名称、最小值、当前值和最大值。当再一次选中中间列表中的某个动作后,可以通过对话框最右侧的滑动条改变该articulation的值,并影响实体模型的显示。

将以上组件应用到空间场景中,如图3-39(c)所示。

针对STK实体模型所开发的空间实体可视化组件,可以方便地用于各种态势可视化系统中,使得开发者和用户可脱离STK环境使用这些实体模型。

3.4　基于军标的空间实体可视化方法

3.4.1　军标绘制的需求分析

应用模型表示航天器,可以表现航天器方向、位置信息,效果较好。但存在两点问题:①实体模型可能导致绘制数据量的激增,影响绘制效率;②在整个态势中,如果视点不是在航天器附近,则航天器在场景中的尺寸非常小,显示并不合理,这已在3.3.4节中讨论过,根据模型在屏幕上的投影动态改变模型显示比例。

在STK等软件中,采用方法是用圈圈等规则图形表示卫星,其优点是速度快、尺寸不会过小、显示清晰。但其意义不直观,不管哪类航天器都采用同样的圆圈表示,不像实体模型可以令使用者直观感受到卫星的类型甚至具体的型号。

因此对于空间态势,更为理想的方式是采用某种意义清楚、规范的标号来表示空间实体,首选标号是军标。

1. 军标

军标即军队标号[8],是在以地形图、遥感图像等为底图的军事要图上表现军事情况的符号,是一种图形语言。军队标号由队标和队号组成,前者是标示部队、机构、武器装备、设施和军队活动的图形,后者是注明队标的文字和数字,本书中主要指前者。

由于军标由国家或军队颁布相应标准强制执行,因此具有权威性、规范性;同时在军标定义中,采取的图形往往非常简洁、便于使用,不但有利于军事人员使用,也易于为没有经过专业训练的非军事人员熟悉和掌握。因此,在空间态势中应用军标表示实体具有较高的应用价值。

军标规范本身所定义的都是二维图形,传统上应用于二维军事要图上。但随着计算机图形技术的发展,越来越多的战场三维可视化系统开始在三维场景中应用军标来表现战场态势,既具有三维场景形象直观的优点,又有军标表示权威性、规范性、简洁性的优点,同时还可利用军标表现部队行动、计划等无形的、无法用实体表示的要素。

2. 空间态势军标绘制要求分析

在三维态势中,用军标表示空间实体尤其是航天器,应满足如下要求:

(1) 严格按照军标规定表示空间实体。如气象卫星和通信卫星,虽然同属卫星,但需按规定绘制不同的军标。

(2) 军标大小基本稳定。军标最初用于纸质地图标绘,往往以厘米、毫米等单位来规定其长度、高度、半径等参数。当把军标应用到电子地图上时,显示时可以用像素来定义,打印输出时仍可用厘米、毫米定义。把军标应用到三维场景时,仍应按此原则,而不能使用世界坐标系的坐标单位。军标大小也应可调整,如高度既可为 16 个像素,也可为 32 个像素,这取决于系统参数设置。

(3) 既表现位置,又表现方向。有些军标本身不具备方向性,如指挥所、测控站等,其在二维地图上显示垂直向上,在三维场景中始终朝向观察者。但对于航天器,不管是装备本身,还是军标规定,都具有方向性,此时军标在三维场景中就不能单纯确保位置正确,还必须确保方向正确。

(4) 军标定位点做适当调整,在军标规定中,很多军标尤其是点状军标具有定位点,即把该点置于地图上对应坐标处,一般这些定位点位于几何形状的中心点。但对于三维空间场景,不加区分地继续使用该点定位会导致有些军标符号被地形表面遮挡,需根据具体情况进行合理调整。

(5) 可设置军标大小、线宽、线型、颜色,以及必要的衬色设置等。

3. 三维场景军标绘制技术现状

目前,在三维场景中绘制军标主要分为两类方法。

1) 无方向性军标

对于指挥所、测控站等根据一个空间点定位、没有方向性、大小固定的军标,在三维场景中的显示要求是使得军标始终朝向视点,可通过 Billboard 技术实现。

Billboard 即公告牌或广告牌技术,其思想是:构造一个带透明度信息的纹理图像,将背景部分设为完全透明,如对于指挥所,军标形状部分不透明,其他部分完全透明;将纹理应用到一个简单的平面几何形状(一般是矩形);随着视点改变,旋转该平面,使得该平面始终朝向视点。

以 Billboard 技术显示军标的缺点有两个:①该技术固有的缺点,当视点位于几何体上方时,显示对象明显失真;②随着视点与几何平面距离的改变,军标在屏幕上的大小也会发生改变,一方面纹理会导致走样或马赛克现象,另一方面对于大场景可能会导致军标过小从而不可见。更为合理的是军标在屏幕上的投影大小基本固定。

2)地形匹配军标

对于部队占领区域、行军路线等与地理信息相关的军标,在三维场景中绘制相对困难,必须与地形匹配在一起,而不能悬空。目前主要有3种方法[9]。

(1)基于纹理的方法,将表示军标的几何形状转换为图像(渲染到纹理),在地形绘制时采用纹理映射技术将其贴合在地形几何表面。这种方法存在3点主要不足:①军标本身往往用线类矢量表示,当以较为倾斜的角度观察场景时,导致线过粗、或者线不连续;②地形纹理往往是多分辨率数据,同一场景也会应用不同分辨率的影像纹理,导致军标纹理匹配困难、拼接痕迹明显;③纹理映射会导致军标走样、马赛克等现象。

(2)基于几何的绘制方法,根据军标的矢量数据,创建与地形几何表面相匹配的矢量数据来进行绘制。但由于现在地形的数字高程数据量巨大,该方法需要非常大的计算量,实时处理难度大;通过预处理计算又需对各细节层次计算并存储,时间、空间开销都大,且无法表示动态变化。此外,计算得到的矢量数据与地形表面共面,既使采用 z 偏移,也无法完全避免消隐冲突。

(3)基于模板阴影体的绘制方法,将矢量数据扩展为多面体,并利用这些多面体和阴影体算法在模板缓存生成掩模,该掩模与矢量数据在地表的投影一致。绘制时,采用合适的模板测试来应用该掩模,控制矢量覆盖范围的栅格化。

对于大尺度空间场景中的军标绘制需求,上述各方法都尚不能完全满足,为此设计了基于几何的绘制方法。

3.4.2 三维场景中空间实体军标绘制方法

空间场景是大尺度场景,一般不需考虑局部范围内与地表匹配的军标,需处理的主要有两类军标:①测控站、指挥所等地面军标,这些军标在大尺度空间场景中,重点是表示其空间位置,没有方向性;②各类航天器军标,这些军标除位置之外,还具有方向性。

1. 地面军标绘制方法

为避免 Billboard 技术绘制军标所导致的问题,采用基于几何的方法绘制:根据对象的空间位置,构造过该点且垂直于视线方向的平面;根据军标在屏幕上的投影大小,计算军标图元在该平面上所映射尺寸以进行绘制。

如图 3-40 所示,视点为 E,x'、y'、z' 为相机坐标系的 3 个轴矢量(单位矢量),z'为视线方向,近平面 zNear 映射到屏幕空间,要在三维空间的 O 点处绘制一三角形的军标符号。

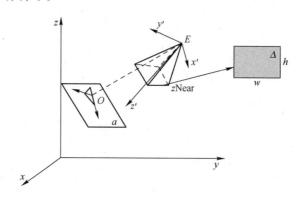

图 3-40　基于几何的地面军标绘制方法

首先过点 O 构造垂直于视线方向的平面 a,由于 x'、y'、z'是以矢量形式表示的相机坐标系坐标轴,而平面 a 垂直于视线,因此相当于以点 O 为原点,x'、y'、z'为轴建立一个新的局部坐标系。

然后计算平面 a 长度单位与屏幕像素之间的映射关系。以近平面为中介建立,根据式(3-13)计算得到近平面高度 h_n,用视锥截取平面 a 得到矩形的高度为

$$h_o = h_n \times \frac{EO \cdot Z'}{zNear} \tag{3-19}$$

式(3-19)的含义是:构造视点到目标点的矢量 $\boldsymbol{EO}$,通过该矢量在 z' 轴上的投影与近平面距离的比例关系来计算得到平面 a 在视锥内四边形的高度。

平面 a 上单位长度与屏幕像素的映射关系为

$$s = \frac{h_o}{h} \tag{3-20}$$

以军标定位点为原点,军标几何图形顶点坐标为 (x_s, y_s),其在三维空间中的坐标通过矢量运算得到

$$\boldsymbol{p} = \boldsymbol{O} + s \times x_s \cdot \boldsymbol{x}' + s \times y_s \cdot \boldsymbol{y}' \tag{3-21}$$

根据得到的顶点坐标,按原来的几何图形类型进行绘制。如对于图 3-40 中的三角形军标,计算 3 顶点坐标后,按给定线宽、颜色和线型,使用 GL_LINE_ LOOP 图元绘制。

采用上述方法绘制的军标,一是和 Billboard 技术一样,不管视点如何改变,始终朝向视点;二是大小固定,不论军标位于场景中什么位置,不论视点如何改

变,其在屏幕上的投影大小都是所需的固定尺寸;三是线宽、线型稳定,不像 Bill-board 纹理会导致线宽不可控,由于本方法采用几何对象绘制,而线宽、线型都作用于光栅化阶段,线宽、线型确保按屏幕坐标系的设置绘制。

2. 航天器军标绘制方法

航天器军标既有位置,又有方向性,还需保持屏幕投影大小固定,但并不需进行地形匹配。采用技术是:根据航天器位置矢量和速度矢量,构造一局部坐标系;军标绘制在以军标定位点为原点的 xy 平面绘制,然后将其变换到航天器所在局部坐标系;根据航天器位置,确定军标绘制的缩放比例。

如图 3-41(a)所示,卫星军标在平面上绘制,但实际上仍将其视作三维空间,相当于 $z=0$ 的平面上。

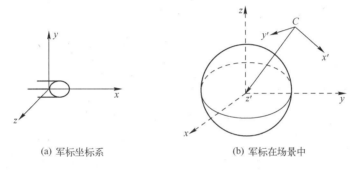

(a) 军标坐标系　　　　　　　　(b) 军标在场景中

图 3-41　基于几何的航天器军标绘制方法

绘制涉及的第一个问题是按卫星在三维空间中的位置和朝向进行坐标系变换,这通过 3.3.4 节中图 3-37 所定义的局部坐标系类完成,因此问题转换为如何定义卫星所处局部坐标系。如图 3-41(b)所示,以卫星到地心的矢量作为局部坐标系的 z' 轴,以卫星速度矢量方向作为局部坐标系的 x' 轴,以二者的矢量积作为局部坐标系的 y' 轴。通过坐标系变换(CLocalCoord 的 Render-State 函数)将绘制在图 3-41(a)中军标坐标系的图形变换到图 3-41(b)的场景中。

绘制涉及的第二个问题是需确保军标在屏幕上的投影尺寸符合预期,由于军标具有方向性,根据卫星位置,按照图 3-40 和式(3-20)确定比例关系,调用 glScalf 函数即可。

三维场景中以军标绘制的航天器如图 3-42 所示,其中图 3-42(a)是在地固系下绘制的场景,图 3-42(b)是在天球系下绘制的场景。

此外,在二维要图上也可采用图标、军标等方式表示航天器,其相关技术将在第六章讨论。

(a) 地固系　　　　　　　(b) 天球系

图 3-42　军标绘制航天器结果图

参 考 文 献

[1]　Alan Watt. 3D 计算机图形学(第 3 版)[M]. 包宏,译. 北京:机械工业出版社,2005.

[2]　Wright R. S,Lipchak B,Haemel N. OpenGL 超级宝典(第 4 版)[M]. 张琪,付气,译. 北京:人民邮电出版社,2010.

[3]　Tomas Akenine – Moller,Eric Haines. 实时计算机图形学(第 2 版)[M]. 普建涛,译. 北京:北京大学出版社,2004.

[4]　汪荣峰,张海波. 空间场景中实体的表示方法研究[J]. 计算机技术与发展,2012,22(12):112 – 114.

[5]　宋殿宇,韩潮. 关于在 VRML 技术中应用 STK 模型的研究[J]. 计算机仿真,2004,21(10):122 – 125.

[6]　韩潮,曲艺. Open Inventor 在 STK 模型转换中的应用[J]. 计算机仿真,2005,22(10):63 – 66.

[7]　汪荣峰. 空间实体可视化组件的设计与实现[J]. 装备指挥技术学院学报,2012,23(1):108 – 113.

[8]　于美娇. 战场态势可视化中三维军队标号的研究[D]. 郑州:解放军信息工程大学,2008:7 – 9.

[9]　杨强. 三维军标生成与态势标绘技术研究[D]. 长沙:国防科技大学,2006:29 – 43.

第四章　空间态势虚拟对象可视化技术

虚拟对象是空间态势中不能为人眼所见,但却实际存在或反映某种关键信息的要素。空间态势中的虚拟对象包括航天器轨道、传感器作用、空间链路、指挥关系和卫星星座等。本章研究二维、三维态势中传感器瞬时作用范围和持续时段作用范围的绘制算法和相关模型;提出面向对抗的空间链路绘制方法;定义航天指挥关系的图形表示方法,研究动态航天指挥关系图系统实现的关键技术。

4.1　传感器作用范围的可视化方法

航天器侦察、监视等任务的完成依赖于所携传感器,以合理的方式表示传感器作用的形状、范围、频率等信息,可帮助使用者获得更加直观的印象,更为有效地展示空间战场态势,是空间态势系统的重要组成部分。

目前研究一般从传感器特性出发对其探测范围进行建模,陈鹏等[1]运用硬件加速的等值面提取技术表示雷达的作用范围,周桥等[2]提出了利用各类科学计算可视化技术实现战场电磁环境可视化的思路,邱航[3]和陈弓[4]分别研究了地形影响下的雷达探测范围可视化。以上研究基于复杂传感器模型实现可视化,缺乏通用性,效率低,没有体现频率信息,不适于表现空间态势传感器作用。

在空间态势表现传感器作用,需把握如下原则:

(1) 便于使用者观察空间态势。可视化的对象是无形的虚拟对象,表现形式应符合人们的观察习惯。

(2) 借鉴现有表现形式。卫星工具软件包 STK 提供了丰富的可视化功能,包括传感器作用的可视化表达[5]。该软件的表现形式已为众多研究者和使用者所熟悉和接受,近似于事实上的标准。虽然 AGI 并未公布其传感器作用可视化的实现方法和技术细节,但其表现形式应该借鉴。

(3) 必须考虑地球的影响。空间虚拟战场中的传感器很多指向地球,人们往往更为关注在地球表面形成的覆盖范围。

(4) 突出相对比较而非绝对数值。如频率信息的可视化,展现频率的绝对数值不可行且没必要,更主要的是能令使用者感受到不同传感器能力的差异。

（5）效率优先。传感器作用的可视化不应采用过于复杂的计算模型，确定传感器在地球表面覆盖区域时也应尽量避免和地形数据实时求交。

4.1.1　传感器瞬时作用范围可视化算法

下面阐述作者所提出的传感器瞬时作用范围绘制算法[6]。

1. 传感器覆盖范围直接离散绘制及其问题分析

目前的研究，基本都以具有一定透明度的面来表现传感器覆盖范围，而 STK 还支持表现传感器电磁波频率信息的动态效果。

曲面最终要离散为多边形才可绘制[7,8]，最直接的可视化方法是根据传感器类型、参数计算其探测范围，然后将描述探测范围的曲面离散为多边形进行绘制。

以简单圆锥传感器为例来说明。给定锥角（或半角）和朝向，简单圆锥传感器是以航天器当前位置为中心的一个圆锥形状。简单圆锥传感器可用于表示通信卫星、电子侦察、导航卫星等的瞬时覆盖情况。

圆锥曲面的离散如图4-1所示，设当前航天器位于 O 点，朝向为 z 轴方向。根据圆锥角度、探测距离计算空间圆上的离散点，由连续2个离散点和传感器中心点构成三角形，以所有三角形的集合表示曲面。图4-1中，以三角形 OP_0P_1、OP_1P_2、OP_2P_3、OP_3P_4、OP_4P_5、OP_5P_0 表示圆锥，至少需要几十个三角形才会呈现圆锥效果。

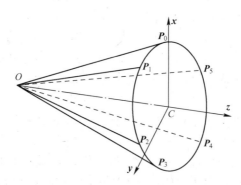

图4-1　简单圆锥传感器曲面的离散

下面介绍2个圆锥生成算法。

（1）局部坐标系生成数据，通过坐标系变换实时绘制。

以圆锥顶点为原点、朝向为 z 轴，建立局部坐标系，然后生成局部坐标系下的圆锥离散点

$$\begin{cases} r = l \times \tan\alpha \\ x_i = r \times \cos\left(\dfrac{2\pi \times i}{n}\right) \\ y_i = r \times \sin\left(\dfrac{2\pi \times i}{n}\right) \\ z_i = l \end{cases} \qquad (4-1)$$

式中，l 为传感器作用距离；α 为半锥角；n 为离散点个数。

绘制时，根据航天器当前的局部坐标系和传感器朝向，采用 3.3.4 节技术设置模型变换矩阵，然后在原始的局部坐标系下，利用上述离散点，采用半透明的三角形扇图元进行绘制。

（2）根据航天器位置、传感器朝向等实时计算离散点。

首先根据航天器位置、传感器朝向，建立局部坐标系。由于航天器始终处于运动中，由其所确定的局部坐标系一般以航天器到地心为 z 轴、以航天器前进方向为 x 轴，按右手法则确定 y 轴。传感器朝向一般定义在航天器的局部坐标系下，可采用欧拉角、四元数、矩阵等各种方式。以传感器朝向为 z 轴，在与 z 轴垂直的平面上任选 2 个正交方向作为 x、y 轴，确定一个新的坐标系，在该坐标系中实时生成离散点。

如图 4-1 所示，z 轴即为传感器的朝向。根据传感器的探测距离，确定离散圆的圆心和半径，图中 C 点为圆心，圆锥离散点计算方法为

$$\boldsymbol{P}_i = \boldsymbol{C} + l \times \boldsymbol{z} + l \times \tan\alpha \times \cos\left(\dfrac{2\pi \times i}{n}\right) \times \boldsymbol{x} + l \times \tan\alpha \times \sin\left(\dfrac{2\pi \times i}{n}\right) \times \boldsymbol{y} \qquad (4-2)$$

其中，l、α、n 含义等与式（4-1）相同；$\boldsymbol{x}$、$\boldsymbol{y}$、$\boldsymbol{z}$ 为航天器局部坐标系坐标轴在世界坐标系中对应的矢量。

由于三角函数的计算比较耗时，而在离散过程中的角度形成一等差序列，可以考虑利用正弦和、余弦和公式，通过初值和差值将三角函数运算转换为乘法和加减法运算；还可预先计算并存储，实时计算时查表。

上述方法存在 3 个主要问题：①由于传感器范围、朝向等导致曲面与地球有交汇且延伸到地球另一侧，如图 4-2（a）所示，虽然 OpenGL 等开发包可以消隐处于地球内部部分，但会产生传感器作用范围表面穿过地球的现象；②由传感器的位置和朝向导致传感器表面有一部分落在地球之外，或者传感器包含地球，如图 4-2（b）、（c）所示；③覆盖范围边界（圆锥边线）上显示的边线，以及圆锥表面，在接近地球表面时，会导致一定的消隐混乱。上述第②种情况及其他一些情况，使用者更关注传感器作用范围在地球表面所覆盖区域。

总体来看，直接将曲面离散后表示传感器范围，其通用性不强、表现能力偏

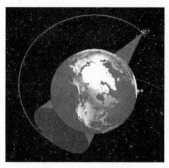
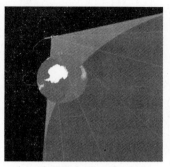
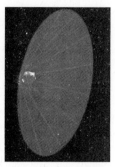

(a) 传感器范围延伸至地球另一侧　　　(b) 传感器范围落于地球之外　　　(c) 传感器范围包括地球

图 4-2　　直接绘制传感器范围存在的问题

弱。但是其实现异常简单,因此在很多场合仍不失为一种有效的技术,如表现中低轨卫星的覆盖范围时,由于上述不合理情况不会出现,因此这一技术还是有效的。或者在一些具体应用场合,可限定传感器的探测距离和朝向,不必考虑算法的通用性。

2. 传感器瞬时覆盖范围的通用绘制算法

1）算法思路

在应用中往往还有显示传感器探测范围与地球表面相交区域的要求。要计算探测范围在地球表面的覆盖区域,需解决 2 个问题:①与地球有交的部分,确定探测范围与地球的交;②与地球无交的部分,确定探测范围与地球的切。以上问题固然可采用曲面与地形网格求交线和切线、然后进行离散的解决方法,但计算量大、且有时无解析解;此外,还需构造满足显示需求的显示策略。

算法思路是先细分曲面,然后再与地球球面求交,最后组合求交结果进行绘制:①根据传感器类型和参数对曲面进行离散;②离散后的平面与地球球面求交点和切点,由于传感器探测范围以传感器位置为中心点,因此通过计算传感器中心发出的射线与地球的交点和切点来完成;③根据应用需要和相交相切情况,构造不同策略进行绘制。

2）数据结构设计

描述离散后传感器覆盖区域的数据结构为

SensorRegion ＝ ｛

　　　　Center：Point3D；

　　　　pPt：Point3DPtr；

　　　　OuterPlaneNum，InnerPlaneNum：int；

　　　　pNorm：Vector3D；｝；

其中,Center 表示传感器中心;pPt 定义了一个点表,相邻两个点和中心点构成一个三角形;区域内部可以包含中空部分,如图 4-3 所示,此时区域内部是内外锥表面之间的部分,OuterPlaneNum 定义区域外表面三角形个数,InnerPlaneNum 定义了区域内表面三角形个数;pNorm 定义了三角形法向表,法向的方向指向区域内部。

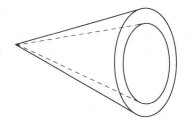

图 4-3　中间有空的传感器探测范围

3) 传感器离散表面与地球球面交点和切点的计算

虽然传感器具有不同的形状,但离散后都可视为由传感器中心点发出的一系列三角形组成。据此来确定与地球表面的相交区域,计算相交区域首先需计算交点。

描述传感器作用范围的细分表面与地球表面求交,并不采用平面与球面求交线(计算复杂),而是利用射线与球面求交点,交点之间视为直线段。射线与地球表面求交存在 3 种情况:①射线与球面相交(切于一点也属于此类),按参数方程计算交点即可,算法见 2.3.3 节(式(2-116) ~ 式(2-119)),此时称为"有交点";②射线与球面无交点,用射线与地球球心所确定平面与地球求交,得到一个圆,计算传感器中心与该圆的切线,判断 2 个切点是否在传感器作用范围内部,如果有在内部的点,称为"有切点";③在第二种情况下,形成的 2 个切点都在传感器作用范围外部(如传感器指向地球相反方向等情况),称为"无交无切"。

计算切点的思路:过传感器中心、地球球心与当前点构造一平面;该平面与地球相交构成一平面圆;计算过传感器中心与该圆的两条切线,落在圆锥范围之内的切线即为所求。

如图 4-4 所示,传感器中心为 C,地球球心为 O,表示曲面的一个离散表面为 CP_0P_1,计算 COP_0 平面与球面的切点 T_0,OCP_1 平面与球面的切点 T_1,以线段 T_0T_1 表示传感器与地球球面相交部分的边线。

上述切点计算采用点绕空间任一轴旋转的方法:计算平面的法向,如图 4-4 中矢量 N,通过矢量 CO 和 CP_0 的叉乘得到;由于 T_0 为切点,因此线段 OT_0 和 CT_0 夹角为直角,而 OC 的长度已知,CT_0 的长度为地球半径,

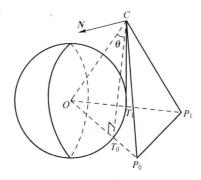

图 4-4　传感器细分表面与地球表面切点的计算

因此通过二者比值的反余弦得到角度 θ 的值;此时,将球心 O 绕过 C 且方向为 N 的轴旋转 θ(和 $-\theta$),产生的新点位于地球的切线上(图中 CT_0 和另一侧切线);判断这 2 点是否落在传感器范围之内,如落在范围之内,则过传感器中心和该点构造矢量并归一化,根据 OC 和 OT_0 确定 CT_0 的长度,计算得到切点;此外还需计算沿切线方向距离中心点等于传感器探测距离的点。

以上过程,也可能两个切线方向都落在圆锥范围之外,此时对应点为无交无切点。

遍历所有离散点,计算交点、切点,并按类型组织为点集。算法的输入是传感器区域,输出为 1 个或多个点集,其中的点为射线与地球表面的交点或切点,点集内的点属于同一类型。

算法 4-1　传感器细分表面与地球表面求交求切

```
01    Algorithm_Intersection( ){
02        for( SensorRegion 中所有离散点){
03            计算射线与地球的交点或切点;
04            建立新的输出点集
05            while(1){
06                将计算结果输出到当前点集;
07                if(下一个点的相交类型发生改变) break;
08                计算交点或切点;}}}
```

上述算法中,点集中每个元素并非是一个点,而是三元组(原始点、交点、切点),其中,原始点是离散顶点;交点和切点不会同时存在,只有一个有效。点集中的点具有相同的相交性质,即有交、有切和无交无切,但不管那种属性,都同时存储离散点和新产生的交点或切点。

如图 4-5 所示,左侧大圆为地球的投影,右侧小圆为传感器探测范围的投影,传感器离散为 8 个点 $P_0 \sim P_7$。产生离散点后,进行遍历并输出点集:顶点 P_0,与地球无交,但是有切点 V_0,创建一个新的点集,属性为有切点,并将 $(P_0 V_0)$ 组成的点对加入点集;下一个顶点 P_1,同样属于有切点类型,切点为 V_1,继续将其加入到点集中;如此直到 P_4,都属于此类型的顶点;当处理到 P_5 时,顶点属性发生

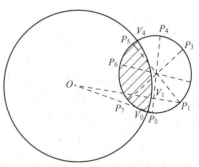

图 4-5　传感器细分表面
与地球表面求交求切

改变,属于有交点类型,需要创建新的属性为有交点的点集,并将 P_5 及交点(可能在 P_5 的前方或后方)加入到点集中;继续处理顶点 P_6 和 P_7,遍历结束。一共形成了 2 个输出点集,利用输出点集进行绘制。

4) 绘制算法

探测范围绘制有 3 种类型:①绘制探测范围覆盖地球部分,适于表现对地观测的传感器类型,如侦察卫星;②绘制与地球无交部分,适于表现传感器指向地球相反方向的传感器,如天基目标探测;③两者同时绘制。绘制时首先根据绘制类型收集求交计算结果,然后根据是否需要绘制交线、是否需要绘制射线等参数,使用三角形扇等 OpenGL 图元完成绘制。

绘制探测范围覆盖地球部分的算法为

算法 4-2   绘制探测范围覆盖地球部分

```
01   Algorithm_RenderCoverage{
02       for(所有点集){
03           if(点集类型为"有交点")
04               将点集中每个元素的交点输出到绘制点集;
05           if(点集类型为"有切点")
06               将点集中每个元素的切点输出到绘制点集;}
07       if(绘制交线)取绘制点集中所有点,以 GL_LINE_LOOP 图元绘制;
08       if(绘制射线)
09           for(绘制点集中所有点)每隔 5 点绘制由传感器中心到该点的线;
10       利用传感器中心点和绘制点集绘制三角形扇;}
```

在图 4-5 中,要绘制覆盖地球部分,则取 $P_0 \sim P_4$ 点集的切点和 $P_5 \sim P_7$ 点集的交点,最后绘制图中右上斜线填充部分。

绘制与地球无交部分的算法为

算法 4-3   绘制与地球无交部分

```
01   Algorithm_RenderNorInter{
02       for(所有点集){
03           if(点集类型为"无交无切")
04               将点集转换为绘制点集并进行绘制;
05               return;
06           if(点集类型为"有切点")
07               以首末点的切点和所有点的原始点构成绘制点集;
08               进行绘制;}
```

算法 4-3 中,第 04 和 08 行的点集绘制包括算法 4-2 中第 07 ~ 10 行。如果形成了无交无切类型,则意味传感器朝向地球外侧,整体上与地球无交,因此绘制后可直接返回;对于有切点类型的点集,每个点集独立绘制;有交点类型的点集,不需绘制。

在图4-5中,绘制与地球无交部分,需要将首末点的切点 $V_0 V_4$ 和所有点的原始点 $P_0 P_1 P_2 P_3 P_4$ 构成绘制点集 $V_0 P_0 P_1 P_2 P_3 P_4 V_4$,且此时该点集不闭合,绘制时与第05行不同。

两者同时绘制算法,同时使用算法4-2、算法4-3即可实现。

图4-6为简单圆锥传感器的绘制结果,其中图4-6(a)为绘制相交部分,即传感器覆盖地球表面的部分,可以看出,该区域由交点和切点组合而成;图4-6(b)为绘制无交部分,可以看出,该传感器的探测范围超出地球;图4-6(c)为同时绘制相交部分和无交部分。

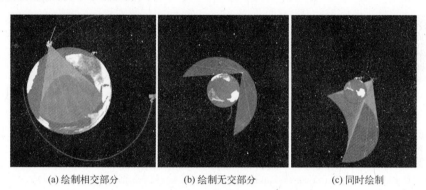

(a) 绘制相交部分　　　　(b) 绘制无交部分　　　　(c) 同时绘制

图4-6　简单圆锥传感器覆盖范围可视化效果

以上算法中,绘制点集为2个,一个是外表面点集,另一个是内表面点集,需分别处理。

3. 基于一维纹理的脉冲效果实现

在空间态势中,脉冲效果有两个方面的作用:①表现电子侦察类传感器的电磁波频率;②表现传感器获取、传递信息的频率。后者应用更为广泛,主要需表现3方面内容:①形状,以某种波形表示电磁波或信息强度的变化;②频率,以动态的效果表示电磁波变化快慢或信息传递速度;③方向,表现信息由传感器发出还是向传感器传递。

传感器作用范围具有共同中心点,脉冲效果是从传感器中心不断发出(或传入)波,并连续地扩散。一维纹理[8]是实现该效果的有效手段,涉及两个问题:纹理数据生成与纹理坐标计算。

第一个问题是纹理数组数据的生成。纹理数据生成的思路:根据纹理数据维数,生成一维颜色数组,数组中的 r、g、b 分量由脉冲颜色值得到,alpha 分量根据脉冲类型和纹理最大透明度等参数进行计算。支持的脉冲类型有正弦波和方波两种,对应纹理数组中第 i 个颜色值 alpha 分量的计算方法为

$$\begin{cases} A_i = \sin\left(\dfrac{i}{n} \times \pi\right) \times 255 \times A_0, & \text{正弦波} \\ A_i = 255 \times A_0 \times \delta\left(\dfrac{n}{2}\right), & \text{方波} \end{cases} \qquad (4\text{--}3)$$

式中,δ 为阶跃函数;A_0 为纹理最大透明度;n 为纹理数组维数;i 表示纹理数组中的下标。在实现技术上,既可构造 rgba 格式的纹理,也可使用单独的 Alpha 纹理,只要正确地设置纹理环境变量和混合模式,其效果相同。

　　第二个问题是顶点纹理坐标的计算。纹理坐标的计算受如下参数影响:脉冲宽度,以真实的空间距离定义单个脉冲的范围;脉冲方向,定义波由传感器中心点向四周发散还是相反方向;时间计数,设置一个随时间变化的计数值,用于生成脉冲的动态效果,该值的变化速率由传感器的频率确定,以此来展示传感器的探测频率;纹理维数,定义纹理颜色数组的大小。纹理坐标计算方法为

$$\begin{cases} t = \dfrac{c\%n}{n} \times d, & \text{中心点} \\ t = \dfrac{r}{s} - \dfrac{c\%n}{n} \times d, & \text{离散点} \end{cases} \qquad (4\text{--}4)$$

式中,t 为纹理坐标;c 为随时间改变的计数值(改变速率取决于传感器频率);r 为点到中心点的距离;s 为脉冲宽度;d 为纹理方向,为 1 时波由中心向四周发散,为 -1 时波由四周向中心汇聚。

　　图 4-7 为传感器脉冲效果图,图 4-7(a)为正弦波,图 4-7(b)为方波。

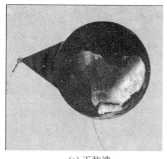

(a) 正弦波　　　　　　　　　　　　　　(b) 方波

图 4-7　传感器脉冲效果图

　　在脉冲效果的实现方面,STK 采用频率值的方式定义脉冲,本书采用整数计

数值表示相对快慢。这两种定义方式均可,即使采用频率值定义脉冲,也并不可能从视觉上感受到频率(电磁频率都非常高),必须建立频率值与计数值(或时间增量)的映射关系,当然这种映射关系可采用线性方式,也可采用非线性方式,这会比本书定义灵活一些。

4.1.2 不同类型传感器瞬时作用范围模型

从上一节算法可知,对于各种不同类型的传感器,主要区别在于形状不同,一旦转换为离散表示,后续与地球求交、求切方法和不同需求下的绘制方法完全一致,因此下面阐述不同类型传感器瞬时作用范围离散数据的生成模型[9]。简单圆锥传感器在前面已经讨论,此处不再重复。

1. 矩形传感器

虽然矩形传感器视觉上只是由过传感器中心点的 4 个三角形组成,似乎可以用 4 条射线描述,然而直接采用这种方法显示结果并不正确:①当三角形与地球有交时,如果直接利用射线与地球相交的结果进行绘制,虽然消隐使得面显示正确,但是用来描述相交区域的线显然不正确,会被地球表面遮挡;②三角形与地球无交时,计算得到的切点所确定的面是一个与地球相交的四边形,无法得到相切效果。

因此,矩形传感器的每个三角形也需细分为足够小的三角形。首先定义计算所需矢量(相当于局部坐标系各个轴,由于计算仅用到世界坐标系下的方向矢量,因此不需定义局部坐标系原点),以传感器指向为 z 轴,以传感器移动方向和 z 轴的叉积作为 y 轴,如图 4-8(a)所示,其他各传感器矢量定义也如此。

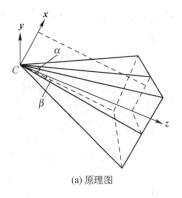

(a) 原理图

(b) 效果图

图 4-8　矩形传感器

矩形传感器水平方向的离散点(与局部坐标系 *x* 轴平行的矩形边)计算方法是

$$\boldsymbol{P}_i = \boldsymbol{C} + l \times \boldsymbol{z} \pm l \times \tan\alpha \times \boldsymbol{y} - l \times \tan\beta \times \boldsymbol{x} + \frac{i \times l \times \tan\beta \times \boldsymbol{x}}{n} \qquad (4\text{-}5)$$

垂直方向的离散点计算方法是

$$\boldsymbol{P}_i = \boldsymbol{C} + l \times \boldsymbol{z} \pm l \times \tan\beta \times \boldsymbol{y} - l \times \tan\alpha \times \boldsymbol{x} + \frac{i \times l \times \tan\alpha \times \boldsymbol{y}}{n} \qquad (4\text{-}6)$$

式中，$\boldsymbol{P}_i$ 为生成的细分点；$\boldsymbol{C}$ 为传感器中心点；α 和 β 为输入参数，表示矩形传感器垂直和水平方向的半角；l 为传感器作用距离；n 为细分个数；$\boldsymbol{x}$、$\boldsymbol{y}$、$\boldsymbol{z}$ 分别为图 4-8 中各轴在世界坐标系下的单位矢量。计算得到的点按顺序输出到区域点集中。

2. 复杂圆锥传感器

复杂圆锥传感器由 5 个参数确定：内锥半角 ϕ_0，外锥半角 ϕ_1，旋转起始角 φ_0，旋转终止角 φ_1，传感器作用距离 l，如图 4-9(a) 所示。

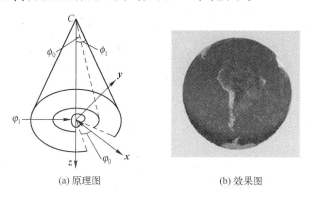

(a) 原理图　　　　　　　(b) 效果图

图 4-9　复杂圆锥传感器

复杂圆锥传感器的形状相当于由内锥半角和外锥半角所确定的三角形绕 z 轴旋转围成，如图 4-9(a) 所示；当内锥半角为 0° 且旋转 360° 时退化为简单圆锥；内锥半角不为 0° 旋转 360° 时形成中空的区域，如图 4-3 所示。

区域表面由三部分组成：外锥面、内锥面和连接内外锥面之间的三角形。与矩形传感器一样，在生成离散点时，不但内外锥面需要细分，连接内外锥面的三角形也需细分。

设

$$\varphi_i = \varphi_0 + \frac{\varphi_1 - \varphi_0}{n} \times i \qquad (4\text{-}7)$$

对于外锥面上的离散点，计算方法是

$$\boldsymbol{P}_i = \boldsymbol{C} + l \times \boldsymbol{z} + l \times \tan\phi_1 \times (\cos(\varphi_i) \times \boldsymbol{x} + \sin(\varphi_i) \times \boldsymbol{y}) \qquad (4\text{-}8)$$

对于内锥面上的离散点，计算方法是

$$P_i = C + l \times z + l \times \tan\phi_0 \times (\cos(\varphi_i) \times x + \sin(\varphi_i) \times y) \tag{4-9}$$

对于旋转开始角度处所形成的三角形上的离散点,计算方法是

$$P_i = C + l \times z + l \times (\cos(\varphi_0) \times x + \sin(\varphi_0) \times y) \times \frac{\tan\phi_1 - \tan\phi_0}{n} \times i \tag{4-10}$$

对于旋转结束角度处所形成的三角形上的离散点,计算方法是

$$P_i = C + l \times z + l \times (\cos(\varphi_1) \times x + \sin(\varphi_1) \times y) \times \frac{\tan\phi_1 - \tan\phi_0}{n} \times i \tag{4-11}$$

退化情况仍可采用该式计算,但生成的区域数据有所不同。

复杂圆锥传感器瞬时作用范围的绘制效果如图4-9(b)所示。

3. 半功率点传感器

形状与简单圆锥传感器一样,提供了另一种符合物理实际的传感器定义方式。主要用于描述抛物面天线,除了作用距离之外,有2个参数,分别是频率 F(单位为 GHz)和直径 D(单位为 m),利用下式确定圆锥半角[6]:

$$\theta = \frac{21}{2 \times F \times D} \tag{4-12}$$

得到半角后,利用简单圆锥传感器模型生成区域数据。

4. SAR 传感器

该传感器由4个参数确定,如图4-10所示:ϕ_0 定义了内锥角,ϕ_1 定义了外锥角,由这两个参数确定的区域是与图4-3类似的形状,称为原始区域;ω_0 定义了前部排除角,沿传感器前进的方向定义了一个半角为 ω_0 的圆锥,原始区域需要减去该圆锥;ω_1 定义了后部排除角,其含义与 ω_0 类似。

根据前部排除圆锥和后部排除圆锥与原始区域的相交情

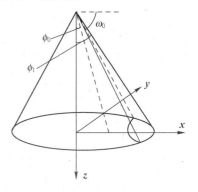

图4-10　SAR 传感器

况:①前后排除区域都与内锥面无交,结果为一内部中空区域(结果数据结构需区分内外表面),其二维截面如图4-11(a)所示;②前后排除区域有且仅有一个同时与内外锥面相交,则形成一无中空的区域(结果数据结构中都是外表面),其二维截面如图4-11(b)所示;③前后排除区域同时与内外锥面相交,则形成2个无中空的区域,其二维截面如图4-11(c)所示。

首先确定生成区域的类型,然后根据求交结果确定结果区域的各组成部分,如图4-11(b)所示,区域由6部分组成,A、E 使用前部排除圆锥面数据生成,B、D 使用外锥面数据生成,C 使用后部排除圆锥面数据生成,F 使用内锥面数据生

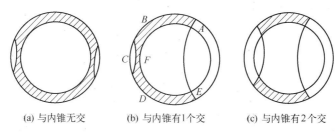

(a) 与内锥无交   (b) 与内锥有1个交   (c) 与内锥有2个交

图 4-11 SAR 传感器前后排除角与内锥的相交情况

成;最后分段计算各部分的点。

令 σ_0 和 σ_1 为圆锥面交点处的角度(根据内外锥角和排除角计算),令

$$\sigma_i = \sigma_0 + \frac{\sigma_1 - \sigma_0}{n} \times i \qquad (4-13)$$

则外锥面上点的计算方法为

$$\boldsymbol{P}_i = \boldsymbol{C} + l \times \boldsymbol{z} + l \times \tan\phi_1 \times (\cos\sigma_i \times \boldsymbol{x} + \sin\sigma_i \times \boldsymbol{y}) \qquad (4-14)$$

内锥面上点的计算方法为

$$\boldsymbol{P}_i = \boldsymbol{C} + l \times \boldsymbol{z} + l \times \tan\phi_0 \times (\cos\sigma_i \times \boldsymbol{x} + \sin\sigma_i \times \boldsymbol{y}) \qquad (4-15)$$

对于排除圆锥面上点,由于要计算的点并不位于垂直于该圆锥朝向的平面上,因此其计算相对复杂,方法为:首先根据该锥参数以及交点等计算出位于垂直该圆锥朝向的平面上的细分点;以传感器中心和细分点构成射线;计算射线与垂直于传感器观察方向且距离为 l 的平面(图 4-10 中水平圆所在平面)的交点,这些交点即为所求。

图 4-12 为 SAR 传感器的覆盖效果图。

在 SAR 传感器的定义方式方面,STK 中以俯仰角、父对象高度和前部、后部排除角定义,但是如何由俯仰角和父对象高度计算内、外锥角并无数学上的说明,经大量试验也无法得到其转换算法,因此本书采用内外锥角和前后部排除角的定义方式。

从效果上与 STK 软件的各种传感器及其显示方式进行了对比,在相同输入参数的情况下,显示效果基本一致,也支持 STK 所支持的主要显示

图 4-12 SAR 传感器
覆盖范围效果图

类型。此外,STK 软件中还支持定制传感器,即给定中心点和若干个控制点,围成不规则的覆盖区域,对于这种方式虽未支持,但其相当于矩形传感器的扩展,在任意 2 个控制点和中心点所形成的三角形上进行细分插值即可;STK 中还可

以控制传感器进行自旋等特殊效果,也暂未实现;此外,还需探索传感器空间分辨率的表现形式和方法。

此外,还应支持单纯绘制地球表面的覆盖范围,而不绘制覆盖椎体,该技术与4.1.3节所讨论技术类似。

上述算法在保证效果的前提下,具有易于实现、通用性强、可以脱离STK环境等优点,与目前已知的各种实现雷达等传感器探测范围可视化的方法相比,算法虽然没有考虑地形影响,但在通用性、效率等方面更具优势。

5. 传感器瞬时覆盖范围可视化算法的组件化封装

按照组件对象模型(Component Object Model,COM)规范,将传感器瞬时范围可视化功能进行封装,对象及其接口关系如图4-13所示。

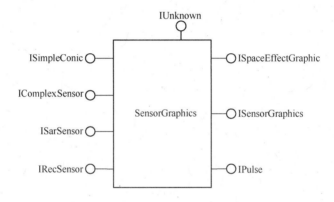

图4-13　传感器瞬时覆盖范围可视化组件

传感器对象除了IUnknown接口外,共包括7个接口,其中ISimpleConic、ISarSensor、IComplexSensor、IRectSensor分别对应于各种不同类型的传感器,用于设置不同类型传感器的参数;ISensorGraphics接口用于设置各类传感器的共性参数,如传感器的位置、朝向、范围、颜色、透明度、是否绘制射线等;IPulse接口用于设置脉冲的频率、类型、是否反转等;ISpaceEffectGraphic接口用于完成绘制以及包围盒计算等。

4.1.3　持续时段传感器覆盖范围的可视化方法

应用中使用者也关心一段连续时间的覆盖情况,即持续时段传感器覆盖范围。

结合应用实际并为了简化问题,主要考虑2种传感器类型的持续时段覆盖范围可视化算法,即矩形传感器和简单圆锥传感器,其他类型传感器以及中间有孔的传感器类型暂不研究。在具体的绘制需求上,一般也只针对中、低轨卫星。这些卫星的覆盖角往往并不大,指向地心,最多有一定的侧摆,不必考虑覆盖范围超出地球的情况,相当于同样按4.1.1节离散后计算的思路,只需考虑与地球表面的交点,而不必考虑切点。

要绘制3类要素:①航天器沿轨道持续运动过程中,传感器瞬时覆盖范围所围成的半透明空间形状;②在地球表面形成的半透明覆盖带;③以线所绘制的覆盖边界。后两者以及第一种与地球表面相交部分,都涉及几何图元与地球表面共面甚至在地球表面之下的情况,会导致消隐混乱(见2.3.2节星下线绘制算法),共面几何对象可采用多边形 z 偏移技术。但此处有些图元不是共面,而是被地球表面遮挡,可采用模板缓存技术,本书仍采用类似2.3.2节的技术解决此问题。

1. 几何数据的生成

首先需根据给定时间段确定绘制所需几何数据。

如图4-14所示,根据需计算的时间段和步长进行轨道预推,得到该段时间卫星轨道的采样点,如图中 A、B、C、D、E、F。

在采样点处,传感器可指向地心,也可有一定侧摆角度(一般在垂直卫星前进方向上),根据传感器指向,计算出与地球表面的交点,如图4-14中 a、b、c、d、e、f 点。

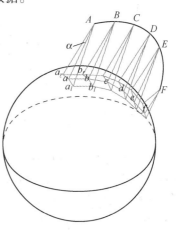

图4-14 持续时段覆盖范围采样点可视化数据生成

已知卫星位置矢量和速度矢量,传感器指向采用2个角度确定,侧摆角为 α,俯仰角为 β。以卫星当前位置到地心的矢量为 z 轴,速度矢量方向为 y 轴,按右手法则确定 x 轴,传感器指向方向矢量的确定方法是

$$P = C + (\cos\alpha \times z + \sin\alpha \times x) \times \cos\beta + \sin\beta \times y$$
$$(4-16)$$

根据传感器位置和方向定义射线方程,采用2.3.2节的式(2-118)和式(2-119)计算交点。

根据传感器角度,在每个采样点处,确定对应的边射线。如图4-14中,传感器半角为 α,则在 A 点处与前进方向垂直且过射线 Aa 的平面上,确定射线 Aa_l、Aa_r,并计算射线与地球表面的交点(a_l、a_r 即为确定的交点)。

边也通过式(4-16)计算,只需将其中的侧摆角分别加和减传感器半角即可。

以上计算了覆盖的边界,但还未构成完整的连续时段覆盖数据,主要是在两端还需生成新的数据。

矩形传感器如图 4-15(a)所示,沿航天器前进方向的前后两端还具有一定的覆盖范围。如矩形传感器沿前进方向的覆盖角度为 β,则在 A 点根据该角度确定位于前进方向平面上一射线,与地球表面交于 m 点,在两侧根据角度 β 确定两射线,与地球表面交于 m_l、m_r 点,射线均利用式(4-16)计算。

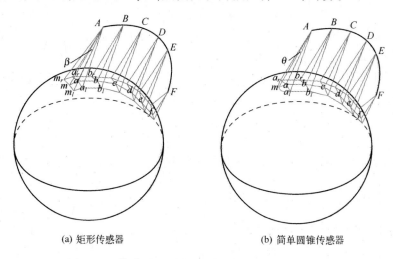

(a) 矩形传感器　　　　　　　　　　(b) 简单圆锥传感器

图 4-15　持续时段覆盖范围两端可视化数据的生成

简单圆锥传感器如图 4-15(b)所示,在时段的起点和终点处还需扩展半圆锥。半圆锥采用离散生成技术,以传感器中心为原点,以传感器在起点处指向为 z 轴,卫星前进方向为参考 y 轴,按右手法则确定 x 轴,建立局部坐标系后利用式(4-1)确定半圆锥上的离散点,从而确定各射线及射线与地球表面的交点。

以上计算中,可根据需要适当对数据进行加密,加密不能在交点间插值,而是必须对射线加密,然后再计算交点。直接对交点进行插值的加密方法,得到的结果视觉上不平滑。

对于成像侦察卫星,准确反映其覆盖能力应该包括两个内容:①根据传感器指向和传感器视场角所确定的覆盖范围,称为内覆盖;②根据其视场角加上侧摆角所确定的一个更大的覆盖范围,称为外覆盖。在很多情况下,尤其是非合作目标,两种覆盖范围都需进行可视化。

上述方法生成了内覆盖数据,还需生成外覆盖数据。对于矩形传感器而言,外覆盖数据的生成比内覆盖数据简单,此时传感器的指向固定为由卫星指向地心,其他可直接使用生成第一类数据的方法。

简单圆锥传感器的外覆盖数据生成算法略微复杂,传感器指向虽固定由卫星指向地心,但覆盖形状要复杂一些。

如图4-16所示,中间一条线为轨道星下线,两侧为根据传感器视场角加侧摆角确定的覆盖边界线。圆 a 为在时段的起点处,传感器指向地心时形成的瞬时覆盖,而圆 b、c 分别是传感器侧摆到左右最大角度时形成的瞬时覆盖。可以看出,此时以"视场角加侧摆角"构成圆锥,并以此圆锥按图4-15(b)生成该处覆盖数据,得到的范围是大于实际的传感

图4-16 简单圆锥传感器
外覆盖数据的生成

器能力的。因此,采用的方法是:按视场角确定视锥;令传感器指向侧摆角处(在垂直于卫星前进方向的平面上,左右各进行侧摆),将其1/4的圆锥离散,即图4-16中分别取 b、c 的1/4;然后在1/4圆锥形成的2个端点之间进行插值,即图4-16中直线段 d(需插值,构成圆弧段)。以2个1/4圆弧(投影不会是圆)和一个圆弧段,构成离散后的端点区域覆盖描述。

2. 空间覆盖绘制方法

持续时段覆盖范围空间部分的绘制要素主要包括:外覆盖面,根据卫星视场角和侧摆角确定的区域,传感器固定由卫星指向地心,采用半透明面绘制;内覆盖面,根据传感器视场角和实际指向确定的区域,采用半透明面绘制;区域边界,采用线绘制。

根据采样点直接生成的部分,如图4-15所示,可以直接采用四边形绘制。图中沿卫星前进方向左侧,所采用图元为四边形 Aa_lb_lB、Bb_lc_lC、Cc_ld_lD、Dd_le_lE、Ee_lf_lF,沿卫星前进方向右侧,所采用图元为四边形 Aa_rb_rB、Bb_rc_rC、Cc_rd_rD、Dd_re_rE、Ee_rf_rF。由于这些图元位于空间,与地球表面没有明显的共面或遮挡关系,因此直接绘制即可。

起点和终点处扩展部分需区别对待。对矩形传感器的扩展部分,如图4-15(a)所示,采用三角形 Aa_lm_l、Am_lm、Amm_r、Am_ra,来绘制,同样也可直接绘制。对简单圆锥传感器的扩展部分,如图4-15(b)所示,Aa_lm 和 Ama_r 之间采用系列离散点所构造的三角形表示。

绘制过程中,一是在各个点之间可进一步细化,二是为了优化速度,可分别采用四边形带、三角形扇进行绘制。

区域边界的绘制方法,与后面将阐述的地球表面覆盖带绘制算法一致,此处不展开。

由于覆盖范围半透明,因此绘制时注意两点:①绘制顺序,先绘制内覆盖后绘制外覆盖,先绘制边界线后绘制覆盖面;②绘制面时禁止写入 z 缓冲区。

图 4-17 为简单圆锥传感器持续时段覆盖的效果图（持续时段 30min）。图 4-17(a) 为传感器所形成的外覆盖，图 4-17(b) 为传感器所形成的内覆盖。可以看出，在端点处，分别与图 4-15(b) 和图 4-16 所阐述的算法相一致。

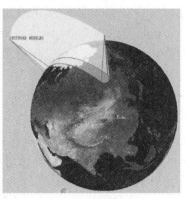

(a) 外覆盖　　　　　　　　　　　　　(b) 内覆盖

图 4-17　简单圆锥传感器持续时段覆盖效果图

图 4-18 为同时绘制外覆盖、内覆盖的覆盖面和边界线，并同时绘制卫星轨道的效果图。图 4-18(a) 与图 4-17 是同一颗卫星，持续时间 30min；图 4-18(b) 为另一颗低轨卫星，持续时间为 10h。

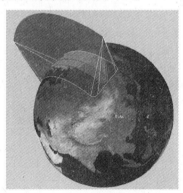

(a) 30min覆盖　　　　　　　　　　　(b) 10h覆盖

图 4-18　持续时段内外覆盖效果图

3. 地球表面覆盖带绘制方法

根据已生成几何数据，可在地球表面绘制覆盖带。与空间范围绘制相比，绘制覆盖带需解决两个问题：①外覆盖与内覆盖的结合；②数据形成的面与地球表面共面或被地球表面遮挡。

1）内外覆盖的绘制策略

绘制空间覆盖时,内外覆盖分别绘制,按先内后外的顺序即可。但绘制地球表面的覆盖带时,由于内覆盖范围包含在外覆盖中,按先内后外的顺序绘制将导致颜色的渗透,需分别绘制。

当仅绘制内覆盖而不绘制外覆盖时,中间采用四边形绘制,如图4-19(a)中,四边形 $a_0a_1b_1b_0$、$b_0b_1c_1c_0$、$c_0c_1d_1d_0$、$d_0d_1e_1e_0$、$e_0e_1f_1f_0$、$f_0f_1g_1g_0$,而在端点 a 处,采用以 a 为公共顶点的多个三角形绘制。

(a) 同时绘制与仅绘制内覆盖　　　　　　　　(b) 仅绘制外覆盖

图4-19　内外覆盖带同时绘制与仅绘制内覆盖

当同时绘制内外覆盖时,内覆盖仍然采用上述方法,外覆盖绘制方法为:中间部分,以外覆盖采样点与内覆盖对应采样点构造四边形绘制,如图4-19(a)所示,外覆盖中间部分由 $a_1a_3b_3b_1$、$b_1b_3c_3c_1$、$c_1c_3d_3d_1$、$d_1d_3e_3e_1$、$e_1e_3f_3f_1$、$f_1f_3g_3g_1$,以及 $a_0a_2b_2b_0$、$b_0b_2c_2c_0$、$c_0c_2d_2d_0$、$d_0d_2e_2e_0$、$e_0e_2f_2f_0$、$f_0f_2g_2g_0$;端点部分,内覆盖仍采用原有内覆盖绘制方法,外覆盖以四边形绘制,即描述外覆盖的2个1/4圆弧上的每个采样点,在内覆盖的半圆弧上都有对应的采样点,即图4-19(a)中1、2、3、4、5、6、7、8各点与其内覆盖圆弧上对应点连线,构成各四边形。

当仅绘制外覆盖时,绘制方法为:中间部分,采用四边形表示,如图4-19(b)中 $a_2a_3b_3b_2$、$b_2b_3c_3c_2$、$c_2c_3d_3d_2$、$d_2d_3e_3e_2$、$e_2e_3f_3f_2$、$f_2f_3g_3g_2$;端点部分,采用以 a 点为顶点的系列三角形表示,如图4-19(b)中 a_3a1、$1a2$、$2a3$、$3a4$、$4a5$、$5a6$ 等。

2）共面及遮挡问题的解决

表示地球表面的离散平面与传感器覆盖带所形成的平面很难共面,如直接绘制,存在地球表面与覆盖带交互遮挡、显示混乱的问题。

采用2.3.2节星下线绘制的类似技术解决:对于上述的每个几何对象(四边形或三角形),根据地球表面和视点的位置关系,判断其顶点(3个或4个)的可见性;如任一顶点可见,则关闭深度检测(GL_DEPTH_TEST),绘制四边形或三角形;否则不绘制。原则是任一顶点可见即需绘制,这与星下线绘制有所区别。

由于覆盖带半透明,所以其绘制应该在地球绘制之后进行;由于关闭深度检测,为了确保地球之外其他实体可以正确地遮挡星下线,其他实体应该在覆盖带之后绘制。

　　绘制覆盖带的效果如图4-20所示,图4-20(a)为仅绘制外覆盖带的效果,图4-20(b)为同一卫星的相同时段仅绘制内覆盖带的效果,图4-20(c)为该星该时段同时绘制内外覆盖带的效果。同时绘制时,如仅仅简单地先绘制内覆盖、后绘制外覆盖,视觉效果是外覆盖的透明色蒙在内覆盖带上;如先绘制外覆盖、后绘制内覆盖,由于都是半透明图元,外覆盖带的颜色同样会渗透出来。

(a) 外覆盖带　　　　　　　(b) 内覆盖带　　　　　(c) 同时绘制内外覆盖带

图4-20　覆盖带内外覆盖绘制效果图

　　图4-21为另一颗低轨卫星的持续时间覆盖带绘制效果图,其中图4-21(a)的持续时间为1h,图4-21(b)的持续时间为10h。

(a) 持续时间1h　　　　　　　　　(b) 持续时间10h

图4-21　不同持续时长覆盖带绘制效果图

4.1.4　二维态势传感器作用表现

　　在二维矢量地图或遥感影像上表现传感器作用范围,也具有相当的应用价值,是三维方式的有益补充。

1. 瞬时覆盖范围的二维表现

二维矢量地图往往在某个特定投影方式下,因此通过前述算法得到传感器覆盖范围离散表示与地球表面的交点后,二维绘制过程为:①计算交点的经纬度坐标;②经纬度坐标进行投影变换,得到地图投影坐标系下的交点坐标;③采用相应图元进行绘制,如简单圆锥传感器的瞬时覆盖可采用以传感器指向与地球表面交点为中心的三角形扇进行绘制。

但是,由于空间态势要表现的往往是全球范围的情况,因此大多情况下并不需投影变换,尤其是在表现航天器等空间实体的运动变化情况时更是如此。在描述地面测控站部署、测控范围及其行动计划等情况时,表现较小地理范围的态势、更关注地理位置的准确性和基于地理信息的分析时,才需投影变换。

将计算得到的交点坐标变换为经纬度坐标,采用 2.3.1 节的式(2-114)和式(2-115)计算。将地球表面转变为平面的经纬度表示,同样会遇到跨越 180°的现象,此时只需根据传感器指向与地球表面交点的经纬度来调整即可:如果该交点接近 180°(经度与180°的容差在某值之内),则将经度小于 0°的采样点的经度加上 360°即可,如图 4-22 中覆盖 a 处,位于180°右侧的采样点,计算得到的经度值,接近 -180°,加上 360°后平移值至交点附近;如该交点接近 -180°,将经度大于 0°的交点的经度减去 360°即可,

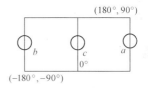

图 4-22　覆盖采样点的经度调整

如图 4-22 中覆盖 b 处;其他交点不需进行经度调整,对于那些位于本初子午线附近的交点,其覆盖生成的离散交点同时存在正负经度的点,如图 4-22 中覆盖 c 处。

二维遥感图像上,简单圆锥传感器瞬时覆盖如图 4-23 所示,传感器指向都是由卫星指向地心。其中,图 4-23(a)为卫星瞬时星下点在高纬度地区,图 4-23(b)为卫星瞬时星下点在低纬度地区。可以看出,纬度较低时,瞬时覆盖的形状更接近圆,高纬度地区则发生比较大的变形。

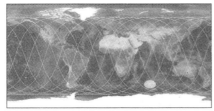
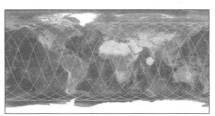

(a) 星下点在高纬度地区　　　　　　(b) 星下点在低纬度地区

图 4-23　简单圆锥传感器的二维瞬时覆盖

　　图4-24(a)为图4-23(b)进行放大的效果图;图4-24(b)为同一瞬时的卫星,传感器指向在垂直于卫星前进的方向侧摆一定角度之后形成的覆盖形状。可以看出,此时的形状有变形,且中心点也不再是星下点。

 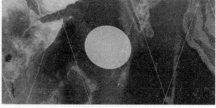

(a) 指向地心　　　　　　　　　　　　　　(b) 指向卫星侧摆方向

图4-24　传感器指向对简单圆锥传感器瞬时覆盖形状的影响

　　矩形传感器瞬时覆盖效果如图4-25所示,图4-25(a)为瞬时星下点位于高纬度地区,图4-25(b)为瞬时星下点位于低纬度地区。可以看出,高纬度地区变形较大,但即使在低纬度地区,二维态势中所形成的覆盖区域也并非矩形,各边呈曲线形状。

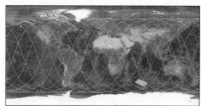 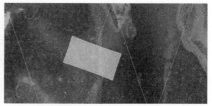

(a) 星下点在高纬度地区　　　　　　　　　(b) 星下点在低纬度地区

图4-25　矩形传感器的二维瞬时覆盖

　　图4-26与图4-25(b)为同一卫星同一时刻,传感器指向在与卫星运动方向垂直的平面上进行侧摆。可以看出,其形状受地球球面的影响,在经纬度平面上的变形更加明显。

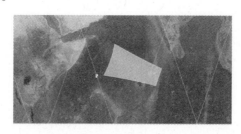

图4-26　传感器指向对矩形传感器瞬时覆盖形状的影响

2. 持续时段覆盖范围的二维表现

二维态势中持续时段覆盖范围也可用 4.1.3 节算法所生成几何数据进行绘制,但需解决跨越 180°经度和数据交错两个问题。

如图 4-27(a)所示,星下线在 A 点处跨越了 180°经度,而与该处采样点对应的 2 个覆盖带边界点既有可能同时跨越了 180°经度,也有可能只有 1 个超过了 180°范围,情况判断比较繁琐。

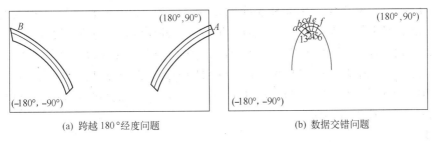

(a) 跨越 180°经度问题　　　　　　　　(b) 数据交错问题

图 4-27　持续时段覆盖范围绘制存在的问题

跨越 180°会导致覆盖带不再连续,需生成多组绘制几何数据:如果星下点与前一点相比,跨越了 180°经度,则从该点的上一点开始,进行截断,形成一组几何数据。如图 4-27(a)所示,覆盖带在 A 点处跨越,从该点处截断,得到第 1 组几何数据,该点的经度值减去 360°,得到 B 点,与后续的点继续构造新的绘制几何数据。

对于每个采样点数据,需根据星下点数据调整 2 个覆盖边界点数据,如果边界点与星下点经度差的绝对值大于阈值,则修改边界点经度值,将其坐标调整至星下点附近;端点处的覆盖边界采样点数据也根据其与端点的经度差进行调整。

不考虑端点处数据,此时形成的每组几何数据实际上相当于 2 组边界点。如图 4-27(b)所示,某段几何数据分别为 abcdef 和 123456(经纬度坐标表示的点)。大多数情况下直接采用四边形带图元进行绘制即可,但是对于纬度较高、覆盖带较宽的转弯处的数据,可能发生数据的交错。如图 4-27(b)中,绘制图元为四边形 ab21、bc32、cd43、de54、ef65,由于点 2 位于点 3、4 之间,会导致覆盖带有些部分被重复绘制,显示效果差。此时更应该采用的绘制图元是四边形 ab31、bc23、cd42、de54、ef65。

解决方法:以 2 个边界点构造线段,同时根据对应星下点构造线段的法向量,以此三元组构造类对象;建立以该类对象为元素的数组;对于新加入线段,判断与数组中最后一个线段是否相交,如相交,计算新加入线段二端点与法向量的数量积(相当于在该矢量上的投影),值小的为要调整端点;将要调整顶点与数组中最后一线段的对应顶点交换;继续判断最后线段与前面线段是否相交,相交则仍然要进行顶点交换,直到无交为止;将新线段加入到数组中。

如图 4-28(a)所示,覆盖边界点分别为 $a_0b_0c_0d_0e_0f_0$ 和 $a_1b_1c_1d_1e_1f_1$(限于图版,后面各点图中未标出,是前面点的对应点),a_0a_1 线段的矢量为 v,后面各线段方向矢量与此类似。算法执行过程:开始数组为空;将线段 a_0a_1 加入数组中;下一线段是 b_0b_1,与数组中最后一个线段 a_0a_1 无交,直接加入数组;继续加入线段 c_0c_1;下一线段为 d_0d_1,与数组中最后一线段 c_0c_1 有交,需判断哪个顶点需进行交换,如图 4-28(b)所示,分别对应 b 点和 a 点需要交换(根据与方向矢量的数量积判断),图 4-28(a)中需要交换的是 d_1 点,此时数组中数据为 a_0a_1、b_0b_1、c_0d_1,待处理线段变为 d_0c_1,由于此时数组中最后的线段 c_0d_1 与前面线段无交点,所以将线段 d_0c_1 加入数组;下一线段是 e_0e_1,与 d_0c_1 有交,交换后数组最后线段为 d_0e_1,待加入线段为 e_0c_1,但是线段 d_0e_1 与 c_0d_1 仍然有交,交换变为 d_0d_1 和 c_0e_1,判断结束,加入元素后数组变为 a_0a_1、b_0b_1、c_0e_1、d_0d_1、e_0c_1;最后的线段 f_0f_1 与数组中线段无交,可以直接加入。

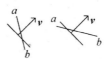

(a) 算法过程示意　　　　　　　(b) 交换顶点判断方法

图 4-28　几何交错问题的解决

上述处理解决了几何交错的问题。上述算法也可变形为分别处理星下线采样点与某侧的覆盖边界点,运算量增加,但效果并无明显改善。

图 4-29(a)为一颗高轨卫星 10h 所形成的覆盖范围在二维态势上的表现,图 4-29(b)为另一颗低轨卫星 10h 所形成的二维覆盖带。可以看出,在三维态势中连续的卫星轨道和覆盖带,在二维态势中都截断为多组进行绘制。

(a) 高轨卫星覆盖带　　　　　　　(b) 低轨卫星覆盖带

图 4-29　二维持续时段覆盖范围可视化效果图

4.1.5　传感器作用范围可视化的扩展应用

上述模型虽然针对航天器所携传感器设计,但在其基础上稍作扩展并且组合应用各种传感器,即可用于地面对象探测范围及行为的表现,如可以用简单圆锥传感器表示雷达、测控站等的作用范围,如组合复杂圆锥传感器和矩形传感器,可以表示非常复杂的形状并对扫描过程进行可视化。在这方面,STK 的例子场景中有非常丰富的组合应用传感器例子,本书不做进一步探讨,仅介绍简单圆锥传感器的扩展实现及在测控范围表现中的应用。

1. 三维态势测控范围表达

前述简单圆锥传感器模型生成的控制点,可用于通过三角形扇表示锥的侧面,也可用于二维态势中表示其覆盖范围。在此基础上生成圆锥顶部球面的离散网格,可用于表达测控站、雷达的探测范围。

如图 4-30(a)所示,不仅仅生成圆锥侧面,同时生成圆锥顶部球面(球面上每个点到圆锥中心的距离相等)。当圆锥的半锥角为 90°时,其形状如图 4-30(b)所示,形成半球形状。

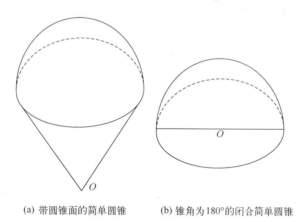

(a) 带圆锥面的简单圆锥　　　　(b) 锥角为180°的闭合简单圆锥

图 4-30　简单圆锥传感器扩展应用

顶部球面同样需生成离散采样点。如图 4-31 所示,点 O 为圆锥顶部中心点,最外圈为圆锥侧面边界,外圈向内每圈生成离散点(点数与外圈离散点数一致),点的计算方法采用式(4-2),只改变其中的角度 α 值,在 0°至圆锥半角之间均匀插值即可。生成数据后,最内圈使用三角形扇绘制,其他圈采用四边形带绘制。

图 4-32 为利用简单圆锥传感器绘制的测控范围效果图,此时,传感器

中心点不是位于空间的航天器,而是在地面的某一点,传感器的指向为由地面点向空间(一般可按垂直于该点水平面的方向,也可简化为地心到地面点的矢量方向)。图4-32(a)为视点在某一空间位置观察场景的效果。图4-32(b)近似于顶视图,视点近似位于传感器正上方,该图效果类似图4-31,可以看出圆锥顶部球面数据的产生方式。图4-32(c)近似于侧视图,视点位于传感器侧面,可进一步看出传感器的形状。

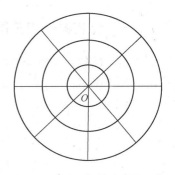

图4-31　简单圆锥传感器扩展应用

(a) 视点在空间位置　　　　　(b) 自顶向下观察　　　　　(c) 视点在侧面

图4-32　简单圆锥传感器绘制测控范围效果图

2. 二维态势测控范围表达

二维态势中表达测控范围,可直接使用简单圆锥传感器所生成的锥面采样点,一般并不需要圆锥球面上的采样点数据。首先计算得到采样点的经纬度坐标,然后根据测控站位置的经纬度对采样点坐标进行调整(涉及跨越180°经度问题才需调整),最后使用三角形扇绘制覆盖的面,使用线连接采样点绘制覆盖边界。

当不考虑测控设备的角度,而将其范围视作一个半球形的时候,可采用一种更简单的近似绘制算法。如图4-33所示,曲线 a 代表地球表面,O 为测控站中心,由地心到点 O 形成的矢量为 v,则根据矢量 v 可以确定垂直该矢量的平面的2个正交轴(可以地心坐标系 z 轴作为参考矢量,通过矢量积确定),根据测控站测控距离确定该平面上的圆,然后利用这3个轴组成的局部坐标系插值(按角度均匀插值)得到圆的离散点,计算这些离散点的经纬度坐标表示二维平面范围。如图4-33中,在与地球相切的平面上生成 P_0、P_1、P_2、P_3、P_4、P_5、P_6、P_7、P_8、P_9、P_{10}、P_{11} 点,然后计算其经纬度坐标,在二维平面上进行绘制。

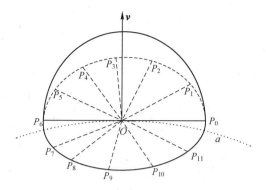

图4-33　地球表面半球面数据生成

图4-34为二维态势中测控范围的效果图。图4-34(a)为全球态势中的测控范围显示,图4-34(b)则是将测控站所在位置局部放大后得到的效果。

(a) 全球显示　　　　　　　　　(b) 局部放大显示

图4-34　二维态势测控范围效果图

有些情况下需要在测控范围中加标一些辅助线,用于细致区分测控范围内的情况。有2种生成辅助线的策略:①按角度生成辅助线,即相隔一定角度生成一条辅助线,此时可采用图4-31的方法,效果如图4-35(a)所示,由0°开始间隔15°生成一条辅助线;②按距离生成辅助线,即相隔一定距离生成一条辅助线,此时可采用图4-33的方法,效果如图4-35(b)所示,由距中心100km开始、间隔200km生成一条辅助线。

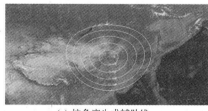

(a) 按角度生成辅助线　　　　　　　　(b) 按距离生成辅助线

图4-35　二维态势测控范围绘制辅助线效果图

4.2　空间链路的可视化方法

4.2.1　空间链路可视化需求与要素分析

在空间态势中,狭义上,空间链路指资源节点之间相互关联形成的星地通信链路、星间中继链路等,链路中交换的信息既包括通信中继的数据,也包括遥控指令和遥测信息等,涉及的资源节点不仅包括通信卫星、中继卫星(及其他具有中继功能的卫星,如导弹预警卫星、侦察卫星等)和卫通站、通信车等地面接收节点,也包括其他各类卫星和地面测控网。

广义上,空间链路也可描述下述关系:侦察卫星和地面对象之间形成的星地侦察链路;导航卫星与地面对象之间形成的导航链路;具有空间目标监视功能的卫星与空间目标所形成的空间目标监视星间链路;地基空间目标监视设备与空间目标形成的空间目标监视星地链路;气象卫星与气象信息地面接收设备形成的星地链路;导弹预警卫星与预警目标之间形成的星地链路;空间站、探月航天器等所形成的星地链路与星间链路等。此外,空间信息的地面信息分发网路也可视为一种链路,虽然与空间信息有关,但是本书界定为:只要与空间的航天器和空间目标无关的链路,即链路的2个端点均不在空间,则不属于空间链路。

由于实现相对简单,因此在空间链路可视化方面的研究并不广泛,多以资源节点之间的直线(或其他图元)表示链路的存在。刘海洋等[10]研究了基于粒子系统表示空间链路的方法,在节点间建立几何管道,粒子在通信管道内从发送方向接收方运动,以粒子数量表示信道吞吐量,粒子速度表示信息传输速率,粒子的颜色表示通信的工作频段,在粒子运动方程中加入随机变量表示通信链路受到干扰。

空间链路的可视化需求主要包括:①链路的存在性,这是空间链路可视化最基础、最核心的功能,也是大多数使用者最为关心的功能,即随着时间的改变,在链路建立到撤销的时间范围内绘制链路、超出时间范围删除链路;②链路的方向性,链路代表着信息的传递,信息传递自然有其方向性,也可能双向传递;③链路的对抗性,空间链路并非一成不变,尤其在战争中,资源节点和链路本身都有可能成为敌人攻击的目标,美军空间作战条令将其分为干扰、削弱、摧毁等几类,采用恰当的方法表现对抗条件下链路受到干扰和破坏的情况,对于使用者把握态势具有一定的意义;④信息交换的类型,一是区分通信、侦察、导航、预警、测控等各种信息交换类型,二是同一类信息中还需进一步明确子类型或其他分类,如通信频段、电子侦察频段、成像侦察波段等;⑤链路的容量,如通信路数、带宽等;⑥信息交换的频度,如数据传输速率、气象数据更新速率等。

空间链路可视化中可以运用的表现要素主要有:①图元的选择,可选择直线、管道、文字等图元来表现空间链路;②颜色,颜色是图元最典型的属性,可采用颜色映射的方式表现空间链路的多种特性,但是这种方式只能表现其中一种属性,单纯依赖颜色无法同时表现多种属性;③尺寸,如采用直线时可利用线段宽度表现链路容量,采用文字时利用文字大小表现信息强度,但是尺寸值的改变范围很小,其表现能力有限;④频率,不管采用什么图元,链路需呈现动态效果,一方面以变换快慢表现频率,另一方面表现信息传递的方向。

4.2.2　几何可见性模型

节点之间是否能够建立空间链路受到节点上传感器指向、功率、作用距离、地形、频段、设备切换时间等各种因素影响,下面仅从几何关系角度阐述节点可见性的确定。

1. 星对地可见性模型

不考虑作用距离和地形的影响,卫星对于地面点是否可见可以通过矢量数量积来进行判断。如图4-36(a)所示,地面一点 A ,过 A 点的矢量为 N ,水平面(过 A 点的地球切面)如图中虚线所示,则矢量 N 与水平面上任意直线夹角为90°。对于空间任一点,对 A 点可见的条件是不被地球遮挡,即该点位于水平面的上方。

一种是夹角判断法,即由 A 点到空间点的矢量 v 与矢量 N 的夹角小于90°,另一种是法向投影判断法,二者本质相同,前者也需要计算数量积然后利用反余弦计算夹角。构造地面点到空间点的矢量 v ,计算矢量 v 与 N (归一化)的数量积,该数量积即为矢量 v 在法向法向的投影,如果该投影值大于0,空间点位于水平面上方,否则位于水平面下方。如图4-36(a)中,空间点 B 对地面点可见,空间点 C 对于地面点不可见。

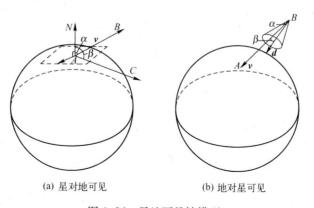

(a) 星对地可见　　　　　　　　(b) 地对星可见

图4-36　星地可见性模型

上述方法的优点是运算量小,速度快。如已知地面点和空间点的坐标(地心坐标系),则矢量 N 可直接得到(直接采用点的坐标分量,由于归一化需要耗时的开方运算,因此上述方法中 N 也可以不进行归一化,只是在判断大于 0 时,容差值适当调整,对于大尺度空间态势而言,对结果并无影响);矢量 v 可通过 3 次浮点减法得到;数量积可通过 3 次浮点乘法和 2 次浮点加法得到。因此通过数量积判断比利用夹角判断更为高效。

如果要考虑地面设备的作用距离和作用角度,在上述基础上稍加修改即可:当数量积大于 0 时,才需进一步计算;此时的数量积可以视作矢量 v 与地球切面夹角的正弦,角度在 0°~90°之间,因此正弦函数为单调函数,即不必进行耗时的反正弦计算,直接通过数量积与作用角度正弦进行比较,即可完成角度判断;作用距离的判断可以和归一化结合,以进一步减少计算量。

2. 地对星可见性模型

在一些简单应用场合或者对星上载荷信息一无所知的情况下,采用上述可见性模型即可。但要得到更为精确的结果,还需要根据星上载荷和地面设备信息判断地面点对星的可见性,可分为两种情况:①广播类,如气象卫星、导航卫星、导弹预警卫星等,用于建立链路的传感器范围均可视为简单圆锥形状,只有当地面点位于该范围,该地面点才可见;②数传类,如对于通信卫星、中继卫星、侦察卫星上的中继天线以及所有的地对天测量测控设备,除必须满足广播类的条件外,还必须考虑地面设备的能力,一要考虑设备的作用角度,二要考虑设备的作用距离;③侦察卫星对地侦察链路,其覆盖形状在 4.1.2 节已进行讨论。本节只讨论第一、二种情况。

如图 4-36(b)所示,卫星位于 B 处,地面点为 A,B 点处中继天线(或数传天线、其他载荷)朝向矢量为 d,中继天线覆盖的圆锥半角为 α,B 点到 A 点处形成的矢量为 v。则计算矢量 d 与 v 的数量积,得到二矢量的夹角,如果夹角小于 α,则地面点 A 对于空间点 B 可见。夹角判断同样可基于余弦值比较而非角度比较,以优化计算效率。如果中继天线还有作用距离的限制,则通过计算二点距离做进一步判断。

4.2.3 基于直线的空间链路可视化方法

空间链路可视化数据的获得方式有两种:①预先计算好链路数据(包括链路的 2 个节点、开始时刻、结束时刻以及其他信息),然后根据这些预先计算好的数据在场景中按时间创建、绘制和删除链路,此时链路数据往往是数传任务规划的结果;②实时计算、实时绘制,此时链路存在的依据只能是根据节点之间的可见性,而不能严格地确保链路一定会得以建立,而且由于此时需对场景中所有对象之间的可见性进行判断,计算量较大。

　　最简单的方法是在二点之间绘制一给定颜色的直线图元,此时可以运用的显示要素包括颜色和线宽。通过运用颜色映射的方法,可以表现链路的对抗性、信息交换类型等信息,但无法表现链路方向性、信息交换频率等信息。直接绘制给定颜色的链路效果如图4-37(a)所示。在此基础上稍作扩展,可以为链路2个端点指定不同的绘制颜色,其优缺点与单一颜色类似,而颜色映射会更为复杂和不直观,其效果如图4-37(b)所示。

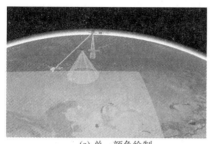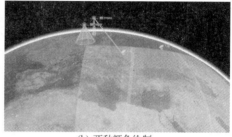

(a) 单一颜色绘制　　　　　　　　　　(b) 两种颜色绘制

图4-37　单一颜色和两种颜色直接绘制的空间链路效果图

　　另一种可以运用的技术是一维纹理,其运用方式与4.1.1节传感器脉冲效果一样,生成纹理数据后,根据时间动态调整直线二端点的纹理坐标即可。纹理生成采用4.1.1节中的技术生成方波纹理或正弦纹理,具体策略有4种:①构造颜色纹理,颜色值为单一颜色,透明度按正弦或方波规律;②构造透明度纹理;③构造颜色纹理,颜色值由两种颜色插值、透明度按正弦或方波规律;④构造颜色纹理,颜色值由两种颜色插值、无透明度。

　　图4-38的两张图均为使用两种颜色混合生成一维纹理实现的空间链路,其中图4-38(a)采用无透明度纹理技术,图4-38 (b)采用具有透明度的纹理技术。

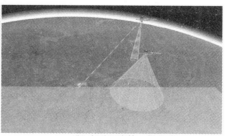

(a) 无透明度的一维纹理　　　　　　　　(b) 有透明度的一维纹理

图4-38　一维纹理实现的空间链路

除使用直线之外,还可以采用其他几何图元来表示空间链路,如可以在两个节点间创建圆柱图元、类似于3.2.2节中的Revolve图元等。采用非直线图元需解决的问题是图元的尺寸问题,如果采用在世界坐标系下定义图元尺寸,则随着视点的改变,链路显示的大小不一致,甚至会出现小到不可见或大到覆盖窗口的情形。所以应该根据视点和链路节点的关系、动态调整所用图元尺寸。可采用与3.4.2节军标绘制类似的技术来实现,在后续基于文字的绘制方法中讨论。

4.2.4　基于文字的空间链路可视化方法

相较于几何图元,文字最大的优点在于可表示更为直观的含义,如文字可直接表示交换信息的类型,以及其他希望表达的含义。同时应用文字表现空间链路的时候,颜色映射、动态纹理等显示元素都可继续应用,总体而言表现内容也更加丰富。

基于文字的空间链路可视化过程为:①根据链路属性,生成表示链路的字符串;②生成字符串对应的纹理;③生成绘制文字所需的几何数据(随资源节点的位置变化而动态改变);④正确设置纹理环境参数和顶点的纹理坐标进行绘制。

1. 链路字符串及其纹理生成

根据链路显示需求,生成对应字符串,如"遥控信息""侦察链路"等,这种字符串可根据具体的应用需求生成。由于链路中所存在的都是数字信息,即由0、1组成的比特流,因此以01串组成的形式表现链路效果较好。生成01组成的随机串方法为:给定字符串数组的元素个数,每个元素随机生成0或1即可。

为了用文字显示链路,需先利用字符串生成纹理数据,本部分研究基于OSG实现,下面探讨OSG环境下文字纹理的生成。

OSG通过osgText对文字提供支持,先根据文字的unicode值,从对应的字库中获得字形数据,然后将其渲染到纹理。绘制文字时,实质绘制以文字对应数据作为纹理的四边形。但osgText中文字绘制到纹理时,并非每个文字绘制到一个独立的纹理,而是绘制到一个大的纹理中,在绘制每个文字的时候控制四边形的纹理坐标,其数据难于取得。

OSG中生成字符串所对应的纹理数据方法为

```
01    osg::ref_ptr < osg::Texture2D >    CreateTextTexture( const std::string& fontname,
      QString text){
02          osg::ref_ptr < osgText::Font > font = osgText::readFontFile( fontname);
03          for( int i = 0; i < text.size( ); i ++ ){
04                unsigned int code = text.at( i ).unicode( );
05                osgText::FontResolution res( width, height);
```

```
06        osgText::Glyph * glyph = font - > getGlyph( res,code) ;
07        获得字形的宽度和高度,并修改字符串纹理所需高度和宽度值;}
08    根据纹理宽度高度生成图像对象 osg::ref_ptr < osg::Image > img;
09    unsigned char * data = img - > data( ) ;
10    for( int i = 0; i < text. size( ) ; i + + ){
11        osgText::Glyph * glyph = font - > getGlyph( res,code) ;
12        char * ptr = ( char * ) glyph - > getDataPointer( ) ;
13        将字形数据写入到纹理图像中;}
14    生成纹理对象 osg::ref_ptr < osg::Texture2D > tex,将图像绑定到纹理对象,
      设置对象参数;}
```

2. 几何数据生成

文字纹理需贴在几何对象上,几何对象生成方法需满足:①可按屏幕像素定义链路起点和终点的宽度;②几何图元应尽量朝向观察者,或者根据用户要求呈现一定的倾斜;③通过几何对象支持链路受到干扰的效果。

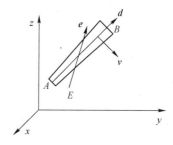

如图 4-39 所示,空间链路起点为 A,终点为 B,视点为 E,视线矢量方向为 e,由链路起点到终点的矢量为 d,矢量 e 与 d 的叉乘为 v,由于该矢量同时垂直于视线方向和空间链路方向,因此作为确定几何数据平面

图 4-39　文字纹理绘制空间
链路时几何数据的生成

的依据。根据给定离散点个数,几何数据的生成方法为

$$P_i = A + \frac{l \times i}{n} \times d \pm (w_0 + \frac{w_1 - w_0}{n} \times i) \times v \times \phi_i \qquad (4-17)$$

式中,n 为离散点的个数;w_0 和 w_1 为起点和终点对应的宽度(根据屏幕像素数计算世界坐标系对应尺寸的方法见 3.4.2 节式(3 - 19)、式(3 - 20);A、d、v、分别为图 4-39 中位置矢量和方向矢量;ϕ_i 为扰动函数,加入一个周期性的偏移,产生空间链路被干扰的效果,通过一个参数控制扰动,表现链路受干扰的程度。计算的 P_i 是对称的 2 个点,以这些点构成四边形带图元进行绘制。

3. 绘制及效果

绘制时需正确设置生成的各个顶点纹理坐标,对于文字纹理,不能发生明显的变形。因此理想的情况是纹理坐标范围与投影后屏幕坐标范围的保持一致的比例关系。如图 4-40 所示,起点和终点位置的投影宽度为 w_0 和 w_1,起点到终点的投影长度为 l。纹理图像的宽和高分别为 w 和 h,各顶点的纹理坐标垂直 t 分量为 0 和 1,水平 s 分量的范围为

$$s_{\max} = \frac{l}{\max\left(w_0, w_1\right)} \times \frac{w}{h} \tag{4-18}$$

根据此范围确定每个顶点的纹理坐标,最终绘制的链路中文字基本不变形。如果直接按照世界坐标系下的距离进行设置,则文字会发生比较明显甚至非常大的变形。

基于文字纹理绘制的链路如图 4-41 所示,随着时间改变顶点的纹理坐标,实现文字由起点向终点(或由终点到起点)流动的效果。

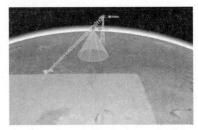

图 4-40　纹理坐标范围的确定　　图 4-41　基于文字纹理的空间链路效果图

式(4-17)中的 ϕ_i 为扰动函数,表现链路受到干扰的情况,实现了 2 种扰动函数。

(1)正弦扰动,按正弦规律将顶点向侧向偏移,最大偏移值可设置,表达扰动程度,其公式为

$$\phi_i = 1 \mp A \times \sin \frac{f\mathrm{mod}\left(l_i, l\right)}{l} \tag{4-19}$$

式中,A 代表扰动程度,设定为 10 级,每级对应不同的值;l_i 为起点到顶点的距离;l 为扰动一个周期的距离。正弦扰动的空间链路如图 4-42(a)所示。

(2)分形扰动,采用一维中点位移法实现,一维中点位移法将在 5.1.4 节讨论。分形扰动的空间链路如图 4-42(b)所示。测试表明,分形扰动不如正弦扰动平滑,尤其结合文字纹理的动态移动效果,效果不如正弦扰动好。

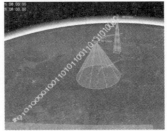

(a) 正弦扰动　　　　　　　　　　(b) 分形扰动

图 4-42　受到干扰的空间链路效果图

通过为几何数据加上扰动,可以表现空间链路受到削弱、干扰的效果。进一步,设计了一种采用双重纹理映射技术表现空间链路受到破坏或摧毁的效果:以具有断裂效果的图像(仅使用 alpha 分量)作为纹理,叠加在文字纹理之上,实现链路扰动、断裂的视觉效果。所用图像如图4-43(a)所示,绘制的被破坏的空间链路效果如图4-43(b)所示。

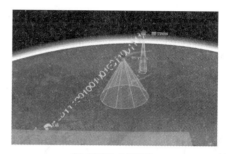

(a) 所用断裂纹理（来源于网络）　　　　　　　　(b) 断裂的空间链路

图4-43　受到破坏的空间链路效果图

根据情况,绘制时纹理数据可能需要整体调整。如图4-44所示,纹理看起来是"倒的",这种现象出现的原因,是由于投影到屏幕后,起点在终点的右侧导致。

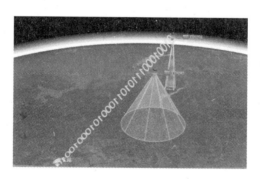

图4-44　文字倒置问题效果图

处理方法:计算空间链路2个端点在屏幕上的投影坐标;如果起点位于终点左侧(比较水平坐标),对纹理图像进行水平翻转。图4-41～图4-43均为经此处理之后的绘制结果。

根据式(4-17)生成的几何数据,位于垂直于视点到空间链路起点矢量的平面上。可对该平面稍作旋转,与视点到空间链路起点矢量呈一定夹角,如图4-45所示。

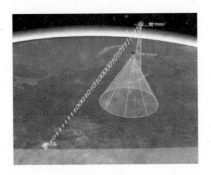

图 4-45　链路几何数据所在平面倾斜的效果图

以上方法虽围绕由 0、1 组成的字符流表现链路开展研究,但也可用于各种其他形式的字符流,表现更为丰富的空间链路内容。

4.3　航天指挥关系的可视化方法

指挥关系是指挥者与指挥对象之间、指挥员与指挥机关之间、平行指挥机构之间,按照指挥职能规定和权限划分所形成的相互关系[11]。明确、顺畅的指挥关系是实施作战指挥的关键,航天指挥也不例外。在实施作战指挥、训练、演习,以及作战想定教学研讨等场合,以简洁、易于理解的图形方式将指挥关系表现出来,呈现给指战员、参训参演人员,非常必要且十分有效。

目前我军实际应用中,多以 Word、WPS 等字处理软件或 Visio 之类的绘图软件,绘制指挥关系、指挥结构图。

美军在体系结构框架发展过程中,始终对指挥关系的可视化表达非常重视。在 C^4ISR 体系结构框架,以及后续国防部体系结构框架 DoDAF1.0、DoDAF1.5[12]、DoDAF2.0[13],所定义产品始终包括组织关系图 OV – 4,用于描述各组织之间的指挥、控制、协调关系。英军体系机构框架 MoDAF1.2[14] 中也定义了 OV – 4。DoDAF1.5 给出了两种 OV – 4 表示方式[12]:①以实线表示指挥控制关系,虚线表示其他关系,矩形框表示节点;②以UML(Unified Modeling Language,统一建模语言)的用例、节点、关系来描述指挥关系及其数量。DoDAF2.0 建议采用元模型[13]来描述 OV – 4,其可视化表现仍基于 UML。

对于航天指挥而言,必须在上述指挥关系可视化表现方式上有所突破:

(1) 航天指挥关系可视化需要反映指挥过程的动态变化。航天指挥体系复杂,支援联合作战涉及部门多,信息流动快,必须及时反映作战过程中指挥关系的动态调整和指挥信息的动态传递。在航天作战、训练或演练过程中,信息交换及其重要属性的实时可视化表达对于指挥员把握态势、演练导演分析评价指挥进程都具有重要意义；

（2）航天指挥关系可视化需要可视化形式与指挥关系的规范映射。UML以各种箭头表示聚合、关联、泛化等关系[15]，便于设计开发人员使用。而我军指挥关系主要包括隶属、配属、支援等[11]，指挥关系的含义和 UML 中关系相去甚远，军事人员难于理解和使用，因此更需采用类似军队标号的方法，定义或规定指挥关系的图形表示方式；

（3）航天指挥关系可视化需要与地理信息的有效结合。航天指挥的客体分布在广阔的太空战场，三维形式已成为表现空间态势的基本手段，指挥关系与指挥信息也有必要在三维场景中得到有效展现。

4.3.1　动态航天指挥关系图定义

动态航天指挥图定义为 $G = \{N, R, F\}$，其中 N 为指挥节点集合，R 为指挥关系集合，F 为指挥信息流集合，核心是指挥关系。

指挥节点用于表示指挥者、指挥对象和指挥机关，包括两类节点：①指挥所，指挥所与地理位置相关，在二维地图或三维场景中以军标表示[16]，在与地理信息无关的图形表示中以矩形框内加文字表示；②内部节点，表示位于指挥所内部参与指挥信息处理、传递的各个指挥岗位。

指挥关系包括：①隶属，指命令或编制规定的下级对上级的从属关系[11]，本书采用实心菱形箭头表示，如图 4-46（a）所示，表示指挥所 B 隶属于指挥所 A；②配属，是将上级配属或建制内某些兵力，临时调归所属某一单位指挥或使用[11]，用空心菱形箭头表示，如图 4-46（b）所示，表示指挥所 B 配属于指挥所 A；③支援，是上级指挥员为加强担负主要作战任务的部队，调动其他军兵种部队支援其作战所构成的指挥关系[11]，用实心三角箭头表示，如图 4-46（c）所示，表示指挥所 B 支援指挥所 A；④关联，严格说这并非一种指挥关系，定义其主要是为了表示指挥所内部指挥岗位之间关系和信息交换，用无箭头线段表示，如图 4-46（d）所示，表示 2 个岗位之间存在信息交换需求，相当于 DoDAF 中的需求线；⑤其他航天指挥特有的指挥关系。2 个指挥节点之间最多只能有 1 个指挥关系。

指挥信息流是指挥节点之间所交换的指挥控制信息，依托于指挥关系而存在，即只有存在指挥关系的节点之间才可有指挥信息流。指挥信息流主要有如下属性：①类型，包括指示、命令、请示等；②密级，包括公开、秘密等；③紧急程度，包括一般、加急等；④时间，指挥控制发生的时间；⑤源节点和目的节点，表示信息的流向。此外还包括用于传递指挥信息的文书等。

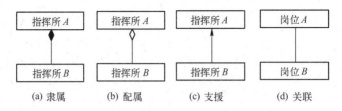

图 4-46　指挥关系的图形表示方式

　　指挥关系图需要支持的操作主要有：①加入、删除与修改节点，删除节点将同时删除与节点相关的所有指挥关系和指挥信息流，修改节点可以修改节点名称、地理位置、显示属性等；②加入、删除与修改指挥关系，加入的指挥关系必须指定对应的指挥节点，2 个指挥节点间最多只能有 1 个指挥关系，删除指挥关系将同时删除指挥关系之上的所有信息流，修改指挥关系只能修改指挥关系类型；③加入、删除信息流，加入信息流必须指定源节点和目的节点，同时校验节点间是否存在指挥关系。此外，还包括存储、加载等各种操作。

4.3.2　动态航天指挥关系图系统结构

　　设计实现的动态航天指挥关系图系统结构如图 4-47 所示。

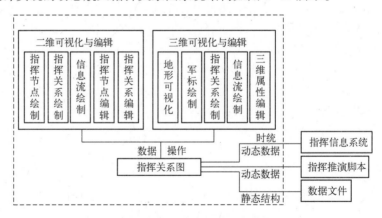

图 4-47　动态航天指挥关系图系统的组成结构

　　虚线框之内为系统内部结构，包括：①指挥关系图，即 4.3.1 节定义的实现；②二维可视化与编辑模块，与地理信息无关，以二维图形形式显示指挥关系图及其动态变化情况，包括指挥节点、指挥关系、信息流的绘制模块和指挥节点、指挥关系的编辑模块，编辑功能包括节点和关系的创建、删除、属性修改等；③三维可视化与编辑模块，在三维场景地形绘制的基础上，通过军标绘制（指挥节点）、指挥关系绘制和信息流绘制，显示指挥关系图及其动态变化情况，三维编辑只针对节点和关系的三维显示属性。

　　虚线框之外为系统提供数据支持:①数据文件,将系统编辑的结果保存在文件中,需要时加载到系统中;②指挥推演脚本,主要存储动态变化信息,包括指挥节点、指挥关系和指挥信息流的动态变化情况,该脚本可以根据作战想定等预先编辑,也可以在实际指挥或演训过程中记录相关信息;③指挥信息系统,将系统与真实的指挥信息系统连接,实时获得动态变化情况和时统信息。

　　根据作战、演训实际,编辑建立指挥关系图并存储到文件中之后,系统即可以接入指挥信息系统,在指挥信息系统时统驱动下,实时显示指挥过程中的动态变化情况,以利于指挥员把握态势;也可以加载推演脚本,在仿真时间控制下,回放指挥过程中的动态变化,供研讨、分析、教学等使用。

4.3.3　航天指挥关系可视化与编辑关键技术

1. 二维可视化与编辑关键技术

二维可视化与编辑模块界面如图4-48所示。

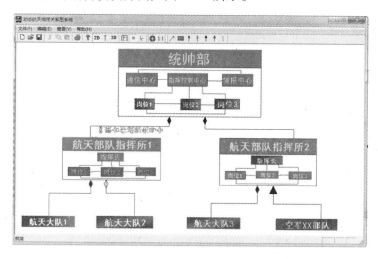

图4-48　二维可视化与编辑模块界面

　　图中为使用系统编辑得到的航天指挥关系图,指挥关系遵循4.1节的定义。其中,航天部队指挥所1和航天部队指挥所2隶属于统帅部;航天大队1隶属于航天部队指挥所1,航天大队2配属于航天部队指挥所1;航天大队3隶属于航天部队指挥所2,空军××部队与航天部队指挥所2构成支援关系;在统帅部、航天部队指挥所1、航天部队指挥所2内部还有多个岗位,岗位之间存在关联关系。

　　图中航天部队指挥所 1 到统帅部之间的指挥关系线下方文字即为指挥信息流,表示依托于该隶属关系、由后者发送到前者的"预先号令"。信息流以文字表示其含义;以不同的颜色区分信息流的类型;文字前'﹡'符号个数表示密级,个数越多、密级越高;文字位置不固定,由源节点向目的节点移动,移动频率反映信息紧急程度,频率越高、信息越紧急。

　　为了支持信息流的动态效果,二维模块基于 OpenGL 进行开发,涉及关键技术包括指挥节点、指挥关系、指挥信息流的绘制和指挥节点、指挥关系的交互编辑。

1) 指挥节点、指挥关系的绘制

　　无内部节点时,指挥节点用矩形图元绘制;有内部节点时,根据内部节点计算所占区域,绘制节点并递归完成内部节点绘制。指挥关系是由 2 个或多个点连接而成的线段集合,绘制线后根据指挥关系的类型按 4.3.1 节定义绘制箭头。

2) 图形交互编辑

　　指挥节点、指挥关系的颜色、名称等属性通过对话框进行编辑,图形参数需进行鼠标交互操作。指挥节点交互主要包括移动位置、改变大小等操作,需改变与其相关的指挥关系的起点或终点位置,实现方法是起点和终点不用绝对位置表示,而是用指挥节点边及边上相对位置表示。指挥关系各线段之间为直角,移动起点或终点时该点会从指挥节点的 1 条边移至另 1 边、进而导致线段数量增加,移动某一线段时可能和其他线段共线而合并,因此指挥关系的交互逻辑相对复杂,对各种情况分别处理。

3) 指挥信息流的绘制

　　为了表现指挥信息的动态传递效果,采用纹理技术实现。

　　(1) 纹理数据生成。根据指挥信息流字体大小、文字个数,计算纹理分辨率,然后将字符串写入位图中并读取(字符串逐字竖排写入,与空间链路不同),根据位图值和颜色,生成纹理数据。

　　(2) 绘制几何形状构造。在指挥关系线集左侧,构造系列矩形(矩形宽度可设置)。如图 4-49 所示,对于由线集 ABCD 所描述的配属关系,数据流由 D 向 A 传递,所构造的系列矩形如图 4-49(a)所示。在线集各中间点处,根据矩形宽度保留一定空白,以避免由于几何重叠导致显示混乱的情形,如图 4-49(b)所示。如果单纯把 CD 段矩形向下扩展到与 BC 边相接、CB 段矩形右移,也可以确保各矩形不重叠,但是经试验,图 4-49(a)方式显示效果更优。

　　(3) 纹理坐标计算。指挥信息流从起点向终点按一定频率移动,且在整条指挥关系线集上只能出现一次,不能重复。在指定纹理坐标卷绕模式为 GL_CLAMP(垂直方向,水平方向固定为 0 或 1)的情况下,随时间改变各点纹理坐标:首先根据字符串长宽比和矩形高度(图4-49中与指挥关系线垂直方向的距离),计算指挥信息流纹理所映射的几何长度;累加得到所有矩形宽度,除以总长度,得到映射的纹理值范围;根据时间以及频率(由信息流的紧急程度确定),计算纹理坐标1所对应的位置到起点的距离,基于该距离计算每个顶点的纹理坐标。

以图4-49为例说明纹理坐标计算:指挥信息流为"预先号令",文字宽高相等,信息流需为密级增加2个字,则其长宽比为6,矩形高度20,纹理映射的几何长度为120;设 AB、BC、CD 段的各个矩形宽度总长为180,则映射纹理坐标总范围为1.5;在信息流传递开始时刻,纹理坐标1映射位置为 D 点(此时 A 的纹理坐标为2.5),随时间推进,坐标为1的位置不断向 C、B、A 方向前进,形成了信息流动的动态效果。

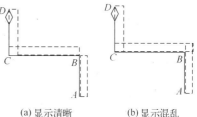

(a) 显示清晰　　　(b) 显示混乱

图 4-49　指挥信息流绘制
几何形状的构造

2. 三维可视化模块关键技术

三维可视化模块界面如图4-50所示,图中描述的指挥关系与图4-49完全一致。其中,指挥节点以军标形式表示,指挥关系以直线或曲线表示,箭头形状遵循4.3.1节的定义。

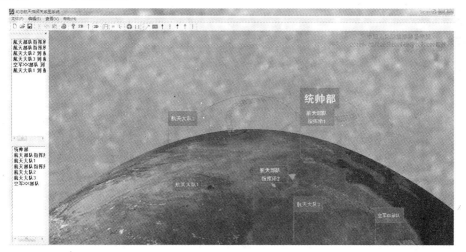

图 4-50　三维可视化界面

三维模块编辑功能通过对话框完成,关键技术主包括是指挥节点、指挥关系和指挥信息流的绘制。

1）指挥节点绘制

指挥节点用军标表示，三维场景中非规则军标绘制主要有基于纹理的方法、基于几何的方法或基于位移映射的方法[17]，规则军标往往采用公告板技术实现[18]。采用如下技术绘制指挥节点：每次视点改变，根据指挥所位置、视点、投影面参数，计算指挥所在投影面上的位置；然后将投影面上固定大小的指挥所军标形状（如果有 2 个或多个指挥所位置相同，将其按层级叠加排列，如图 4-50 中"统帅部"和"航天部队指挥所 1"），反算到过指挥所位置且垂直于视线的平面上，从而得到显示所需几何数据；最后根据文字内容和军标大小，调整字体大小完成文字显示。

如图 4-51(a)所示，E 为视点，2 为指挥所位置，线段 $E2$ 与视点连线与投影面 $ABCD$ 相交于点 1，在投影平面上以像素为单位（或按比例关系的世界坐标单位）、以点 1 为定位点生成军标图元，再计算其中每个关键点与视点构成射线与过点 2 与视线垂直的平面 $abcd$ 的交点，得到世界坐标系下军标几何数据。之所以未使用公告板技术，主要有两点原因：①指挥所地理位置重合导致的军标变体和指挥所内文字显示需要动态生成公告板纹理；②后续指挥关系绘制必须使用指挥节点的几何数据。

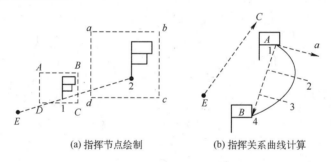

(a) 指挥节点绘制　　　　(b) 指挥关系曲线计算

图 4-51　指挥节点与指挥关系三维绘制

2）指挥关系绘制

在三维场景中，为了避免指挥关系和指挥信息流过多的交错混叠，实现了直线和曲线两种指挥关系表示方式。曲线采用三次 Bezier 曲线（Bezier 曲线将在第 6 章进行讨论）表示，为了使显示的指挥信息流尽量面向观察者，曲线所在平面与视线的夹角越接近 90°效果越好，曲线需要 4 个控制点[19]。曲线的第 1、第 4 控制点即为指挥关系的起点和终点，其确定方法与二维类似，采用指挥节点边及在边中比例的表示方法，根据指挥节点几何数据计算。曲线的中间二控制点采用偏移系数描述：从起点至终点构造 1 矢量，计算该矢量与视线的矢量积，构造过上述二矢量的平面；根据偏移系数，计算平面上垂直于起点到终点矢量方向上的位置;最后将平面位置转换到三维空间,得到控制点。

如图4-51(b)所示,指挥关系由指挥所 A 到指挥所 B,起点位于指挥所 A 下方边、位置比例0.8,终点位于指挥所 B 右边、位置比例0.1,计算得到曲线的1、4控制点; EC 为视线方向矢量,14为起点至终点矢量方向,$1a$ 为上述2矢量的矢量积,构造过14和 $1a$ 的平面;在平面上计算控制点2、3,与14平行的方向,坐标值为将14线段3等分得到,与14垂直的方向,按输入的偏移系数计算,从而得到2、3点的平面位置。

3) 指挥信息流绘制

指挥信息流同样借助于纹理技术实现,纹理数据生成、纹理坐标计算与二维绘制相同。纹理绘制所需几何数据生成方法为:将 Bezier 曲线离散为线集,将线集向数据流动方向左侧扩展(扩展距离根据离散点与视点、投影面关系动态计算,采用指挥节点绘制中所描述方法,以确保信息流文字大小稳定),生成一系列小的四边形来进行绘制。

实现的动态航天指挥关系图系统已用于航天指挥演训,可实时显示或事后回放,供导演、参演人员把握、评估指挥过程;系统中的指挥关系图定义具有较好的可扩展性,二维模块具有较强的通用性,易于支持其他指挥关系的动态可视化。主要创新有两点:①定义了指挥关系的规范化图形表示形式,并以此为核心设计了航天指挥关系图系统,这对军队标号体系的研究和制定也具有一定的参考意义;②研究了指挥信息流的动态表现方式和关键技术,在指挥过程可视化方面进行了初步探索,是对传统的战场态势可视化的有益拓展和补充。

存在的主要局限是:①系统中的三维模块针对航天指挥中战场环境依托全球地形、指挥层级相对简单、指挥节点少且分散的情况设计开发,对于其他军兵种部署在局部战场环境下的复杂指挥关系,地形场景不能支持、指挥关系及信息流动态显示效果不够理想;②尚未实现基于地理信息系统的二维模块。

参 考 文 献

［1］　陈鹏,杨超,吴玲达. 硬件加速的三维雷达作用范围表现[J]. 国防科技大学学报,2007,29(6):49－53.

［2］　周桥,陈景伟,李建胜,等. 电磁环境三维可视化技术[J]. 计算机工程,2008,34(9):248－250.

［3］　邱航,陈雷霆. 地形影响下雷达作用范围三维可视化研究[J]. 电子测量与仪器学报,2010,24(6):528－535.

［4］　陈弓,戴晨光,刘航冶. 雷达阵地场景三维可视化系统的研究与实现[J]. 计算机仿真,2008,25(9):227－230.

[5]　杨颖,王琦. STK 在计算机仿真中的应用[M]. 北京:国防工业出版社,2005.

[6]　汪荣峰,廖学军. 空间场景中传感器探测能力的可视化方法[J]. 计算机工程与设计, 2012,33(2):826 – 829.

[7]　SCHNEIDER P J. EBERLY D H. Geometric tools for computer graphics[M]. San Francisco: Morgan Kaufmann,2003:501 – 503.

[8]　SHREINER D, WOO M, NEIDER J,et al. OpenGL programming guide sixth edition[M]. America:Addison – Wesley Professional,2008:385 – 392.

[9]　汪荣峰. 空间虚拟战场中传感器作用的可视化[J]. 装备学院学报,2012,23(2): 88 – 93.

[10]　刘海洋,章兰英,李智. 基于粒子系统的空间通信链路可视化研究[J]. 装备指挥技术学院学报,2008,20(2):69 – 72.

[11]　杨金华,黄彬. 作战指挥概论[M]. 北京:国防大学出版社,1995.

[12]　DOD Architecture Framework Working Group. DOD architecture framework version 1.5 volume Ⅱ: product descriptions [R]. U. S.: Department of Defense, 2007:82 – 82.

[13]　DOD Architecture Framework Working Group. DOD architecture framework version 2.0 volume 2: architecture data and models [R]. U. S.: Department of Defense, 2009:169 – 171.

[14]　曲爱华,陆敏. 解读英国国防部体系结构框架 MoDAF1.2[J]. 指挥控制与仿真, 2010,32(1):116 – 120.

[15]　谭云杰. 大象:Thinking in UML[M]. 北京:中国水利水电出版社,2009.

[16]　李欢,孙茂印,汤晓安,等. 数字化战术标图系统关键技术研究[J]. 系统仿真学报, 2008,20(10):2624 – 2627.

[17]　陈鸿,汤晓安,杨耀明,等. 基于位移映射的非规则军队标号绘制算法[J]. 计算机辅助设计与图形学学报, 2011,23(5): 797 – 804.

[18]　杨强,陈敏,汤晓安,等. 三维静态军标的实时生成与标绘[J]. 计算机工程与设计, 2007,28(14):3419 – 3421.

[19]　孙家广,杨长贵. 计算机图形学[M]. 北京:清华大学出版社,1995.

第五章　全球海量地形实时可视化技术

在空间态势中采用真实的地形数据进行绘制而不是简单地以球或椭球叠加纹理的方式表示地球,既有助于增强显示效果,也能满足分析所需。在空间态势中绘制地形,必然是基于全球海量数据的球面或椭球面地形,而非地面战场中通常采用的平面地形。

本章在阐述数字高程模型的基本概念、表达方式及其转换与模拟,梳理地形可视化相关成果并探讨基于 RSG 的地形绘制技术的基础上,详细介绍作者所提出的一种海量空间数据存储技术、两种地形绘制算法和相关的分析技术、打印输出技术。

5.1　数字高程模型

美军国防部地形建模与仿真执行主计划定义"地形"为[1]:地形是对地球表面的外形、组成及其特性的表示,包含地貌、自然特征、永久或半永久的人造特征,以及动态过程对地形的改变效果。地形构成战场自然环境的主体,是敌对双方的军事思想、作战意图、武器装备、作战编成、作战形式和作战手段在一定时间集中较量的场所。

5.1.1　数字高程模型基本概念

1. 数字地面模型

最初,地形模型都以某种实物来制作,如在第二次世界大战中美国海军采用橡胶制作地形模型。地形本身连续,1958 年 Miller 等人在解决道路计算机辅助设计这一工程课题时,提出数字地面模型(Digital Terrain Model,DTM)概念,使用采样数据表达地形表面。

狭义讲,数字地面模型指地形信息,因此许多领域把数字地面模型也称作"数字地形模型"。广义上讲,数字地面模型可以包括各类地面特性信息,包括:①地貌信息,如高程、坡度、坡向、坡面形态以及其他描述地表起伏情况的更为复杂的地貌因子;②基本地物信息,如水系、交通网、居民点和工矿企业以及境界线等;③主要的自然资源和环境信息,如土壤、植被、地质、气候等;④主要的社会经济信息,如人口分布、工农业产值、国民收入等。

数字地形模型形成的过程中得到大量的采样点,这些采样点是在一定的精度下获得的,而地表上其他位置的信息,则由采样点插值得到。

2. 数字高程模型定义

自从 DTM 的概念被提出以后,又相继出现了许多其他相近的术语。如德国使用的 DHM(Digital Height Model)、英国使用的 DGM(Digital Ground Model)、美国地质测量局使用的 DTEM(Digital Terrain Elevation Model)、DEM(Digital Elevation Model)等,这些术语实质上差别很小。

美国地质测量局提出并被广泛使用的数字高程模型为

$$V_i = (X_i, Y_i, Z_i) \tag{5-1}$$

式中,X_i、Y_i 为采样点的平面坐标;Z_i 为采样点的高程。当上述采样点平面位置呈规则格网排列时,其平面坐标可以省略。

3. 数字高程模型特点与应用

与传统地形图相比,数字地面模型具有如下优点[2]:①易以多种形式显示地形信息;②精度不会损失;③容易实现自动化、实时化;④具有多比例尺特性。

数字高程模型具有非常广的应用范畴:测绘中,可用于等高线、坡度、坡向图、立体透视图、立体景观图、制作正射影像图、立体匹配片、立体地形模型以及地图的修测;工程中,可用于体积、面积的计算,各种剖面图的绘制及线路的设计;遥感中,可以作为分类的辅助数据;环境与规划中,可用于土地现状的分析、各种规划及洪水险情预报等;军事上,可用于导航、精确打击、作战任务的计划等。

5.1.2　数字高程模型表达方式

数字高程模型的数据是一些采样点,对于不在采样点上的位置,利用其相邻采样点插值得到。根据采样点及其关系,数字高程模型最常用的有两种表达方式:规则格网和不规则三角网。

1. 规则格网

规则格网(Regular Square Grids, RSG)将区域空间切分为规则的格网单元,每个格网单元的一个元素,对应一个高程值,数学上可以表示为一个矩阵,在计算机实现中则是一个二维数组。每个格网单元或数组的一个元素,对应一个高程值,如图 5-1 所示。

图 5-1 中,黑点处代表了采样点,每个采样点有 1 个高程值(一般以米为单位)。对于每 4 个采样点中间部分,将其视为 2 个平面三角形,通过三角形双线性插值可得到其中任一位置的高程值。

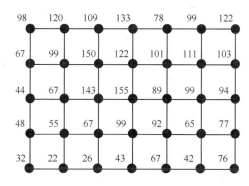

图 5-1　规则格网数字高程模型

　　规则格网结构简单,数据存储量小,便于使用和管理,分析和计算也十分有效。但规则格网在不改变格网大小的情况下,有时不能准确地表示地形的结构和细部。因此就需要附加地形特征数据,如地形特征点、山脊线、山谷线、断裂线等,以描述地形结构。另外,规则格网在地形平坦的地方,存在大量数据冗余。

　　目前,规则格网是最为主要的数字高程模型数据表示方式。

　　2000 年 2 月 11 日至 2 月 21 日,美国由 NIMA 和 NASA 使用"奋进"号航天飞机执行了航天飞机雷达地形测绘使命(SRTM 计划),测得了全球的数字高程数据。其覆盖区域为南纬56°～北纬60°,覆盖全球面积的75%,有人口地区的95%,我国被 100% 覆盖。经过 2 年多的数据处理,2004 年在网上公布了有关数据,可以自由下载全球 100m 间距(3″,25 万地形图,广泛应用于国际民用研究)的数字高程数据。

　　SRTM 将5°×5°范围组织为 1 组数据,包括 1 个数据文件、1 个投影文件和1 个说明文件,一般使用数据文件即可。数据文件是文本文件,包括文件头和数据,文件头中包括网格数、网格大小、经纬度等信息,每个网格点有一数据,如果该值为 -9999,则为无效数据,否则是该采样点的高程(单位米)。

2. 不规则三角网

　　不规则网格(Triangulated Irregular Network,TIN)是由一组无规则散落在空间的点,各自与其邻近点相连所生成的几何模型的三角面描述,如图 5-2 所示。

　　图 5-2 中黑点为采样点,各个采样点之间按一定拓扑关系构成三角形,所有三角形构成了对地理范围的全覆盖,即每个地理位置总是位于某个三角形内部,可

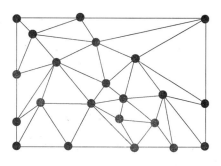

图 5-2　不规则三角网数字高程模型

利用三角形 3 个顶点的高程值插值得到。

TIN 可根据几何模型不同区域的平缓陡峭变化，形成大小各异、疏密不同的三角网格描述。不规则三角网能较好地表示地形特征，能精确地表示复杂地形表面，在地形表面相对单一时，需要量测的点数据最少。不规则三角网既减少了规则格网方法带来的数据冗余，同时在计算效率方面又优于基于纯粹等高线的方法。但总的来说，不规则三角网的数据量大，数据存储方式比规则格网复杂，因为它不仅要存储每个点的高程，还要存储其平面坐标、节点连接的拓扑关系，三角形及邻接三角形等关系。

另外也有研究指出，虽然从表面上看 TIN 似乎在存储空间等方面具有优势，但是在实践中，由于 TIN 需要的附加信息太多，实际上并不比 RSG 节省太多的空间。

3. 等高线表示法

等高线是另一种常用的地形表达方法，等高线图是对用水平横截面截取地球表面的一种矢量描述，这个特定的横截面的边界线在二维面上的投影就是等高线。

等高线数据不如网格数据精度高。采用等高线方法的另一个明显弱点就是缺乏标准的等高线算法。由于采用内插和平滑方式的处理，对于同样的数据，不同的算法产生了不同的等高线，特别是在多尺度的情况下，利用相同的已知高程数据，通过内插和平滑方式获得的同一位置的高程通常不同，这就产生了数据不一致性问题。

等高线相对于网格数据优点包括：①矢量描述有利于对地形的面向对象的模型表达；②等高线数据是面向边界的，适用于不同密度的现象，适合拓扑处理和属性处理；③地形现象的空间范围由外周长确定，可以很自然地通过等高线获得；④能对地形进行分类；⑤数据压缩比高，10m 等高距的等高线数据所需空间比相应网格数据少一个数量级。

地形表达的等高线、规则格网和不规则三角网表达方式的比较如表 5-1 所示。

表 5-1 地形表达方式的比较

	等高线	规则格网	不规则三角网
存储空间	很小（相对坐标）	依赖格距大小	大（绝对坐标）
数据来源	地形图数字化	原始数据插值	离散点构网
拓扑关系	不好	好	很好
任意点内插效果	不直接且内插时间长	直接且内插时间短	直接且内插时间短
适合地形	简单、平缓变换	简单、平缓变换	任意、复杂地形

5.1.3　地形表达方式的转换

在各种不同的表达方式之间,存在着各种转换算法。如早期地形绘制算法直接使用等高线数据,对屏幕投影的每个像素,根据对应的等高线,计算得到高程,然后利用光照模型得到颜色,效率低、真实感差。后来采用等高线之间构造狄洛尼(Delaunay)三角网的方法来进行绘制,效率明显提高,但在等高线之间存在非常明显的"台阶"现象。更进一步,先利用等高线构造狄洛尼三角网,相当于一个 TIN,然后再构造 RSG 来实现基于等高线的地形真实感显示。

数据的另一种转换方式是由规则格网产生等高线数据。由于军事人员习惯于使用地形图来进行作战指挥和筹划计算,因此利用高精度 DEM 数据实时生成、打印输出等高线地形图,在军事上较有意义。

1. 等高线生成规则格网

目前常用的等高线生成 RSG 的方法有 3 种[3]:等高线离散化法、等高线内插法、等高线构建 TIN 法。

等高线离散算法的原理:将离散化的等高线投影于地平面均匀网格中,通过插值相邻两条等高线(其所夹带状区域包含该网格点)的高度值来确定网格点处的高度值,最后形成均匀网格上的高度场。该方法的优点是网格细分程度随意,等高线能够得到足够精确的表示,输入也可采用最优的方法;缺点是由于网格和等高线表示的分离,使等高线的高度信息不能被直接利用,只能通过相邻等高线的插值获得。

2. 规则格网生成等高线

从格网 DEM 中提取等高线的方法可以分为高次曲面内插法和格网线性内插法[5]。前者是在一定范围内的格网点上拟合曲面,然后在曲面上横截平面得到等高线,根据利用的格网点数目又可以分为整体曲面和局部分块曲面内插,这类方法实现较为复杂。线性内插法根据执行的策略不同,又可以分为先整体插值然后再统一搜索连接和边插值边搜索连接两类。

目前应用最广泛的是等高线传播算法[6]:为了得到一条高程为 C 的等高线,首先找到一个有对应等高线穿过的栅格作为初始栅格,然后由这个初始栅格开始向邻近的栅格传播这条等高线。此外,还有一些研究关注于对生成等高线的精度分析、对于地形特征点的描述以及批量生成等高线时的效率优化问题。

3. 不规则点集生成 TIN

对于不规则分布的高程点,可以形式化地描述为平面的一个无序点集,点集中每个点对应于它的高程值。将该点集转成 TIN,最常用的方法是狄洛尼三角剖分方法[2]。

　　狄洛尼三角网有以下特性:狄洛尼三角网唯一;三角网的外边界构成了点集的凸多边形"外壳";没有任何点在三角形的外接圆内部,反之,如果一个三角网满足此条件,那么它就是狄洛尼三角网;如果将三角网中的每个三角形的最小角进行升序排列,则狄洛尼三角网的排列得到的数值最大,从这个意义上讲,狄洛尼三角网是"最接近于规则化"的三角网。

　　将不规则点集转成 TIN,生成过程分两步完成:①利用点集的平面坐标产生狄洛尼三角网;②给 Delaunay 三角形中的节点赋予高程值。

　　狄洛尼三角形外接圆内不包含其他点的特性被用作从一系列不重合的平面点建立狄洛尼三角网的基本法则,称作空圆法则(或狄洛尼法则)。狄洛尼三角网构网算法可归纳为两大类:静态三角网和动态三角网。静态三角网指在整个建网过程中,已建好的三角网不会因新增点参与构网而发生改变;动态三角网则相反,在构网时,当一个点被选中参与构网时,原有的三角网被重新构建以满足狄洛尼法则,从而在三角网构网过程中可以判断哪些顶点的重要性大,这一特点可用于对地表进行简化。

　　典型的狄洛尼三角网生成算法包括递归生长法、凸包收缩法和数据逐点插入法[6]。

1) 递归生长算法

递归生长算法的基本过程为:

　　(1) 所有数据中任取一点(一般从几何中心附近开始),查找距离此点最近的点,两点连线作为初始基线。

　　(2) 在初始基线右边应用狄洛尼法则搜寻第 3 点,形成第一个狄洛尼三角形。

　　(3) 以此三角形的两条新边作为新的初始基线。

　　(4) 重复步骤(2)和(3)直至所有数据点处理完毕。

　　该算法主要工作是在大量数据点中搜寻符合给定基线要求的邻域点。一种比较简单的搜索方法是通过三角形外接圆的圆心和半径来完成对邻域点的搜索。为减少搜索时间还可以预先将数据进行分块和排序。使用外接圆的搜索方法限定了基线的待选邻域点,如果引入约束线段,则在确定第三点时还需判断形成的三角形是否与约束线段交叉。

2) 凸包收缩法

　　凸包收缩法的基本思想是首先找到包含数据点的最小凸多边形,并从该多边形开始从外向里逐层形成三角形网络。平面点凸包的含义是包含这些平面点的最小凸多边形。在凸包中,连接任意两点的线段必须完全位于多边形内。

　　得到凸包之后,从其中的一条边开始逐层构建三角网,具体算法如下:

（1）将凸多边形按逆时针顺序存入链表结构,左下角附近的顶点在最前。

（2）选择第一个点作为起点,与其相邻点的连线作为第一条基边。

（3）从数据点中寻找与基边最临近的点作为三角形的顶点,这样就形成了第一个狄洛尼三角形。

（4）将形成的三角形的新边作为基边,继续形成新的三角形。

（5）重复第(4)步,当找到的新点是凸包边界上点时,形成了一层狄洛尼三角网。

（6）适当修改边界点序列,选取前一层三角网的边基线作为新的起点,重复前面步骤,建立起连续的一层一层的三角网。

该方法同样可以考虑约束线段。

3）数据逐点插入法

前面的算法中,每个三角形的形成都涉及所有待处理点,效率较低,数据逐点插入法在很大程度克服了这个问题。

（1）首先取整个数据区域的最小外接矩形作为凸包,并将其剖分为两个三角形。

（2）将整个数据区的范围进行格网划分或者以其他方式建立数据点的有序线性表。

（3）按序将数据点插入到三角形中,首先找到包含数据点的三角形,利用该点将三角形剖分为三个新的三角形。

（4）根据狄洛尼法则,调整三个新形成的三角形及其相邻三角形。

（5）重复以上过程,直到所有点都插入到三角网中。

4. RSG 转成 TIN

RSG 转成 TIN 可以视为规则分布采样点生成 TIN(不规则点集生成 TIN 的特例),目的是尽量减少 TIN 的顶点数目,同时尽可能多地保留地形信息,如山峰、山脊、谷底和坡度突变处。

两个代表性算法是保留重要点法和启发丢弃法。

保留重要点法通过保留规则格网中的重要点来构造 TIN,通过比较计算格网点的重要性,保留重要的格网点。重要点可通过模板来确定,根据其高程值与 8 邻点高程均值比较确定。

启发丢弃法将重要点的选择作为一个优化问题进行处理。算法是给定一个格网和转换后 TIN 中点的数量限制,寻求一个与规则格网的最佳拟合。首先输入整个格网,迭代进行计算,逐渐将那些不太重要的点删除,处理过程直到满足数量限制条件或满足一定精度为止。

5. TIN 转成 RSG

TIN 转成 RSG 可视为普通的不规则点生成格网的过程。方法是按要求的分辨率大小和方向生成规则格网,对每一个格网搜索最近的顶点数据,通过线性或非线性插值计算格网点高程。

5.1.4　数字高程数据的模拟

数字高程模型的数据可以从 SRTM 网站上获得,但如想得到更高精度的数据,或者人为产生一些地形状况,则需要生成模拟数据。

1. 模拟方法概述

一种方法是用曲线生成模拟数据。利用常用的一些参数曲面如 Bezier 曲面、Coons 曲面、有理 B 样条曲面,通过插值、曲面拟合来生成所需要数字高程数据。该方法由于其数学计算的复杂性,对于复杂场景来说,计算量较大,而且要采用较复杂的曲面拼接技术,只适合中小规模的地形。另外,这种方法利用参数曲面来对地形建模,但由于地形的不规则和复杂性,得到的地形真实感效果常不能令人满意。

另一种方法是采用分形技术[7,8]。分形(fractal)一词是由美籍法国科学家 Mandelbrot 于 1975 年提出。分形几何概括了自然界的固有特征,在对客观世界的描述上具有一些欧氏几何所不具备的优点。

分形几何使用过程而不是方程来对物体建模,具有无限以及统计自相似性的规律,它用递归算法使复杂的景物可用简单的规则来生成,可以产生任意程度的细节。利用分形理论中的随机分维函数模型,来模拟自然景物中许多不规则的物体和表面,如云、山、树木、草地、烟火等,已经获得了极大的成功。由于分形显示自然景物具有非常逼真的特点,自从分形技术产生以来,人们就开始探讨用分形技术来生成三维地形,采用分形技术来生成三维地形是目前地景生成的主要方法。

分形地景建模方法有多种,包括:泊松阶跃法(Poisson faulting),将泊松分布用于 FBM(Fractional Brownian Motion,分数维布朗运动),在服从泊松分布的间隔上,将高斯随机位移加到一个平面或球面上,其结果具有 FBM 特征,这种方法可用于生成复杂地形,很适合用球面生成类似星球的物体,其主要缺点是算法的时间复杂度较高;傅里叶滤波法(Fourier Filtering),将二维的高斯白噪声进行傅里叶变换,可以形成非常逼真的地景模型,其优点是可以获得任意的纹理图象效果,缺点是最终形成的地表结果具有周期性,效率较低;中点位移法(Midpoint Displacement),新的点通过在上一级细分水平基础上进行线性或非线性插值得到;带限噪声累积法是一种基于函数的建模方法,将频率范围受到严格限制的信号反复叠加,而其中每个信号幅度随机变化,即噪声,因此这种方法也称噪声合成法。

2. Diamond – Square 算法

Diamond – Square 算法是应用最广泛的地形模拟算法,简单、易于实现、效率高。

1) 一维中点位移法

一维的中点位移法可用作山脊在远处出现时的情景,也可用于构造其他的随机曲线。算法为

01　以一条水平地平线段开始
02　重复足够多次{
03　　　对场景中的每条线段做{
04　　　　　找到线段的中点
05　　　　　在 Y 方向上随机移动中点一段距离
06　　　　　减小随机数取值范围}}

随机数的值域减小程度取决于希望达到的陡峭程度。每次循环减少的越小,所得山脊线就越平滑。如减得太多,会有明显的锯齿感。图 5-3(a)为进行了 1 次中点位移的结果,图 5-3(b)为进行了 3 次中点位移的结果。

(a) 1 次中点位移　　　　　　　　　　(b) 3 次中点位移

图 5-3　一维中点位移法

递归的过程中,位移由随机数乘以一逐渐缩小的偏移值控制,偏移值每次缩小的系数是 2^{-H}。H 称为粗糙度,其值的范围是 $[0,1]$,2^{-H} 范围是 $[1,0.5]$。如果 H 设为 1.0,则每次循环随机数范围减半,得到一个非常平滑的分形;将 H 设为 0.0,则范围根本不减小,结果有明显的锯齿感。

2) Diamond – Square 算法

该算法实质上是二维平面上的随机中点位移算法。算法生成二维数组,数组中的数据服从一定的统计规律,当对数据予以不同的解释和处理时,就得到不同的分形图。这些数据可以作为地形几何数据、地形纹理数据和云纹理数据。

算法从一个很大的空二维数组开始,为了简化问题,设数组行列数相等,且为 2 的 n 次幂加 1(如 33×33,65×65,129×129 等)。开始时,只需为数组的四个角点设置值,值可相同,也可不同,一般都设为 0。

下面通过一个例子来说明算法,取一 5×5 的数组,如图 5-4 所示。图 5-4(a)的 4 个角点赋予了初始值,用黑点表示,其他点都为空。

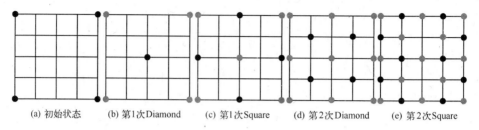

(a) 初始状态　　(b) 第1次 Diamond　　(c) 第1次 Square　　(d) 第2次 Diamond　　(e) 第2次 Square

图 5-4　Diamond - Square 算法

每一细分过程分为两步：

Diamond 步：生成正方形的中心点，取正方形 4 个顶点的值的平均值，再加上一个随机变量，作为中心点的值。经过一个钻石步得到的结果如图 5-4(b)所示，中心点用黑色表示，原来 4 个顶点用灰色表示，未做标记的点为未赋值点。对于本次细分的每个正方形，Diamond 步生成了 4 个三棱锥(当网格上分布着多个正方形时，有点像钻石，所以称为 Diamond 步)。

Square 步：取棱锥的 4 个顶点，用其平均值加上一个随机变量(与 Diamond 步的随机变量服从相同的概率分布)作为原正方形 4 条边中点的值。图 5-4(c)和图 5-4(e)都表示了 Square 步的结果，但前者是第 1 次细分的特殊情况，后者代表通常的情况。

第一次细分完成后，得到的结果如图 5-4(c)所示，其中，黑色和灰色的点表示已经生成数据的点，其他为未赋值点。可以看出，从一个大正方形出发，经过一次细分得到了 4 个小正方形(生成了相应顶点数据)。经过第 2 次细分后，得到的结果如图 5-4(e)所示。对于 5×5 数组，经过两次细分之后，数组中全部元素赋值完毕。

如果将所生成数据解释为高度值，生成数据可用于模拟地形。图 5-5(a)为用多边形绘制一次细分的结果，图 5-5(b)为用多边形绘制 5 次细分得到的结果。

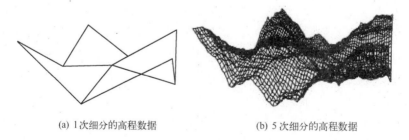

(a) 1次细分的高程数据　　　　　　　　(b) 5次细分的高程数据

图 5-5　Diamond - Square 算法细分结果

算法实现中须处理边界特殊情况:在 Square 步,利用棱锥 4 个顶点求中点,对于数组边界处的棱锥,只有 3 个相邻点数据已经生成,只能利用 3 个点均值加上随机变量来生成新数据。

5.2　地形绘制方法概述

5.2.1　传统地形可视化方法

地图学者一直致力于地形图的立体表示,试图寻找一种既能符合人们的视觉生理习惯,又能恢复真实地形的表示方法,先后出现过写景法、地貌晕滃法、分层设色法等地图表示方法[2]。

1. 写景法

在早期地图上,地貌形态的表示主要是采用原始的写景方法,表现的是从侧面看到的山地、丘陵的仿真图形。这种方法对作者的绘画技巧有很大的依赖性,作品的艺术性多于科学性。一般有透视写景法、轴测写景法和斜截面法等。

2. 半色调符号表示法

采用色调差异在平面上表示地形起伏。可以是不同的高程值对应不同的灰度符号,也可以是不同的坡度坡向对应不同的灰度符号。前者可以准确描绘高程等级,后者具有明显的立体感观。

3. 等高线法

用一组有一定间隔的等高线的组合来反映地面的起伏形态。这是一种很科学的方法,可以反映地面高程、山体、坡度、坡向、山脉走向等基本形态及其变化。其缺点是无法描绘微小地貌且缺乏立体效果。

用等高线来表达地形表面起伏可以追溯到 18 世纪,它的方便性和直观性使得人们认为等高线是制图学历史上的一项最重要发明。

4. 分层设色法

分层设色法是在等高线地形图上的再次加工,其基本原理是根据等高线设置色感高度带,按一定的设色原则,给不同的高度带设置不同的颜色。如果直接给等高线数据进行分层设色处理,能给人以高程分布和对比更直观的印象,并具有一定的立体感。

5. 晕渲法

晕渲法是目前在地图上产生地貌立体效果的主要方法,其基本原理是:描绘出在一定的光照条件下地貌的光辉与暗影的变化,通过人的视觉心理间接感受山体的起伏变化。晕渲法的关键是正确设置光源和描绘光影。分为斜照晕渲、直照晕渲和综合光照晕渲三种。

6. 影像表示

从 1849 年开始,利用地面摄影像片进行地形图编绘。航空摄影由于周期短、覆盖面广、现势性强而被广泛采用,20 世纪 60 年代后,卫星遥感影像也得到广泛应用。

7. 建造三维几何相似的实物模型

可以取得比较全面的观察效果,但费时费力,成本高,看起来人工痕迹明显。

此外还可以产生三维线框透视投影图以及利用计算机图形学进行地形的真实感显示等,这已经成为地形可视化的主流,也是本章重点讨论的内容。

5.2.2　地形可视化方法分类

早期的地形模型由于计算机硬件的限制,大多数都是静态的或者是非真实的。静态非实时地形绘制不能进行交互操作,非真实随机地形不能满足计算要求,因而有很大的局限性。随着计算机硬件性能的不断提高和相关算法的研究,实时地形绘制成为可能,用户可以在地形场景中交互式漫游,在三维游戏、飞行模拟训练、战场环境仿真、地理信息系统、虚拟现实等领域中有着广泛应用。为了实现地形实时可视化,层次细节是广泛采用的技术。

与地形模型相对应,地形可视化方法可以分为基于等高线的地形可视化方法、基于 TIN 的地形可视化方法和基于 RSG 的地形可视化方法。目前采集和模拟的地形数据主要以 RSG 形式存在,相关的可视化算法一直是研究和应用的热点。

基于 RSG 的算法根据是否考虑视点的位置可以分为视点无关算法和视点相关算法,按所采用的层次细节类型分为直接绘制、离散层次细节(DLOD)、半连续层次细节(semi – CLOD)和连续层次细节(CLOD)算法。其中 semi – CLOD 和 CLOD 的主要区分标准在于构建地形多分辨率模型时是否考虑细节层次之间的高度差,关于此点将在 5.2.4 节阐述。地形分类如图 5–6 所示。

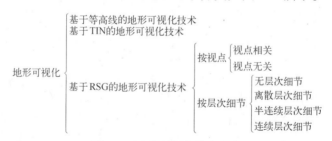

图 5–6　地形可视化技术分类

5.2.3　基于规则格网的地形直接绘制

当针对一个较小范围的地形进行可视化时,由于数据量小,可以采用直接绘制的方法。

1. 基于三角形或三角形带的绘制

规则格网,可直接将每个网格剖分为两个三角形进行绘制,如图 5-7 所示。

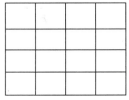　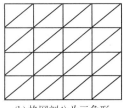

(a) 规则格网地形数据　　　　　　　(b) 格网剖分为三角形

图 5-7　RSG 剖分为三角形

采用三角形绘制的效率较低,可采用三角形带进行绘制,伪代码为

```
01    RenderTerrainDirectByTriangleStripe{
02    for 所有列{
03        glBegin( GL_TRIANGLE_STRIP)
04            glVertex( p0)
05            glVertex( p1)
06            ……
07        glEnd( )}}
```

也可使用顶点数组进一步优化。

2. 为地形加上纹理

上述方法绘制效果真实感较弱,可为地形加上纹理以增强真实感。地形纹理包括二维纹理或一维纹理,在不具备纹理图像的情况下,还有一些技术用于生成纹理数据。

1) 以影像作为纹理

纹理图像的获取通常有以下几种途径:①从专业摄影图片中获取,现在已有大量关于风景名胜、地理人物等方面的电子素材,经过编辑加工可以生成各类地貌的纹理图像;②实时摄影获得纹理图像;③从航空、航天遥感影像中获取纹理,最理想的图像是对应区域的真彩色遥感影像;④直接以该地区的地形图或其他专题图经扫描得到的数字图像作为纹理图像;⑤将对应区域的矢量数据与地貌纹理图像复合,生成纹理图像。

得到并正确加载纹理图像、设置纹理环境参数后,绘制中需为每个顶点设置纹理坐标。如 RSG 的大小为 $N \times N$,则数组 (i,j) 位置点的纹理坐标为 $(i/N,j/N)$。

无法得到地形纹理图像时可利用二维纹理生成技术或一维纹理来增强地形的真实感。

2）二维地形纹理生成技术

最简单的纹理生成方法如下:为不同的高程指定颜色值,对于纹理图像每一像素,根据其高程值插值得到颜色。以该方法得到纹理绘制的效果,和一维纹理映射基本相同,所以该技术实无必要。

将上述针对纹理进行插值的方法进行拓展,得到纹理混合的方法:对于纹理图像每个像素,根据其高程值,从多个纹理图像中取得颜色进行插值。

以山地地形为例,山顶上是白雪,下边是岩石、森林、草地,最后是沙地,形成一个由高到低的过渡。如图 5-8 所示,左上角为高度图,而地形纹理系统由水、沙地、草地、岩石和雪地等 5 个纹理图像组成;对于左上角的每个高程值,在 5 幅纹理图像中各有一对应的像素值;给定高程图、生成纹理图像时,对于待生成的纹理图像的每一像素,根据该位置的高度值,取相邻 1 个(最近邻)或 2 个(线性)纹理图像的对应纹素进行插值。

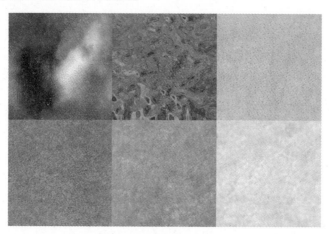

图 5-8　基于高程的纹理混合方法(图片来自互联网)

插值时采用最近邻插值或线性插值的效果有所区别,前者得到的地形有明显的边缘,如图 5-9(a)所示,后者如图 5-9(b)所示。

3）一维纹理技术

首先需要构造一维纹理数据。例如,以灰度表现地形起伏,构造一 256 大小的颜色数组,其值由 $(0,0,0)$ 到 $(255,255,255)$;将该数组指定为一维纹理数据,

(a) 最近邻插值的纹理图像效果

(b) 线性插值的纹理图像效果

图 5-9　纹理混合绘制效果(图片来自互联网)

并调用 glTexParameterf 和 glEnable 等函数修改 OpenGL 状态;计算每个顶点的纹理坐标。

纹理坐标根据顶点高度在一定范围线性插值得到。设顶点高度范围为 $h_0 \sim h_1$,如果顶点高度为 h,纹理坐标为 $\dfrac{h - h_0}{h_1 - h_0}$。

3. 为地形加上光照

为地形场景中加入光照效果可进一步增强真实感。

加入光照效果的第一个问题是光源的位置与属性。如果不是很强调战场的仿真度,光源设置相对随意,但对空间态势或其他对仿真度要求较高的场景,光源一般应设置为位于太阳位置的平行光源。

第二个问题是需正确设置每个顶点的法向。由于每个顶点都由多个三角形共用,如直接用三角形法向作为顶点法向,则地形视觉效果不连续,形成类似于一圈圈带状的效果。因此顶点法向必须是周围相邻的所有三角形法向的均值,所用算法与3.2.2节中处理 PolygonMesh 图元顶点法线的算法 3 - 1 类似,不再赘述。

太阳位置的计算方法:首先根据时间,计算太阳在轨道上的平近点角,根据日地距离,计算得到太阳在黄道上的位置;根据黄赤交角,计算太阳在协议天球坐标系的位置;最后根据当前时刻天球系与地固系关系,将其转换到地固系。

基于第二章的 SOFA 库,太阳位置计算方法为

例程5-1　太阳位置计算例程

```
GetSunPos( ) {
    double DJMJD0 , DATE;
    iauCal2jd( year , month , day , &DJMJD0 , &DATE );
```

```
double TIME = double(60 * (60 * hour + minute) + second)/86400;
double t = (DJMJD0 + TT + DATE - 2451545.0)/36525.0;
double MeanAnony = iauFalp03(t);
ptCRF.x = 1.4959787e11 * 1.00000102 * cos(MeanAnony);
ptCRF.y = 1.4959787e11 * 1.00000102 * sin(MeanAnony);
ptCRF.z = 0;
CMatrix3D mat;
mat.SetRotate(0, 23.44023 * PI/180.0);
ptCRF = mat * ptCRF;
ptTRF = ProcessionNutationPolarMat * ptCRF; }
```

5.2.4　地形实时连续绘制方法概述

目前,地形可视化技术主流研究集中在视点相关的层次细节算法。由于地形数据越来越呈现海量数据特征,因此必须通过简化算法减少每一帧绘制的数据量,简化必须满足两个要求:①满足原始地形数据的精度要求,地形的简化模型必须能够真实反映原始地形;②具有良好的可视化效果,消除由于模型简化引起的裂缝、尖峰和锯齿现象,保证地形模型的空间连续性。

随着观察者的视点和视线方向的不同,观察到的场景也会发生变化,因此在视相关的 LOD 模型中,地形场景的同一帧通常具有不同水平的细节层次,也称该模型为多分辨率模型。视点相关的 LOD 算法通常在地势较复杂、视点较近的地区使用较多的多边形描述,而地势平坦、视点较远的地区使用较少的多边形描述,从而实现实时优化的多分辨率模型。

Ulrich[9]将地形可视化算法划分为前 GPU 算法(Pre - GPU Algorithm)和后 GPU 算法(Post - GPU Algorithm)。前者一般以三角形为处理的最基本单元,后者以批量处理为特征。前 GPU 算法以 Duchaineau 等提出的 ROAM 算法[10]、Lindstrom 提出的实时高度场连续细节层次绘制算法[11,12]、Pajarola 提出的受限四叉树算法[13]以及 Hoppe 提出的渐近网格算法[14]为代表;后 GPU 时代的典型算法则有 Willem 等人提出的 GeoMipmap 算法[15]、Ulrich 等提出的 Chunked LOD 算法[9]和 Cignoni 等提出的 BDAM 算法[16,17]等。

早期的 LOD 算法都是面向 CPU 的,首先要计算优化误差,再利用该误差选择最终参与绘制的点,需要耗费大量的内存和 CPU 时间。随着现代图形硬件能力的提高,建模的方法已经不再是逐个选择某个多边形进行绘制,而是在大量的多边形组中选择一组进行批量绘制,因此批量处理就成为后 GPU 算法的最重要特征,其目标是不再追求绘制多边形数量最少,而是达到硬件的绘制要求即可,实现多边形的批量绘制,减少 CPU 与 GPU 频繁通信所带来的额外开销。另一个趋势就是利用 Shader,充分发挥 GPU 的可编程能力,进一步优化地形绘制。

地形模型简化实质是选取全分辨率模型中的一部分数据参与绘制,另一部分数据则被简化掉,所以需采用一定的误差标准确定参与绘制的数据点。地表建模中常用的几何误差标准有点到点的高程差和点到平面的距离差两类,这种误差反映简化模型和原模型的客观差异,称为静态误差。而通常要把三维空间中的静态误差映射到二维屏幕空间上。该误差精度以屏幕像素为单位,且随着视点动态更新,称为动态误差。在 5.2.2 节地形可视化方法分类中,将没有考虑这种误差,而仅仅根据屏幕映射范围来选择层次细节的算法,分类为 semi - CLOD 算法。

5.3　基于四叉树的全球海量空间数据存取

5.3.1　相关工作

如何实现海量数据的实时读取是全球地形实时可视化必须解决的技术难题,目前解决该问题有两种思路:一类是构造所谓的 out - of - core 算法,通过数据的内外存高效调度来从外存载入数据进行动态更新;另一类采用高效的数据压缩和解压缩方法。相比较而言,前者能够对海量数据提供更好的支持。

外存算法也称为 out - of - core 算法,指数据不仅驻留在系统内存中,还可以实时从硬盘或者远程的服务器上读取,从而允许系统绘制超出系统内存容量的大规模乃至全球的地形场景。

Pajarola 认为[18],海量空间数据实时可视化涉及如下 9 个关键问题:①快速访问海量空间数据库;②高效的数据存储管理;③多分辨率数据的访问;④简洁的拓扑表示;⑤快速自适应三角化;⑥动态场景管理;⑦多分辨率可视化;⑧高效几何体绘制;⑨连续层次细节绘制。可见,数据存储与访问是实现海量空间数据实时可视化所必须解决的关键之一。Pajarola 描述了在大规模地形系统中采用的 out - of - core 方法的思想,将区域分解成正方形瓦片(Tiles),这些瓦片结构以支持二维行列查询的形式存储在外存上,为了实现高效的绘制,将三角形集合按照 Hamilton 路径组织成单个三角形条带(strips),以利于 GPU 实现。

Lindstrom[11]通过使用 MapViewOfFile 函数方便地实现 out - of - ccore 数据载入,其主要优点是简单,操作系统会自动对来自硬盘的数据进行分页,不需特别的 out - of - core 分页算法就可以实现数据的动态载入,对于可视化系统而言,如同数据一直在内存中一样。但是内存映射文件在一些操作系统下最多只能为 2G 或 4G,随着视点移动有时需进行数据导入/导出,以致效率下降;同时内存不足会导致内存映射文件使用虚拟内存,数据读取效率对内存大小具有很大的依赖性。

钟正等[19]提出以 Oracle 数据库的二进制大对象管理空间数据并且建立了数据预取机制;童晓冲等[20]等以多线程机制进行数据读取和预读。但数据库访问方式效率低于直接文件访问,线程冲突也将导致显著的效率下降。

以上方法都没有结合磁盘工作原理,没有充分利用磁盘上的数据相关性。下面介绍作者所提出的全球海量空间数据存取技术[21]。

5.3.2　逻辑结构

空间数据实时可视化中涉及的空间数据类型包括数字高程模型数据(Digital Elevation Model,DEM)、数字正射影像数据(Digital Orthophoto Map,DOM)、数字线划图数据(Digital Line Graphic,DLG)。

1. 海量空间数据的全球四叉树逻辑模型

海量数据实时显示的关键是层次细节模型,其基本思想是用不同 LOD 层次构造或近似表示场景,距视点不同距离的区域采用不同细节层次的数据。

针对全球空间数据建立四叉树层次细节模型,如图 5-10 所示:第 0 层的根节点覆盖全球;第 1 层比较特殊,2 个节点分别代表东西半球;其他各层都是将上一层各节点分成 4 块,代表东北、西北、东南、西南 4 个方向数据。

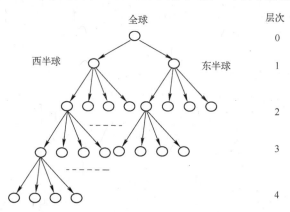

图 5-10　全球空间数据的四叉树逻辑模型

四叉树每个节点表示地球表面经纬度平面上的一个矩形,如第 0 层节点覆盖范围 360°×180°,第 1 层节点覆盖范围是 180°×180°,第 3 层节点覆盖范围是 45°×45°,依此类推。根据以上定义,四叉树每一层中的节点总数固定,如第 0 层的节点数为 1×1,第 1 层节点数为 2×1,第 3 层节点数为 4×2。

对于四叉树中的每一节点,定义全球唯一编码:层指节点所处的四叉树层次;节点横坐标和节点纵坐标是节点在该层中的编号。在每一层中,原点都定义在经纬度(-180°,-90°)处,原点所处节点的坐标定义为(0,0),任意一个节点的坐标为该节点在经度方向和纬度方向上与原点相差的节点个数。

给定任一层的某个经纬度坐标(x,y),对应的四叉树节点编码为

$$\begin{cases} l = \text{layer} \\ i = \dfrac{x+180}{\dfrac{360}{2^l}} \\ j = \dfrac{y+90}{\dfrac{180}{2^l}} \end{cases} \qquad (5-2)$$

式中,l 为层号;i、j 为节点在层内的编号。

节点内的数据可以为 DEM、DOM 和 DLG,其中 DEM 是 33×33 的网格,DOM 为 256×256 分辨率的 Jpeg 格式图像。对于 DEM 而言,其边界与相邻节点重合,如边界右边界上各点所代表的地理位置与该节点右侧节点左边界相同,高程值也相同。同一层相邻节点的 DOM 数据不重叠。

2. 基于 IP 网络的分布式存储

采用在网络环境分布式存储、基于文件管理空间数据的技术方案。与其他存储方式相比,网络分布式存储方案具有以下优点:①系统灵活性强,系统可扩充更多节点,可以将存储区域网和磁盘阵列当成网络节点,也可只由少数几台微机,甚至单台微机组成;②有利于并行准备数据,数据读取效率高;③硬件成本低。

进一步将空间数据组织为一个个数据集进行管理。对于不同来源、不同精度的空间数据,分别组织为不同的数据集,但是各个数据集用统一的全球四叉树进行组织,在显示时根据需要读取某个数据集或多个数据集的数据进行显示。结构如图 5-11 所示。

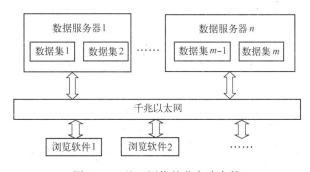

图 5-11　基于网络的分布式存储

3. 基于客户—服务器架构的空间数据加载模型

在客户—服务器架构下,空间数据的获取包括以下 3 个步骤:①客户端经网络向服务器请求空间数据;②服务器读取数据;③服务器经网络向客户端传送数据。

在以上过程中,客户端可以采用的请求策略有两种:①在处理过程中每需要一个四叉树节点就向服务器发送请求;②将当前需要的所有节点请求打包发送。而每个四叉树节点请求的数据量很小,只是该节点的全球唯一编码等相关信息,如果按第一种策略进行请求,将造成网络带宽的浪费,影响效率。因此采用第二种方式。

服务器端与客户端的网络通信均以异步方式进行,以避免阻塞模式带来的时间消耗。在服务器端,通信接口以消息方式通知服务器进行处理;服务器从磁盘读取四叉树节点数据,也以异步方式进行发送;客户端通信接口接收到数据后,也以消息方式通知客户端显示程序进行处理,客户端在数据没有到达的时间里可以先处理其他已经到达的数据。数据读取、传输与处理在服务器、网络、客户端三个环节并行展开,如图 5-12 所示。

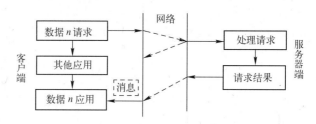

图 5-12　数据读取处理的消息模式

5.3.3　物理存储结构

1. 问题分析

数据在磁盘上的组织方式是影响数据访问效率的关键。现代磁盘速度快容量大,磁盘的主要效率指标为带宽和 I/O 次数,磁盘 I/O 又可分为连续 I/O 和随机 I/O,连续 I/O 的效率远高于随机 I/O,如标准的 Wide Ultra SCSI – 3 硬盘每秒钟可为 Windows 提供 75 个随机 I/O 操作和 150 个连续 I/O 操作。由于采用分层、分块的全球四叉树逻辑模型组织海量空间数据,每个四叉树节点的数据量规模有限,如每个节点的 DEM 数据为 33×33 个单精度浮点值,共4356 个字节,每个节点的 DOM 数据为 256×256 个像素,压缩为 Jpeg 格式后一般只有几千个字节,DLG 数据也大致在同样的量级。经以上分析可知效率瓶颈为 I/O 次数。

数据的读取时间包括磁道的查找时间、磁盘的旋转时间和传输时间[22]，如果数据的存放位置是随机、不连续的，则对四叉树节点的读取请求将使得磁头频繁地来回移动，大大降低磁盘的 I/O 能力。

因此，优化数据读取效率可归结为两个问题：①充分利用数据的空间相关性，即在文件存储结构设计上，让可能被同时访问的节点存储在磁盘上接近的位置，将随机 I/O 请求转换为连续 I/O 请求，由于现代的磁盘控制器和操作系统都具有很好的缓存机制，效率将得到很大提升；②充分利用请求的时间相关性，对于一系列的磁盘 I/O 请求，如果请求的数据块分布不连续，则不同的读取顺序产生的磁头移动总距离和磁盘旋转总时间会有比较大的区别，对整体效率产生较大的影响。本书主要研究前者。

2. 三种技术路线分析

一种最直接的解决方案是：每个四叉树节点作为一个小文件，在 Linux 操作系统下，以文件目录的形式来组织四叉树。对于全球海量数据而言，四叉树的层次可以达到 25 级甚至更高，这种方案将导致文件的目录层次也多达 20 余级，在读取数据时产生的问题如下：①相邻节点在磁盘上的物理距离很远；②读取节点时需要读取节点的以上各级目录信息，导致频繁的磁头移动，效率很低。因此，这种方案基本上无法满足实时绘制需要。必须减少文件目录的层次。

第二种方案是将逻辑上的四叉树转换为文件目录结构中的 256 叉树，即将多层数据存储在一个文件路径下，通过不同的文件命名方式表示一个目录下不同层的节点。由于目录层次只有原来的 1/4，所以读取数据时磁头移动的距离会显著减少。这种方案可以在一定程度上满足实时绘制的需要。

第三种方案则做了进一步优化：以 Windows 作为数据服务器，将四叉树的每层数据组织在一个目录下，每个文件中存储同一层中物理上相邻的 32×32 个节点，逻辑上的四叉树转变为物理存储上的千叉树。其优点是：①降低了目录层次，减少了搜索节点时的磁头移动次数；②相邻节点在磁盘上物理相邻，可以充分利用磁盘控制器和操作系统的缓存机制，当读入一个四叉树节点时，与该节点相邻的节点数据已经在缓存中的概率很大。

上述技术已经达到很高的平均读取效率，但是还有如下可以优化的空间：

（1）利用操作系统的缓存机制。场景漫游时需不断读取新的数据，如需打开一个或多个文件，则将导致比较明显的延迟。现代操作系统都具有很好的缓存机制，第一次打开文件时需要进行磁头寻道和旋转，耗时几毫秒到几十毫秒不等。但是在第二次打开同一文件时，相关信息已经在内存中，所需时间接近于

0。因此,如果在服务器启动时将所有文件都打开一遍,运行时就不再有打开文件的时间消耗。但是,采用这种技术利用缓存机制的前提是文件数目在缓冲池中所允许句柄总数范围之内,否则缓存机制将难以发挥作用。

(2)优化节点数据的磁盘布局。节点在磁盘上的存储方式对数据读取效率有很大的影响。在上述组织方式中,每一层数据存储在一起,层中节点在磁盘上的物理距离很接近,但是不同层之间距离较远,即使是同一区域的相邻层,物理距离也相距很远。而在三维显示中,每一帧一般需要取多层数据进行显示,为此需要构造更为合理的数据存储磁盘布局,使得地理位置越近的节点在磁盘上的物理位置也越近。

3. 基于大文件的数据集存储方案

针对以上问题,数据集在磁盘上的存储主要进行如下设计。

1)大文件存储子四叉树

将一个数据集中的所有节点组织为一个或若干个大文件,文件大小限定在2G 左右(NTFS 格式可以支持更大的文件,但是将造成层间物理距离过远,故也限定为2G 大小)。以大文件为基础组织的数据集,其文件个数有限,在服务器启动时全部打开一遍然后关闭,利用操作系统的缓存机制消除打开文件的时间消耗。

每个文件存储一棵子四叉树,根据数据集的全部数据量确定存储数据集所需文件个数,然后将整个数据集分割为多个文件存储

2)文件内存储结构

每个文件内按由顶层至底层的顺序存储各层数据,设数据集最顶层为 n,最底层为 $n+m$,则文件内存储顺序为:层 n、层 $n+1$、……、层 $n+m$,如图 5-13(a)所示,文件头中包含文件所覆盖范围、层的范围、每层数据在文件中的地址等信息。由于将同一地理范围的数据组织在一个文件中,层间数据在磁盘上的物理距离相对接近,提高了三维场景绘制时的数据读取效率。

下面讨论每层数据的存储格式。二维空间数据要存储在一维磁盘空间中,结合前面的磁盘工作原理分析可知,节点的存储顺序对效率有很大影响。节点的存储顺序相当于按某种顺序访问二维或三维空间网格,常用顺序有行优先顺序、Zig – Zag 顺序、Hilbert 曲线顺序、Lebesgue 曲线顺序等。本书采用方法是:按 8×8 大小嵌套组织数据,每 8×8 个四叉树节点组织为一个块,块内按行优先顺序存储,如图 5-13(b)所示;8×8 个块再组织为一个更大的块;反复进行,直到整个层的数据组织完毕。经过如此处理,一帧同时显示的节点在磁盘上的物理距离更为接近。

(a) 文件结构　　　　　　　　　　　　　(b) 块的组织形式

图 5-13　文件结构与块内数据组织方式

3）文件间数据交叠

数据集各文件之间保持一定冗余,以冗余换效率。在四叉树的每一层都进行节点交叠,越向上交叠节点覆盖的地理范围越大。以某一层中一维方向来说明:设文件 A 中的节点坐标范围是 1～20,文件 B 中应该是 21～40,现在令其交叠,文件 A 中为 1～20,而文件 B 中为 18～37。在显示时,某一帧显示节点为 17、18、19、20,此时全部数据都可以在文件 A 之内取到;而随场景漫游,下一帧显示的节点为 18、19、20、21,此时所有节点又可以都在文件 B 之内取到。数据交叠使得一帧中所用节点可从一个文件中获得,整体效率进一步得到优化。

在服务器端读四叉树节点包括如下步骤:①计算得到节点所在的文件;②由文件头得到节点在文件中的地址;③读取节点数据。

基于以上技术建立实际系统,以千兆网构成局域网,服务器所管理的数据总量为 420G。二维影像实时浏览达每秒 60 帧以上,三维地形实时显示达每秒 25 帧以上。相关效果将在 5.5 节和第六章进一步讨论。

上述技术还可以在如下方面进一步优化:①结合多个读取请求中各节点在磁盘上的位置,合理安排读取顺序,使得总的磁头移动距离和磁盘旋转延迟达到最优;②利用多个 SCSI 磁盘并行读取数据;③磁盘整理,使得文件在磁盘上分布集中,提高效率,可开发“数据集整理工具”,使得整个数据集的内容在磁盘上分布集中,并且在数据集存储时优先利用磁盘外圈存储数据。

5.4　基于屏幕分割的平面地形绘制算法

目前关于地形绘制的成果很多,都以实时连续层次细节作为追求目标。从公开发表的文献分析,其中有一类算法在进行地形绘制的时候仅仅考虑了部分要素,如屏幕投影面积、边长等,而没有考虑地形本身的起伏,或仅考虑了地形本身的起伏而未考虑视点的变化。以往人们也将其称作 CLOD,但是本书将其归类为 semi-CLOD 算法。

5.4.1　数据模型

本节介绍作者针对海量平面地形所设计和实现的一个算法[23]，算法思想是：将屏幕分块后与地表求交，根据相交边的长度确定层次细节；将所需数据加载到内存后，按最小数据块大小将数据重组为二维数组；相邻块修改三角形消除裂缝。

采用四叉树结构管理空间数据，与 5.3.2 节不同的是，此处四叉树的范围只是局部地形而非全球范围。DEM 块内的分辨率为 65×65，影像分辨率为 256×256。DEM 数据为奇数，在相邻数据之间存在一行或一列的重复区域。

首先，这种四叉树结构的每个节点代表一块数据，或者说本身是一个二维数组；同时节点也表示一定的地理范围，如果从地理范围角度考察，则树根覆盖的范围即是整个树所表示的地理范围，根节点的 4 个子节点的范围只有根节点所覆盖范围的 1/4，越到树的下层，覆盖的范围越小，但每个节点内的采样点数目相同，即越向下的层表示的分辨率越高。

设原始数据量为 16385×16385，按 65×65 大小对其分块，块之间保持一行和一列的重叠，可分为 256×256 块，四叉树最底层共 256×256 个节点，再上一层共 64×64 个节点，再上一层为 16×16 个节点，再上一层为 4×4 个节点，再上一层则到达树根。即构建一个 5 层的四叉树来表达如此规模的规则格网数据。

在四叉树构建过程中，可采用自底向上的办法：①由原始数据进行分块得到最底层的四叉树节点并存储；②向上逐层进行，对于每一层的每个节点，取其 4 个子节点的数据采样得到节点数据。每一级的数据都是在下一级的数据基础上进行重采样得到，采样时可直接抽稀，也可多个点插值。

5.4.2　数据加载与分割

地形多分辨率模型构建的一个难点在于如何选择数据并组织起来。采用了基于屏幕分割进行数据加载，然后按地理空间进行分割的策略。前者也相当于解决 5.2.4 节中误差标准问题。

1. 基于屏幕分割的 LOD 数据加载

1）屏幕的分块

将屏幕视区分割为一系列大小相等的正方形区域，按照屏幕分割象素数目与影像最小分割象素数目相等或偏小的原则来进行划分，例如 1020×656 的屏幕可以划分为 4×3（按 256×256 大小分）或 8×6（按 128×128 大小分），即使屏幕长宽不恰好是屏幕分割像素数目的整倍数，划分块时要保证每块是正方形，因此有些块可能要扩展到屏幕之外。

另外,屏幕分割的大小要适中(书中按 128×128 大小分块),块划分偏大将造成相邻数据块层次差别过大,绘制时形成明显的"马赛克"现象;块划分偏小使得整个场景中数据块之间的层次差异过小,起不到良好的地形简化作用。

2) 计算屏幕分块的地理空间投影四边形

根据视景体原理,如图 5-14 所示,计算该屏幕分块在空间地理坐标系中的投影四边形(即可视区,它包含了每帧场景实际处理显示的地形数据)。

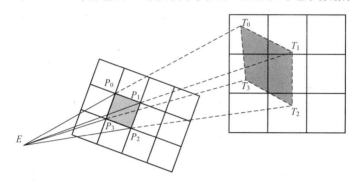

图 5-14　基于屏幕分块的层次细节选择

屏幕映射为视锥的近平面,对于屏幕上的以像素表示的点 $P(i,j)$,根据 3.3.4 节式(3-13)可得到近平面的尺寸,从而得到该点在相机坐标系下的坐标:

$$\begin{cases} x = \left(i - \dfrac{V_x}{2}\right) \times w_n \\ y = \left(j - \dfrac{V_y}{2}\right) \times h_n \\ z = z\mathrm{Near} \end{cases} \tag{5-3}$$

式中,(x,y,z) 为点在相机坐标系的坐标;V_x、V_y 为视口的宽度和高度(像素);w_n、h_n 为由式(3-13)得到的近平面的宽度和高度(世界坐标系单位)。将相机坐标系的坐标转换到世界坐标系下,通过 3.3.4 节式(3-17)实现。

已知视点(图 5-14 中 E)和屏幕像素点所映射的世界空间点(图 5-14 中 P_0、P_1、P_2、P_3)的坐标,在两点之间构造射线,计算该射线与 $z=0$ 平面的交点,即图 5-14 中 T_0、T_1、T_2、T_3。

采用参数方程计算,视点坐标为 (x_E, y_E, z_E),对于式(5-3)所确定的近平面上点 (x_0, y_0, z_0),参数方程可按分量表示为

$$\begin{cases} x = x_E + (x_0 - x_E) \times t \\ y = y_E + (y_0 - y_E) \times t \\ z = z_E + (z_0 - z_E) \times t \end{cases} \tag{5-4}$$

式中,t 为参数,对于射线,参数的范围是 $t>0$。

将 $z=0$ 代入式(5-4)中的第 3 式,得到参数 t 值;再将其代入式(5-4)前 2 式,得到射线与地平面的交点。

3) 确定映射的四叉树层次

由于四叉树节点也代表了一个地理范围,而屏幕分块投影后也代表了地理空间的一个区域,可据此确定屏幕分块加载数据的四叉树层次。

较好的映射关系是屏幕分块像素点与投影四边形的地理节点中 DOM 数据的像素点一一对应(或者屏幕分块中的一个像素点与投影四边形中的多个像素点对应),这是因为依据投影四边形获得的 LOD 数据块,其影像纹理像素点被映射到屏幕视区,如果屏幕分块中的多个像素点与投影四边形中的一个像素点对应,则影像被拉伸,图形显示模糊甚至出现明显的"马赛克"现象;反之,图形画面较清晰。

根据投影四边形的边长来确定四叉树层次。对于每一 LOD 层,其数据块大小(在空间地理坐标系中,以度为单位)都是固定的,如果由投影四边形最短边的长度来选择对应的 LOD 层次,将导致屏幕分块中的多个像素点与投影四边形中的一个像素点对应,所以应由投影四边形最长边的长度来选择所对应的 LOD 层次。

对于四叉树中的各层次,节点边长(地理范围)分别为 l_0、l_1、$\cdots$、l_n,如果屏幕分块的投影边长的最大值为 L,则有

$$\text{Layer} = n, l_{n+1} \leqslant L \leqslant l_n \tag{5-5}$$

4) 确定需加载的四叉树节点

对于投影四边形的 4 个顶点,分别计算其在 Layer 层的节点编号,然后将所有与该投影四边形有交的节点编号记录在一个 std∷map 容器中。以(层号、行号、列号)作为容器的关键字,避免不同屏幕分块重复加载同一四叉树节点。

5) 加载节点数据

对于 std∷map 容器中的所有四叉树节点,从磁盘加载其 DEM 数据和 DOM 数据,并存储在按链表结构组织的四叉树节点数据(COrigNode 类型)队列中。每个节点存储了数据块各点的高程值、空间坐标值、法线向量值和对应的纹理 ID 号等。

5.4.3　数据拼接与简化

1. 基于相同地理空间大小的 LOD 数据分割

在 COrigNode 链表节点中,包含了不同层次四叉树节点的 DEM 数据块,这些数据所对应的地理空间范围存在重叠,不能直接用于绘制。

如图 5-15 所示,在某一帧中,根据屏幕分块需要取得 3 个层次 10 个节点的数据,其中左侧深灰色区域的四叉树节点覆盖范围最大(设其层号 l_1),右上 2 个网状的四叉树节点次之(设其层号 l_2),覆盖范围最小的是 6 个斜线填充的节点(设其层号 l_3)。在图中,网格 22、23、33 分别为 l_1 层和 l_2 层节点覆盖,网格 20、30、31 分别为 l_1 层和 l_3 层节点覆盖,网格 32 则为 l_1、l_2 和 l_3 的三层节点所覆盖。

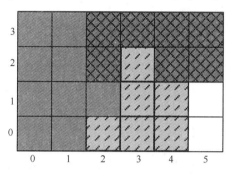

图 5-15　不同层次的 LOD 数据

为了得到无重叠的地形数据,选择最小的地理范围(所有四叉树节点最大层次所对应的地理范围)作为依据,对所有的 DEM 数据进行分割。此时,所有数据可以组织为二维数组的形式。如图 5-15 中,采用 l_3 层的地理范围对 l_1、l_2 层的四叉树节点进行分割,如 l_2 层的节点需要分割为 4 个子节点,l_1 层的节点则需分割为 16 个子节点。

对于一个网格为多个节点覆盖的情况,选择最高精度的节点数据,如图 5-15 中网格 32,选择 l_3 的数据,丢弃 l_1 层和 l_2 层的数据。

原始 DEM 块的大小(采样数目)都为 65×65,分割后 DEM 块的大小可能为 33×33、17×17 等。为了不增加运算量和存储量,这种分割只是逻辑分割,即只记录分割结果,并不对四叉树节点数据进行实际的分割。二维数组中每个元素定义如图 5-16 所示。

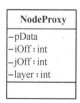

图 5-16　节点元素定义

其中包括指向数据的指针,在数据中的偏移和原始数据的层号。

首先遍历 5.4.2 节最后所获得链表中所有四叉树节点数据,获得分辨率最高的 LOD 层次和覆盖的地理空间范围(以最小最大的经纬度表示)。根据该范围计算二维数组的大小,并建立 NodeProxy 类数组。

将数组的每个 NodeProxy 对象的层号 layer 设为 -1,表示该网格为空;然后对于节点数组中每个已经加载的节点进行分割,算法为

算法 5-1 节点分割算法

```
01    PartionNode{
02        计算得到最大层号 MaxLayer 和数组节点坐标范围 ic0,ic1,jc0,jc1;
03        NodeProxy * data = new NodeProxy[(ic1 - ic0 + 1) * (jc1 - jc0 + 1)];
04        数组中每个对象的 layer 设为 -1;
05        for(every node){
06            if(node. layer == MaxLayer)
07                计算对应的数组中偏移,设置 NodeProxy 对象;
08            else{
09                int blocks = 4 * (MaxLayer - node. layer);
10                for(i = 0;i < blocks;i ++)
11                    for(j = 0;j < blocks;j ++)
12                        计算对应的数组中位置;
13                        if(NodeProxy. layer > node. layer)continue;
14                        设置 NodeProxy 对象;}}
```

2. 多分辨率数据的无缝拼接

采用四叉树结构组织数据在不同分辨率地形拼接处形成裂缝,因此需要拼接。传统的拼接算法局限性很大,往往只限于在两个方向和层次差别为一的数据块之间进行拼接。上述二维数组方式组织数据,在数组的相邻元素之间,DEM 网格数可能并不相同,必须进行拼接。

如图 5-17 所示,每个分割后的数据块由块内和 4 个边界组成,块内部数据正常绘制,需特殊处理 4 组边界数据。

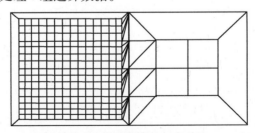

图 5-17 多分辨率数据的拼接

（1）由于各分割块的地理空间大小一样,依据二维数组的数据组织结构,可以直接得到与该边相邻(上、下、左和右)的数据块。

（2）如果本块数据的分辨率小于等于相邻块的分辨率(如本块 DEM 大小为 33×33 或 65×65,相邻块大小为 65×65),则不考虑该边界的拼接,正常显示绘制;如果本块数据的分辨率大于相邻块的分辨率(如本块 DEM 大小为 65×65,相邻块大小为 33×33 或 17×17),则需要依据相邻块的边界数据进行拼接。如图 5-17 所示,左边数据块分辨率是右边数据块的 4 倍,拼接时以分辨率低的一边作为依据,由低的一边向高的一边引三角形,以保证共面。

3. 考虑地表特征的地形简化

目前多分辨率模型采用的地形简化准则单一,或者依据视点变化,或者由地表特征(指描述地形形态的地表点、线和面所构成的地形起伏变化的骨架)决定,这是因为传统的地形绘制方法难以实现任意方向和分辨率数据块之间的无缝拼接。依据提出的基于相同地理空间大小的 LOD 数据分割算法和多分辨率数据的无缝拼接算法可以很好地解决该问题,因此能够有效地结合这两种地形简化方法,从而进一步减少地形绘制数据量。

地形视景中的每块 DEM 地形模型都包含数以千计的三角形,例如采样点为 65×65 的 DEM 数据块就需用 8192 个三角形表示。因地形视景中存在广阔的平原地区和大面积的水域,其地势平坦,在不影响视觉效果的情况下,显示时完全可以用“两个大三角形”来替代(当然这种替代仅对上面所述分割后的数据块)。

图 5-18 融合了视相关和地表特征的地形简化方法,一方面根据距离视点的远近选择了不同的 LOD 层次,另一方面根据地表特征对地势平坦的数据块以“两个大三角形”表示。采用的简化准则是依据数据块内部的最大高程(MaxEle)和最小高程(MinEle)之间的差值,通过设定阈值判断能否作特征简化。

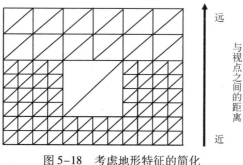

图 5-18 考虑地形特征的简化

4. 其他优化技术

1) 链表数据的动态更新

使用链表结构管理四叉树节点数据。当视条件改变时,对于屏幕视区所对应的每一数据块,先到链表中去检索,如果该数据块在链表中存在则不添加,否则添加;同时对于链表中的每一数据块,如果该数据块在屏幕视区所对应的数据块队列中存在则不删除,否则删除。

2) 纹理的处理

纹理数据的加载并不是根据分割后的二维数组,而是根据屏幕分块的映射(这种映射本身即是基于纹理映射比例确定的,如果按分割后二维数组加载纹理,数据量过大)。分割二维数组后,也并不需要计算新的纹理坐标,而是使用原四叉树节点所确定的各顶点纹理坐标即可。

另外,通过纹理绑定优化效率。一般情况下,纹理绑定通过指定硬件来执行纹理操作,并且指定了有限的硬件缓存(显存)来存储纹理影像,这种方式可以装载很多纹理,并且可以通过相应的纹理 ID 进行访问和控制。

3) 法向量计算

在启动光照模型的条件下,地形漫游时需实时计算各点的法向量,由于每块 DEM 数据只有边界处各点的法向量需依据 4 个方向拼接块得到,而数据块内部存在大量的定值法向量(不需重复计算),因此可以依据各数据块本身预先计算出这些法向量,并在四叉树节点数据存储结构中开辟内存空间存储该数据。而对于边界处顶点的法向量,需在绘制时,根据拼接情况实时计算。法向量的计算方法见 3.2.2 节中算法 3-1。

5.5　基于视锥扩展的球面地形绘制算法

传统的地形可视化大多以平面地形为研究对象,而随着数字地球概念的提出和 Google Earth 等软件的推出,建立基于球面或椭球面的全球虚拟地形环境可视化系统,得到越来越多的关注。

本节介绍作者所提出的一种全球地形绘制算法[24],首先基于视点相关的纹理空间误差准则进行地形网格初建,然后基于网格边界与视锥的位置关系对初始网格进行动态扩展,以得到完整的地形多分辨率模型。

5.5.1　地形多分辨率模型构建

算法采用 5.3.2 节所阐述的全球四叉树管理 DEM 和 DOM 数据。

1. 基于球面的地形网格初建

为了正确构建当前视锥范围的地形网格,可建立各节点的包围盒树,基于包围盒与视锥的位置关系进行节点取舍,基于一定的误差准则进行节点细分。对于全球海量地形,包围盒数据也可非常庞大,占用过多时空资源;同时由于批量处理三角形的特征,节点选择可以采用较耗时的精确判定方法。

构造了基于球面特征进行地形网格初建的方法,由左右半球自顶向下地构造地形网格,递归算法描述如下。

算法5-2　基于球面特征的地形网格初建算法

01　　Algorithm_ConstructMesh_Corse(QuadNode){
02　　　　if(节点在视锥之外) return;
03　　　　if(节点背向视点)return;
04　　　　if(节点投影边长小于限定值)将节点加入地形网格并加载地形数据,return;
05　　　　Algorithm_ConstructMesh_Corse(各个子节点);}

上述算法有两个重要问题:①判断节点与视锥是否有交;②节点是否需要细分。

1) 视锥与节点相交的判断

采用4个面表示视锥(暂时不设置近、远平面,绘制时动态确定)。

判断节点与视锥是否有交按如下步骤:

(1) 节点的4个顶点是否落在视锥之内;

(2) 描述节点边界的4条弧段是否与视锥有交;

(3) 视线与球面的交点是否落在节点范围内。

以上任一条件成立,四叉树节点与视锥有交,需进一步处理(细分或加入到输出的地形网格)。

上述过程的第(1)步,判断顶点是否位于视锥之内,采用如下方法:视锥表示如3.3.4节图3-35、图3-36所示,每个面存储其法向,指向平面内侧;对于空间任意点,构造由视点到该点的矢量;计算矢量与锥4个面法向的数量积,如果4个数量积均大于0,则点在视锥内部。

上述过程的第(3)步,计算射线与球面的交点,采用参数方程的方法计算。将式(5-4)的射线参数方程代入球面方程$x^2 + y^2 + z^2 = R^2$,得到关于参数t的一元二次方程,方程可能会0、1、2个解:如果方程无解,射线与球面无交;如果方程有1个解,则射线与球面相切,可以将其视为交点;如果方程有2个解,表明直线与球有2个交点,小于0的参数对应交点在射线的反方向上,大于0的参数对应的交点才表示射线与球面的交点,2个参数均小于0,表示无交,1个参数小于0,表示视点在地球内部,2个参数均大于0,取其中小的参数确定的点作为交点。

得到交点后,反算其经纬度,以判断是否落在节点之内。

上述过程的第(2)步,判断弧段与视锥是否有交,需分两步进行。

(1) 计算视锥四条边界射线与弧段所在平面交点。

如图5-19(a)所示,*ABCD* 节点的4个弧段,需要分为两类处理:①平行于子午线方向的弧段,如 *BC* 弧段,需计算视锥各射线与其所在的子午面的交点;②平行于赤道方向的弧段,如 *AB* 弧段,需计算视锥各射线与平行于赤道面的平面的交点。

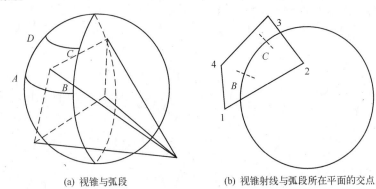

(a) 视锥与弧段　　　　　　　(b) 视锥射线与弧段所在平面的交点

图5-19　四叉树节点与视锥位置关系的判定

交点计算采用参数方程形式。第一类平面采用地球球心和法向表示,如对于 *BC* 弧段,根据 *BC* 的经纬度可以计算得到其大地坐标,构造地球球心到 *BC* 点的二矢量,过 *BC* 的子午面的法向可以用两个矢量的矢量积计算得到。已知法向,且过坐标系原点,则其平面方程为

$$n_x x + n_y y + n_z z = 0 \qquad\qquad (5-6)$$

式中,(n_x, n_y, n_z) 为平面的法向。

将式(5-4)的射线参数方程代入上式,可以得到关于参数 t 的一元一次方程,计算得到参数 t 后,再代入式(5-4)得到交点。

第二类平面平行于 xy 平面。其计算与5.4.2节所介绍的与 $z=0$ 平面求交基本相同。

(2) 判断弧段是否落在视锥范围。

将4个交点按顺序连线,构成四边形,如图5-19(b)所示,四边形1234 为视锥射线与平面交点围成;判断 *B*、*C* 点是否落在四边形之内(该问题是计算机图形学中的基本问题,不再赘述);如2个点中有落在四边形之内的点,则弧段与视锥有交;如 *BC* 点都在四边形之外,计算四边形各边线与 *BC* 所在圆的交点,如交点落在 *BC* 弧段区间,则弧段与视锥有交。

计算线段与圆的交点,需要在二维平面上计算:以 *BC* 弧段所在的圆的圆心(如是 *AB* 弧段,圆心即为地心)为中心,该平面的法向为 *z* 轴建立一个局部坐标系,将所有交点都投影到该局部坐标系的 *xy* 平面;将线段表示为参数方程,代入圆方程,计算得到参数,根据参数有无、大小,判断是否有交点。

2) 节点是否细分的判断

节点是否继续细分需根据某种误差准则,典型为视点相关的屏幕误差,由于计算精确的视点相关屏幕误差较为耗时,因此有的文献提出了一些牺牲精度的快速计算方法,还有一些文献则应用视点无关的静态误差。另一类误差本质上可以认为是纹理空间的误差准则,基于此种准则生成的地形网格与真实地形的接近程度弱于前者,但是也在视觉可接受范围之内,不逊于静态误差准则。

本算法采用与视锥和屏幕相关的误差,即将弧段离散为一个线集,根据视锥参数和屏幕大小,直接计算出各个点在屏幕上的坐标(计算方法见 3.3.4 节),进一步计算出线集在屏幕上的长度,用来表示弧段的投影长度。节点边为球面弧线,所处层次越接近根节点,弧度越大。层号小于 9 的节点,将节点边细分后计算累加投影长度;其他层节点将边视为直线段计算投影。

当投影长度小于阈值时,节点不必再细分,阈值根据节点内纹理的分辨率确定,保证每个纹素映射到 1.5 个像素之内。

以上过程不需要访问外存数据,效率较高。但是由于没有利用包围盒,所以此时得到的地形网格不完整,在视锥边界处可能会缺少数据,如图 5-20 所示,窗口下方出现空白,即算法构造的地形网格并步完整。

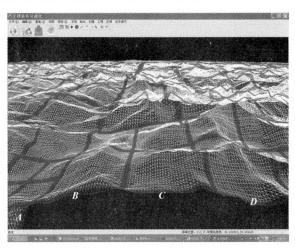

图 5-20　地形多分辨率模型初建结果

2. 初建模型的动态扩展

地形模型初建后,加载节点几何数据,然后进行动态扩展,算法为:

(1)对每个边界节点,依次判断其 4 条边界与视锥是否相交,如边界与视锥有交,则沿该方向扩展节点,如图 5-19 中节点 A 的右边界与视锥有交,沿该节点向右扩展新节点。

(2)如果扩展节点已符合误差要求,直接加入地形模型,否则细分处理。

(3)扩展节点仍属边界节点,需要继续判断是否需要扩展。

图 5-21 是对图 5-20 中的初建网格进行动态扩展的结果。

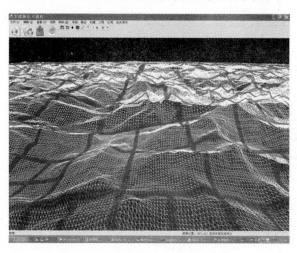

图 5-21　初建模型动态扩展的结果

动态扩展算法要解决两个问题:①如何判断四叉树中节点是否为边界节点;②如何判断节点的边界是否与视锥有交。

1)判断节点是否边界节点

地形网格采用四叉树结构表示,对于一个场景,初建算法得到不同层次的多个四叉树节点,这些节点在地理上不存在重叠。

图 5-22(a)所示为某一场景,经过地形初建得到的地形多分辨率模型,其中四叉树 4 个子节点按 0、1、2、3 的顺序进行编号,斜线填充的节点是不在地形网格中的节点,共有 35 个节点。

图 5-22(b)所示为地形网格所对应的四叉树形式,其中节点 A 是覆盖整个显示范围的节点,有矩形边框的节点是叶节点,没有边框的是中间节点。可以看出,叶节点分布在 4 个层次,但并不存在重叠关系。

需处理的是叶节点,判断节点是否边界节点,需要在图 5-22(b)的数据结构的基础上进行判断。

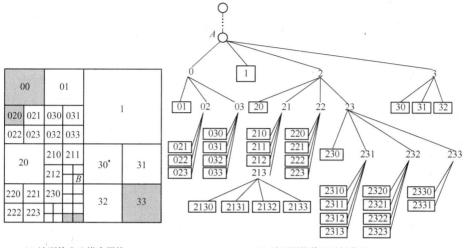

(a) 地形的多分辨率网格　　　　　　　(b) 地形网格的四叉树表示

图 5-22　某一场景地形的四叉树结构

（1）判断与节点处于相同四叉树层次的相邻 4 个方向节点是否在地形模型中。需要特别指出的是，相邻节点不一定是叶节点，如图 5-22 中节点 30，其左侧节点为节点 21，虽然节点 21 是中间节点而非叶节点，但是一样认为左侧节点已经在地形模型中。

由于每个节点在全球四叉树中都有唯一的编号，对于节点 (l,i,j)，需要判断节点 $(l,i-1,j)$、$(l,i,j-1)$、$(l,i+1,j)$ 和 $(l,i,j+1)$ 是否在四叉树中。判断 1 个节点是否在四叉树中的算法为

算法 5-3　判断节点是否在四叉树中的算法

```
01    int Algorithm_NodeInTree( int lc, int ic, int jc, QuadNode * root){
02        QuadNode * node = root;
03        while( node ! = 0){
04            for( 节点的各个子节点){
05                获得子节点的编码 layer, i, j;
06                if( layer == lc&&i == ic&&j == jc)
07                    找到欲判断节点, return 1;
08                else  if( ic == i >> ( lc - layer) && jc == i >> ( lc - layer))
09                    找到欲判断节点的祖先, node 设为该子节点, break;}
10            if( 未找到欲判节点祖先)
11                return 0;}}
```

（2）如果叶节点的同层 4 个方向相邻节点均在树中，则节点为内部节点，如

图 5-22 中节点 032。

（3）如相邻节点不在网格中，需沿四叉树父节点向上回溯，如果相邻的祖先节点在四叉树中，也表示当前节点不是边界节点。如图 5-22 中节点 030 的上方节点、节点 210 的左侧节点、节点 30 的上方节点等，都通过其祖先节点进行判断。

对于图 5-22，节点 1、01、021、022、20、220、222、223、2321、2322、2330、2331、32、31 等 14 个节点均为边界节点。

2）判断节点边界是否与视锥相交

此时不再基于球面进行判断，而必须根据实际的 DEM 数据进行判断：使用真实地形数据，按顺序遍历节点边界的顶点，如边界在视锥内外都有顶点，则边界与视锥有交。在上述过程中，只要出现视锥内外都有顶点的情况即可完成判断，终止遍历。

如图 5-23 所示，节点边界曲线为 12345，点 123 在视锥之内，点 45 在视锥之外，则该节点的该条边界与视锥有交，需沿该边界扩展节点。

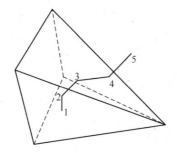

图 5-23　节点边界与视锥是否有交的判断

对于需要扩展的节点，加载该节点的地形数据，并加入到四叉树中，同时该扩展节点仍属于边界节点，需要进一步扩展。节点不再需要扩展的条件是：节点边界或者有相邻节点在四叉树中、或者完全在视锥之外。

5.5.2　基于形状的多数据集地形纹理拼接

为了增强地形显示的真实感，需以 DOM 影像作为地形的纹理。在 5.3.2 节已经阐述，由于遥感影像来源、分辨率的不同，划分为数据集进行存储管理。数据集在逻辑上同属于全球四叉树，各个数据集之间可存在重叠，绘制时需确定以哪个或哪几个数据集的数据作为纹理。下面阐述作者提出的基于形状的多数据集纹理拼接方法[25]。

1. 纹理选择策略

作为纹理的各影像数据集的覆盖范围可存在交叠,对于确定的每个四叉树节点,还存在采取何种策略来利用各个数据集的数据构造地形纹理的问题。

如图 5-24 所示,数据集 B、C 的形状并不规则。数据集 B 和 C 不相交,但是数据集 A 和 B、A 和 C 都存在交集。

对于图 5-24 中的四叉树节点 4、11、12,只有数据集 A 具有对应的纹理数据,所以只能选择其中的 DOM 数据;对于其他四叉树节点,则有 2 个以上的数据集都有数据,如节点 7 涉及 3 个数据集。

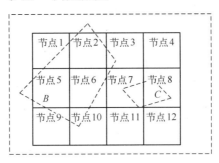

图 5-24　多数据集地形纹理

对于有多个数据集覆盖一个节点的情况,构造相应节点地形纹理的策略有两种:一种是直接选择其中一个数据集的影像作为该节点的地形纹理,不考虑其他数据集;另一种是将多个数据集的影像拼接构成该节点的地形纹理。

采用前一种策略存在的主要问题有:①如果以低分辨率数据集的内容构造纹理,如对于节点 1,选择数据集 A 的影像构造纹理,则在地形实时显示时未能充分利用数据资源,且用户无法知道哪个位置具有更高精度数据,使用不便;②如果以高分辨率数据集的内容进行显示,如对于节点 1,选择数据集 B 的影像构造纹理,则会出现无效区域,影响显示效果。因此必须进行多数据集影像拼接来构造地形纹理。

2. 基于像素的数据集拼接

最简单的拼接是基于像素值进行拼接:对数据集按精度高低进行排序,按顺序取四叉树相应节点影像数据;设定某一阈值(RGB),逐像素进行判断,小于该阈值认为是无效值,取下一数据集的相应像素值;如此反复进行,直到节点中所有像素都为有效值。

基于像素的拼接方法的最大问题在于任何阈值都无法保证绝对正确的显示效果,即使是取(0,0,0)作为阈值,也无法保证可以正确处理所有情况,因为影像数据中本来就存在各种数据值,同时在由高精度影像逐层采样建立层次细节的过程中,将使得边界像素颜色值发生一定改变。导致的效果有两种:一种是产生"黑边"现象,数据集的边界处出现明显不正确边缘,这是因为所取阈值过大,将高精度数据集中一些边界上点误判为有效点;另一种是产生"渗透"现象,即将高精度数据中一些有效值误判为无效值,使得低精度数据斑驳出现在高精度影像中,这对于高精度数据内部的比较暗的区域尤其明显。

基于像素的拼接方法的另一个显著缺陷是由于判断需要逐像素进行,而且可能涉及多个数据集,因此效率较低。

3. 基于形状的数据集拼接

针对多数据集拼接构造地形纹理的需求和基于像素拼接存在的问题,提出了一个基于几何形状来支持高效正确拼接的方法。用数据集精确的外接多边形来表示多边形的形状,而在拼接时利用该多边形进行拼接。

数据集形状多边形结构定义如下:

```
Struct CDataSetPolygon{
    int    m_RootLayer,m_RootI,m_RootJ,m_Height;
    CPolygon m_Contour};
```

其中,(m_RootLayer , m_RootI , m_RootJ)为数据集根节点的编码;m_Height 为数据集的树高度,即共有多少层;m_Contour 定义了数据集的外接多边形,由一系列点按逆时针顺序组成。

基于数据集形状多边形构造地形纹理的基本思想为:首先依据各个数据集的精度对数据集进行排序,取节点影像时,按顺序访问数据集;对于当前节点地形纹理图像的每一扫描线,与数据集形状多边形求交,求交的结果以该数据集影像数据进行填充,而无交的部分则继续由后续的数据集处理;如此反复进行直到节点影像拼接完成。

定义描述节点地形纹理图像中扫描线的数据结构如下:

```
Class CLineSeg {
    int    m_Segs;
    double* m_pSeg;
    double  m_Lat;};
```

其中,m_Lat 表示该扫描线的垂直坐标,即在全球经纬度坐标系下的纬度值;m_Segs 表示该扫描线还剩余几段数据未被处理;m_pSeg 表示每个剩余段的水平坐标区间。如图 5-25(a)所示,在未进行任何拼接时,所剩段数 m_Segs 为 1,m_pSeg 中有 2 个值,分别是点 A、B 的水平坐标;该扫描线与某一数据集的交为线段 CD,如图 5-25(b)所示,处理完该数据集后,m_Segs 为 2,m_pSeg 中有 4 个值,按顺序分别是点 A、C、D、B 的水平坐标。

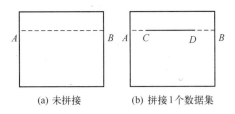

(a) 未拼接　　　　(b) 拼接1个数据集

图 5-25　地形纹理拼接用扫描线

基于形状多边形拼接生成四叉树节点地形纹理的算法如下。

算法 5-4　基于形状多边形的四叉树节点地形纹理生成算法

```
01    NodeTextureGenerate(四叉树节点,有序数据集集合){
02        CLineSeg seg[256];
03        for(所有数据集){
04            bool flag=1;
05            for(i=0;i<256;i++){
06                if(扫描线中有剩余段)flag=0;
07                扫描线中剩余段与与数据集的形状多边形求交;
08                对于求交的结果区间,取数据集中对应影像像素作为地形纹理值;
09                Seg[i]减去求交结果;}
10            if(flag==1)则所有的扫描线都没有剩余段,节点地形纹理构造完毕;}}
```

在上述算法中,为进一步优化速度,扫描线与数据集形状多边形求交采用以下技术:①将多边形所有顶点按 y 坐标进行排序;②以排序后的顶点将 y 方向分割成多个区间,每个区间按 x 坐标顺序存放经过该区间的多边形边,所有区间组织为一个数组;③扫描线与多边形求交时,对上述区间数组应用折半查找,在 $O(\lg n)$ 的时间内即可确定与扫描线可能有交的所有边;④扫描线中剩余线段与上一步确定的边求交,如图 5-26 所示,扫描线1需要与形状多边形的四条边求交,而扫描线2只需与形状多边形的两条边求交。

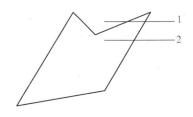

图 5-26　扫描线与数据集形状多边形求交

在求交的第④步,首先要求得扫描线与边的所有交点,然后判断扫描线的起点是否在多边形之内。如果起点在多边形之外,如扫描线1,则第1个交点开始为相交段的起点,第2个交点为相交段终点,如此交替进行直到扫描线终点;如果起点在多边形之内,如扫描线2,则按起点和第1个交点、第2个交点和第3个交点、……依次交替进行,构成相交段。

基于形状多边形的地形纹理构造方法具有如下优点:基于精确的数据集边界来构造地形纹理,拼接非常准确,完全避免了"黑边"和"渗透"现象;一次处理一段数据;不需要逐像素比较,效率很高。

4. 数据集形状多边形构建方法

构造正确的数据集形状多边形是实现多数据集地形纹理拼接的关键,必须构造相应的算法实现。分析遥感数据的来源,需要针对两种情况设计算法:第一种情况是遥感影像一幅幅获得,并逐个加入数据集中,此时每一幅遥感图像根据其成像位置、倾斜角度等参数,可以获得其成像区域的准确的多边形表示,而各幅影像之间存在重叠,此时通过求各幅图像的多边形的并来生成数据集的形状多边形;另一种情况是数据来源中并没有提供影像的精确的几何信息,如有些海岛遥感影像,其有效区域仅仅是陆地部分,海面部分都是无效值,形状非常不规则,此时要利用影像数据生成数据集形状多边形。下面分别阐述相应实现算法。

1) 求并构建形状多边形

开始时,数据集的形状多边形为空,每加入一幅遥感影像,将该影像对应的外接多边形与数据集当前形状多边形求并,当所有遥感影像加入完成后,数据集形状多边形也同时建立完毕。

平面简单多边形的布尔运算是计算几何、计算机图形学中的基础问题之一,在几何和实体造型等领域有着广泛的应用价值。在任意形状多边形的裁剪算法——Weiler - Atherton算法的基础上,设计并实现多边形的求并算法。

Weiler - Atherton裁剪算法的原理:被裁剪的多边形简称为主多边形,裁剪区域称裁剪多边形。将主多边形和裁剪多边形定义为顶点的环形列表,多边形取相同的时针方向。主多边形和裁剪多边形如果相交,则交点必然成对出现,其中一个交点为主多边形进入裁剪多边形内部时的交点,而另一个交点为离开时的交点。算法从进入交点开始,沿主多边形跟踪,直到找到下一个交点;在交点处切换到裁剪多边形,沿裁剪多边形进行跟踪;继续上述跟踪过程,直到回到跟踪起点。

对上述算法稍加调整即可用于多边形求并:不由交点开始跟踪,而是由主多边形在裁剪多边形外部的一个顶点开始跟踪,其他保持一致。如图5-27(a)所示,第一幅影像的外接多边形为*ABCD*,第二幅影像的外接多边形为*abcd*,交点为1和2。以 *ABCD* 为主多边形,*abcd* 为裁剪多边形,则裁剪的结果为1*B*2*d*,求并的结果为*A*1*abc*2*CD*。

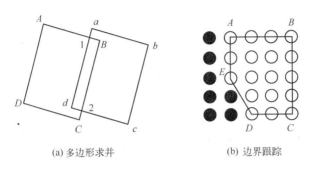

(a) 多边形求并　　　　　　　　(b) 边界跟踪

图5-27　数据集形状多边形构建

2) 数据集边界跟踪构建形状多边形

首先根据遥感影像无效值确定跟踪起点;然后由起点开始沿像素的8邻域进行跟踪,如果某个方向的像素为有效值,则前进到该像素;如此反复进行直到跟踪回起点。如图5-27(b)所示,黑色表示无效区域,白色为数据集有效像素,由 *A* 点开始跟踪,结果多边形为 *ABCDE*。在上述跟踪过程中,并不是跟踪到的两个像素之间直接构成形状多边形的一条边(将导致形状多边形本身边数过多,无法满足效率需求),而是需要进行向前回溯,在当前像素与上一像素的更前像素间构造直线,如果上一像素落在该直线之上或距离该直线的距离在一定的容差之内,则剔除上一像素,在当前像素与更前像素之间构造边。如图5-27(b)所示,形状多边形各边都是跟踪多个像素得到。

图5-28为利用多数据集遥感影像拼接结果作为地形纹理绘制的结果,该场景中共有4个数据集的影像数据同时使用。

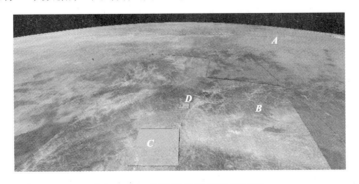

图5-28　多数据集影像拼接结果

5.5.3 其他关键技术

海量地形实时绘制还需要解决效率、效果等方面的诸多问题。

1. 裂缝消除

在地形绘制中，由于同一区域内同时存在不同分辨率的多边形，两个不同 LOD 层次的数据块之间往往会出现"裂缝"。早期一些学者在裂缝处将高分辨率顶点强行拉向相邻低分辨率层次的边界上，以达到闭合目的。这样做虽然不会增加额外的面片，但事实上以损失裂缝处地表精度为代价，并且不能完全消除裂缝，局部区域容易产生 T 形连接。更多的实时地形绘制算法采用的是继续分裂相邻面片中低分辨率的面片，使得在相邻不同细节层次的边界处高程采样点数量相等，从而达到消除裂缝的目的。

对于二叉树，消除裂缝的递归过程通常可以和地形简化同时进行。对于四叉树的数据结构，消除裂缝的方法比较复杂，也很多样。受限四叉树方法是最具代表性的方法，其原则就是要满足所有相邻四叉树节点间细节层次的差不大于一层，但是会产生许多不必要的三角形。还有些算法将模型简化和裂缝消除分两个步骤进行：①不考虑裂缝问题，对原始地形自顶向下递归剖分，建立地形四叉树，并且建立层次叶节点队列；②根据叶节点队列自底向上，将与当前叶节点相邻的低分辨率节点递归分裂，从而达到修补裂缝的目的。

由于目前算法多为后 GPU 算法，所以裂缝的消除主要体现在如何消除块之间的裂缝。Ulrich 提出了"裙边"技术来消除裂缝，但是该方法本身几何是不连续的，对于纹理地形可以取得不错的视觉效果，但是如果加入法向和光照，其效果很差，基本不可用。Losasso 使用过渡带（Transition Regions）连接两个细节层次，避免了 T 形连接，同时使用了 GPU 的顶点着色器（Vertex Shader）实现，是一种适合于现代图形硬件的基于 GPU 的解决方案。

高分辨率数据抽稀和低分辨率数据加密的方法往往应用在相邻块大小相同的情况，而前述算法构造的地形网格中四叉树节点邻接关系复杂，为此设计了低分辨率节点加密的裂缝消除算法。

每个节点分为内部区域和 4 条边界区域，如图 5-29（a）所示。除了 4 条边之外的网格，属于内部区域，内部区域直接以三角形带进行绘制。边界区域以图 5-29（a）中 4 个角位置处的虚线作为分界，将边界划分为上、下、左、右 4 个边界区域，分别进行处理。

边界区域分为两种情况：①如节点在该侧相邻的节点层号小于等于当前节点的层号，则直接将该区域作为一个三角形带绘制，如图 5-29（b）中节点 B 的左侧、节点 C 的 4 个边界区域等都可直接绘制；②如节点在该侧相邻的节点层号大于当前节点的层号,则该边界区域加密顶点构造三角形扇,如图5-29(b)中节点 A 的右侧、节点 B 的下侧,对于每个网格,取出相邻节点落在网格范围的所有顶点,构成三角形扇。

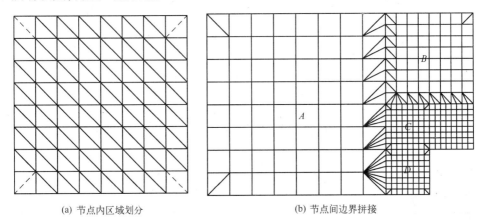

(a) 节点内区域划分　　　　　　　　(b) 节点间边界拼接

图5-29　地形拼接技术

　　上述算法针对4个边界区域实现,需得到相邻节点的列表(按位置排序,以获得数据),当前节点编号为 (l,i,j) ,以右边界为例,算法如下。

算法5-5　右边界相邻节点获得算法

```
01    int GetAdjaceNodeList(四叉树节点,List < QuadNode > & list){
02        while(1){
03            if(节点(l,i+1,j)在地形四叉树中,且为叶节点)
04                可以直接绘制,list. append(节点(l,i+1,j));return;
05            if((i+1)&2 ==1)
06                表示当前节点在其父节点中非最靠右侧节点,不能继续向上回溯;
07                break;
08            l-- ;i/ =2;j/ =2;向上回溯,查找父节点的相邻节点;}
09        while(1){
10            l++ ;i=2*i+1;j* =2;
11            for(k =j;k <2;k ++ )
12                GetAdjaceNodeList_Recur(l,i,j,list);}}

13    GetAdjaceNodeList_Recur(int lc ,in tic ,int jc , List < QuadNode > & list){
14        if(节点(lc,ic +1,jc +1)不在四叉树中)return;
15        if(节点(lc,ic +1,jc +1)为叶节点) list. append(节点(lc,ic +1,jc +1));return;
16            lc ++ ; ic =ic *2+1;jc * =2;
```

17　　　　　　　for(k = j ; k < 2 ; k ++)
18　　　　　　　GetAdjaceNodeList_Recur(1,i,j,list) ; }

上述算法首先在当前层判断节点的右侧节点是否是四叉树中的叶节点；如果不是则向上查找是否有符合条件的祖先节点，向上查找的条件是节点属于父节点 4 个子节点中的右侧节点，否则没有必要回溯。如果满足这二者之一，则当前节点与相邻节点比，属于高分辨率节点，可直接绘制边界部分。

如不是高分辨率节点，则需向下查找相邻的四叉树叶节点，采用递归的方法实现，递归的终止条件是找到相邻叶节点或者对应叶节点不在四叉树中，对于符合条件的中间节点则需递归分解。如对于图 5-29（b）中节点 A，其同层的右侧节点显然为中间节点；向下一层查找，找到的节点 B 已经是叶节点，可以加入到列表中；B 下方的节点显然是中间节点，需要继续向下一层查找，得到节点 C、D，加入到列表。最后节点 A 右侧的相邻节点为 B、C、D，再进行拼接。

2. 浮点误差问题的解决

很多研究建立多个局部坐标系来解决浮点精度不足导致的"wobbling"现象，本算法构造了一种非常简单的方法，在全局坐标系下解决此问题。

如果场景范围很大，则小的实体将不可见，不会产生"wobbling"现象；当场景范围较小，同时绘制地形和实体时，实体产生"wobbling"现象。此时，虽然全球坐标系下的地形数据和实体数据坐标的范围仍然很大（正是这一点造成的精度不足），但是落在场景中的区域相较于整个地球表面只是很小的范围。如果对数据适当转化，控制发送到 GPU 的数值范围，则可以有效利用 32 位浮点数的精度范围。

采用将所有顶点平移至视点为原点的坐标系下再进行绘制的方法：获取当前视点位置；对于地形网格节点中的每个顶点，分别减去视点坐标然后发送到 GPU；对于实体也同样处理；修改当前视点位置，视线等不变，在此参数下进行场景绘制。经此变换，坐标取值区间大为缩小，完全避免了"wobbling"现象。

3. 数据加载与计算

地形网格四叉树中的叶节点是实际构成地形网格的节点，称为"活动节点"。由于帧间的相关性，大部分活动节点的数据已经加载到内存并处理完毕，需实时更新的数据量一般很少。由于数据已经分割为节点进行存储，所以建立节点缓存来进行数据调度。而当从外存加载数据时，需进行如下处理。

1）高程数据快速生成三维坐标

根据节点的经纬度范围确定每个采样点的经纬度坐标,然后根据各点的高程值,计算大地坐标,见 2.3.1 节式(2-113)。

其中三角函数计算比较耗时,而对于同一节点内的各采样点,不同的经度值和纬度值都只有 33 个,因此预先计算并存储在数组中,计算每个点坐标时直接访问数组;同时由于不同的经纬度值构成一个等差序列,因此利用式(5-7)计算经度数组和纬度数组,这样只需计算最小经纬度的正弦余弦和差值的正弦余弦,每个节点只需 4 次三角函数计算。

$$\begin{cases} \cos(\alpha + \beta) = \cos\alpha\cos\beta - \cos\alpha\cos\beta \\ \sin(\alpha + \beta) = \sin\alpha\cos\beta + \cos\alpha\sin\beta \end{cases} \tag{5-7}$$

2）法向的计算

光照可以有效增强地形真实感,需要正确计算法向,顶点法向是所有相邻三角形法向的平均值。节点最外的两行、两列顶点需要拼接,其相邻三角形在不同视点下并不一定相同,因此预先计算内部顶点的法向(计算方法见 5.2.3 节)。对于边界处需要拼接的区域(一般涉及边界处 2 行或 2 列),有些点如角点可能会涉及多个节点,其法向计算叶采用类似于 5.2.3 节所描述的技术,只是需处理的点更多、更复杂。

3）纹理对象生成

前面阐述了纹理的拼接技术。由于纹理数据量大,生成纹理对象可以将数据驻留在显存中,提高效率。因此,纹理数据加载时,生成纹理对象,不再需要时删除纹理对象。纹理的采样方式必须设置为最近邻采样,纹理坐标的 wrap 方式必须设置为 clamp 模式,否则节点间纹理会出现缝隙。由于纹理已经分割为四叉树节点,所以每个点的纹理坐标固定。

5.5.4 绘制效果与效率分析

1. 绘制效率分析

实现了全球地形可视化系统,系统运行在 3.0G 双核 CPU、7200 转 SATA 硬盘、Geforce 8800GT 显卡(1G 显存)的普通微机上,几何数据共 6.2G 数据,组织为 4 个数据集,包括 3 种不同分辨率的数据,影像数据共 15.8G(压缩后,原始数据量 480G),组织为 10 个数据集,分辨率最高 0.2m,最低 1000m,窗口大小 1276×892。

系统平均漫游速度达每秒 95 帧以上。表 5-2 为两帧场景中算法各步骤数据和耗时情况,帧 1 视线倾斜程度大于帧 2,因此其节点总数和活动节点数(叶节点,参与构建地形多分辨率模型)都大于帧 2。

表5-2　算法各步骤分析

场景＼耗时	节点总数	活动节点数	扩展节点数	更新节点数	初建用时/ms	扩展用时/ms	加载数据用时/ms	拼接用时/ms	绘制用时/ms
场景1	236	145	8	5	2.1	0.9	6.2	0.1	6.9
场景2	111	67	0	1	1.8	0.7	1.1	0.1	3.8

分析算法各步骤,有如下结论:①扩展节点数量相对较少,因此基于球面的地形模型初建非常有效;②由于帧间的相关性,每个场景中需要更新数据的节点数非常少,在场景变化小的时候甚至经常为0;③更新节点数据是算法中比较耗时的部分,不仅取决于坐标计算、纹理对象生成等,也与外存密切相关,所以各个节点实际所需时间有较大浮动;④模型初建和扩展耗时基本稳定,与视点和视线方向有关;⑤绘制时间与数据量成正比,基本稳定在7ms以下。

2. 绘制效果

实现了多种地形显示方式,包括纹理地形显示、地形网格显示、基于一维纹理的分层设色地形显示、光照与分层设色结合的地形显示、加入光照的纹理地形等。

1）网格形式显示

如图5-30所示,以线段绘制地形模型中各个三角形,可以得到地形的网格形式显示效果。每个四叉树内部节点以白色线段绘制,边界拼接处以蓝色绘制。图5-30(a)为全球地形网格显示,可以看出,节点只包括面向视点的节点,背向视点的节点并不参与地形模型的构建。图5-30(b)为局部地区的地形网格显示,可以看出,根据近大远小的LOD原则,离视点越远,节点在四叉树中的层次越高、越靠近根节点。

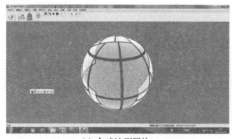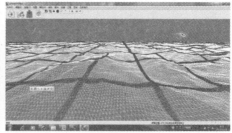

(a) 全球地形网格　　　　　　　　　　　　　(b) 局部地形网格

图5-30　网格显示地形

2）分层设色显示

分层设色法的原理见5.2.1节,其实现是基于5.2.3节的一维纹理技术。

图 5-31 是同一地形,采用不同的颜色映射表得到的绘制结果。

(a) 第一种颜色表　　　　　　　　　　　　(b) 第二种颜色表

图 5-31　分层设色显示地形

3）光照与分层设色结合显示

单纯的分层设色技术仍然存在真实感不强的问题,为此可以为场景加入光照,图 5-31 中两幅图加入光照后效果如图 5-32 所示。

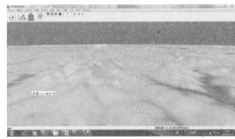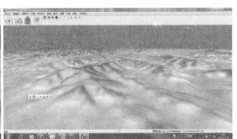

(a) 第一种颜色表　　　　　　　　　　　　(b) 第二种颜色表

图 5-32　分层设色加光照显示地形

4）纹理地形显示

以 DOM 影像作为纹理,叠加在地形网格上,得到具有真实感的地形场景。图 5-33 分别为全球和局部的纹理地形。

(a) 全球地形　　　　　　　　　　　　　　(b) 局部地形

图 5-33　纹理地形

5）光照纹理地形显示

为纹理地形加入光照,进一步增加真实感。图 5-33 中两幅图加入光照后,其效果如图 5-34 所示。

(a) 全球地形　　　　　　　　　　　　　　(b) 局部地形

图 5-34　纹理加光照显示地形

6）拼接效果

以上各图都是根据算法,对节点之间进行拼接后得到的效果,如果不进行处理,在各节点边界处会出现明显的缝隙。图 5-35(a)为边界未拼接的地形网格显示;图 5-35(b)为对应的未拼接纹理地形,在节点边界处有明显缝隙。

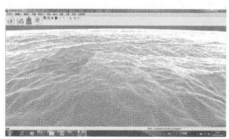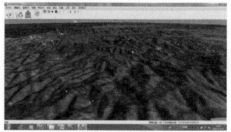

(a) 网格显示　　　　　　　　　　　　　　(b) 纹理显示

图 5-35　边界未拼接的地形

5.6　量测与打印输出技术

除实时绘制外,基于 DEM 数据进行量测分析、将绘制结果打印为纸质地图等也有很多应用需求。

5.6.1　基于海量 DEM 数据的量测

1. 基于海量 DEM 数据的体积计算快速算法

在 GIS 领域,体积是指空间曲面与某一基准面之间空间的体积,随着基准面高程的变化,空间曲面的平均高程可能低于基准面,出现负体积的情况,这在工程中称为填方,反之称为挖方。山体体积计算或挖填方体积计算是岩土工程、土木工程和地质工程领域的一项重要工作。

1) 算法原理

基于 DEM 的体积计算本身非常成熟,面临的问题是海量数据带来的速度与精度之间的矛盾:目标区域的范围可能很大,无法将全部最高精度数据读进内存进行处理,即使可以分块计算然后累加结果也存在速度瓶颈;如果取四叉树某一中间层数据进行计算,由于中间层数据是由最底层数据插值得到,必将牺牲精度;此外,四叉树的非均衡要求算法能同时处理不同分辨率数据,导致运算复杂。

提出如下思想进行体积计算:

(1) 预处理。首先设置体积计算的基准平面,然后预先计算出每个四叉树节点处的累加体积并存储:对于四叉树的最底层(最高精度数据),累加体积为其中的 1024 个网格体积之和;对于以上各层四叉树节点,累加体积为该节点的 4 个子节点累加体积之和。每个节点处的累加体积都由最高精度 DEM 数据计算而来,没有任何精度损失。

(2) 目标区域体积计算。基本思想是由四叉树的根节点开始计算,逐步细分直到最底层。对于处理的每个节点,首先判断目标多边形与该节点 4 个子节点的位置关系存在 3 种不同位置关系:①如子节点与目标多边形相交,继续细分;②如目标多边形包含子节点,取该子节点的累加体积并加到输出结果;③如子节点完全落在目标多边形之外,丢弃。如图 5-36 所示,在四叉树第 1 层,目标多边形与各个子节点都相交,继续细分;在第 2 层,节点 12 完全为多边形覆盖,节点 20、22、23 被完全排除;如此逐步细分,直到四叉树的最底层。细分过程将排除掉大量多边形的外部节点,同时直接得到大量多边形内部节点的累加体积,上述两类节点都不需要继续细分,最终需计算的只是目标多边形边界所经过的少量节点,提高计算速度。

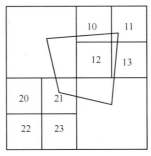

图 5-36　目标区域与节点的位置关系

　　对于四叉树的最底层数据,根据不同处理策略设计体积计算的精确算法和近似算法。

2)累加体积数据文件的结构与生成算法

　　由于数据量非常庞大,DEM、DOM 甚至累加体积数据本身都不可能全部读进内存进行处理,而只能在计算时根据需要从磁盘获取。较之于内存中的操作,磁盘操作的速度要慢几个数量积,因此尽量减少磁盘操作的次数是提高速度的关键。

　　算法中有 3 个环节会导致磁盘操作:判断节点是否最高精度数据、获取节点累加体积值、获取最底层节点的 DEM 数据。由于 DEM 数据量大,获取最高精度 DEM 数据对精确计算必不可少,所以累加体积数据存储方案要对前两个环节进行优化,近似算法是为了完全去掉第三个环节。

　　最直接的累加数据存储方案是将累加体积数据存储在对应节点的 DEM 文件中,但这将使得上述 3 个环节都需要查找文件、打开文件、读数据等磁盘操作。其中查找文件和打开文件操作由于要查找多级文件目录,会导致频繁的磁头移动,最为耗时。

　　优化思路是利用累加体积数据单独构造一四叉树,并存储为一个文件。

　　(1)数据量分析。累加体积数据文件针对每个数据子集建立,对于每个累加体积数据文件的数据量分析如下:DEM 数据以单精度浮点形式表示,累加体积数据以双精度浮点形式表示,DOM 数据压缩为 JPEG 格式,则 DEM + DOM 的数据量一般在累加体积数据量的 2000 倍以上,再为累加体积数据加上其他必要信息,该比例也在 1000 倍以上;对于 FAT32 格式的文件系统,单个文件最大尺寸为 $2^{32} - 1$ 字节,对于 NTFS 格式的文件系统,单个文件最大尺寸为 $2^{44} \sim 2^{16}$ 字节,完全可以支持在这种比例关系下生成的累加体积数据文件。

　　(2)累加体积数据文件的结构与生成算法。结构设计要满足以下要求:保证体积计算算法顺序访问文件内容;对目标区域完全包含的节点和完全不相交的节点,忽略其子树,因此文件结构要支持由一个节点直接访问其兄弟节点;可判断节点是否为四叉树最底层节点。

　　定义文件中每个节点记录的结构如下:

```
class CVolumeNode{
    double    m_Volume;
    long int    m_NextNode;};
```

文件中每个节点记录占 16 个字节。其中,m_Volume 为节点的累加体积;m_NextNode 为指向节点兄弟节点的指针,定义为兄弟节点与本节点之间相差的节点个数,值等于节点子树中所有节点个数加1。在计算算法中,如果要忽略某一节点的子树,则根据 m_NextNode 的值直接访问其兄弟节点;如果 m_NextNode 值为1,则节点为四叉树最底层节点,表示最高精度数据。

由 DEM 四叉树生成数据文件的算法如下。

算法5-6　体积计算累加数据文件生成算法

```
01    void CreateVolumeFile( ) {
02        获取四叉树的根节点 root;
03        创建累加体积数据文件;
04        定义文件指针,控制数据写入位置,long int FilePtr = 0;
05        调用递归函数 VolumeOfNode( FilePtr, root);}

06    double VolumeOfNode( long int& FilePtr, Node) {
07        if( Node 代表最高精度数据){
08            VolumeNode. m_Volume = 该节点中 32 × 32 网格的体积和;
09            VolumeNode. m_NextNode = 1;
10            将 VolumeNode 写入文件中偏移为 FilePtr 处;
11            FilePtr += 16;
12            return VolumeNode. m_Volume;}
13        long int temp = FilePtr;
14        FilePtr += 16;//预留本节点的空间
15        取该节点的四个子节点 SubNode0, SubNode1, SubNode2, SubNode3;
16        VolumeNode. m_Volume = volume0 + volume1 + volume2 + volume3;
17        VolumeNode. m_NextNode = ( FilePtr - temp)/16;
18        将 VolumeNode 写入文件中偏移为 temp 处;
19        return VolumeNode. m_Volume;}
```

其中函数 VolumeOfNode( )以递归方式实现核心算法,算法原理是按深度优先顺序进行四叉树遍历,文件指针控制数据写入位置,生成代表累加体积数据四叉树的顺序文件。在遍历过程中有向下访问和向上回溯两个环节。向下访问时,在文件中为节点记录预留空间并将节点记录初始化为0,在回溯过程中得到节点记录值并写入文件。

图5-37(a)为一个四叉树结构,图5-36(b)、(c)描述其生成累加体积数据文件的过程(图中每行表示一节点记录,左侧为体积值、右侧为兄弟节点的偏移,垂直向下表示由文件开始向后增长的方向)。

图5-37(b)表示按深度优先顺序访问根节点 0→子节点 00→子节点 000→子节点 001→子节点 002→子节点 0020→子节点 0021→子节点 0022→子节点

0023 的过程：节点 0、节点 00 和节点 002 不是叶节点，在向下访问过程中，节点中的值还不确定，只是在文件中预留空间；节点 000 和节点 001 是最底层节点，计算出节点内所有网格的体积和（S000 和 S001）存储在文件中，其兄弟节点指针都为 1；继续访问节点 0000、0001、0002、0003，这几个节点都是叶节点，计算体积并存储，访问完毕后回溯到父节点，计算得到 S002 的值，其兄弟节点偏移为 5。

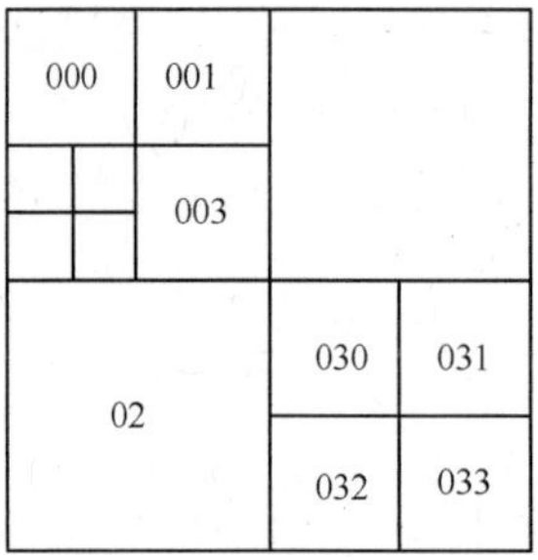

0	?
0	?
S000	1
S001	1
0	?
S0020	1
S0021	1
S0022	1
S0023	1

S0	17
S00	9
S000	1
S001	1
S002	5
S0020	1
S0021	1
S0022	1
S0023	1

S003	1
S01	1
S02	1
S03	5
S0030	1
S0031	1
S0032	1
S0033	1

(a) 四叉树　　　　(b) 生成累加数据过程　　　　(c) 累加结果

图 5-37　累加数据文件生成

图 5-37（c）表示遍历完四叉树之后数据文件的内容。

（3）优化原理。以上设计之所以可以提高速度，有 3 个原因：①打开文件操作只有一次，减少大量的磁头移动操作；②在文件中包含了节点是否为叶节点信息（通过兄弟节点的偏移值判断），避免查找文件操作，也减少大量磁头移动操作；③获取累加体积数据时，由于现代操作系统和磁盘控制器都具有缓存机制，而数据文件结构的设计使得体积计算算法基本按顺序读取累加体积数据，这样，相当多的读数据操作表面看是从文件中读，实质上从内存中直接取数据，即使数据不在内存中，也可保证磁头移动距离最短。

进行磁盘整理将使得数据文件在磁盘上占用连续的物理空间，优化效果更明显。

3) 体积计算精确算法

基于以上算法思想和累加体积数据文件结构，分别设计海量 DEM 数据体积计算的精确算法和近似算法，首先讨论精确算法。体积计算算法与数据文件生成算法按相同顺序进行四叉树遍历，算法仍基于递归实现，调用递归函数的过程不再描述，核心算法如下。

算法 5-7　海量数据体积计算精确算法

01　VolumeOfDem(double& Volume, long int& FilePtr, Square, Polygon) {

02　　　由文件偏移 FilePtr 处取数据到 VolumeNode 中;
03　　　if (VolumeNode. m_NextNode == 1) {　　//如果是最高精度数据
04　　　　　获取 DEM 数据与节点中网格求交,利用交结果计算出覆盖区域体积;
05　　　　　FilePtr += 16;
06　　　　　Volume += 覆盖区域体积; return; }
07　　　Square 所表示区域(节点)划分为子区域 SubSquare0 ~ 3;
08　　　判断多边形 Polygon 与 SubSquare0 的位置关系;
09　　　FilePtr += 16;
10　　　if(Polygon 与 SubSquare0 相交)
11　　　　　VolumeOfDem(Volume,FilePtr,SubSquare0,Polygon);
12　　　else if(Polygon 完全包含 SubSquare0) {
13　　　　　读文件中 FilePtr 处内容到 VolumeNode 中;
14　　　　　/获取该节点的累加体积加到输出中;
15　　　　　FilePtr += VolumeNode. m_NextNode; }
16　　　按同样原则依次处理 SubSquare1 ,SubSquare2,SubSquare3; }

相交区域的体积计算与前面的累加体积计算都需计算出单个网格内的体积值,单个网格体积计算的基本思想是以基底面积(对于整个网格,基底为矩形;对于相交网格,基底为多边形)乘以格网点曲面的平均高度。

求交结果有 3 种:

(1) 网格落在目标多边形之外,忽略。

(2) 网格整个落在目标多边形内,此时要计算整个网格的体积

$$V = \frac{Z_0 + Z_1 + Z_2 + Z_3 - 4H}{4} \times S \qquad (5-8)$$

式中,Z_i 为格网各个角点的高程;H 为基准面的高程;S 为格网的投影面积。

(3) 网格与目标多边形相交形成一个或多个输出多边形,计算方法为

$$V = \sum_i \left(\left(\sum_{j=1}^{n} \frac{Z_j}{n} - H \right) \times S_i \right) \qquad (5-9)$$

式中,i 表示遍历所有求交结果多边形;S_i 为各个相交多边形的投影面积;Z_j 为多边形各个顶点高程;H 为基准面高程。

累加体积数据预先选定某一固定基准面计算得到,实际计算中,所选基准面与预先选定的固定基准面会不一致,此时对于直接获得的节点累加体积数据,根据选择基准面与固定基准面的关系进行修正。

设预处理时固定基准面高程为 H_0,计算所选基准面高程为 H_1,从磁盘获得的节点累加体积值为 V_i,节点投影面积为 S_i,则值修正为

$$V = V_i + (H_1 - H_0) \times S_i \qquad (5-10)$$

4）体积计算近似算法

依据以上精确算法得到的目标区域体积，所有中间结果都利用最高精度 DEM 数据计算得到，故计算结果精度无损失。同时由于以上算法可以减少大量节点运算，速度得到优化。

精确算法运算时间主要消耗在处理最底层数据时的读取 DEM 操作，当目标多边形经过的最底层节点数目很多时，仍需相当长时间。为此，在以上高精度算法的基础上，设计近似算法，在牺牲少许精度的情况下，速度进一步得到极大提升。

近似算法的思路：在处理最底层节点时，不是读取节点 DEM 数据进行运算，而是利用多边形与整个节点求交，根据目标多边形与节点相交部分面积占整个节点面积的比例，利用节点的累加体积值估算相交部分体积。算法与高精度算法主要区别在于最底层节点处理方法。

算法 5-8　海量数据体积计算近似算法

```
01    VolumeOfDem(double& Volume, long int& FilePtr, Square, Polygon){
02        由文件偏移 FilePtr 处取数据到 VolumeNode 中；
03        if(VolumeNode. m_NextNode == 1){    //如果是最高精度数据
04            Polygon 与 Square 求交，相交部分面积为 S1，Square 面积为 S；
05            Volume += VolumeNode. m_Volume * S1/S；
06            FilePtr += 16；return；}
07        其他与高精度算法一样；}
```

近似算法与真实结果非常接近，有两个原因：①在目标区域中，一般情况下绝大部分节点都完全落在多边形内部，在运算过程中这些内部节点利用累加体积值得到精确结果，真正需要近似处理的最底层节点只是多边形边界所经过的少量节点，这些节点在整个目标区域中所占的比例很小；②最底层节点一般代表比较小的区域，地形已非常接近，利用算法中的算式进行估算，本身也非常接近真实结果。

算法具有速度快、精度高、适用于非平衡四叉树的特点。

2. 基于海量 DEM 数据的表面积计算快速算法

表面积计算算法与上述体积算法的思路、主要流程完全一致，区别在于表面积的计算。

将待分析区域与四叉树节点的求交结果分为三角形与任意形状多边形两类，虽在经纬度平面上计算，但实际位于空间某一平面上，需在空间计算面积，才能得到目标区域的表面积。

三角形的面积，采用海伦计算公式

$$\begin{cases} S = \sqrt{P(P - D_1)(P - D_2)(P - D_3)} \\ P = 0.5(D_1 + D_2 + D_3) \\ D_i = \sqrt{\Delta x^2 + \Delta y^2 + \Delta z^2} \end{cases} \qquad (5\text{-}11)$$

式中，D_i 为三角形两顶点之间的三维空间距离；P 为三角形周长之半；Δx、Δy、Δz 为顶点之间各方向坐标差。

求交所得到的任意形状多边形投影到平面上，然后计算面积。

如图 5-38 所示，三角形 ABC 为一四叉树节点 DEM 剖分所得，多边形 123456 为目标多边形与三角形求交结果。

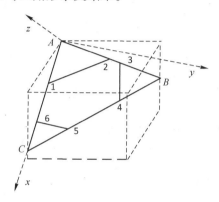

图 5-38　多边形面积计算

首先在三角形 ABC 所在平面建立笛卡儿坐标系。令 A 点为新坐标系的坐标原点，AC 为新坐标系的 x 轴，按右手法确定的平面法向作为 z 轴，再计算新坐标系 y 轴。

建立局部坐标系后，通过顶点矢量与坐标轴单位矢量的数量积，计算出所有顶点在新的坐标系下的坐标。

求得多边形所有顶点的平面坐标后，多边形面积为

$$S = 0.5 \sum_{i=1}^{n} \left[(x_{i+1} - x_i)(y_{i+1} - y_i) \right] \qquad (5\text{-}12)$$

除体积、面积的计算外，基于 DEM 还可以计算坡度、坡向，提取地形特征、水文特征，进行可视分析等。分析计算的传统方法和应用领域均比较成熟，如何基于海量数据进行分析与计算也具有一定的研究价值。

5.6.2　三维地形的高分辨率打印输出

虽然目前从台式机到移动设备都可以方便地使用地理信息资源，包括逼真的三维电子地图，但是纸质地图仍不可能被完全替代。三维纸质地图由于其具

有显示幅面大、信息丰富等优点,在国土资源、地质以及军事等方面都有广泛应用。而在一些应用场合,需要以大型制图设备打印输出具有极高分辨率的三维纸质地图。

1. 相关研究及问题分析

一般的三维电子地图系统往往采用屏幕抓屏的方式输出图像,或者读出直接绘制在帧缓存中的图像数据,前者的分辨率很低,如 1280×1024,帧缓存可以达到的分辨率也有限,目前一般不超过 8192×8192。这些方法不能像二维电子地图一样输出大幅面、高质量的纸质地图。

屈红刚等[26]利用 OpenGL 的反馈模式将三维场景投影到二维,获得二维坐标和颜色信息,然后利用图形设备接口 GDI + 将反馈数组中的数据打印。由于 GDI + 无法对纹理进行有效支持,所以该技术仅限于线框图或无纹理场景的输出。另外,由于场景中实体、地形等往往是细分之后再绘制(或者选择合适的层次细节),而所用帧缓存分辨率很低,在该分辨率下的细分表面(或层次细节)按矢量形式放大输出,曲面不够连续。

张剑波等[27]将投影平面按照一定网格单元大小进行分割,然后通过调整投影矩阵的参数依次独立地绘制各单元区域,最后将独立绘制的图像序列拼接得到满足分辨率需求的输出图像。其关键技术是获得 OpenGL 中的透视投影矩阵,然后修改矩阵的比例变换因子和平移变换因子来实现独立绘制投影到各个网格的内容。马照亭等[28]除讨论了透视投影情况下的输出方法,也分析了平行投影下的输出技术,而在图像拼接上则应用了内存映射文件的方式,其核心技术仍然是直接修改投影矩阵元素值以分块输出。

李锋等[29]根据投影变换矩阵反算描述视锥的 6 个参数,然后根据网格划分计算所对应的子区域的视锥参数,以此实现分块绘制,图像拼接也采用了内存映射文件。此外还讨论了图面整饰以及像素质量控制等具体技术。

目前,三维电子地图的高分辨率输出都采用控制投影变换矩阵分块输出然后拼接图像的思路,现有研究成果存在 4 点需要改进的地方:

(1)缺乏三维电子地图中对象绘制细节控制的研究。场景中最重要的是三维地形,海量地形数据的绘制需采用多分辨率模型,高分辨率输出如采用低分辨率屏幕绘制的数据,效果显然不理想。如采用由视点到数据块中心距离、节点边长、精度控制参数等确定数据块调度优先级(这是地形层次细节算法经常采用的一种技术),由于生成输出图像后才可观察到效果,才能调整精度控制参数,不便于使用。实体绘制也涉及此问题,在屏幕实时绘制时,有些投影面积很小的实体可以不绘制,有些实体采用较粗的层次细节,这些在高分辨率输出时需要调整。

（2）"分而治之"策略应用到输出,而未应用到输入。针对每个要输出的分块图像,绘制的仍是整个场景,这不但影响效率,而且在有些情况下绘制数据量可能会超出显卡处理能力。地形及其纹理往往是海量数据,绘制时按照层次细节加载并完成绘制,要输出极高分辨率的高质量图像,所需的数据量非常巨大,如要输出分辨率 65536×65536 的图像,假设其中有 1/2 范围要显示地形纹理,而平均 1 个纹素映射到 2 个像素,纹理数据包括 r、g、b 分量,则所需纹理数据量已达 3G,显然主存和显存都无法支撑。同时,分辨率的提高需要绘制更多、更精细的实体,这也带来了绘制的负担。

（3）输出图像分辨率受到拼接方法的制约。现有研究首先输出分块图像,然后再进行图像拼接,这本身已经影响效率。而为确保拼接效率,采用内存映射文件的方法,该方法受进程虚拟地址空间的限制,理论上最大也只有 2G,受各种因素制约,一般还远小于此值,每个像素占 3 个字节,最大只能输出 26754×26754 分辨率的图像,如以 300dpi 打印,可以打印约 $2.26m \times 2.26m$ 的纸质地图,对于更大幅面和更精细的制图需求无法满足。

下面介绍作者提出的三维电子地图高分辨率输出算法。

2. 视锥范围的"分而治之"

在世界坐标系下定义视锥,根据输出将整个视锥范围分解为子锥,既可以控制投影变换矩阵实现分块输出,又有效减小参与绘制的数据量,提高效率。

如图 5-39(a)所示,将要打印的尺寸映射到视锥的近平面,然后根据打印尺寸和帧缓存的最大尺寸进行分块。如打印 20000×20000 像素(一般是根据 dpi

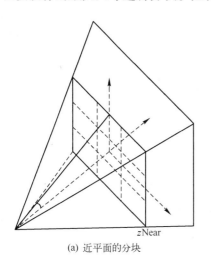
（a）近平面的分块

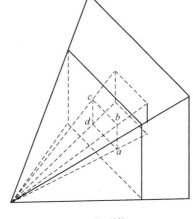
（b）子锥

图 5-39　视锥的"分而治之"

和纸张大小之类参数计算得到)的图像,显卡帧缓存所支持的最大分辨率为8192×8192,则至少要将近平面分成3×3的块。

每个近平面所分解的小块(4个顶点确定)与视点形成了视锥的子锥,如图5-39(b)所示。视锥的表示、近平面上点坐标如何计算均参见3.3.4节。子锥由4个面和近远平面表示,其数据结构定义为

```
SubFrustum = {
    Norm[4]:Vector3D;
    Eye:Point3D;
    zNear,zFar:double;
    LineOfSight:Vector3D;};
```

表示子锥的面以点法式表达,点采用视点,法向采用如下方法:计算需要分割的块数(即子锥数);计算子锥在近裁剪面所对应4个控制点,如图5-38(b)中a、b、c、d点;点与视点之间构成矢量的叉积即为平面法向,法向指向子锥内部。$zNear$、$zFar$和视线方向LineOfSight表示近远裁剪面。

点是否位于子锥之内的判断方法为:构造点到视点的矢量,计算该矢量与各个面法向的点积(相当于在该矢量上的投影距离),如果任一结果小于0,则点在子锥之外,近远平面的判断对效率影响不大,可省略。线、面等要素的判断在此基础之上构造。

在加载子锥数据时,注意以下两点:①采用5.5节地形绘制算法,层次细节构建时基于屏幕空间纹理映射,需将子锥范围映射为合适的输出分辨率;②场景中其他对象采用包围盒与子锥关系判断,有交则需要加载并绘制,同时对于有层次细节的实体还需依据子锥及其对应的输出分辨率确定层次细节。利用子锥可减少需要绘制的数据量,尤其是地形数据。

3. 基于透视矩阵调整的分块绘制技术

如果采用平行投影方式,分块输出非常简单,只需根据分块计算glOrtho或glOrtho2D的参数即可,包括前述视锥的分而治之也可应用在平行投影中。

对于透视投影的每个子锥,绘制时调用gluLookAt和gluPerspective函数时的参数应该与在一个很小的视口下绘制时是完全一样的,否则绘制的结果就会出现不一致或无法对齐拼接。而在此参数设置下,要使得全部范围的某个小块输出到整个视口,可通过直接修改透视投影矩阵来实现。

场景中每个顶点,经过模型视点变换、投影变换,将视锥范围的点变换为单位立方体,其坐标范围是$(-1.0,-1.0,-1.0) \sim (1.0,1.0,1.0)$,其变换公式相当于

$$\begin{pmatrix} x' \\ y' \\ z' \\ w \end{pmatrix} = \boldsymbol{M}^2 \times \boldsymbol{M}^1 \times \boldsymbol{M}^0 \times \begin{pmatrix} x \\ y \\ z \\ 1 \end{pmatrix} \tag{5-13}$$

式中, $\boldsymbol{M}^0$ 为模型变换矩阵; $\boldsymbol{M}^1$ 为相机变换矩阵; $\boldsymbol{M}^2$ 为透视投影矩阵; w 为输出矢量的齐次坐标。

子锥原来对应的视口范围是

$$\left(-1.0 + \frac{i}{m} \times 2.0, \ -1.0 + \frac{j}{n} \times 2.0 \right) \sim \left(-1.0 + \frac{i+1}{m} \times 2.0, \ -1.0 + \frac{j+1}{n} \times 2.0 \right) \tag{5-14}$$

式中, m、n 为水平和垂直方向的分块数; i、j 为子锥的序号。

下面将子锥对应的视口范围变换到 $(-1.0, -1.0) \sim (1.0, 1.0)$,可通过比例变换和平移变换得到。首先将式(5-13)左侧转换为非齐次坐标,并进行放缩、平移,得到

$$\begin{cases} x'' = S_x \times \dfrac{x'}{w} + T_x \\ y'' = S_y \times \dfrac{y'}{w} + T_y \end{cases} \tag{5-15}$$

上式两侧同时乘以 w,得到

$$\begin{cases} wx'' = S_x \times x' + wT_x \\ wy'' = S_y \times y' + wT_y \end{cases} \tag{5-16}$$

将上式转换为矩阵形式,有

$$\begin{pmatrix} wx'' \\ wy'' \\ wz'' \\ w \end{pmatrix} = M^t \times M^s \times \begin{pmatrix} x' \\ y' \\ z' \\ w \end{pmatrix} \tag{5-17}$$

式中, M^s 为比例变换矩阵,其中的比例系数为 $(m, n, 1.0)$; M^t 为平移变换矩阵,其中的平移系数为 $((-m + i \times 2 + 1) \times w, (-n + j \times 2 + 1) \times w)$。

分块输出修改透视矩阵例程如下:

例程5-2　透视变换矩阵调整例程

```
01   glMatrixMode( GL_PROJECTION ) ;
02   CMatrix3D mat0 ,mat1 , mat ;
03   glGetDoublev( GL_PROJECTION_MATRIX ,&mat. m_mat[0][0] ) ;
04   mat0. SetScale( m,n,1 ) ;
```

```
05    double w = mat. m_mat[2][3];
06    mat1. SetShift((2 * i − m + 1) * w,(2 * j − n + 1) * w,0.0);
07    mat = mat * mat0 * mat1;
08    glLoadMatrixd(&mat. m_mat[0][0]);
09    glMatrixMode(GL_MODELVIEW);
```

4. 基于 Intel Jpeg 库的高分辨率图像输出

Intel Jpeg 库(Intel Jpeg Library,IJL)是 Intel 公司所开发的用于编码和解码 Jpeg 图像的开发包[31],该开发包基于 Intel 处理器开发,并充分利用了 MMX(多媒体增强指令集,MultiMedia eXtensions)技术,效率极高。更重要的是,IJL 提供了中断方式支持图像数据的分块读写,而 Jpeg 格式的高压缩比可以输出极高分辨率的图像。由于上述优点,不必再生成图像序列拼接,而可直接输出图像,且图像大小不再受 2G 虚拟地址空间的限制。

图 5-40(a)为 IJL 的主要数据结构,图 5-40(b)为基于 IJL 读写 Jpeg 图像的过程:在正确初始化的基础上,首先分配数据缓存,然后设置 JPEG_CORE_PROPERTIES 和 JPEG_PROPERTIES 数据结构,最后调用 IJL 的相应函数完成读写。

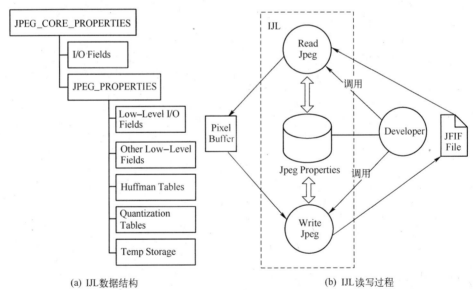

(a) IJL数据结构　　　　　　　　　　(b) IJL读写过程

图 5-40　　IJL 的主要数据结构与读写过程

IJL 通过设置上述数据结构的相应字段实现对中断方式的支持。读数据方面,可以直接以中断方式获得任一个关注矩形(Rectangle – Of – Interest,ROI)的图像,但是写数据则复杂一些:Jpeg 文件内部由最小编码单元组成(Minimum Coded Unit,MCU),而 MCU 按行优先顺序存储。因此以中断方式输出大图像需确保两点:①一行所有 MCU 数据写入后才可写入下一行 MCU 数据;②写入过程中垂直方向数据需按 MCU 大小对齐。

基于以上分析,不能绘制完一个子锥场景后立即输出到文件中,而是将一行内所有子锥绘制完后,将这一组数据拼接在一起输出,拼接在内存中进行。因此在对视锥分块时,每个分块图像垂直方向分辨率不能过高,否则内存无法承受,同时必须是 MCU 大小的整数倍。当输出图像水平分辨率小于等于 65536 时,子图像垂直分辨率设为 512,则其拼接内存需求小于 100M,输出图像要求更高分辨率时需进一步减小子图像垂直分辨率。子图像的水平分辨率由帧缓存所能支持的最大分辨率确定。

5. 总的算法流程

完整算法如下:

算法 5-9　高分辨率电子地图输出算法

```
01    Algorithm_PrintJpeg( ){
02        根据输出页面大小、DPI 计算输出图像分辨率;
03        根据输出图像分辨率确定子图像垂直分辨率;
04        根据帧缓存支持的最大分辨率确定子图像水平分辨率;
05        计算分块数;
06        IJL 库初始化;
07        根据子图像垂直分辨率和输出图像分辨率分配缓存 Buf;
08        for( j = 0;j < 垂直方向块数){
09            for( i = 0;i < 水平方向块数){
10                计算该块对应的子锥;
11                基于子锥建立地形网格,加载纹理数据,加载实体对象;
12                设置绘制子锥的投影变换参数;
13                将地形网格和实体绘制到帧缓存中;
14                读出帧缓存内容并输出到 Buf 中对应位置;}
15            将缓存 Buf 中的内容输出到图像文件中;}}
```

算法支持输出高精度三维电子地图图像,无拼接痕迹,整体效果好,以上技术同样可以应用到平行投影情况下的输出。还有 3 个问题待深入研究:①直接驱动设备进行输出;②可以研究图面整饰系统,为输出图像加入图名、排版等;③受制图设备打印幅面限制,更大幅面的纸质地图由多幅小图拼接而成,需要研究如何将经过整饰的超大三维电子地图图像进行分块打印。

参 考 文 献

[1]　郭齐胜,董志明.战场环境仿真[M].北京:国防工业出版社,2005.

［2］ 李志林,朱庆. 数字高程模型(第二版)[M]. 武汉:武汉大学出版社,2003.

［3］ 杨晓云,唐咸远,梁鑫. 基于等高线生成 DEM 的内插算法及其精度分析[J]. 测绘工程,2006,15(2):37－38.

［4］ 彭黎,金益民. 利用 DEM 数据绘制等高线的自适应算法[J]. 微机发展,2005,15(4):33－34.

［5］ 王涛,毋河海. 一种从高程格网中提取等高线的算法[J]. 测绘科学,2006,2:108－110.

［6］ 吴立新,史文中. 地理信息系统原理与算法[M]. 北京:科学出版社,2003.

［7］ 张继贤,柳健. 地形生成技术与方法的研究[J]. 中国图象图形学报,1997,28(9):639－645.

［8］ 张山山. 分形方法在地形数据内插中的应用[J]. 西南交通大学学报,2000,35(2):141－142.

［9］ Ulrich Rendering massive terrains using chunked level of detail control. In: Proceedings of SIGGRAPH2002. San Antonio,Texas USA:ACM Press,Volume Course 35,2002.

［10］ DUCHAINEAU M,WOLINSKY M,SIGETI D,etal. ROAMing terrain:Realtime optimally adapting meshes. Proceedings[EB/OL]. (2007－6－10)[2007－6－10]. ftp:// www. vterrain. org/download/publication.

［11］ LINDSTROM P,PASCUCCI V. Visualization of large terrains made easy.[C]//IEEE Visualization2001. American:IEEE Press,2001:363－370.

［12］ Lindstrom P,Pascucci V. Terrain Simplification implified:A General Framework for View－De pendent Out－of－co re Visualization. IEEE Transactions on Visualization and Computer Graphics,2002:1－25.

［13］ PAJARO R. Large scale terrain visualization using the restricted quadtree triangulation.[C]// RUSHMEIER H,ELBERT D,HAGEN H. Proceedings of Visualization98. American:IEEE Computer Society Press, 1998:19－26.

［14］ Hoppe H. Smooth View－dependent level－of－detail control and its applications to terrain rendering. In:Proceeding of IEEE Visualization98. North Carolina:IEEE Press, 1998. 35－42.

［15］ Willem H. de Boer. Fast Terrain Rendering Using Geometrical MipMapping[EB/OL]. (2012－12－14)[2012－12－14]. http://citeseerx. ist. psu. edu/viewdoc/download.

［16］ Cignoni P,Ganovelli F,Gobbetti E,et a1. Planet－sized batched dynamic adaptive meshes (p－bdam). In:Proceedings IEEE Visualization2003. Seattle,W A,USA:IEEE Computer Society Press,2003. 147－154.

［17］ Cignoni P,Ganovelli F,Gobbetti E,et a1. Interactive Out－of－core Visualisation of Very Large Landscapes on Commodity Graphics Platforrn. In:Balet, et a1, eds. ICVS 2003. Berlin Heidelberg:Springer Verlag Press,2003. 21－29.

［18］ Renato Pajarola. Overview of Quadtree－based Terrain Triangulation and Visualization Technical Report］，UCI – ICS：2002，02.

［19］ 钟正，朱庆. 一种基于海量数据库的 DEM 动态可视化方法［J］. 海洋测绘，2003，23
(2)：9 – 12.

［20］ 童晓冲，贲进，张永生. 全球多分辨率数据模型的构建与快速显示［J］. 测绘科学，
2006，31(1)：72 – 70.

［21］ 汪荣峰，张志威，廖学军. 一种面向实时显示的海量空间数据存取技术［J］. 装备指挥
技术学院学报，2008，19(5)：81 – 85

［22］ Chris Ruemmler, John Wilkes. An introduction to disk driver modeling［J］. IEEE Comput-
er，1994，27(3)：17 – 28.

［23］ 周海东，廖学军，汪荣峰. 基于海量空间数据的实时地形视景仿真算法研究［J］. 系统
仿真学报，2005，17(11)：2606 – 2609.

［24］ 汪荣峰，廖学军. 一种新的全球海量地形实时绘制算法［J］. 测绘科学，2013，38(1)：
130 – 132.

［25］ 汪荣峰，廖学军. 全球地形实时绘制中多源海量遥感影像的拼接方法［J］. 测绘通报，
2012，2：82 – 84.

［26］ 屈红刚，潘懋，马照亭等. 基于 OpenGI 的 3 维场景矢量打印输出研究与实现［J］. 测
绘通报，2006(5)：67 – 70.

［27］ 张剑波，吴信才. 三维场景中高分辨率输出技术的研究［J］. 计算机工程与应用，2005
(3)：83 – 84.

［28］ 马照亭，孙伟，殷勇，等. 城市 3 维地理信息系统中场景的制图输出技术［J］. 测绘通
报，2007(9)：54 – 56.

［29］ 李锋，万刚，曹雪峰，等. 3 维电子地图打印输出技术研究［J］. 测绘科学技术学报，
2010，27(4)：310 – 312.

［30］ 汪荣峰，廖学军. 3 维电子地图的高分辨率输出［J］. 测绘科学技术学报，2011，28(4)：
292 – 295.

［31］ Intel Corporation. Intel JPEG library developer's guide［EB/OL］. (2000 – 04 – 07)［2000 –
07 – 28］. http://read. pudn. com/downloads49/sourcecode/windows/bitmap/169222/sum-
mer/Intel/dox/ijlman. pdf.

第六章　空间态势二维可视化技术

　　虽然三维绘制技术得到长足发展,应用日益广泛,但是基于地图或影像的二维可视化方式在应用中仍不可或缺。

　　二维空间态势是以电子地图或遥感影像等为载体,采用图标、军队标号、二维动画等各种技术,表现人员与装备部署、行动计划、能力范围、态势分析结果等各种与地理位置有关或无关的信息。

　　本章首先阐述地图及地图符号、作战标图、二维可视化数据模型等基本概念;然后探讨了点、线、面符号的绘制方法,重点是作者提出的 GPU 友好的线状符号绘制算法和适于面状符号绘制的多边形求交算法,也包括实例化等实现技术和多边形与网格求交等优化技术;然后分析了作者实现的符号库系统,包括符号、图元等的数据结构与数学模型及关键技术;最后介绍了基于上述技术并在数据分块基础上实现的二维态势系统,包括数据分割、入库直到加载并绘制的全过程,具体算法有作者提出的海量空间矢量自动拼接与基于多路归并的入库算法、分块矢量数据的符号化算法等。

6.1　二维可视化概述

6.1.1　地图与地图符号

　　地图不仅能以其特有的图形符号直观地展现整个地球,而且能根据需要表示地球任一部分的细节;不仅能表示地球的大气圈、水圈、岩石圈和生物圈的时空现象,而且能反映地球上人类的政治、经济、文化和历史各个方面的情况[1]。因此,地图在军事上有着非常重要的应用价值。

　　20 世纪中叶以前,人们将地图说成是"地图在平面上的缩写",这个定义不确切、不全面,也不科学。随着地图使用范围的扩大和科学价值的提高,人们逐渐认识并归纳出一些反映地图本质的特性。

1. 地图的特点[2]

1) 由特殊的数学法则产生的可量测性

　　地图按照严格的数学法则编制,具有地图投影、比例尺和定向等数学基础,从而可以在地图上量测位置、长度、面积、体积等数据,使地图具有可量测性。

2）由使用地图符号表达事物产生的直观性

地图符号称为地图的语言,按照世界通用的法则设计,是同地面物体对应的经过抽象的符号和文字标记。

（1）地面物体往往具有复杂的外貌轮廓,地图符号由于进行了抽象概括,按性质归类,使图形大大简化,即使比例尺缩小,也可以得到非常清晰的图形。

（2）实地上形体小而又非常重要的物体,如控制点、路标、灯塔等,在相片上不能辨认或根本没有影像,在地图上可根据需要、用非比例符号表示,不受比例尺限制。

（3）事物的数量和质量特征不能在影像上确切显示,如水质、温度、深度、土壤性质、路面材料、人口数等,在地图上可以通过专门的符号和注记表达出来。

（4）地面上一些被遮盖的物体,在相片上无法表示,在地图上则可以通过专门的符号显示。如等高线表示的地貌形态可以不受植被覆盖的影响。

（5）许多无形的自然和社会现象,如行政区划界、经纬线、磁力线、太阳辐射等,在相片上都没有影像,在地图上可以表达。

3）由于制图综合产生的一览性

制图综合是在缩小比例尺制图时的第二次抽象,用概括和选取的手段突出地理事物的规律性和重要目标,在扩大阅读者视野的同时,能使地理事物一览无余。

2. 地图的定义

根据上述地图具有的 3 个特性,为地图下一个比较科学的定义[2]:地图是按照一定的数学法则,使用地图语言,通过制图综合,表示地面上地理事物的空间分布、联系及在时间中发展变化状态的图形。

随着科学技术的进步,地图的定义也在不断地发展变化。如将地图看成"反映自然和社会现象的形象、符号模型""空间信息的图形表达""空间信息载体""空间信息的传递通道"等。

3. 地图的分类

地图有各种分类方式,而并非所有的地图都具有军事价值,因此在阐述地图主要分类的基础上,进一步明确各类地图的军事应用。

地图分类的标志很多,主要有地图的内容、比例尺、制图区域范围、地图用途、使用方式及其他各种标志。

（1）按内容分类。地图按其所表示的内容分为普通地图和专题地图两大类。

（2）按比例尺分类。地图按比例尺通常分为大比例尺地图、中比例尺地图和小比例尺地图三类。由于地图比例尺并不能直接决定地图特点，而只是在其他类型之下的二级分类标志，所以其大、中、小也是相对的。

（3）按用途分类。地图按用途可以分为通用地图和专用地图两类。通用地图是没有设定专门用图对象的地图，适用于广大读者做一般参考或科学参考；专用地图是针对专门用途制作，如教学地图、航空图、航海图等。也可以分为军用地图、民用地图等。

（4）按使用方式分类。按使用方式可分为桌面用图、挂图、野外用图、屏幕地图等。

4. 地图符号

地图符号是地图的语言，是实现二维态势可视化最关键、最基础的要素。

地图符号用来代指抽象的概念，并且这种代指以约定关系为基础。地图符号的形成过程，实际上是一种约定过程，在某种程度上具有"法定"的意义。地图符号中，尤其是以表现地球表面为对象的普通地图，某些符号经过多个世纪的考验，由约定而达俗成的程度，为广大读者所普遍熟悉和认可。

地图符号的类型包括[2]：

（1）点状符号。地图符号所代指的概念可认为是位于空间的点。符号的大小与地图比例尺无关且具有定位特征。例如，控制点、居民地、矿产地等符号。

（2）线状符号。地图符号所代指的概念可认为是位于空间的线。这时，符号沿着某个方向延伸且长度与地图比例尺发生关系。例如，河流、渠道、道路、航线等符号。而有一些等值线符号（如等人口密度线）是一种特殊的线状符号，尽管几何特征是线状的，但它表达的却是连续分布的面。

（3）面状符号。地图符号所代指的概念可认为是位于空间的面。这时，符号所处的范围与地图比例尺发生关系。例如，水部范围、区域划分范围等。色彩对于地图上的面状符号的表现有着极大的意义。

6.1.2 地图的军事应用

1. 总体情况

地图始终同社会的需要紧密联系在一起，地图在国民经济建设、科学文化研究、宣传教育等各个方面都有着广泛的应用，在军事上更是必不可少的要素。

地图是现代战争的重要工具之一。现代战争，各军兵种协同作战，战场范围广阔，战争的突然性和破坏性增大，情况复杂多变，组织指挥复杂，对地图的依赖性更大，地图成为军队组织指挥作战必不可少的工具。经验证明，指挥员如能正确地利用地图,就能顺利完成战斗任务;如不能正确地利用地图,就可能在战争中遭受挫折。从现代战争的用图量看,第二次世界大战期间仅苏联一个国家消耗的地图就达 5 亿多张;美英联军在北非战役中,仅 2 个步兵师、1 个装甲师、2 个步兵旅、4 个加强团及 8 个营,约 10.7 万人,就使用地图 1000 种以上,数量达 1000 万份(约200t 重)。而英美联军在诺曼底战役时,陆军 3 个集团军,共 30 个师,海军舰艇 5000 余艘,飞机 12800 余架,共约 200 万人,使用地图近 3000 种,达 7000 万份(约 1400t 重);美军侵朝时,第一个月只有 4 个师参战登陆,就用了 1000 万张地图,比第一次世界大战的全部用图还多。现代条件下的战争,诸兵种协同作战,地图用量更大。据估计,现在组织一个军的进攻,需地图 300 万张左右;平时,部队战备训练也需要大量的地图。

军队使用地图的情况十分复杂,概括起来主要有以下几个方面[2]:

(1)用于各种国防工程的规划、设计和施工,各种规划图通常比例尺较小,而施工图通常采用较大比例尺。

(2)用于各种军事训练和演习,需要许多不同类型、不同比例尺的地图。

(3)用于各种战术作业,如研究战区敌我双方的地形,选择阵地、观察所、遮蔽地和接近地,工事构筑的设计和施工,确定兵器的布置,计算射击死角、判定方位,准备射击,确定进攻方向和行军路线,空军的飞行、投弹,海军的作战、登陆等,都需要依靠地图,而且往往是比例尺较大的地形图或特定的专题地图。

(4)用于作战指挥,诸军兵种作战的协调,往往比例尺较小,包括较大区域的地图。

(5)用于战略研究,如研究地形态势、交通条件、自然资源、供应条件等,作为战略部署的参考资料,这类地图通常是小比例尺、比较概括的地图。

(6)现代化的军事手段,如导弹飞行、卫星侦察等,几乎任何一项都和地图有关。

2. 地形图及其军事应用

地形图是按一定的比例尺,表示地物、地貌平面位置和高程的正射投影图。我国规定大于 1:100 万的普通地图统称为地形图。其中 1:5000、1:10000、1:25000、1:50000、1:100000、1:250000、1:500000、1:1000000 作为我国基本比例尺地图。

在这个基本比例尺地图系列中,还可以进一步划分:1:5 万及更大比例尺称为大比例尺地形图;1:10 万、1:25 万比例尺称为中比例尺地形图;1:50 万、1:100 万称为小比例尺地形图。其中小比例尺地图,内容较为概况,精度亦相应降低,因此称为"地形地理图"或"地形一览图"。

地形图的内容主要包括测量控制点、居民地、独立地物、管线及垣栅、道路、水系、地貌及土质、植被、注记、图外整饰等。随着比例尺的缩小,表示的内容也逐渐减少和概括。

不同的比例尺,相应于不同的精度和详细程度,因而有不同的用途。

(1) 大于1∶10000的地形图,在军事上,主要用于军事基地、要塞等国防工程建设等。

(2) 1∶25000～1∶100000地形图,军事上称为战术用图,分别供团、师指挥机关研究地形、部署兵力、指挥作战,以及各兵种战场作业使用。

(3) 1∶250000的地形图,军事上作为战役用图,供机械化部队作为道路图或军师以上指挥机关协同指挥和合成作战使用。

(4) 1∶500000地形图,军事上主要供统帅部及方面军等高级机关使用。由于包括范围较大,在合成军队协同作战中应用较多。

(5) 1∶1000000地形图,军事上是一种战略用图,供统帅部解决战略、战役任务,航空兵飞行等用。

3. 海图及其军事应用

海图以海洋为主要表示对象,包括海岸、海底地质、与航行有关的要素及海洋水文、海洋化学、海洋生物等各项内容。

海图分为4类:航行图、专用海图、海洋地理图和海洋地图集。其中,专用海图是为解决某种专门任务编制的海图,如无线电导航、卫星导航等;海洋地理图是以研究海洋自然地理为目的编制的地图;海洋地图集是以海洋学、海洋地理为研究目的的地图集。

下面重点介绍航行图。航行图是供舰船航行使用的地图,是海图中最重要的一类,详细表示与航行有关的一切细节,确保航行安全,细分为4类。

(1) 港湾图:供舰船驶入港湾、狭水道、港口及停泊场服务,可用于海军的作战、训练。比例尺较大,一般为1∶5000～1∶50000。

(2) 海岸图:详细表示海岸地带及导航标志,供近岸航行及海军作战使用,以1∶10万、1∶25万为常用比例尺。

(3) 航海图:供近海及远洋航行使用的地图,可用于海军作战训练,以1∶50万,1∶100万为常用比例尺。

(4) 海洋总图:供远洋航行使用,比例尺一般小于1∶100万。

为了航行方便,海图通常都采用墨卡托投影,它的最大特点是保持等角航线成直线。两极地区采用方位投影,小比例尺海洋地理图多采用球心投影,目的是将大圆航线投影成直线。海湾图与陆地地图一致,采用高斯—克吕格投影或圆锥投影。

4. 航空图及其军事应用

航空图是空中领航、地面导航和空中寻找目标的工具。可以利用航空图拟定飞行计划、确定航线、研究飞行区域并通过量算获得所需的数据。在飞行过程中通过地面目标确定飞行位置和方向，并记录航线，确定飞行高度。

航空图按用途可以分为普通航空图和专用航空图。普通航空图是以地形图为基础加上飞行要素构成，往往覆盖一个较大的区域，比例尺较小，最常用的为1∶100万。

专用航空图针对专门任务，包括：①航线图，沿固定航线编制的带状地图；②基地图，以航空基地或重要目标为中心，以飞机最大航程为半径编制的地图；③着陆图，详细表示机场设施及机场附近地形地物，引导飞机起降；④目标图，对于预定的目标区域编制的地图，供执行特定任务接近搜索目标；⑤领航图，为无线电领航编制的地图，通过无线电设备判定飞机位置和航向。

航空图的比例尺取决于航行速度和特定用途，航速在200～500km/h时通常使用1∶100万地图；航速较慢使用较大比例尺；航速较高使用较小比例尺。着陆图、目标图等通常用更大的比例尺。

航空图的内容包括地理内容和航空要素。

航空图的地理要素与普通地图一致，但其选取和显示的着眼点有所区别。居民点主要选择有特殊位置、在空中容易辨认的居民点、河流交叉点、交通枢纽等；道路包括铁路、公路等，强调交叉、急转弯等特征；水是昼夜航行均容易发现的地面目标，要明确表示；地貌上主要强调山顶的高度、形状、轮廓等；独立地物既有作为地表确定方位的作用，又对航行安全影响有警示作用，如高烟囱、水塔、油气井等。

航空要素包括：机场，表示机场的类别、位置、跑道长度、方向、标高等；助航标志，机场控制塔、导航设备、无线电频率等；空中特区，表示空中禁区、危险区、限制区、飞行通道等；地磁资料，等磁差线、磁力异常区、磁差年变率等。

6.1.3　作战标图

1. 作战标图的概念

军事标图是指在地图等载有地形信息的载体上，用规定的符号和文字标绘有关军事情况的工作，称为军事标图。军事标图可分为作战标图和非作战标图两类。作战标图按军种可分为陆军作战标图、海军作战标图、空军作战标图等；按层次可以分为战斗作战标图、战役作战标图和战略作战标图。

作战标图是在地形图、地形略图、遥感图像、数字地图等载有地形信息的载体上，用军队标号和文字标绘作战情况的工作。

在载有地形信息的载体上标绘有作战情况的图统称为作战要图,简称要图。作战要图根据标绘内容和用途的不同可分为 4 种类型:①情况图,指标绘有敌我双方态势、部署,以及指挥员定下决心所需情报信息的图;②指挥图,是指标绘有指挥员决心、指示,部队行动计划等内容的图;③战况图,是指标绘有部队作战进展情况的图;④工作图,是指指挥员和机关工作人员在遂行作战指挥任务的过程中,随时标注与本职工作有关情况的图。

作战要图具有简明、直观、形象等特点。与文字表述形式相比较,要图使作战情况坐落于一定的地理空间,从而使标示的作战情况更直观、更形象。标绘要图是记录作战情况、拟制作战文书、组织指挥作战、总结作战经验的一种比较科学的方法。

2. 军队标号

军队标号是军事标图的依据。由简单的线段、圆弧等称之为图元的基本单位组成,并根据实际需要标注在军用地形图和其他形式的地图上,形成表示敌我双方的作战态势、战斗队形、首长决心、部队武器装备布局等一系列与军事相关活动的态势图。军队标号是拟制军用文书、表达首长决心、记录战场情况、反映战场态势、组织指挥作战、总结作战经验的重要手段。军队标号是队标和队号的统称,队标是标示部队、机构、武器装备、设施和军队行动的图形符号,队号是用于注明队标的阿拉伯数字、代号汉字。

军队标号是传输军事信息不可缺少的媒介,自身成为一套完整的符号系统,它不失一般符号的共性,也有其自身的特点:①军队标号的颜色有其特定的意义;②军队标号的大小、方向、线划结构通常也有相应的适用原则;③军队标号不仅包含图形、颜色、形状等信息,还包含代字(汉字)和数字;④每一军队标号不仅有其所代表的属性信息,同时还应有精确的定位点以确定每一个标号的具体位置;⑤常规军标可以分为规则军标和不规则军标,规则军标比较简单,用简单图元即可表示,不规则军标无法用一定的标准化数据来描述。

军队标号与地图符号有很多共通之处,计算机实现技术也可互相借鉴。地图符号可以分解为点、线、面三种基本图形元素,军队标号也可按此区分。但由于军队标号的特殊性,其实现难度要大于一般的地图符号。

6.1.4　二维可视化数据模型

不论是二维态势还是三维态势,绘制的基础都是地理数据,数据也是影响效率的重要因素。在二维绘制时,电子地图绘制的数据主要是矢量数据模型,而二维影像绘制则可采用 5.3 节所阐述的四叉树及其物理存储方式来管理 DOM 数据。

1. 矢量数据模型

无论地图图形多复杂,都可分解为点、线、面和混合型四种数据类型,其中混合型数据是由点状、线状和面状三种基本要素组成的更为复杂的地理实体或地理单元。而这几种基本的地理要素均可用矢量数据模型来表示。

1）基本概念

矢量数据是最常见的图形数据结构,也是一种面向目标的数据组织方式。在矢量数据模型中,地理现象或事物被抽象为点、线、面三种基本图形元素,并将它们放在特定空间坐标系下进行采样记录。因此,矢量数据就是代表地图图形的各离散点平面坐标的有序集合。

各图形元素的表示方法为:点用一对 (x,y) 坐标表示,记录点坐标;线用一系列有序的 (x,y) 坐标对表示,记录 2 个或一系列采样点的坐标;面用一列有序的且首尾相同(或相连)的 (x,y) 坐标对表示其轮廓范围,记录边界上一系列采样点的坐标。这样的表示方式也就是通常所说的数字线画图 DLG。

2）无拓扑关系的矢量数据模型

无拓扑关系的矢量数据模型,又称面条数据模型,是指在表达和组织空间数据时,只记录空间对象的位置信息和属性信息,不记录其拓扑关系的数据组织方式。使用无拓扑关系矢量数据的优点是能比拓扑数据更快速地进行显示。

目前,无拓扑数据格式已成为标准格式之一,并在 ArcGIS、MapInfo 等软件中得到应用。例如,对等高线、等值线、等势线等各种抽象数据的表达和组织,应用无拓扑格式更为理想。

无拓扑关系的矢量数据模型有两种实现方式:①用点、线、面对象分别记录其坐标对;②用一个文件记录点对坐标(称为坐标文件),而线、面由点索引号组成。

按第一种方式,简单易行,每个空间对象的坐标均独立存储,不顾及相邻的点、线和面状对象。但是除边界线以外的所有公共边均需存储 2 次,所有公共节点存储 2 次以上,因此这种方法会造成数据冗余,并产生数据裂缝、数据重合和点位不重合等问题。按第二种方法,由于所有的点号及其点位坐标均在坐标数据文件内记录并且仅记录一次,而线、面对象仅记录组成它的点号序列。因此,既避免了数据冗余,也不会引起数据裂缝和重叠,更没有点位不重合的问题,但是实现复杂,有些情况下效率略低。

3）有拓扑关系的矢量数据模型

拓扑关系是一种对空间结构关系进行明确定义的数学方法,是指图形在保持连续状态下变形,但图形关系不变的性质。点(节点)、线(链、弧段、边)、面(多边形)是表示空间拓扑关系最基本的拓扑元素。能够表达拓扑关系的矢量数据结构就是拓扑数据结构。拓扑数据对于空间分析、地图综合等空间运算都不可或缺。

常用的拓扑关系有拓扑关联、拓扑邻接、拓扑包含和拓扑相邻,其中关联拓扑关系是 GIS 中应用最广,而且最容易记录的关系。至于其他关系,一般可以从关联关系中导出,或通过空间运算得到。关联拓扑关系通常有两种表达方式,即全显式表达和半隐含表达。

全显式表达是指节点、弧段、面块之间的所有关联拓扑关系都用关系表显式地表达出来。如果仅使用全显式表达中的部分表格,则称为半隐含表达。

2. 栅格数据模型

栅格数据结构实际就是像元阵列,每个像元由行列号确定其位置,且具有表示实体属性的类型或值的编码值。点实体在栅格数据结构中表示为一个像元;线实体则表示为在一定方向上连接成串的相邻像元集合;面实体由聚集在一起的相邻像元集合表示。这种数据结构很适于计算机处理,因为行列像元阵列非常容易存储、维护和显示。栅格数据是二维表面上地理数据的离散化值。

栅格数据结构假设地理空间可以用平面笛卡儿坐标系来描述,每个笛卡儿平面中的像元只能有一个属性数据,同一像元需要表示多种属性时则需多个笛卡儿平面。每个笛卡儿平面表示一种地理属性或同一属性的不同特征,这种平面称为"层"。

组织数据有如下方式:①以像元为记录的序列,不同层上同一像元位置上的各属性值表示为一个列数组;②以层为基础,每一层又以像元为序记录其坐标和属性值,一层记录完后再记录第二层,这种方法需要的存储空间较大;③以层为基础,但每一层以多边形为序记录多边形的属性值和充满多边形的各像元的空间坐标。

空间数据的栅格结构和矢量结构是地理信息系统中记录空间数据的两种重要的方法。栅格结构和矢量结构各有其优点和局限性,具体比较如表 6-1 所示。

表 6-1　矢量结构与栅格结构的比较

数据结构 \ 特点	优　点	缺　点
矢量数据	表示地理数据的精度较高 数据结构严谨,数据量小 能够完整描述拓扑关系 图形输出美观 能够实现图形数据的恢复、更新和综合	数据结构复杂 叠加分析与栅格图组合难 数学模拟比较困难 空间分析技术比较复杂

（续）

数据结构 ＼ 特点	优　点	缺　点
栅格数据	数据结构简单 空间数据的叠置和组合方便 便于实现各种空间分析 数学模拟方便 技术开发费用低	数据量大 降低分辨率时,信息损失严重 地图输出不够精美 难以建立网络连接关系 投影转换较为费时

6.2　符号化方法

地图符号是地图的语言,是用来表示自然或人文现象的各种图形,它是表达地理现象与发展的基本手段。地图符号实际上是空间点集在一个二维平面上的投影,它们都可分解为点、线、面三种基本图形元素。其中点是最基本的图形元素,一组有序的点可以连成线,线可以围成面,面域内则由各种线划符号、点符号或文字表示其属性。

现实世界从几何角度可以分为点状地物、线状地物和面状地物。因而表达地物的符号也可以相应地划分为点状符号、线状符号和面状符号。注记作为一种直接的地理信息描述手段,在地图中起着非常重要的作用,因此有时也将注记视为一种特殊的符号。

6.2.1　符号化方法概述

地图符号绘制的实质是将符号坐标系中图形元素点的坐标变换到地图坐标系并按给定顺序绘制。目前,计算机制图中符号绘制(符号化)方法有两种[3],即编程法和信息法。

1. 编程法

由绘图子程序按符号图形参数计算绘图矢量并操作绘图仪绘制地图符号。每一地图符号或同一类的一组地图符号可以编制一个绘图子程序,这些子程序就组成一个程序库。在绘图时按符号的编码调用相应的绘图子程序,并输入适当的参数,该程序便根据已知数据和参数计算绘图矢量并产生绘图指令,从而完成地图符号的绘制。其逻辑可以简要描述如下:

```
01    void DrawSymbol( int id,CPoint2D pos) {
02    switch( id) : {
03        case 1:
```

```
04            drawSymbolA( );break;
05        case 2:
06            drawSymbolB( );break;
07            ……}}
```

如图6-1(a)所示,地图符号"火山口"可采用2个圆和多条线进行绘制,如图6-1(b)所示,军标符号"指挥所"可采用线、矩形和文字进行绘制。

(a) "火山口"地图符号　　　　　　(b) "指挥所"军标符号

图6-1　符号示例

编程法的优点是实现简单,适合于那些能用数学表达式描述的地图符号;缺点是增加、修改符号不方便,通用性差,即使增加或修改一个符号,或者修改符号的一点形状、颜色等信息都要重新编写代码,重新对程序库进行编译,用户没有自主权,因而很难作为商业软件进行流通。

但这种方法对于实现二维态势仍非常必需。如对于军标绘制而言,点状军标虽可利用后面介绍的信息法加以实现,但线状军标、面状军标以及象形军标,信息法很难支持,必须运用编程法或者各种组合绘制技术来完成。

2. 信息法

信息法也称为符号库方法。绘图时只要通过程序处理存储在符号库中的信息块,即可完成符号绘制。信息块即为描述符号的参数集。信息法又可进一步分为直接信息法和间接信息法。

直接信息法存储符号图形点的坐标(矢量形式)或具有足够分辨率的点阵(栅格数据),直接表示图形的每个细部点。如图6-1(b)中的指挥所符号,按矢量形式可存储矩形的4个顶点和旗杆的定位点,但对于文字难于表示;对于图6-1(a)中符号,圆的表示相对困难,只能存储离散后的点坐标。

直接信息法获得符号信息较困难,占用存储空间大,当符号精度要求较高时尤为突出,对符号放大时容易变形。但这种方法面向图形特征点而与图形形状无关,因此可使得绘图统一算法。

间接信息法存放的是图形的几何参数,如图形的长、宽、间隔、半径等信息,其余数据都由绘图程序在绘制符号时按相应算法计算出来。对于图6-1(a)中火山口符号,可以存储2个圆(圆心、半径、线宽、是否填充)和多条线段(2个端点、线宽),以上图元的位置都定义在局部坐标系。

间接信息法占用存储空间小,能表达复杂的图形,绘图精度高,可无级缩放,符号的图形参数可方便地利用符号库编辑系统输入得到。但是此方法程序量大,算法复杂,编程工作难度大。

目前,绝大多数 GIS 软件都采用间接信息法来绘制符号,并提供相应的符号设计模块。

6.2.2 点状符号绘制方法

点状符号绘制相对简单,主要侧重于工程实现。

1. 直接信息法和间接信息法结合的设计思想

采用直接信息法和间接信息法结合的思想:在编辑系统中提供各种图元供用户设计符号,在库文件中存储图元的几何信息;在符号绘制和驱动算法设计中,将几何图形离散为基本图形,应用直接信息。

对曲线和曲面进行离散是计算机图形学中的一项常用技术,如对于一个圆,可以采用多条线段来表示,当线段足够密集的时候,绘制的结果就是圆。

离散后的图元主要是两类:线集和多边形,前者指系列的首尾相连的线段(可以闭合或不闭合),后者为实心填充的简单多边形。对于线状符号和面状符号,只有这两类图元;对于点状符号,除了这两类图元还包括文字图元。

以上设计的优点是:①用户基于图元进行输入,方便易用;②符号绘制以一致的接口进行,便于修改扩充,分别设计实现了基于图形设备接口(Graphics Device Library,GDI)和 OpenGL 的符号绘制驱动算法;③线状符号和面状符号的绘制需要实现相应驱动算法,以上设计可以一致地驱动算法绘制所有图元。

如果完全应用间接信息法,则各种图元的绘制固化,加入新的驱动或算法需要的工作量巨大,并且各种显示接口对图元的支持并不完全(如 Hermite 曲线等),只能显示时实时运算计算图元,效率低。

2. 三坐标系架构

在地图制图的国家标准中,对于每个符号的大小、符号中线宽等都有具体的规定,以毫米为单位定义。在计算机屏幕上,基于像素进行显示。一些符号库基于像素进行设计,无法兼顾打印和计算机屏幕显示,无法同时产生理想的显示效果。为此设计了三坐标系架构来解决此问题。

定义 6-1:符号坐标系。符号坐标系是二维笛卡儿坐标系,是符号定义所在坐标系,符号编辑系统中所用即为符号坐标系。符号坐标系的基本单位为毫米,在符号坐标系中需定义图元的控制点坐标(相对于符号坐标系的原点)、颜色、有宽度线的线宽、符号的定位点等,其中的几何信息都以毫米为单位定义。

定义 6-2:屏幕坐标系。也称窗口坐标系,即显示窗口所描述的矩形区域,屏幕坐标系的单位是像素,以窗口左下角为原点,水平向右为 x 轴方向,垂直向上为 y 轴方向,这种方式与 OpenGL 下的视口坐标描述一致,GDI 需在垂直方向进行反转。需要指出的是,Windows 操作系统的 GDI 本身也支持其他的不以像素为单位的坐标系,在地图绘制时可能比基于像素的坐标系更简单易用。但考虑到需同时支持 OpenGL 驱动,还是采用以像素为单位的定义方式。

定义 6-3:地图坐标系。地图坐标系也是二维笛卡儿坐标系,定义要绘制的地图的范围,可以是整个地球表面范围或地球范围中的一部分。地图坐标系的基本单位不固定,如是经纬度投影方式,地图坐标系的基本单位是度;如是某种地图投影方式,基本单位往往是米。

如图 6-2 所示,图 6-2(a)为地图坐标系,经纬度方式的范围是(-180°, -90°)~(180°,90°)。

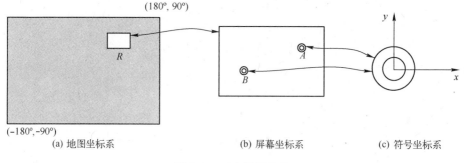

(a) 地图坐标系　　　　　(b) 屏幕坐标系　　　　　(c) 符号坐标系

图 6-2　三坐标系架构

图 6-2(b)为屏幕坐标系,在当前的视口参数下,将地图坐标系中 R 范围映射到整个窗口中。可以看出,屏幕坐标系与地图坐标系之间所存在的关系主要是比例和平移关系,地图中的某个区域经过比例变换和平移变换,映射到屏幕坐标系中。

如果 R 区域的经纬度范围是 (L_0, B_0)~(L_1, B_1),窗口范围是 (w, h),则地图中点到窗口中点坐标的变换关系为

$$\begin{cases} x' = (x - L_0) \times \dfrac{w}{L_1 - L_0} \\ y' = (y - B_0) \times \dfrac{w}{L_1 - L_0} \end{cases} \tag{6-1}$$

式中,(x, y) 为地图坐标系下坐标;(x', y') 为窗口坐标系下坐标;$\dfrac{w}{L_1 - L_0}$ 为变换比例,水平和垂直方向应该等比,即该值与 $\dfrac{h}{B_1 - B_0}$ 相同。该变换也可采用 3×3

矩阵和二维齐次坐标表示。

图 6-2(c)为符号坐标系,由于地图符号标准是根据打印制图确定,多以毫米为基本单位。以像素为基本单位的适用性较弱,因此采用毫米为基本单位。图中在符号坐标系下定义了由 2 个圆所构成的"县级市"符号,定位点为符号坐标系的原点。

图 6-2(b)中 A、B 两点,均需显示"县级市"符号,涉及地图坐标系与符号坐标系的关系。地图坐标系与符号坐标系之间通过比例关系建立关联,即指定每个像素映射的符号坐标系中的毫米数;在计算机屏幕显示时,仅依据显示器的每英寸点数(Dots Per Pixel,DPI)计算比例关系得到的显示效果并不理想,需要提供可调整的参数;在打印时,依据打印参数中的 DPI 来计算比例关系。根据上述比例关系,对符号坐标系中的数据进行位置的缩放、线宽的设置。

3. 基于符号实例的封装与绘制

构造符号实例数据结构来表示显示和存储所用的点对象,其实质是符号参数的集合(图 6-3)。

符号实例数据结构中包括:

(1)符号 ID。符号实例通过符号的 ID 与符号库中存储的符号数据建立映射关系,绘制算法根据该 ID 查找对应的符号几何数据。

(2)定位点。符号可以支持无级缩放或固定大小。对于无级缩放符号,Coner 为角点,对于固定

CSymbolInstance
+SymbolID : unsigned int
+CtrlMask : unsigned int
+Corner[4] : CPoint2D
+Color : COLORREF
+BkColor : COLORREF
−Text : CString
+FitScaleX : float
+FitScaleY : float
+FitAngle : float
+DrawByGL()

图 6-3　符号实例数据结构

大小符号,Corner 的第 1 个点为定位点。符号坐标系中将映射到地图点对象窗口坐标的位置,该位置可以为符号坐标系的原点,也可设置为符号坐标系中的任意位置。该位置既是符号绘制的中心点,也是符号旋转的中心点。

(3)颜色,严格来说是外加颜色和背景颜色。在实际应用中,有些符号只是用到其中图形信息,而颜色信息需要动态设置,如军事标绘中,红军和蓝军军标一样,但颜色不同;或者符号本身五颜六色,但在某一场合需以单一颜色进行显示。如果符号实例中需外加颜色,则符号图元颜色不再起作用,而统一以外加颜色绘制所有的图元。背景颜色则是用于填充符号绘制范围的颜色。

(4)角点。无级缩放的符号,其大小和位置由地图上的 4 个点所控制,称为角点,在地图放大、缩小时,符号大小也随之改变。严格来说,点状符号并不需无级缩放,主要是为了支持一些类似于点状符号的军标符号,这种技术更适于面状符号。

(5)外加文字。这是针对军标中的代字所设计的,如图 6-1(b)的指挥所军标,其中文字既可是"MHS",也可能是其他文字,即对于不同的符号实例可以设

置不同值。如果采用编程法而非信息法实现,这自然很简单;而采用信息法实现,就需要将代字的值封装在符号实例中,而在符号中专门提供图元来处理,这就是外加文字。

(6)比例系数与旋转角度。固定大小符号,位置由地图上 1 个点确定,符号大小由符号几何数据和符号坐标系与屏幕坐标系的映射关系决定,随着地图放大和缩小,大小和位置都不发生改变,但如果该映射关系发生变化,则所有固定大小的符号大小都会发生改变。

(7)控制字。符号实例本质上是符号属性集合,属性可具有各种组合形式。控制字决定了属性的组合,控制字按位定义,如表 6-2 所示。

表 6-2　符号实例控制字的含义

控制字位	含　义	默认值
0	是否为无级缩放,为 1 表示无级缩放,为 0 表示固定大小符号	0
1	是否外加颜色,为 1 表示外加颜色,为 0 表示使用图元自身颜色	0
2	是否设置背景颜色,为 1 表示设置背景色,为 0 表示透明方式	0
3	是否有外加文字,为 1 表示有外加文字,为 0 没有	0
4	如具外加颜色本位起作用。为 1 表示外加颜色为颜色表中的颜色,为 0 表示外加颜色为 RGB 值	0
5	如具背景颜色本位起作用。为 1 表示背景颜色为颜色表中的颜色,为 0 表示背景颜色为 RGB 值	0
其他	保留	0

在此定义的基础上,符号绘制算法如下:

算法 6-1　信息法点状符号绘制算法

```
01    CSymbolInstance∷DrawByGL( ){
02        if(无级缩放)
03            根据 4 个角点,计算比例、旋转和平移参数;
04        else(固定大小){
05            根据三坐标系关系计算比例系数,根据定位点计算平移参数;
06            从实例中直接得到旋转参数;
07        if(符号实例具有外加文字)
08            设置符号中的外加文字图元的文字;
09        glTranslated( );
10        glRotated( );
11        glScaled( );
12        if(绘制背景色)
```

13　　　　　　无级缩放以4个角点、固定大小以符号范围,绘制四边形;

14　　　　　基于平衡树结构的显示列表进行绘制;}

图6-4为点状符号的显示效果。图中有多种符号,每个符号有多个符号实例存在。

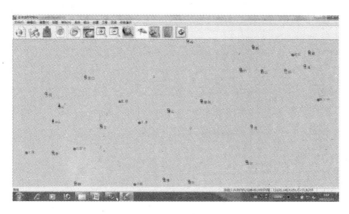

图6-4　点状符号显示效果

4. 基于显示列表的绘制算法优化与线宽的处理

在算法6-1的第14行,如果不考虑速度优化,最简单的方法是根据符号ID直接绘制符号的各个图元(其相关技术将在6.3节讨论)。由于显示列表是一种有效的速度优化技术,非常适于符号绘制,因此将符号绘制封装到显示列表中,并将其组织为1个平衡树以优化查找速度。为了避免显示资源被过多占用,并不将符号库中所有符号都生成显示列表,而是当某个符号第1次被使用时才构造显示列表,对于那些长时间不使用的符号,自动将其显示列表删除。由于符号可以外加颜色,因此每种不同的颜色都封装成单独的显示列表,没有外加颜色的符号也封装成1个显示列表。

使用显示列表所带来的一个问题是线宽问题:OpenGL所支持的线宽是以像素为单位表示的线宽,而制图标准中为线符号所规定的线宽以毫米为单位。为使系统能够适用于显示器和打印机等各种输出设备,符号坐标系采用毫米描述线宽。如以画线的方式来绘制线图元,需根据屏幕单位与地图单位之间的关系来确定像素线宽。符号可为无级缩放和非无级缩放,在非无级缩放时又可以设置放缩比例,因此线图元在不同参数配置下的像素宽并不一定相同。但是,显示列表中封装的线宽不可随显示列表之外的修改而改变,显示将不正确。

为此,构造算法在符号坐标系下,根据线的宽度,将线集图元转换为多边形图元用于显示,则可既利用显示列表进行优化,又确保在符号实例的各种配置下显示结果的正确性。该算法同样用于6.2.3节的线状符号和6.2.4节的面状符号。

如图6-5(a)所示,线集ABC为一有宽度图元,根据其宽度(以毫米表示)在各个顶点分别向两侧产生新的顶点:如果是起点或终点,在垂线方向产生新顶点,如图6-5(b)中a、b、d、e点;如非起点或终点,在该点的角平分线方向产生新顶点,如图6-5(b)中c、f点;将新产生的顶点连接起来,构成以多边形表示的有宽度线集,如图6-5(b)中,以多边形abcdef来表示有宽度线集ABC。

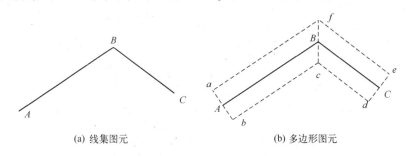

(a) 线集图元　　　　　　　　(b) 多边形图元

图6-5　有宽度线集图元转换为多边形图元

6.2.3　线状符号绘制方法

首先约定几个概念。如图6-6所示,左侧图形称为"线型",由若干个图元组成。右侧代表地图上的线状符号(见6.1.1节定义),也称为"线对象"。线型沿线对象的定位线重复配置就生成了地图上显示所需的线状符号。线状符号绘制所使用的有关线型的参数集合类对象称为"线型实例"。

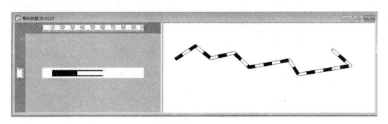

图6-6　线型与线对象

1. 相关研究

地图线状符号的绘制算法主要有三类:①纯函数法,该方法完全通过函数实现,绘制速度较快,但符号可编辑性和维护性很差;②组合绘制方法,认为复杂线符号由具有单一特征的线符号叠加组合而成,这种方法的特点是绘制速度快、算法相对简单,但要针对不同的线符号设计好各种单一线型,而且一些结构较复杂的线符号较难实现;③重复配置点符号(线型)法,即沿线符号定位线连续绘制线型,这种方法的特点是能够表达复杂线符号、通用性强,但是算法复杂,速度较慢。

在以上三种方法中,由于重复配置线型法所构造的符号库在可编辑性、可维护性、通用性等诸多方面具有明显优势,为一般商用 GIS 软件所支持,也是相关研究的热点。在线状符号绘制算法中,最关键的问题是拐点处变形的处理。

蔡忠亮等[4]按线型的长度在中轴线上分段截取,若超出拐点则将截去超出部分,截去部分转到下一折线段内处理,在变形处理中采用将落在部分区域的点平移至角平分线的方法。

何忠焕[5]将组成线型的图元分为两类,即柔性图元和刚性图元。刚性图元不进行变形,而是直接在某个线段上绘制该刚性图元;柔性图元跨越多个直线段时,分别裁出落在各直线段的部分,并沿该直线段方向将图元分解为有头无尾、无头有尾、无头无尾三种情况进行拉伸。

吴小芳等[6]提出了符号自适应改变大小和双仿射变换两种策略来处理变形问题,前者通过避开拐角点处的图元变形来满足整个线状符号的可视化效果,但这种方法仅适用于坐标稀疏的定位线;后者是在拐点处将线型的外接矩形变形为四边形,而基于组成外接矩形的两个三角形构造仿射变换,将变换作用于组成图元的每个点来实现符号的变形。

2. GPU 友好的线状符号绘制算法

这是由作者所提出的一个线状符号绘制算法[7]。

1) 算法思想

地图符号化结果的输出或为计算机显示器、或为打印机等制图设备,前一种情况下,往往需要随时与用户交互,对效率有更高的要求。以往关于线状符号绘制的研究主要集中于符号的数据结构、拐点变形效果等方面,在图元的绘制上主要是利用操作系统的图形设备接口(Graphics Device interFace, GDI)提供的画线、多边形填充等函数,并未专门考虑绘制效率问题。

随着 GPU 的发展,计算机的显示效率不断跃升,OpenGL 和 DirectX 等编程接口虽然主要针对三维显示设计,但是对二维绘制也有较好的支持,虽然功能不如 GDI 丰富,但是由于可以直接利用硬件能力,具有明显的效率优势。

结合 OpenGL 平台,构造了可充分利用硬件性能的、GPU 友好的线状符号绘制算法:对于不跨越拐点的重复配置线型,采用显示列表和标准模板库(Standard Template Library, STL)中的平衡树结合来实现快速绘制;对于跨越拐点的多边形图元首先进行凸剖分,设计的变形算法保证变换结果仍为凸多边形,因此可直接利用 GPU 所支持的多边形图元完成绘制,保证绘制效率。

2）基于显示列表和 STL 的线型重复配置

显示列表非常适合于需要重复调用的图元,而不适于仅调用一次的场合。线状符号绘制时,如整个线型落在某个线段上,则相当于对线型做比例、旋转和平移 3 个变换然后绘制。这非常适合于将线型封装为显示列表,重复配置时计算出相应的变换参数,然后利用显示列表完成绘制。

与符号一样,线型定义在一个平面直角坐标系下,所有组成图元(包括空白图元)的外接矩形定义了线型的长和宽,这个平面直角坐标系称为线型坐标系,外接矩形的左下角即为线型坐标系的原点。所有图元离散为两类基本图元:线集和多边形。前者由一系列点连接成线,后者则表示具有填充属性的多边形,即使是封闭的图元,如果不具备填充属性,仍然按线集处理。线对象绘制算法针对这两类基本图元设计。

显示列表可以有效提高效率,但是所有符号显示列表的有效组织管理一样重要。在绘制过程中,一帧地图中往往并不需要用到所有的线型,而显示列表本身需占用显存资源,所以显示列表需根据显示内容的变化动态地创建和释放;而每一帧绘制中,往往有大量的线对象都需查找到自己对应的显示列表。因此,需要在查找、插入、删除三方面都满足效率需求的数据结构来管理显示列表,平衡查找树是首选数据结构。

STL 对常用的数据结构进行了封装,其中的 multimap 容器即为关键字可重复的平衡查找树,因此应用此容器管理显示列表。重复配置的线状符号绘制算法如下:

算法 6-2　重复配置的线状符号绘制算法

```
01    Algorithm DrawLine{
02        根据线状符号的线型实例,获得对应的线型 ID;
03        根据 ID 在显示列表 multimap 容器中搜索;
04        if(找到线型对应显示列表)进行旋转、比例和平移变换,然后调用显示列表绘制;
05        else 创建新的显示列表并加入容器中;}
```

为了保证显存资源的及时释放,为每个显示列表加入时间信息,在每一帧地图绘制完成后,遍历一次显示列表容器,释放最近未使用的显示列表。

3）基于多边形凸分解的拐点处理

图元变形方法的关键是生成新顶点,提出了一种在线型坐标系下产生新顶点的算法。变形图元并不适合以显示列表进行加速,此时保证实时绘制的效率就显得尤为重要。

由于有宽度线集图元需要转换为多边形,无宽度线集图元变形之后可以由 OpenGL 直接绘制,所以主要讨论多边形图元的处理。GDI 可以支持直接绘制多边形,但是 OpenGL 只能支持三角形、四边形和凸多边形图元,对于非凸多边形,需要首先将其转换为凸多边形或三角形再进行绘制,而这个过程不是硬件支持,而由软件实现,效率较低。

因此,如果转换的结果仍然为凸多边形,则可以有效地提高绘制效率。采取方法是:对于组成线型的每个多边形图元,在初始时(加载线型数据)首先将其剖分为凸多边形,设计算法保证凸多边形的变形结果仍然为凸多边形,以避免多边形的实时凸剖分。

拐点处理需 3 个关键步骤:图元裁剪、变形和保凸修正。

(1) 图元裁剪。根据线集中的每条线段,确定位于其中的图元,且需基于线段长度对图元进行裁剪。

如图 6-7(a)所示,地图上有线对象 $ABCDE$,沿该线对象的定位线重复配置符号。图中为配置到 BC 线段的情况,1234 所定义的矩形范围是根据线型符号在线型坐标系下的宽度、高度以及线型坐标系与屏幕坐标系映射关系,所确定的线型映射重复配置范围,设其长度为 a。

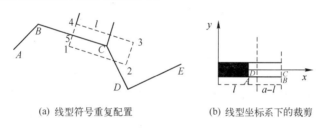

(a) 线型符号重复配置　　　　　　(b) 线型坐标系下的裁剪

图 6-7　线型图元的裁剪

在 BC 段重复配置的起点设为图中"5"所标识点,$5C$ 的长度为 l,将该值映射到线型坐标系(根据线型坐标系与屏幕坐标系映射关系进行适当缩放),如图 6-7(b)所示。在坐标系的 x 坐标为 l 处,构造一垂线,对符号的各个图元进行裁剪。图中为铁路的线型符号,由 1 个矩形图元和 2 个有宽度线图元组成。根据前面讨论已知,有宽度线需转换为多边形图元,如图中 $ABCD$ 所示。使用垂线对 3 个图元进行裁剪的结果是,需要保留矩形图元的全部和有宽度线图元的部分,这些部分将继续进行变形,裁剪掉的部分将在地图线对象的下一线段中继续处理。

根据垂线进行基于距离的半平面裁剪,需要分为两种情况。

一种是凸多边形的半平面裁剪,针对线型符号的多边形类图元和有宽度线所生成的多边形图元,这两类图元都在线型加载时进行了多边形的凸分解。凸多边形与垂线只可能有 0 个或 2 个顶点(1 个顶点的奇异情况可以不考虑),此时的裁剪算法简单快速:首先判断起点的水平坐标与垂线的位置关系;如果起点在垂线左侧,则将起点输出,然后按顺序访问多边形各个顶点并输出,直到找到在垂线右侧的顶点,计算交点并输出;继续访问后面的顶点,再次找到交点后,将交点输出,而后续所有顶点输出;如果起点在垂线右侧,采用类似策略完成。

如图6-8(a)所示,对于多边形 $ABCDE$,起点 A 在垂线左侧,直接输出;下一顶点 B 仍在垂线左侧,继续输出;顶点 C 在垂线右侧,计算 BC 与垂线的交点1,输出;顶点 D 仍然在垂线右侧,继续丢弃;顶点 E 在垂线左侧,计算 DE 与垂线交点2,输出2、E。最后得到输出多边形为 $AB12E$。如图6-8(b)所示,多边形 $ABCD$ 的起点在垂线右侧,可以先循环找到位于垂线左侧的顶点然后按上述逻辑搜索,也可以直接由起点开始用另一逻辑搜索,输出多边形为 $1CD2$。

由于已经进行了凸剖分,在裁剪环节,不需要复杂的数据结构,其时间复杂度仅为 $O(n)$,而且在每个顶点处理时,只需比较水平坐标,效率很高。

另一种是无宽度线集的半平面裁剪。由于无宽度线集并不转换为多边形,也无所谓凸分解,因此需要另外的算法。由起点开始遍历线集所有顶点,如果遇到垂线左侧的点,则生成一个新的输出线集,持续输出垂线左侧的顶点,直到遇到与垂线相交的情形;对于垂线右侧的顶点,则需要持续丢弃,直到与垂线相交后生成新的输出线集,然后再进行持续的输出搜索。

如图6-9所示,对于线集 $ABCDEFG$,起点 A 在垂线左侧,构造输出线集,持续输出顶点 AB,处理顶点 C 时需要计算交点,完成线集 $AB1$ 的输出;丢弃顶点 C、D,顶点 E 在垂线左侧,计算 DE 与垂线交点并创建新的输出图元,持续搜索,得到输出图元 $2E3$;按同样的方式还可以得到输出图元 $4E$。

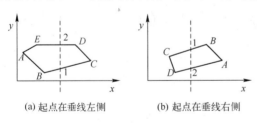

(a) 起点在垂线左侧　　　　(b) 起点在垂线右侧

图6-8　多边形的基于距离半平面裁剪

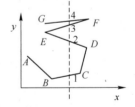

图6-9　无宽度线集的基于
距离半平面裁剪

需要指出的是,线集图元可能闭合,即最后一个顶点到第一个顶点之间有线段相连。线集的半平面裁剪算法只需相应地增加处理一个顶点即可,而且只有当整个图元都落在垂线左侧的情况下输出图元闭合,只要与垂线有交输出图元就不会闭合。

(2) 图元变形。裁剪后落在当前线段范围内的图元,需要变形才可以保持拐点处的连续性。根据当前线段长度、线型外接矩形长度、起点到拐点的距离等因素,裁剪后线型的外接矩形进行变形。图6-10(a)为裁剪后线型外接矩形,也对应于外接矩形整个落在线段之内的情况。图6-10(b)对应于外接矩形起点位于线段范围之内,终点超出线段范围的情况,即如图6-8(a)中所示情况。图6-10(c)对应于外接矩形的起点和终点都在线段范围之外的情况。图6-10(d)对应于外接矩形起点在线段范围之外,终点在线段范围之内的情况。

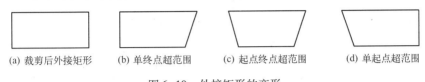

(a) 裁剪后外接矩形　　(b) 单终点超范围　　(c) 起点终点超范围　　　(d) 单起点超范围

图6-10　外接矩形的变形

图6-10中各图的斜边,由各个拐点处的角平分线确定。

如图6-11所示,线对象 *ABCD*,沿该线段重复配置线型。第1次配置,线型完全落在 *AB* 线段之内,对应于图6-10(a)所示情形,映射为1342,直接绘制即可;第2次配置,线型跨越了 *AB*、*BC* 和 *CD* 线段,以 *AB*、*BC* 和 *BC*、*CD* 的角平分线为界,在 *AB* 段对应于图6-10(b)的情况,映射为3564,在 *BC* 段对应于图6-10(c)的

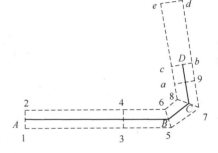

图6-11　外接矩形变形的实现方法

情况,映射为5786,在 *CD* 段对应于图6-10(d)的情况,映射为79*a*8;第3次配置,映射为9*dea*,超出了线段 *CD* 的范围,基于距离裁剪后映射为9*bca*。

根据矩形的变形情况,得到线型中每个顶点的变形方法。

首先将变形后四边形变换到线型坐标系下,主要是确定四边形左右两边(可能为垂直边,也可能为斜边)的直线方程。斜边方程根据重复配置时顶点的累加距离、二线段夹角确定,如图6-11中5786四边形,线段 *BC* 映射为 *x* 轴,56、78构成2条斜边,斜边56与 *x* 轴交点值等于垂线34到 *B* 点的距离,斜边78与 *x* 轴交点相当于56交点值再加上 *BC* 的长度,根据 *AB* 与 *BC* 的夹角确定56的斜率,根据 *BC* 与 *CD* 的夹角确定78的斜率。

如图6-12(a)所示,*ABCD* 为线型的外接矩形,针对当前线段重复配置、进行半平面裁剪后为 *abcd*,即该区间裁剪图元为需要变形的图元。图6-12(b)中1234为变形后的四边形。图6-12(a)中 *a*、*b* 点的坐标为x_a、x_b。

图元顶点新位置的计算方法:对于顶点 *p*,保持其 *y* 值不变,根据变形多边形左右边线的方程,计算过该点的水平线与左右边线的交点 $s(x_0, y)$、$t(x_1, y)$,则变形后点 *p′* 的水平坐标为

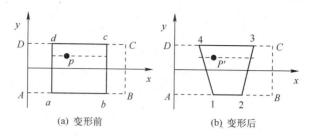

图 6-12　线型坐标系下的顶点变形

$$x' = x_0 + \frac{x - x_a}{x_b - x_a} \times (x_1 - x_0) \tag{6-2}$$

式中,x 为点在线型坐标系下的水平坐标;x_a、x_b 为 a、b 点的水平坐标;x_0 和 x_1 根据直线方程和 y 坐标计算得到。

下面简要比较上述裁剪变形方法与现有算法的效率。

现有算法一般是按沿线对象重复配置线型的思路,首先将线型所有图元变换到当前线段,再进行裁剪、变形,此变换需要大量的浮点运算;在不同方法中,顶点变形还涉及仿射变换、三角函数计算、情况判断等,进一步加大了运算量。

本书中算法在线型坐标系下进行,不需要对每个顶点进行变换,而是在计算得到新顶点后由图形绘制流水线进行变换,由硬件支持,效率很高;每个顶点计算中,x_0 和 x_1 各需要 1 次乘法和 1 次加法,式(6-2)需 2 次乘法(除法转换为乘法,且可以预先计算得到)和 3 次加法,共需要 4 次乘法和 5 次加法。

（3）多边形的保凸修正。多边形图元不需要实时进行凸剖分是算法效率的重要保证。上述过程中,裁剪后多边形仍然为凸多边形,这可以由凸多边形的定义得到,但是凸多边形经过变形之后并不能保证仍为凸多边形。

如图 6-13 所示,多边形 $ABCD$ 为凸多边形,顶点 B、D 属于凸多边形在垂直方向的极值点,由于每个顶点的 y 值并没有改变,所以该点不会由凸点变为凹点。非垂直方向极值点的点有可能会变为凹点。如图 6-13(b)所示,由于顶点 D 的拉伸远大于顶点 C 的拉伸,导致顶点 C 变为凹点。此时采用的技术是将顶点平移至该顶点两侧顶点连线外侧的对称位置,如图 6-13(b)所示,将顶点 C 修正为 C'。

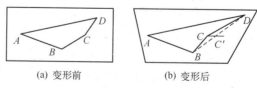

图 6-13　多边形的保凸修正

整个多边形的修正只需遍历 1 次多边形顶点即可完成,由于产生凹点的情况非常罕见,所以其时间主要是判断顶点是否为凹点的时间,而此判断可利用矢量叉积法判断,每个顶点需要 2 次乘法、3 次加法。整个修正算法的时间复杂度为 $O(n)$,较之通用的多边形凸剖分算法,时间复杂度和每个顶点所需运算都优化得多。

线型加载时,采用 3.1.1 节技术对多边形进行凸分解。

4) 算法效率分析

在 Pentium(R)2.8 G CPU、512 M 内存、ELSA GLADIAC 528 显卡、1G 显存的普通微机上运行,表 6-3 为对两帧地图采用不同方法绘制所需时间的比较。

表 6-3　不同方法耗时比较

方　　　法	时间/ms	
	2742 线 14456 顶点	1253 线 5369 顶点
GDI 绘制	99.63	46.78
OpenGL 直接绘制	86.32	38.32
加入显示列表	52.18	16.41
多边形预先凸剖分,变形时保凸修正	12.84	5.29

第 1 种方法是不对多边形图元进行凸剖分,沿线对象重复配置线型然后以 GDI 进行绘制;第 2 种方法是将第 1 种方法的 GDI 绘制改为以 OpenGL 进行绘制,既不利用显示列表,又需要进行变形多边形的凸剖分,可以看出,这种方法对效率略有提升,但是影响非常小,在有些情况下甚至会造成效率下降;第 3 种方法是加入用平衡树管理的显示列表;第 4 种方法是进一步消除了多边形实时凸剖分所耗时间。

后两种技术的引入都大幅提高了效率,而实际的效率提升情况与线对象数据、线型图元组成、线型参数等很多因素有关,如表中第 1 帧,总体上线对象的组成线段偏短,拐点较多,此时多边形凸修正对效率的提升作用更明显;而第 2 帧中,总体上线对象的组成线段较长,显示列表平衡树起的作用更大。

3. 基于线型实例的工程实现

与符号实例的概念类似,构造线型实例表示地图线对象所使用的线型参数的集合,如图 6-14 所示。

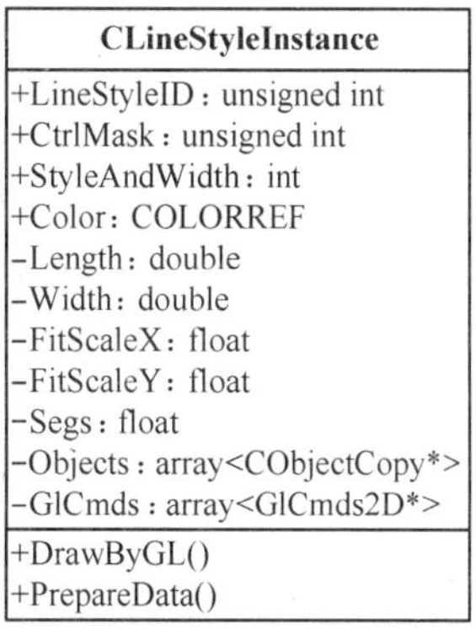

CLineStyleInstance
+LineStyleID : unsigned int
+CtrlMask : unsigned int
+StyleAndWidth : int
+Color : COLORREF
-Length : double
-Width : double
-FitScaleX : float
-FitScaleY : float
-Segs : float
-Objects : array<CObjectCopy*>
-GlCmds : array<GlCmds2D*>
+DrawByGL()
+PrepareData()

图 6-14　线型实例

下面结合线型实例中的主要数据进行阐述。

（1）线型 ID。线型 ID 在每个线型库中唯一，线型驱动算法利用此值在线型库中检索指定 ID 的线型对象，获得线型数据，以进行运算。

（2）颜色。线型符号中每个图元已定义颜色，也支持为线型设置统一的颜色，Color 参数即为此目的。在索引模式下表示索引值，在 RGB 模式下表示 RGB 颜色值。

（3）线型配置模式。分为 2 类线型：①掩膜线型；②线型库矢量线型。

掩膜线型指定义位掩膜，根据掩膜值，逐像素进行绘制的线型，这也是 GDI 和 OpenGL 绘制线时所直接支持的模式。StyleAndWidth 是 32 位整型数值，高 16 位定义线型掩膜，低 16 位中的高 8 位定义线型掩膜比例，最后 8 位定义线宽（像素）。基于 OpenGL 绘制时，这 3 个参数分别对应 glLineStipple 的 2 个参数和 glWidth 的 1 个参数。图 6-15(a) 为掩膜线型显示示例。

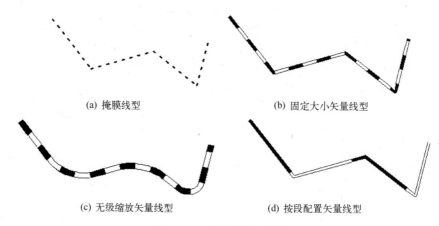

(a) 掩膜线型　　　　　　　　　　　(b) 固定大小矢量线型

(c) 无级缩放矢量线型　　　　　　　(d) 按段配置矢量线型

图 6-15　不同的线型模式

线型库矢量线型指前述沿线对象重复配置线型符号，又分为 3 种模式：固定大小模式、无级缩放模式和按段配置模式。

固定大小的线型不随地图放大缩小而变换，线对象随地图放缩，但是表示线的每段线型的大小稳定，只受到线型实例本身参数和线型坐标系与屏幕坐标系比例关系的影响。固定大小线型所使用参数为 FitScaleX 和 FitScaleY，相应的确定方法是：线型坐标系（毫米）与屏幕坐标系（像素）定义比例映射关系，线型符号的范围（以长、宽表示）和 FitScaleX、FitScaleY 相乘，再与该比例映射关系相乘，得到屏幕坐标系的长、宽，以此为基础进行线型的重复配置。如考虑线型坐标系与地图坐标系的关系，则每次地图放缩时，地图与屏幕比例关系改变，所有的绘制数据都需重新生成。图 6-15(b)为固定大小矢量线型显示示例。

无级缩放的线型,线对象随地图缩放时线型也随之缩放,就像线型与地图贴合在一起一样。无级缩放线型的参数是 Length 和 Width。这两个值是定义在地图坐标系的,直接按这两个值进行线型重复配置即可。在地图缩放时,已经生成的绘制数据可重用。图 6-15(c)为无级缩放矢量线型显示示例。

按段配置线型只根据给定段数在线对象上重复配置线型,线对象由指定段数的线型组成,分段线型可以用于标识桥梁等线型符号在整个线对象上只重复1 次的情况。分段线型的参数为 Segs,根据线对象的总长度,除以段数得到每个线型所映射的地图尺寸,然后再进行重复配置。图 6-15(d)为按段配置矢量线型显示示例,其段数为 2。

(4)控制字。控制字通过其各位控制线型模式、颜色等,其各位含义如表6-4所示。

表 6-4 线型实例控制字的含义

控制字位	含　义	默认值
0	为 1 表示为掩膜线型,为 0 表示矢量线型	0
1、2	01 表示固定大小矢量线型,10 表示无级缩放矢量线型,11 表示按段配置线型	01
3	为 1 表示设置外加颜色,为 0 使用图元自身颜色	0
4	如具有外加颜色,则本位起作用。为 1 表示外加颜色为颜色表中的颜色,为 0 表示外加颜色为 RGB 值	0
其他	保留	0

(5)绘制数据。Objects 和 GlCmds 分别对应于完全重复配置的线型符号和线对象拐点处变形、裁剪产生的新的几何数据。

线型绘制分为 2 个过程:①线型驱动算法计算输出图元;②利用输出图元进行显示。这种设计的优点是:①显示驱动可以独立开来,可以分别开发 OpenGL、DirectX、GDI 的绘制驱动,而不需对线型驱动算法进行任何改变;②避免了重复计算,当需要进行显示刷新时,如地图进行了平移,或地图缩放时线对象的线型实例属性为无极缩放类型,没必要重新生成绘制数据。

对于完全重复配置的线型符号,可使用显示列表进行优化,对于不同位置,主要是比例、旋转和平移参数的不同,因此 Objects 对应的数据结构为

```
struct CObjectCopy{
    double    xoff, yoff;
    double    xscale, yscale;
    double    angle;}
```

　　上述定义称为对象副本,对于每个重复线型,仅需生成上述数据结构的对象,绘制时根据其中的参数,调用相应函数之后,再利用显示列表进行绘制。

　　对于变形产生的新图元,同样采用类似 3.1.1 节中图 3.5 所示数据结构进行封装,即图 6-13 中的 GlCmds,绘制时利用该数据进行绘制。

　　在线型驱动算法和后面的填充模式驱动算法中,涉及大量图元的生成与销毁,如果频繁调用 new 和 delete,必将导致大量的时间开销,可采用类似对象缓冲的技术来管理图元对象和对象副本的生成与销毁。这类技术在很多 C++ 书籍中都有专门的讨论,不再赘述。

　　生成绘制所需数据的线型驱动算法如下:

算法 6-3　　线型绘制数据生成算法

```
01    void CLineStyleInstance::PrepareData(int num,CPoint2D * pPt,double bpos){
02        if(是掩膜线型实例) return;
03        根据 ID 获得线型几何数据与范围;
04        根据线型实例模式,计算映射后长度、宽度和比例系数;
05        for(每条线段){
06            while(整个线型落在线段内){
07                输出 CObjectCopy 对象或先基于起始距离进行线型半平面裁剪再输出;
08                沿当前线段继续前进,调整线型原点;}
09            if(线型跨越 2 个或多个线段){
10                生成变形四边形数据;
11                对线型所有图元进行基于距离的半平面裁剪;
12                对裁剪后所有图元的顶点进行变形和保凸处理;
13                输出图元;}}
```

生成绘制数据之后,每一帧显示时,调用线型实例绘制算法如下:

算法 6-4　　线型实例绘制算法

```
01    void CLineStyleInstance::DrawByGL(){
02        获得绘制颜色的 RGB 值;
03        if(掩膜线型)
04            调用 GL 画线函数完成绘制;return;
05        根据线型实例计算比例参数和颜色;
06        遍历 GlCmds,根据线型实例参数修改图元参数包括颜色、宽度,最后绘制图元;
07        遍历 Objects,进行平移、旋转和比例变换,基于显示列表进行绘制;}
```

　　算法 6-3 即是图 6-11 的实现。上述两个算法,即是对上述讨论的 GPU 友好的线状符号绘制算法的完整实现。

6.2.4　面状符号绘制方法

　　首先界定几个术语。如图6-16所示,左侧图形是用于重复配置的点符号,称为"填充模式",由若干图元组成。右侧为地图中的面状符号(见6.1.1节定义),也称为"面对象",是由地图上若干个点围成的区域。比较通用的面状符号的符号化算法是在表示面对象的轮廓线内重复配置点符号,这种算法的最大优点在于通用性强,但是算法实现复杂。在面对象符号化过程中有关填充模式的属性集合,封装为一个类对象,称为"填充模式实例"。

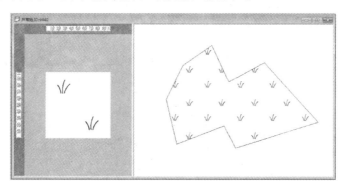

图6-16　填充模式与面状符号

1. 填充模式实例绘制方法

　　填充模式与符号、线型一样,也由1个或多个图元组成,最后也离散为线集和多边形两类基本图元,绘制算法针对此设计。

　　填充模式数据结构的定义如图6-17所示。

　　(1)填充模式ID,根据ID建立与填充模式的映射,获得填充模式的组成图元、范围等信息。

　　(2)颜色与背景颜色。参数Color和BkColor定义填充的颜色和背景色。填充模式的每个图元具有颜色属性,如需强制填充模式颜色,图元绘制不再使用自身颜色属性,而是使用填充模式的统一颜色。

CFillStyleInstance
+FillStyleID : unsigned int
+CtrlMask : unsigned int
+Color : COLORREF
-BkColor : COLORREF
+PatternIndex : int
-Length : double
-Width : double
-FitScaleX : float
-FitScaleY : float
-Objects : array<CObjectCopy*>
-GlCmds : array<GlCmds2D*>
+DrawByGL()
+PrepareData()

图6-17　填充模式数据结构

　　(3)面状符号绘制模式。分为掩膜填充和矢量填充两类。掩膜填充是定义位图,位图为1的位置绘制,为0的位置不绘制;矢量填充在面对象轮廓内重复配置填充模式符号。图6-18(a)为采用掩膜填充的结果。

矢量填充是在面对象的轮廓线内重复配置点符号,图 6-18(b)和图 6-18(c)均为重复配置矢量符号的结果。矢量填充分为两种类型:无级缩放填充和固定大小填充。无级缩放时,重复配置的填充符号随地图放缩而放缩,其参数为 Length 和 Width,按地图上的尺寸定义;固定大小时,重复配置的填充符号不随地图放缩而改变,其参数为 FitScaleX 和 FitScaleY,定义为符号坐标系的比例系数,需根据前述三坐标系架构进行计算。

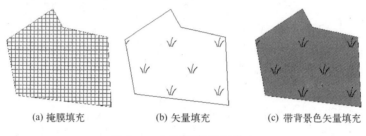

(a) 掩膜填充　　　　　(b) 矢量填充　　　　(c) 带背景色矢量填充

图 6-18　不同填充绘制模式

(4)控制字。控制字通过各位控制填充模式属性,如表 6-5 所示。

表 6-5　填充模式实例控制字的含义

控制字位	含　义	默认值
0	该位为 1 表示掩膜填充模式,0 表示矢量填充模式	0
1	为 1 表示无级缩放矢量填充模式,为 0 表示是固定大小矢量填充模式	0
2	为 1 表示设置外加颜色,为 0 使用图元自身颜色	0
3	为 1 表示设置背景颜色,为 0 表示透明	0
4	如具有外加颜色,则本位起作用。为 1 表示外加颜色为颜色表中的颜色,为 0 表示外加颜色为 RGB 值	0
5	如具有背景颜色,则本位起作用。为 1 表示背景颜色为颜色表中的颜色,为 0 表示背景颜色为 RGB 值	0
其他	保留	0

(5)绘制数据。填充模式重复配置时,有的全部落在地图面符号的轮廓线之内,有的部分落在轮廓线内,后者需对填充模式的每个组成图元与面状符号的轮廓线求交。Objects 和 GlCmds 分别对应于完全重复配置的填充模式符号和填充模式符号图元与地图面对象相交所产生的几何数据,其类型与线型实例中相同。

填充模式图元也分为线集与多边形两类,绘制算法针对此两类图元分别设计。填充模式驱动算法描述为:根据填充模式实例中的 ID 获得填充模式图元的几何数据;根据面对象的包围盒,确定填充模式起始配置和结束配置的值;由面对象包围盒左下角到右上角,在水平和垂直方向重复配置填充模式;如果填充模式完全落在面对象之内,则直接生成填充模式副本,否则将填充模式中所有图元平移到该位置处,然后与面对象求交,得到输出图元。

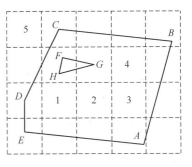

图6-19　填充模式重复配置

如图6-19所示,有一带内环的面对象,以某模式进行填充。首先根据填充模式实例中的参数和对应填充模式的大小,计算填充模式在地图上的映射尺寸;然后以地图上的坐标原点为基准,按上面计算得到的大小,构造网格覆盖面对象;遍历覆盖面对象的所有网格,如网格完全落在面对象之内,如网格1、2、3、4,直接生成填充模式副本;如网格完全落在面对象之外,则不必处理,如网格5;如网格与面对象有交,则填充模式中所有图元平移到该位置处,然后与面对象求交,如图中1、2、3、4、5之外的所有网格。

线集、多边形与多边形求交在计算机图形学中均有成熟的算法,本书阐述作者所提出和实现的算法。

2. 双策略跟踪的多边形求交算法

1) 相关研究

不要求裁剪多边形为矩形或凸多边形的裁剪算法主要有3类:第一类是建立在比较完备的数学形式之上的算法,如 Rivero 等[8]和 Peng 等[9]提出的多边形裁剪算法,这类算法的优点是理论基础完备,无需考虑特殊情况、鲁棒性好,缺点是算法往往较为复杂,且效率提升困难;第二类算法首先将交点分割后的边进行分类,然后通过边的跟踪形成各个子区域,通过子区域运算实现多边形的布尔运算,如 Schutte[10]、Leonov - Nikitin[11]、朱雅音[12]等算法;第三类是在 Weiler 算法[13]思想基础上发展起来的各种算法,将交点分类为进点和出点,然后进行跟踪得到输出多边形,如 Vatti[14]、Greiner - Hormann[15]、刘勇奎[16]等算法,这类算法的原理简单、易于实现,效率也往往较高,本书提出的算法也属于此类。

第三类算法的研究集中在3个方面:

(1) 数据结构设计。采用何种数据结构与整个算法息息相关,也对效率有一定的影响,Weiler 算法使用树形数据结构,而 Vatti 算法和 Greiner - Hormann 算法使用双线性链表数据结构,刘勇奎算法采用单链表数据结构。

(2) 特殊情况处理。需要处理的特殊情况是交于顶点和边重合等情况。文献[14]和文献[16]采用对顶点进行微小移动来解决此问题,这种处理对于屏幕绘制等场合有效,但是对于需要精确结果的场合显然不适用;鲍虎军[17]根据两多边形边界内法向是否相同来对交点进行完备分类;刘勇奎[18]将特殊情况分解成各种子情况分别进行处理,然后通过在链表上增加或减少交点来保持进点和出点交替出现。

(3)求交效率优化。裁剪算法中最为耗时的部分是求多边形交点的过程,在不进行任何优化的情况下其时间复杂度为$O(nm)$。文献[18]提出了斜率法来优化两边之间的求交运算,对每个点需执行一次除法,而除法运算比乘法运算更为耗时,因此可将斜率的比较转换为顶点y值与顶点x值和待求交线段斜率的乘积进行比较,这样求交效率将比该文献更为优化;文献[17]提出了应用错切变换处理边求交问题,进一步减少了求交所需运算量;在针对两条边的求交运算上,这两种方法基本已经达到最优,但是就多边形裁剪而言,并没有减少总的求交次数。文献[15]在边求交中应用了线段包围盒等技术快速排除不需求交的情况,但是其求交所用时间仍然占算法全部耗时的80%以上,同时该文探讨了应用计算几何中的扫描线方法加速求交的问题,其结论是由于排序等一系列操作带来的复杂性将使得这种方法起不到有效的加速作用。文献[10]提出了应用空间剖分技术以使得每条边不必与所有其他边求交的设想,但并未就该技术展开深入研究。姚辉学等[19]提出将两个多边形的公共包围盒范围划分为格网,然后将边归属于相应网格中,在边求交时只计算与所处理边位于同一网格内的边;但是该文献在处理边与网格关系时采用的办法是判断边与所有网格的关系,同时该方法显然会导致一组边重复计算交点的问题,得出的结论是一个网格内边数在80~100之间时效率最佳,这种程度的优化还是非常有限的。

2)新算法的原理

以往算法一般将交点划分为进点和出点两类,而为确保正确的输出结果,对于交于顶点和边重合的情况,需将其归类为进点或出点。与上述思路不同的是,本文将交点划分为普通交点与顶交点两类,而不进一步区分进出点,普通交点和顶交点的定义如图6-20所示,多边形S和C相交,普通交点为I_1、I_2和I_3,顶交点为C_3、C_4、S_4;在进行跟踪获得输出多边形时,针对这两类交点的特点,构造了不同的跟踪策略,以此来确保输出结果的正确。

在效率优化上,边与边求交本身已经基本没有优化空间,更重要的是如何让待处理的边只与可能有交的边求交。采用方法是:将顶点数目多的多边形的边划分到空间网格中,而在边划分到网格的过程中,采用了类似于直线段扫描转换Bresenham算法的技术,优化划分过程的效率;而求交点时以另一多边形的边与网格中多边形的边求交,并通过简单的赋值和比较避免了重复求交问题。针对

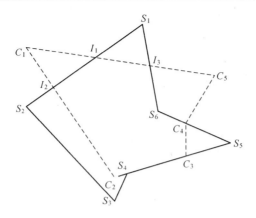

图 6-20　普通交点与顶交点的定义

地图面符号的特殊性,在应用本算法时,采用将地图面对象划分到网格中,图元的多边形作为待处理多边形。

3)算法采用的数据结构

刘勇奎算法针对顶点和交点定义了不同的数据结构,虽然顶点的定义节省了一个指针,但在遍历链表的时候将不得不额外区分顶点和交点;Greiner - Hormann 算法中采用相同的数据结构表示顶点和交点,用一个 Boolean 数据作为交点标志,在遍历节点时只需判断标志即可。本书以相同的数据结构表示顶点、普通交点和顶交点,链表节点定义为(其中 coordinates 表示坐标类型;vertexPtr 表示指针):

vertex = {x,y:coordinates;

　　tag:integer;

　　alpha:real;

　　next,other:vertexPtr;

　　cnt:integer;}

其中,tag 域表示节点的类型,值为 0 表示顶点,值 1 表示普通交点,值 2 表示顶交点;alpha 域表示以参数形式表示的交点坐标,范围在 0 ~ 1,当同一边上有多个交点时,利用该参数进行排序;cnt 域用于避免重复求交,其作用将在 6.4 节讨论;next 域表示指向链表下一结点的指针;对于交点,other 域指向另一个链表对应交点,用于实现一个链表到另一链表的切换。图 6-21 给出了对图 6-20 的两个多边形进行求交形成的链表(结点内标出其 tag 域的值)。

算法中网格划分采用的数据结构为指针数组(vertexPtrPtr 类型)加索引数组(intPtr 类型)的形式:

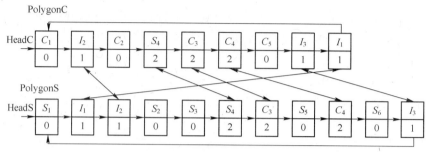

图 6-21　多边形求交所形成的链表结构

$$Grid = \{\, pVertex : vertexPtrPtr;$$
$$pIndex : intPtr;\,\}$$

其中,pVertex 按行优先顺序存储与各个网格相交的边的起点指针;pIndex 存储每个网格的数据在 pVertex 中的结束位置。pIndex 中元素个数与网格数一致,通过 2 个 pIndex 值,确定经过网格的线段(pVertex 中相应位置)。

图 6-20 中,多边形 S 的顶点数多于多边形 C 的顶点数,对其进行 2×2 的网格划分(图 6-22(a)),得到的网格数据结构如图 6-22(b)所示。由于一共有 4 个网格,因此 pIndex 是大小为 4 的整数数组。数组的第 1 个值表示位于左下角第 1 个网格的索引,该值为 3,表示 pVertex 数组中 3 以前的各个元素都是与第 1 个网格有交的线段(起点),即 S_2、S_3、S_4;同理,pIndex 数组第 2 个值为 6,表示 pVertex 数组前一值 3~6 之间的元素都是与第 2 个网格(右下角)有交的线段起点,即 S_4、S_5、S_6;依此类推。

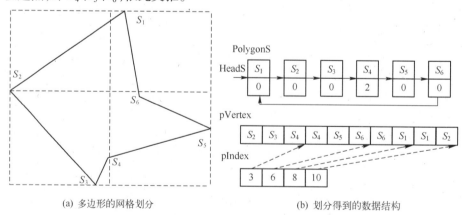

(a) 多边形的网格划分　　　　　　　　(b) 划分得到的数据结构

图 6-22　多边形网格划分的数据结构

4) 交点判断与计算

对多边形进行网格划分的目的是减少参与求交的线段数量,如果网格划分的效率足够高而且不同网格中的同一组线段不会发生重复求交,则划分的越细实际参与求交的线段越精确。统计表明,本算法中控制每个网格的平均边数在 $3 \sim 5$ 个效率最优。

后续算法要求网格为正方形,设多边形包围盒宽度为 w,高度为 h,多边形顶点数为 n,划分的网格数 G_x、G_y 采用式(6-3)确定:

$$\begin{cases} G_x = \left[\sqrt{\dfrac{n}{3} \times \dfrac{w}{h}} \right] \\ G_y = \left[G_x \times \dfrac{h}{w} \right] \end{cases} \tag{6-3}$$

然后计算出每个网格的边长 Δ 及其倒数 δ,使用倒数把后续的除法运算变为乘法运算。

文献[19]采用对每条边逐个判断网格是否与其相交,其效率显然极低。一个比较简单的高效确定边所经过的网格的算法如下:选择 x、y 中变化大的方向作为主方向,另一方向为副方向,如图6-23所示,以 x 为主方向;对于边在副方向经过的每条网格线,计算边与该网格线的交点所对应的主方向网格,如图6-23中,边 p_0p_1 与垂直方向网格线3的交点对应的水平网格为3,在垂直方向网格2中,$0 \sim 3$ 之间所有网格都是边经过的网格。

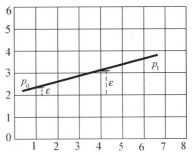

图6-23　边的网格划分算法

上述算法利用参数方程确定边与网格线交点,需要执行1次浮点除法和多次浮点乘法、加法运算,受直线扫描转换 Bresenham 算法的启发,构造了一个可消除浮点除法运算的算法。算法的基本思路:边沿起点网格前进到终点网格,每次在主方向都前进一个网格,而构造误差来确定在另一个方向是否前进。定义误差 ε 为线段与副方向网格线的交点与网格线的差,如图6-23所示,对于垂直网格线1,其 ε 小于网格边长 Δ,在副方向不前进,边经过网格(0,2);对于垂直网格线4,累计计算的 ε 大于 Δ,副方向前进,边经过网格(3,2)和(3,3)。

问题归结为如何计算 ε 初值以及递推公式,设起点所在网格为 (i, j),边起点到终点的差值为 $\mathrm{d}x$、$\mathrm{d}y$,网格水平方向最小值为 $x_{\min}$,起点坐标为 (x_0, y_0),则初值和递推公式为

$$\varepsilon = y_0 - y_{\min} - j \times \Delta + \frac{x_{\min} + (i+1) \times \Delta - x_0}{\mathrm{d}x} \times \mathrm{d}y \tag{6-4}$$

$$\begin{cases} \varepsilon = \varepsilon + \dfrac{\mathrm{d}y}{\mathrm{d}x} \\ \mathrm{if}\,\varepsilon > \Delta,\ \varepsilon = \varepsilon + \Delta \end{cases} \tag{6-5}$$

　　由于上式的作用是通过比较进行判断,因此将初值、步进值和比较参考值同时乘以 $\mathrm{d}x$,消除浮点除法运算。以 x 方向为主方向向右上方前进时的网格化算法见算法 6-5,其他情况的处理类似。

算法 6-5　边的网格划分算法

```
01    if( fabs(v₀.y − v₁.y)  <  fabs(v₀.x − v₁.x) && v₁.y > v₀.y && v₁.x > v₀.x ){
02        计算 v₀ 所在的网格并设置为当前网格;
03        dy = v₁.y − v₀.y;
04        dx = v₁.x − v₀.x;
05        ε = (v0.y − ymin − j × Δ) × dx + (xmin + (i + 1) × Δ − v0.x) × dy;
06        Repeat
07            边指针加入 Grid 数据结构;
08            ε += dy;
09            if(ε > dx × Δ)
10                ε − = dx × Δ;j + + ;
11                边指针加入 Grid 数据结构;
12            i + + ;
13        until 到达 v₁ 所在网格;}
```

　　算法 6-5 避免了浮点除法运算,其效率高于前述网格线求交点方法,在进行的测试中,大部分情况下,其执行时间在前者的 80% ~85% 。

　　算法 6-5 中,循环次数基本等于边所经过的网格数,最大不会超过 $\max\{G_x, G_y\}$,大部分情况都仅需处理很少的几个网格,既不需要判断多余的网格,每个网格内的运算量也非常小。处理每条边时,将指向边起点的指针按顺序加入到 Grid 数据结构的指针数组中,用一个临时的整型数组记录该指针对应的网格坐标,同时记录每个网格的累计指针数(图 6-22 所示数据结构中的 pIndex);当所有边处理完毕后,再利用以上信息,进行一次整理得到最终的 Grid 数据结构(构造新的图 6-22 所示数据结构中的 pVertex 数组,遍历一次将数据整理到其中)。算法 6-5 中用“边指针加入 Grid 数据结构”来表示处理边时将指针加入数组等操作,包括 2 个向数组后添加数据操作和 1 个整数运算。

　　将边数较多的多边形进行网格划分后,以另一个多边形的边与该边所经过的每个网格内的边求交,采用与算法 6-5 基本一致的方法确定边经过的网格,然后利用 Grid 数据结构进行求交,如算法 6-6 所示(省略了确定网格的内容)。

算法 6-6 边与网格内边求交算法

01 cnt ++ ;

02 Repeat

03 if(当前网格坐标 i,j 落在 [$0, Gx - 1$] 和 [$0, Gy - 1$] 范围内)

04   for(k = Grid. pIndex[$i + j \times Gx$]; k < Grid. pIndex[$i + j \times Gx + 1$]; k ++)

05   if(Grid. pVertex[k] -> cnt != cnt)

06   当前边与以 Grid. pVertex[k] 为起点的边求交;

07   Grid. pVertex[k] -> cnt = cnt;

08 until 到达终点所在网格

算法 6-6 中,通过对 Grid 数据结构的遍历来访问另一多边形中经过网格的每条边;通过设置一个不断增长的计数器,然后再利用 vertex 数据结构中的计数器与该计数器进行比较,来避免对一组边的重复求交。

两条边求交时,由于已经进行了网格划分,所以利用线的包围盒进行排除基本起不到加速作用;文献[9]和文献[11]中的优化求交技术针对顶点进行,对于网格化后的边,如应用该技术需要进行两个顶点的错切变换或者斜率的计算,其优化作用并不明显。因此,直接以参数方程的形式计算两条边的交点,并根据交点的参数插入到相应链表中的位置,同时两个链表中交点互指。

5) 双策略跟踪得到输出多边形

求交后得到由顶点、交点和顶交点组成的循环链表,针对交点和顶交点构造了不同的跟踪策略,交替使用 2 个跟踪策略,得到输出多边形。

首先引用文献[16]中的引理 1:如果两个相交多边形的边的取向相同(均为顺时针或逆时针方向),则对一个多边形是进点的交点对另一个多边形必是出点。

根据引理 1 可知,如果开始沿着一个多边形链表进行跟踪,当遇到一个普通交点的时候,直接切换到该交点所指向的另一个链表继续跟踪即可。因此可以得到第 1 个跟踪策略形成的跟踪算法,如算法 6-7 所示,其中 PS 和 PE 是参数,分别表示跟踪当前指针和跟踪起点指针。

算法 6-7 交点跟踪算法

01 TraceByStrategy1(PS, PE)

02   Repeat

03   if(PS -> tag = 0)

04   将当前结点输出;

05   else if(PS -> tag = 1)

06   PS = PS -> other;

07	return TraceByStrategy1(PS,PE);
08	else
09	return TraceByStrategy2(PS,PE);
10	PS = PS -> next;
11	until PS = PE

　　顶交点的下一节点有 3 种可能：顶点、普通交点和顶交点。对于下一节点为顶点和普通交点的情况，通过判断该点与另一个多边形的位置关系来决定是否进行链表切换；但如果下一节点为顶交点，则当前节点与下一节点所形成的线段既可在另一多边形之内（如图 6-20 多边形 S 中的 C_3、C_4），也可在另一多边形边界上（如图 6-20 多边形 S 中的 S_4、C_3），还可能在另一多边形之外。因此计算当前节点与下一结点的中点，根据中点与另一多边形的位置关系来决定是否进行链表切换：如果该点在另一多边形之内或边界上，不需切换链表，否则切换链表；根据下一节点类型选择继续采用哪个跟踪策略。第二种跟踪策略见算法 6-8。

算法 6-8　顶交点跟踪算法

01	TraceByStrategy2(PS,PE)
02	Repeat
03	输出当前节点；
04	取当前节点与下一节点的中点，判断该点与另一多边形位置关系；
05	if(中点在另一多边形内部或边界上)
06	PS = PS -> next;
07	if(PS -> tag != 2)
08	return TraceByStrategy1(PS,PE);
09	else if(中点在另一多边形外部)
10	PS = PS -> other;
11	if(PS -> tag != 2)
12	return TraceByStrategy1(PS,PE);
13	else
14	return TraceByStrategy2(PS,PE);
15	until PS = PE

　　为了说明主要问题，算法 6-7、算法 6-8 中都省略了避免输出重点的判断过程。

　　普通情况下，点与多边形位置关系的判断可以采用射线法，该方法需要遍历多边形顶点，根据此处的特点构造更有效的方法。对于逆时针排列的多边形，其内部区域是指位于其前进方向左侧的区域，当前节点为顶交点，则该结点相对于另一多边形有 3 种可能：①不是另一多边形顶点，仅是边上的点，如图 6-24(a)

所示(图中多边形代表另一多边形,加宽边表示当前顶交点可能的转向边);
②是另一多边形顶点,且是凸点,如图6-24(b)所示;③是另一多边形顶点,且
是凹点,如图6-24(c)所示。

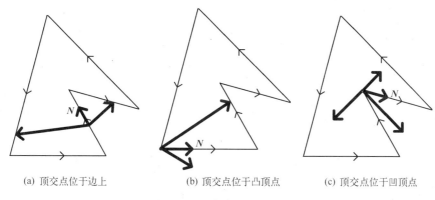

(a) 顶交点位于边上　　　　　　(b) 顶交点位于凸顶点　　　　　　(c) 顶交点位于凹顶点

图6-24　顶交点的链表切换

以当前节点对应的另一多边形中的节点为起点,构造边矢量N ,由图6-24
可知,对于①、②情况,如果中点在矢量N的左侧,则中点在另一多边形之内,这
个结论对于一般点并不成立,但是对于经过求交后各个线段的中点是成立的,如
果该点在多边形之外,则会与多边形形成另外的交点;如果中点在矢量N的右
侧,则中点在另一多边形之外。这样的判断通过矢量叉积法即可完成。

但是对于情况③,上述判断方法并不成立,还必须利用射线法来进行判断。
为此,必须确定顶交点是否为凹点,由于采用单向链表数据结构,所以需遍历一
次链表来确定顶交点是否为凹点,此遍历在计算边交点之后进行,只有当节点
tag域为2且alpha域为0或1时才需判断节点是否为凹点,所需时间极少。

以上算法的实质是根据交点类型交替、递归地调用两种跟踪策略函数,跟踪
过程非常简洁、直接,算法易于实现,存在的问题是会带来一定的函数调用的开
销,但是大部分情况跟踪还是处于策略1的循环过程中。

现以图6-20为例说明跟踪过程:由多边形S的链表头开始跟踪,遇到交点
I_1,由于S起点在多边形C之外,因此开始对链表S以策略1进行跟踪;遇到交
点I_2,切换到链表C中跟踪;顶点C_2直接输出,链表C中下一个节点为顶交点
S_4,切换到链表S以策略2跟踪;如此不断进行下去,直至返回起点。

算法可以支持带内环的多边形的裁剪:内环多边形采用与外环多边形相反
的方向,将每个环组织为一个链表,求得交点后插入对应链表;跟踪过程仍然按
上述两个策略进行;对于完全没有交点的内环,需判断其是否为输出多边形的
内环。

算法稍做调整即可支持多边形的"并""差"等布尔运算。如果两个多边形的方向相反,则可以计算多边形的"差";要获得多边形的"并",只需由在另一多边形之外的普通顶点开始跟踪即可。其中,第二种跟踪策略需调整中点在另一多边形内外与链表切换的关系。

6)算法效率分析与比较

算法包括4个主要部分:多边形的网格划分、网格划分结果的重整理、边求交、跟踪。设多边形的边数分别为m、n,下面分别分析各部分的时间复杂度。

(1)多边形的网格划分。每个多边形的边所经过的网格数是不确定的,与多边形的边数、形态等都有关,在所进行的测试中,平均经过2~5个网格,所以其时间复杂度为$O(\max(m,n))$。

(2)网格划分结果的重整理。这是根据网格划分的初步结果构造求交所需的 Grid 数据结构,仅仅是遍历一次网格划分数组,其时间复杂度与多边形网格划分一致,也为$O(\max(m,n))$。

(3)边求交。由于进行了精细的网格划分,所以边只与其所经过网格的边求交,由于每个网格的边数很少,所以需要求交的边数也非常少,这个步骤的时间复杂度为$O(\min(m,n))$。

(4)跟踪。跟踪是遍历链表的过程,其时间复杂度为$O(m+n+k\times2)$,其中 k 为交点个数。

由于各个环节的时间复杂度都是线性的,所以整个算法的时间复杂度也是线性的,下面结合具体的时间测试进一步证明此结论。

选取了一些不同顶点数(N 为 2 多边形顶点数之和)的多边形,测试了算法各个步骤的执行时间。新算法与参照算法都在 Visual C++6.0 下编译为 debug 版可执行文件,时间测试使用高精度时间函数 QueryPerformanceFrequency( ),测试环境为主频3.0G 的普通微机,测试结果如表6-6所示。

表6-6　算法4个主要步骤所需时间的比较

N	网格划分/ms	划分结果整理/ms	边求交/ms	跟踪/ms
50	0.0022	0.0008	0.0188	0.0115
950	0.0173	0.0075	0.0749	0.0792
3885	0.1226	0.03511	0.4579	0.3964
20190	0.3478	0.1465	2.3237	3.9486

从表6-6中可以看出:①网格划分和划分结果重整理的效率非常高,在整个算法中所占的时间比例很小;②求交所用时间与跟踪所用时间在一个量级,这也间接证明了整个算法的时间复杂度是线性的。

算法的主要不足为:①不支持自相交的多边形;②对于顶点数很少的多边形裁剪,算法效率不具备明显优势;③算法所需空间大于现有算法。

3. 线集与多边形求交算法

填充模式中的另一类图元是线集,线集与地图面对象的求交远比多边形简单。采用的处理方法是先与面对象的外环求交,然后利用求交结果与面的内环求差。如图 6-25 所示,线集 ABC,首先与面的外环求交,结果为 1B4,然后线集与内环求差,得到结果为 1B2、34。

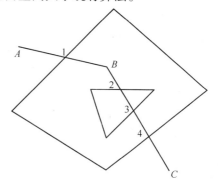

图 6-25　线集与地图面对象求交

首先简要阐述线集与多边形的求交和求差算法,然后探讨一些关键技术,这些技术不仅仅用于线集的处理,对于前述多边形处理同样适用。

1）线集与多边形求交、求差

线集与多边形求交、求差,采用前述多边形求交运算类似的思路,但方法简单一些。

同样采用交点、顶交点的定义,数据结构也采用图 6-21 的链表,只是其中每个节点的 pOther 指针不再使用。

在搜索的过程中,也不需在两个多边形之间交替搜索,而只是在线集链表自身进行搜索。在搜索的过程中需要区分交点和顶交点分别处理:如是交点,则搜索结束,输出图元;如是顶交点,取该点与链表中下一点的中点进行判断,如仍在边界上,则继续搜索处理,如在多边形之外,结束搜索,如在多边形内部,则重新按内部点的逻辑进行搜索。

如图 6-26(a)所示,线集为 ABCDEF,线集与多边形的交点为 1、2、3、4,顶交点为 D、E。求交点后形成的链表结构如图 6-26(b)所示。

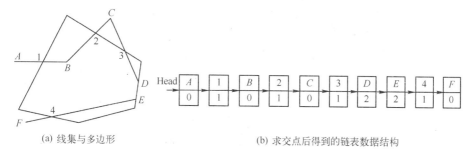

(a) 线集与多边形　　　　　　(b) 求交点后得到的链表数据结构

图 6-26　线集与多边形求交的搜索过程

由链表头开始进行搜索,第 1 个节点为普通顶点,且在多边形外,继续搜索;第 2 个节点为交点,则内外属性必然发生改变,此时每搜索一个顶点,则需要输出一个顶点;第 3 个节点为普通顶点,持续输出;第 4 个节点为交点,则 1 个图元搜索完成,输出,下一个节点重新开始搜索。在交点 3 处再次进入多边形内部,而顶交点 D、E 只是继续输出到图元中,并不会产生内外属性的切换,到交点 4 处才会结束图元的搜索。得到的相交结果为 $1B2$ 和 $3DE4$。

线集与多边形的求交算法如下所示。

算法 6-9　线集与多边形求交算法

```
01    InterNonFillLoop( ){
02        求线集所有边与多边形所有边的交点并插入到线集链表之中;
03        if(无交点)
04            如果线集第 1 点在环外,输出空;否则输出整个线集图元;return;
05        取链表中第 1 个普通顶点(对于非闭合线集,链表中第 1 个点肯定是普通顶点);
06        if(该点在多边形之内)
07            从该点开始搜索,SearchLoopFromIn( );
08        else
09            找到非普通顶点;
10            if(该点为交点)从交点开始搜索,SearchLoopFromIn( );
11            else(顶交点)执行另 1 种搜索策略,SearchLoopFromOn( );}
```

在算法 6-9 中,有两种搜索策略,分别对应于内部点(或交点)和顶交点的情况,在这两种策略内部,还需根据处理的点的属性,分别递归调用这两种搜索策略。对于 SearchLoopFromIn( ),其内部逻辑是持续处理链表中的点,如遇到交点,则结束;遇到顶交点,则调用另一搜索策略。SearchLoopFromOn( )的逻辑则是取当前节点与下一节点的中点,判断内外属性,如在外部则递归结束;否则将重新调用 SearchLoopFromIn( )。

求差的过程与求交类似,区别是对于那些落在多边形之外的部分才会产生输出图元,不再赘述。

2)边求交及其优化

填充模式驱动算法中,不管是线集与多边形求交、求差,还是多边形与多边形求交,第一步都是求出所有交点,需两者之间所有边求交。

对于二线段 $P_0(x_0,y_0)P_1(x_1,y_1)$、$P_2(x_2,y_2)P_3(x_3,y_3)$,可采用参数方程求解,二线段的参数方程为

$$\begin{cases} P = P_0 + (P_1 - P_0) \times t \\ P' = P_2 + (P_3 - P_2) \times s \end{cases} \tag{6-6}$$

线段参数 t 和 s 必须在 $[0,1]$ 范围,交点 $P = P'$,将式(6-6)的两个式子代入并写成分量形式,得到二元一次方程组

$$\begin{cases} x_0 + (x_1 - x_0) \times t = x_2 + (x_3 - x_2) \times s \\ y_0 + (y_1 - y_0) \times t = y_2 + (y_3 - y_2) \times s \end{cases} \tag{6-7}$$

解上式,可得

$$s = \frac{(x_0 - x_2) \times (y_1 - y_0) - (y_0 - y_2) \times (x_1 - x_0)}{(x_3 - x_2) \times (y_1 - y_0) - (y_3 - y_2) \times (x_1 - x_0)} \tag{6-8}$$

$$t = \frac{x_2 - x_0 + (x_3 - x_2) \times s}{(x_1 - x_0)} \tag{6-9}$$

如果 s、t 均在 $[0,1]$ 范围,得到一合法交点(可能交于线段顶点)。可以看出,式(6-8)需要 8 次浮点加(减)法、4 次浮点乘法和 1 次浮点除法运算,式(6-9)需要 4 次浮点加(减)法、1 次浮点乘法和 1 次浮点除法运算。两式还分别需判断分母为 0 的特殊情况:前者分母为 0,则二线段平行或重合,重合还要进一步判断交点;后者分母为 0,表示第 1 条线段为垂直线段,需使用 y 坐标分量计算。

因此,边求交的运算比较耗时,需要优化:①减少求交次数;②必须求交时减少运算量。

设两者边数分别为 n、m,边求交的时间复杂度为 $O(nm)$,且边求交比搜索过程的单步搜索更为耗时。前述多边形求交中的网格划分技术可显著减少求交次数,但网格划分毕竟相对复杂,且对于面对象边数较少的情况并不适用,因此探讨应用包围盒的简单优化技术。

包围盒是图形学中常用加速技术。在填充模式中,最普遍的情形是面中重复配置多个填充模式,即面的大小一般远大于填充模式。根据这一特点,在包围盒的应用中,基于填充模式的包围盒来进行加速:边求交是 2 重循环,把面中环的遍历放在第 1 重循环,内层循环遍历填充模式中的图元。如此,如面对象中一边落在包围盒之外,则内层循环完全不必执行。经测试,这种循环方式的包围盒应用,较之于相反的包围盒应用方式,速度大约提高 1 倍,如完全不应用包围盒则更慢。

经过包围盒或网格划分之后仍需进一步计算的边,也并不直接应用式(6-8)和式(6-9),而是采用矢量叉乘法进行优化。

对于线段 $P_0(x_0, y_0)$、$P_1(x_1, y_1)$、$P_2(x_2, y_2)$、$P_3(x_3, y_3)$,由构造二维矢量 P_0P_1、P_0P_2、P_0P_3,分别计算 P_0P_1、P_0P_2 和 P_0P_1、P_0P_3 的矢量积,按三维矢量运算,相当于计算得到 z 分量,根据右手法则,如果结果大于 0,则 P_2 在矢量 P_0P_1 的左侧,否则在矢量 P_0P_1 的右侧。如 P_2、P_3 位于矢量 P_0P_1 的同侧,或者 P_0、P_1 位于

矢量 P_2P_3 的同侧,则二线段肯定不相交。

二维矢量 P_0P_1、P_0P_2 和 P_0P_1、P_0P_3 的叉乘为

$$\begin{cases} C_0 = (x_1 - x_0) \times (y_2 - y_0) - (y_1 - y_0) \times (x_2 - x_0) \\ C_1 = (x_1 - x_0) \times (y_3 - y_0) - (y_1 - y_0) \times (x_3 - x_0) \end{cases} \quad (6\text{-}10)$$

通过 C_0 和 C_1 乘积的正负判断 P_2、P_3 是否位于矢量 P_0P_1 的同侧。共需要 10 次浮点加(减)法和 5 次浮点乘法运算,而只有 P_2、P_3 位于矢量 P_0P_1 异侧时,才需判断 P_0、P_1 是否位于矢量 P_2P_3 的同侧。上述判断的浮点加法和浮点乘法次数,与式(6-8)基本相当,但由于不必进行耗时的浮点除法运算,其效率有所提升。

3) 点在边上的计算与处理

浮点数的比较需给定一个容差,上述矢量积判断方法也不例外,这种方法可以精确判断点不在线上,但是判断点在线上存在误差,因此需更精确的方法:计算点到线段的垂线距离,当距离小于数据精度所要求的容差时,判断点落在线段上。点到线段距离的计算方法是:构造线段的垂线方向矢量并单位化,构造待判断点到线段起点的矢量,二矢量数量积的绝对值即为所求。

当二线段交于其中一线段的顶点时(即二线段不共线),只需将该点属性设为顶交点,并插入链表即可。但是当二线段共线时,情况会复杂一些。

设线集中线段 AB 与多边形中边 12 共线,分以下几种情况处理:12 同在 AB 的一侧,如图 6-27(a)所示,无交;12 包含 AB,如图 6-27(b)所示,AB 点的属性都设为顶交点;12 包含 A 而不包含 B,如图 6-27(c)所示,A 点属性设为顶交点并在 2 点位置插入一新交点;12 包含 B 而不包含 A,如图 6-27(d)所示,B 点属性设为顶交点并在 1 点位置插入一新交点;12 落在 AB 之内,如图 6-27(e)所示,在 12 点位置插入两个新交点。此外还需判断顶点重合的特殊情况。

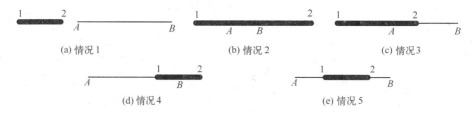

(a) 情况 1　　　　　　　(b) 情况 2　　　　　　　(c) 情况 3

(d) 情况 4　　　　　　　(e) 情况 5

图 6-27　共线边的处理

4. 多边形与网格求交的优化技术

以上技术解决了地图面对象与填充模式的求交问题,而在实际应用中,需要求交的只是重复配置的填充模式中的一部分,还有很多的填充模式完整地落在面对象内部。如图 6-19 所示,将重复配置的填充模式视作网格,需快速判断网

格与地图面对象的关系:网格完全位于面对象内部;面对象完全位于网格内部;面对象与网格有交。第一种情况直接生成填充模式显示列表副本,后两种情况使用前述求交算法生成新的图元。

如图 6-28 所示,需判断地图面对象 ABCDEF 与填充模式构成网格的位置关系。下面讨论 3 种判断方法。

1）边相交判断法及其优化

最简单的方法是判断面对象每条边和网格 4 条边是否有交。如面对象边与网格任一边有交,表示网格与面对象有交,需要计算填充模式所有图元与网格的交;如果面对象边与网格 4 条边均无交,取网格任一

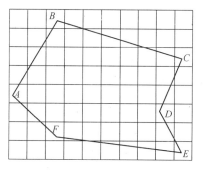

图 6-28　多边形与网格关系的确定

顶点,判断其是否在面对象之内,如该点在内部则表示网格整个位于面对象之内,生成填充模式副本进行绘制。

上述方法最大的问题在于效率过低,当网格数非常多的时候,需要大量的计算,而且这些计算很多是重复的。采用这种方法时,可以利用网格边水平或垂直的特点,进行一定的优化,如算法 6-10 所示。

算法 6-10　多边形与水平边的求交算法

```
01    HorWithLoop( ){
02        count = 0;
03        取多边形最后一个点,记录该点在水平线段的上方还是下方;
04        for( 多边形顶点){
05            if( 当前点与上一个点在水平线段的两侧){
06                if( 相交)返回
07                else if( 水平线段在多边形当前边左侧)count ++ ;}}
08        if( count 为奇数)水平线段在多边形之内;
09        else 水平线段在多边形之外;}
```

算法并不对于每条进行求交,而是通过坐标比较确定边是否跨越水平或垂直边的直线,对于跨越的边才需进一步处理。由于坐标比较的速度远小于求交运算,因此可以有效提高效率。

算法 6-10 的第 06 行中,需要计算出交点。如果该交点位于网格水平边内部,如图 6-29 中的点 1,表示面对象与网格有交,直接返回。如果交点位于网格水平边的左侧,如图 6-29 中的点 2,则不需进行处理。如果交点位于网格水平边右侧,如图 6-29 中的点 3,则计数器 count 增加。如果遍历之后,网格水平边

与面的边始终无交点,则通过 count 的奇偶性来判断(可参见计算机图形学中,判断点是否在多边形内部的射线法),为奇数,则网格水平线在多边形内部。如此,通过遍历既判断相交关系,也判断了多边形对网格的包含关系,效率进一步提高。

图 6-29　面对象边与网格水平边的交点

如面对象存在内环(孔),当网格完全落在面对象外环的内部时,还要判断网格 4 条边与内环的位置关系:如内环与网格边有交或内环在网格内部,按相交处理;如网格完全落在内环内部,则网格与面对象按无交处理;其他情况按网格完全落在面对象内部,生成填充模式副本处理。

如网格 4 条边都在面对象外环的外部,还需判断面对象是否完全部落在网格中,如落在网格中,按相交处理。

2) 左侧填充法

根据网格的个数,构造相应的标志二维数组。对于图 6-28 所示网格,需构造一个 10×8 的二维整型数组,数组中所有元素初始值为 0。

对于面对象的每条边,网格与该边的位置关系分为 3 种:位于边左侧、右侧或与边相交,可参见图 6-29。算法原理:对于与边相交的网格,对应数组元素直接设置特殊值(采用 3 表示);对于边右侧的网格,不处理;对于边左侧的网格,对应数组元素的值,为 0 变成 1,为 1 变成 0。

图 6-30 为对图 6-28 中多边形进行处理的示例。图 6-30(a)为处理第 1 条边的情况,边左侧的网格值由 0 变成 1,相交网格直接设为 3;图 6-30(b)为继续处理第 2 条边的情况,原来为 1 且位于该边左侧的网格的值由 1 变成 0。遍历完多边形所有边后,数组中值为 3 的是相交的网格,值为 1 的是面对象内部网格,值为 0 的则是完全落在面对象外部的网格。

由于对面对象的每条边,只需处理与该边有交的水平线或垂直线,因此效率很高。同时对于带内环的面对象,算法也完全适用,不需要特殊处理。其缺点是需要较大的额外存储空间。

3) 区间判断法

由于网格涉及 2 条水平线,定义二元组表示交点,存储同一边与网格水平线的 2 个交点所对应的网格序号。如图 6-31(a)所示,AB 边与编号 4 行的网格,2 个交点为 1、2,对应的网格水平编号为 0、1,则对应的二元组为(0,1)。

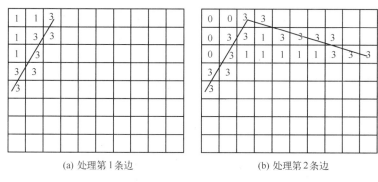

(a) 处理第1条边　　　　　　(b) 处理第2条边

图6-30　面对象与网格位置关系判断的左侧填充法

将每行网格的交点数据组织为链表(数组亦可,但不需过于复杂的平衡树、集合等数据结构)。

当处理边 AB 时,对于编号3行的网格,顶点 A 对应的网格水平编号为0,因此在对应链表中插入(0,0);对于编号4行的网格,其对应的交点为1、2,在对应链表中插入(0,1)。处理完 A 边之后,链表如图6-31(b)所示。

处理 BC 边时,顶点 B 形成的二元组为(2,4),与原有的(2,2)合并。然后依次处理经过的编号6、5网格,得到如图6-31(c)所示链表结构。处理 CD 边之后的链表结构如图6-31(d)所示。

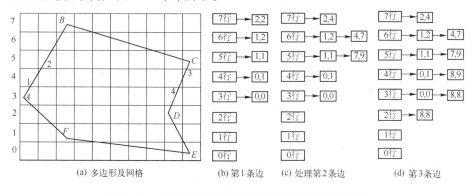

(a) 多边形及网格　　　(b) 第1条边　　(c) 处理第2条边　　(d) 第3条边

图6-31　面对象与网格位置关系判断的区间判断法

算法的下一步是根据链表,判断网格与多边形的位置关系:对于每个链表中的二元组,两个数值之间的网格为相交关系,如编号6行的网格链表中,二元组为(1,2)和(4,7),则水平编号为1、2、4、5、6、7的网格与多边形为相交关系;奇数二元组的大值和下一二元组小值之间的网格位于多边形内部,如编号6行的网格链表中,水平编号为3的网格在多边形内部。

此种方法只需与水平线求交,效率高,也无过大的存储空间需求。

6.2.5　符号绘制的编程法

信息法绘制的符号必须满足一定条件:点状符号,可通过平移、旋转、缩放甚至仿射变换,将符号图元由符号坐标系变换到绘制所用的地图或设备坐标系;线状符号,可通过重复配置及适当扭曲完成绘制;面状符号,可通过重复配置符号完成绘制。

但还有很多其他类型符号,如部分军标符号,信息法无法支持,或效果不理想,而必须运用编程法或者各种组合绘制技术来实现。这些无法支持的符号,从特征上看,既不同于在符号坐标系下有固定几何位置与特征的点状符号,也不类似重复配置的线状符号或面状符号。因此,这类符号虽然从表现会归类为点状、线状或面状符号,但从技术角度,可认为无法具体归属于哪类符号。

总体而言,信息法难以支持的符号主要包括以下几种情况:

(1)符号控制点个数不定,如图6-32(a)所示,箭头的个数需动态调整,信息法无法描述。

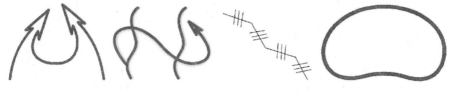

(a) 控制点个数不定　　(b) 图元控制点不定　　(c) 非重复配置线型　　(d) 编程法更合理

图6-32　需编程法绘制的符号类型分析

(2)符号内部图元的控制点个数、位置均不定,如图6-32(b)所示。根据实际部署,其内部曲线的位置、形状等均需调整,即曲线的控制点不具备相对固定的位置关系,需要在标绘时根据实际情况动态地创建、删除、调整,信息法无法支持。

(3)非重复配置线型或填充模式。如图6-32(c)所示,修饰用的短线动态绘制在线对象的每条线段上,并非按距离沿定位线简单重复配置,更适合于采用类似组合绘制的方法实现。

(4)虽可以通过信息法实现,但编程法更符合相关规定和要求,如图6-32(d)所示。该符号可通过点状符号的平移、旋转、放缩实现,但应用中更习惯的方式是输入多个控制点,生成的区域边界经过这些控制点,编程法更合理。

对于上述符号,考虑如下技术路线:

(1)纯粹编程法。采用6.2.1节所介绍的编程法,每个符号或每类符号实现绘制代码。其中一个难点在于控制点的输入与编辑,由于不同符号控制点个数、逻辑有所区别,一个方法是每个符号实现相应的控制点输入与编辑代码,另一个方法是开发一个相对独立的控制点输入、编辑模块,各个符号对其进行解释和响应。

(2)扩充信息法。信息法之所以不能支持上述符号,主要是因为其中仅仅包含几何信息,如果将其扩展,支持一些逻辑关系,相当于定义一套相应的语法和语义,则可以对上述符号进行支持。

不管是哪种方法,都相当于需要不再绝对区分图元和符号的界限,使得符号使用者具有更底层的控制权。

6.3 符号库系统

6.3.1 符号库与符号

1. 符号库、符号与图元的关系

已经有很多学者进行了符号库和图元的设计[20,21]。本书采用面向对象思想设计符号库系统,并开发了符号编辑软件,实现符号库的创建与编辑。点状符号库、线型库和填充模式库是用于存储符号数据的文件,采用了基本一致的结构,主要区别是点状符号库比后二者多了树状目录,且三者所支持的图元稍有区别。

符号库由符号组成,符号由 1 个或多个图元组成,符号库、符号和图元之间关系如图 6-33 所示。

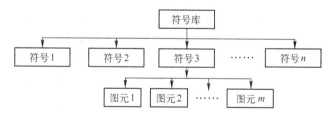

图 6-33 符号库、符号与图元的关系

2. 符号编辑软件

符号编辑软件界面如图 6-34 所示。

软件界面中,字母 A 所标示的部分为符号列表区,点状符号库以树状控件显示符号库中所有符号及其目录,线型库和填充模式以列表形式显示其缩略图(图 6-34、6-35)。字母 B 所标示部分为预览区,如果在 A 区选中的是目录,则显示目录下所有符号的缩略图(图 6-34),如果选中的是符号(线型、填充模式),则显示符号的缩略图。

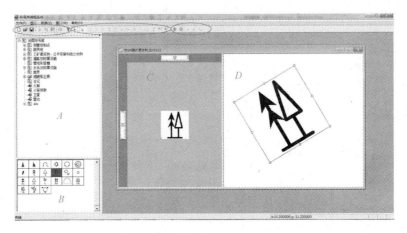

图6-34　符号编辑软件界面(点状符号)

　　字母 C 所标示的区域是符号的编辑区,可进行图元的创建、修改、删除等各种操作;字母 D 所标示的区域是符号实例的测试区,生成地图的点对象、线对象、面对象,并调用相应驱动算法进行绘制。

　　界面的工具条分为 3 个部分,分别是符号库操作、图元操作和符号实例操作的按钮。

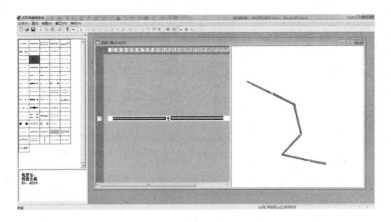

图6-35　符号编辑软件界面(线型)

　　符号编辑软件的主要功能包括(以点状符号库为例):

　　(1) 库管理功能。包括新建符号库、打开符号库、保存符号库、符号库另存、关闭符号库等功能。

　　(2) 符号管理功能。包括创建目录、创建符号、复制目录或符号、删除目录或符号、粘贴目录或符号、剪切目录或符号、修改符号属性、查找符号等功能。

（3）符号编辑功能。包括创建图元、拾取图元、设置定位点、修改图元属性、复制图元、剪切图元、粘贴图元、删除图元、图元上移、图元置顶、图元下移、图元置底、图元水平镜像、图元垂直镜像、图元旋转、图元闭合、图元开放以及鼠标对图元的各种交互操作功能。图元的类型将在6.3.2节讨论。

（4）符号实例功能。包括输入和拾取线、面对象的顶点，修改实例参数，放大缩小地图等。

此外，还提供颜色模式（即颜色表）的编辑功能，其界面如图6-36所示。主要功能包括添加、删除、插入、编辑颜色等。

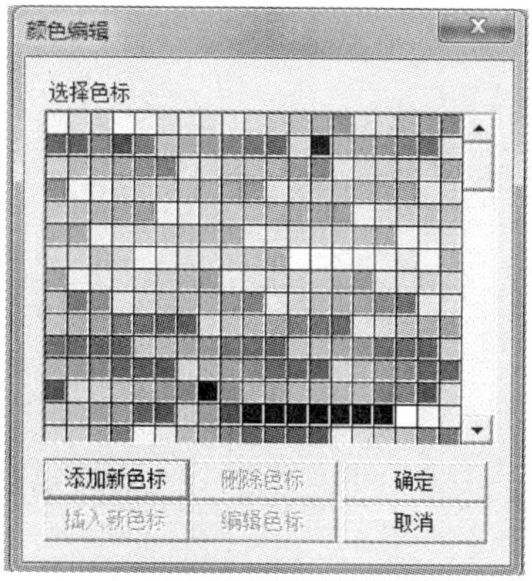

图6-36　颜色模式编辑界面

3. 符号库的存储结构

利用符号编辑软件建立的符号数据存储在符号库文件中。符号库文件包括三部分：文件头、目录区和数据区。

文件头中存储的信息包括版本号、符号的基本单位等。测绘标准中对符号的定义以 mm 为单位，但是其粒度往往小于1mm，如测量控制点的高度为0.8mm。符号基本单位是库所支持的最小粒度，以便在编辑系统中进行精确输入。

点状符号库中以树形目录管理符号。如地图符号库可分为测量控制点、居民地、水系等，军标符号库的结构则更为复杂。树状库结构使得库的层次清晰、易于使用和维护。

数据区存储符号数据，包括每个符号的 ID、定位点、符号名字，以及符号所有组成图元的信息。

符号目录的节点定义如下：

```
class CSymbolTreeNode{
    CString    name;          //符号的名字
    int        ID;            //符号的ID，为-1表示为子目录
    DWORD subNodeNum;         //子目录下的子目录个数};
```

其中，name 为符号或目录的名字。符号 ID 在库中唯一，目录树中节点通过 ID 与数据区中符号数据建立关联。如 ID 为 -1，表示该节点代表目录。subNode-Num 表示子目录下的项的个数，符号的此项值为0。

在文件中顺序存储的目录,需与编辑软件中的树状目录互相转换,只要在转换中采用相同的深度优先遍历顺序即可,subNodeNum 变量即为此而定义。

在库文件中,目录区之后按顺序存储符号的实际数据。在符号库加载到内存中时,将库中所有符号以符号 ID 为关键字组织为符号指针 Hash 表。组织为 Hash 表的目的在于可以快速访问符号:符号的访问、绘制等都基于符号 ID 进行,如库中存在大量符号,搜索指定 ID 的符号将消耗大量时间,所以将其组织为符号指针 Hash 表。

4. 符号

点状符号类的结构如图 6-37(a)所示。除了 ID、符号名称之外,主要成员变量有:定位点,符号坐标系中的一个位置,将符号放置在地图上时,以该点与地图上的点对象位置对齐,同时该点也是对符号进行旋转、放缩时的中心点;水平和垂直范围,以整型给定,与符号的基本单位共同确定符号大小;图元指针数组,把组成符号的所有图元组织在一起。

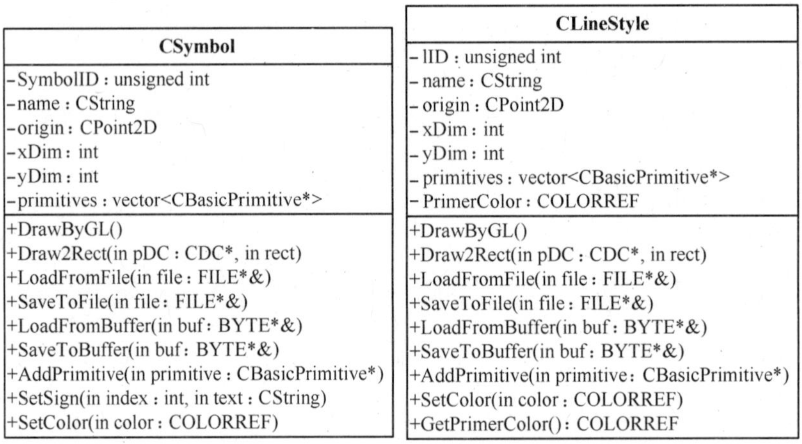

CSymbol
-SymbolID : unsigned int
-name : CString
-origin : CPoint2D
-xDim : int
-yDim : int
-primitives : vector<CBasicPrimitive*>
+DrawByGL()
+Draw2Rect(in pDC : CDC*, in rect)
+LoadFromFile(in file : FILE*&)
+SaveToFile(in file : FILE*&)
+LoadFromBuffer(in buf : BYTE*&)
+SaveToBuffer(in buf : BYTE*&)
+AddPrimitive(in primitive : CBasicPrimitive*)
+SetSign(in index : int, in text : CString)
+SetColor(in color : COLORREF)

CLineStyle
-lID : unsigned int
-name : CString
-origin : CPoint2D
-xDim : int
-yDim : int
-primitives : vector<CBasicPrimitive*>
-PrimerColor : COLORREF
+DrawByGL()
+Draw2Rect(in pDC : CDC*, in rect)
+LoadFromFile(in file : FILE*&)
+SaveToFile(in file : FILE*&)
+LoadFromBuffer(in buf : BYTE*&)
+SaveToBuffer(in buf : BYTE*&)
+AddPrimitive(in primitive : CBasicPrimitive*)
+SetColor(in color : COLORREF)
+GetPrimerColor() : COLORREF

(a) 点状符号类结构   (b) 线型类结构

图 6-37　符号类结构

图 6-37(a)中显示了符号类的主要方法,包括:绘制方法 Draw 和 Draw2Rect,后者将符号绘制到给定矩形中,用于生成符号的预览图形;从文件中存储和加载符号方法 LoadFromFile 和 SaveToFile;从内存中存储和加载符号的方法 LoadFromBuffer 和 SaveToBuffer,此两种方法主要用于符号的复制和粘贴;图元管理系列方法,包括加入、删除图元等;设置外加文字接口 SetSign( )和设置颜色接口 SetColor( ),直接作用于图元,由符号实例类根据其控制字在绘制之前调用。此外,还包括其他设置和获得 ID、名称、范围等各类辅助方法。

在6.2.2节的符号实例绘制算法(算法6-1)中,生成绘制所需显示列表,即需调用符号类的绘制方法完成。符号的绘制方法内部逻辑非常简单,按顺序调用图元的绘制方法即可。

图6-37(b)为线型类结构,与点状符号大体一致,主要区别有:①范围的含义与点状符号不同,线型所定义的范围仅用于编辑系统,而在绘制算法中,并不是根据该范围确定线型重复配置的距离,而是根据线型所有组成图元的包围盒计算;②由于线型重复配置中会产生大量线型,当线型实例参数所映射的屏幕尺寸非常小时,产生图元数量非常多,且从显示效果上与直接把线对象按直线绘制基本没有区别,此时直接按某种颜色将地图线对象的线集连接起来即可,颜色值取线型符号中占面积最大图元的颜色,因此在线型类中有主颜色变量 PrimerColor;③由于线型绘制算法中需对图元进行扭曲处理,因此需访问线型类中每个图元。具体图元类型的区别在6.3.2节讨论。

填充模式类的结构与点状符号、线型非常接近,因此书中不再给出。填充模式的主要作用是组织填充模式所使用图元,主要区别是:①范围与点状符号接近,绘制算法依据该值进行重复配置;②也可能映射尺寸极小,故也有主颜色;③需要访问每个图元数据;④没有文字图元。

6.3.2　图元及其模型

1. 面向对象的图元设计

面向对象技术的重要特征之一是抽象和继承,非常适于描述和定义图元。定义基本图元,将所有图元的共性抽取出来,并定义一系列的方法(虚函数),对图元的存储、绘制、编辑等提供支持[22]。基本图元类结构如图6-38所示。

CBasicPrimitive
#pPts[] : CPoint2D
#color : COLORREF
#KeyPts[] : CPoint2D
−CtrlMask : unsigned int
+LoadFromFile(inout file : FILE*&)
+SaveToFile(inout file : FILE*&)
+LoadFromBuffer(inout buf : BYTE*&)
+SaveToBuffer(inout buf : BYTE*&)
+HitTest(in pos : CPoint2D, out hitstatue : int, out hitindex : int) : bool
+PickUp(in pos : CPoint2D) : bool
+Create(in pos : CPoint2D) : bool
+Moving(in pos : CPoint2D) : bool
+AddKeyPt(in pos : CPoint2D) : bool
+EndOperate(in pos : CPoint2D) : bool
+CancelOperate(in pos : CPoint2D) : bool
+Discrete()
+DrawByGL()

图6-38　基本图元类结构

　　所有图元最终离散为线集和多边形两类,基本图元对此提供支持,pPts 为组成图元的点集,color 为图元颜色,CtrlMask 为控制字。

　　控制字定义如表 6-7 所示。

表 6-7　图元控制字的含义

控制字位	含义
0	图元是否封闭,为 1 则图元首尾相连,为 0 不封闭
1	图元类型,为 1 表示多边形,需要填充,为 0 表示线集,按线进行绘制
2	图元是否具有宽度,为 1 具有宽度,为 0 表示单像素线
其他	保留

　　图元可闭合,也可不闭合,不闭合图元只能是线集,闭合图元可为线集或多边形。多边形需要填充,如一矩形,当其是线集时只显示矩形边框,当其为多边形时显示实心矩形。对于线集图元,可以具有宽度属性,其宽度值以毫米为单位,根据三坐标系关系计算其对应的像素宽度。

　　其他各类图元都由基类图元派生得到,支持基类图元所定义的方法,同时在基类图元所定义的共同属性之上,定义各类图元的专门属性。图元类层次关系如图 6-39 所示。

　　共支持 10 类图元,其中从基类图元派生的有 6 个,从派生类再派生的有 4 个。

　　CRectPrimitive 是矩形图元,由基本图元直接派生,既可为闭合线集,也可为实心矩形,数据管理和绘制、加载、存储等方法都共用基类的代码,派生类只实现一些操作方法和离散方法。CTextPrimitive 是文字图元,由于其操作逻辑完全可按照矩形图元的逻辑,只是绘制有区别,因此该类由矩形图元派生。CBlankPrimitive 是空白图元,仅用于线型符号。由于线型符号绘制算法根据其所组成图元的包围盒进行重复配置,为了支持有一定间断的线型,设计空白图元,只占据一定空间,影响线型的包围盒,但并不参与计算和绘制,该类也由矩形图元派生。矩形图元以 4 个角点表示,即以 4 个关键点表示矩形,而离散后也是 4 个顶点,矩形图元一定闭合,可修改属性为是否填充、是否具有线宽、颜色等;空白图元与矩形图元的区别在于显示的不同,空白图元没有任何属性可修改。

　　CEllipsePrimitive 是椭圆图元,CCirclePrimitive 是圆图元,CHermittePrimitive 是 Hermitte 曲线图元,这 3 类图元都由基本图元派生,有各自的输入逻辑和离散算法。椭圆图元的关键点与矩形一样,但是根据角度进行离散,离散后顶点沿椭圆分布。椭圆图元一定闭合,可修改属性为是否填充、是否具有线宽、颜色等。圆形图元以圆心和半径表示,同样根据角度进行离散。圆形图元一定闭合,可修改属性为是否填充、是否具有线宽、颜色等。Hermitte 曲线由顶点及其切线定义,可闭合,可修改属性为是否填充、是否具有线宽、颜色等。

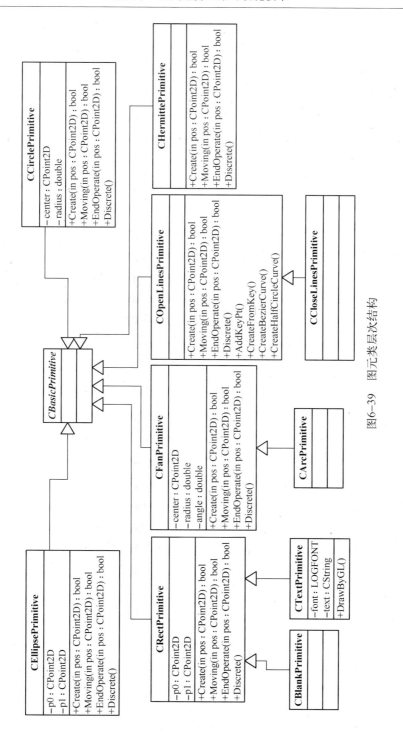

图6-39　图元类层次结构

CFanPrimitive 是扇形图元，CArcPrimitive 是椭圆弧图元，二者的区别在于前者为实心多边形，后者为线集，输入和离散逻辑基本一致，所以后者由前者派生。扇形图元和椭圆弧图元都由 6 个关键点控制，前 4 个关键点定义图元的外接矩形，第 5 和第 6 个点分别定义图元的起始角度和结束角度。扇形图元一定闭合，可修改属性为是否填充、是否具有线宽、颜色等。椭圆弧可修改属性为是否闭合、是否填充、是否具有线宽、颜色等。

COpenLinsPrimitive 是非闭合的自由曲线图元，是设计的一个非常灵活的编辑工具，在自由曲线中，可以分段组织多种形式的曲线，类型有直线段、1/4 圆弧、3 点圆弧、半椭圆弧、3 次 0 阶连续 Bezier 曲线、3 次 1 阶连续 Bezier 曲线、抛物线等。CCloseLinesPrimitive 是闭合的自由曲线图元，由非闭合自由曲线图元的派生，既可为线集，也可为实心多边形。

2. Hermitte 曲线图元

Hermitte 曲线是由端点及其切矢量定义的三次参数曲线，定义为

$$\boldsymbol{P}(t) = \begin{bmatrix} t^3 & t^2 & t & 1 \end{bmatrix} \times \begin{bmatrix} 2 & -2 & 1 & 1 \\ -3 & 3 & -2 & -1 \\ 0 & 0 & 1 & 0 \\ 1 & 0 & 0 & 0 \end{bmatrix} \times \begin{bmatrix} \boldsymbol{p}_0 \\ \boldsymbol{p}_1 \\ \boldsymbol{p}_0' \\ \boldsymbol{p}_1' \end{bmatrix}, 0 \leqslant t \leqslant 1 \quad (6\text{-}11)$$

式中，t 为参数；$\boldsymbol{p}_0$、$\boldsymbol{p}_1$、$\boldsymbol{p}_0'$、$\boldsymbol{p}_1'$ 分别为曲线的起点矢量、终点矢量、起点切矢量和终点切矢量。

为了便于进行编辑，以 3 个点表示曲线的 1 个控制点：第 1 个点表示控制点位置；第 2 点与第 1 点之间构成的矢量表示前 1 条曲线终点切矢量；第 3 点与第 1 点之间构成的矢量表示后 1 条曲线起点切矢量。

如图 6-40 所示，控制点 P_0 为起点，只有两点 P_0、V_0，控制点 P_1 处的三元组为 P_1、V_1、V_2；控制点 P_2 为终点，只有两点 P_2、V_3。上述 3 个控制点定义了两段连续的 Hermitte 曲线：第 1 段曲线，P_0 定义了起点的位置矢量，P_0 到 V_0 所成的矢量定义起点的切矢量，P_1 为终点的位置矢量，P_1 到 V_1 的矢量定义终点的切矢量；第 2 段曲线，P_1 为起点的位置矢量，P_1 到 V_2 的矢量定义起点的切矢量，P_2 为终点的位置矢量，P_2 到 V_3 的矢量为终点的切矢量。第 1 段曲线终点和第 2 段曲线起点相同，切矢量共线，保证了多段曲线拼接的结果连续。

3. 自由曲线图元

自由曲线也是分段组织的，每段可为直线段、1/4 圆弧、3 点圆弧、半椭圆弧、3 次 0 阶连续 Bezier 曲线、3 次 1 阶连续 Bezier 曲线、抛物线。

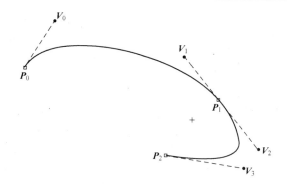

图 6-40　Hermitte 曲线图元

1) 1/4 圆弧

1/4 圆弧如图 6-40(a)所示,P_0 和 P_1 两点确定圆弧的方位和半径,输入时并不要求严格输入 P_2 点,而是根据鼠标位置位于矢量 P_0P_1 的左侧还是右侧,自动生成 P_2 点。方法是:取矢量 P_0P_1 长度的 1/2 作为圆的半径;取 P_0P_1 的中点矢量,加上垂直于矢量 P_0P_1 的方向矢量(根据 P_2 点确定)与半径的乘积,得到圆心(P_2 点也是按此方法计算);根据圆心与 P_0 和 P_2 的位置关系,使用 atan2 函数计算圆弧的起始角度和终止角度;在起始角度和终止角度的范围内,将圆弧离散为直线段。

2) 3 点圆弧

给定 3 个点,生成过这 3 个点的圆弧,其中第 1 点为圆弧起点,第 3 点为圆弧终点。如图 6-41(b)所示。

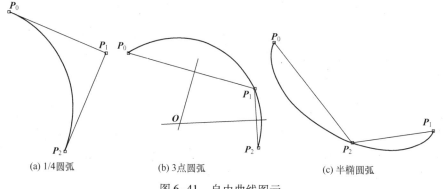

(a) 1/4 圆弧　　　　　(b) 3点圆弧　　　　　(c) 半椭圆弧

图 6-41　自由曲线图元

圆弧同时经过这 3 个点,即 3 个点到圆心距离相同。对于直线段,其垂直中分线上的所有点到该直线段 2 个端点的距离相同。具体方法是:如图 6-41(b)所示,线段 P_0P_1 垂直中分线与线段 P_1P_2 的垂直中分线的交点 O 即为圆心;以圆心到任一点的距离为半径;根据圆心与P_0和P_2的位置关系,计算圆弧的起始角度和终止角度;圆弧离散为直线段。

3) 半椭圆弧

半椭圆弧如图6-41(c)所示,P_0和P_1两点确定椭圆的长轴(或短轴),P_2点则是椭圆经过的点(有些位置不能生成椭圆弧)。由于计算非水平的椭圆的解析式较为复杂,因此采用将标准椭圆旋转的方法获得离散的表达数据:根据P_0、P_1的方向,计算其与水平方向的夹角;根据夹角,将P_1和P_2反向旋转,使得椭圆变为水平方向的椭圆;计算出圆心、半长轴、半短轴;将椭圆离散为线集。在上述过程中,根据P_2点在水平和垂直方向投影与半长轴的关系进行合法性检查。

4) Bezier 曲线

Bezier 曲线的定义为:Bezier 曲线由一组折线集,称为 Bezier 特征多边形定义。给定空间 $n+1$ 个点位置矢量P_i,则曲线插值公式为

$$C(t) = \sum_{i=0}^{n} P_i \times B_{i,n}(t), 0 \leqslant t \leqslant 1 \tag{6-12}$$

式中,P_i为点矢量,多个P_i连在一起构成曲线的特征多边形,如图6-42中,$P_0 P_1 P_2 P_3$构成曲线的特征多边形,特征多边形确定了曲线的形状;$B_{i,n}(t)$为 Bernstein 基函数,见式(6-13),是曲线上各点位置矢量的调和函数

图 6-42　Bezier 曲线图元的定义

$$B_{i,n}(t) = \frac{n!}{i!\,(n-i)!} t^i (1-t)^{n-i} = C_n^i t^i (1-t)^{-i} \tag{6-13}$$

采用3次 Bezier 曲线作为自由曲线图元造型工具。3次 Bezier 曲线的矩阵形式为

$$C(t) = \begin{bmatrix} t^3 & t^2 & t & 1 \end{bmatrix} \times \begin{bmatrix} -1 & 3 & -3 & 1 \\ 3 & -6 & 3 & 0 \\ -3 & 3 & 0 & 0 \\ 1 & 0 & 0 & 0 \end{bmatrix} \times \begin{bmatrix} P_0 \\ P_1 \\ P_2 \\ P_3 \end{bmatrix} \tag{6-14}$$

下面阐述 Bezier 曲线的主要性质。

端点性质:Bezier 曲线起点、终点与其相应的特征多边形的起点、终点重合。

切矢量：Bezier 曲线在起点和终点处的切线方向和特征多边形的第一条边和最后一条边共线。

凸包性：Bezier 曲线上的点是特征多边形各个顶点的凸线型组合，并且曲线上各点均落在 Bezier 特征多边形所构成的凸包之内。

分别设计 0 阶几何连续 Bezier 曲线和 1 阶几何连续 Bezier 曲线。

由 Bezier 曲线的端点性质可知，要使曲线达到 0 阶几何连续性，使得相邻分段控制多边形的首尾相连即可：前 4 个点构成第 1 段 Bezier 曲线的控制多边形；后 4 个点构成第 2 段 Bezier 曲线的控制多边形。如图 6-43（a）所示，$P_0P_1P_2P_3$ 确定了第 1 段 3 次 Bezier 曲线，$V_0V_1V_2V_3$ 确定了第 2 段 3 次 Bezier 曲线，只要 P_3 和 V_0 共点，就确保两段曲线 0 阶几何连续。

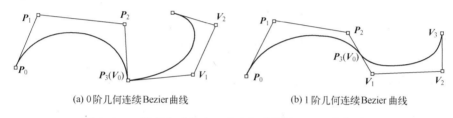

(a) 0 阶几何连续 Bezier 曲线　　　　　(b) 1 阶几何连续 Bezier 曲线

图 6-43　0 阶几何连续和 1 阶几何连续的 Bezier 曲线图元

由 Bezier 曲线的切矢量性质可知，要使得曲线达到 1 阶几何连续性，除满足 0 阶几何连续性的条件之外，第 1 段控制多边形的第 3 点和第 2 段控制多边形的第 2 点必须与重合点共线，且在重合点异侧。为此对控制点进行插值：如图 6-43（b）所示，控制点为 $P_0P_1P_2V_1V_2V_3$，在 P_2 和 V_1 中间进行插值，取其中点作为第 1 段曲线的最后 1 个控制点和第 2 段曲线的第 1 个控制点，如此两段 Bezier 曲线达到 1 阶几何连续。

5）自由曲线图元的关键点设计

自由曲线图元设计的关键在于将众多的曲线类型组织为一致的结构。思路是将自由曲线分段，每段为以上所阐述的各类曲线。

定义关键点数据结构如下：

```
class CKeyPoint2D{
    CPoint2D    KeyPt;
    DWORD    Type;    };
```

其中，KeyPt 定义了关键点的位置，而 Type 的高 16 位定义关键点前段类型，低 16 位定义关键点后段类型。如有关键点 1~9，其中点 1、2、3 定义了 1 个 3 点圆弧，而点 3~8 定义 1 阶几何连续 Bezier 曲线。对于点 2~8，其 Type 的高位低位都是一致的;而对于关键点 3,其高 16 位值表示 3 点圆弧类型,低 16 位值表示 1 阶几何连续 Bezier 曲线类型。

经上述处理,所有不同类型曲线以一致的方式进行表示。

6) 自由曲线图元的离散算法

相比于其他图元,自由曲线图元的离散算法要复杂一些,离散的过程是按顺序遍历关键点,根据关键点的不同类型将关键点解释为不同的段,逐段进行离散。算法如下:

算法 6-11 自由曲线图元离散算法

```
01   BOOL Discrete( ){
02     while(还有关键点未处理){
03       得到当前关键点及其类型;
04       if(当前关键点是线段)向离散点集加入当前关键点;
05       else if(1/4 圆弧)取出 3 个点,计算 1/4 圆弧,然后离散;
06       else if(三点圆弧)取出连续 3 个点,计算得到圆弧,然后离散;
07       else if(半椭圆)取出连续 3 个点,计算得到半椭圆,然后离散;
08       else if(0 阶几何连续 Bezier 曲线)
09         按 3n+1 的数量取点,计算得到各段 Bezier 曲线,然后离散;
10       else if(1 阶几何连续 Bezier 曲线)
11         取关键点,插值得到中间关键点,计算得到各段 Bezier 曲线,离散;
12       else if(抛物线)取 3n 个点,计算得到各段 2 次 Bezier 曲线,然后离散;}}
```

图 6-1 中的简单符号是利用符号编辑系统的图元所生成的符号,其中图 6-1(a)主要使用了圆图元和自由曲线图元(直线段是自由曲线图元的最简单形式),图 6-1(b)主要使用了矩形图元。图 6-44 中的符号相对复杂,图 6-44(a)中的操场符号使用自由曲线图元生成,包括直线段和半椭圆;图 6-44(b)中,上、下部分都使用 Hermitte 曲线图元,中部使用了自由曲线图元。

(a) 自由曲线图元生成符号　　(b) Hermitte 图元生成符号

图 6-44　图元生成的符号

4. 空白图元与线型绘制

CBlankPrimitive 图元是线型绘制所特有的图元,只占位不绘制。如图 6-45 所示,定义的线型范围可以很大,但最终进行线型绘制时,将所有图元的包围盒作为重复配置的基本参数。配置空白图元实现非连续线型的效果。图 6-45 左侧为线型,右侧为根据线型绘制线对象的结果。

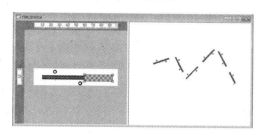

图 6-45　空白图元与线型绘制

6.3.3　系统实现中其他关键技术

符号编辑系统是一个复杂的系统,还涉及其他关键技术。

1. 图元交互编辑

图元交互编辑是指通过鼠标操作进行图元创建、拾取、移动等各种操作。在软件界面上选择不同的按钮或菜单项后,进入相应的操作状态。在交互实现上可以有多种模式选择,本书在图元基类中预定义了若干个方法,见图 6-37,在交互的相应消息中调用这些方法来进行交互操作。

1)图元创建

图元创建主要包括 3 种逻辑。图元类内部记录当前的操作状态、前一点的位置和当前位置,并根据需要实现 Create( )、Moving( )、EndOperate( )、CancelOperate( )、AddKeyPt( )等函数。这些函数逻辑都很简单,主要是改变操作状态、记录位置以及调用图元的离散和绘制函数,不再赘述。

矩形图元、椭圆图元、文字图元、扇形图元、椭圆弧图元、空白图元的创建,采用相同逻辑:按下鼠标左键,根据当前操作状态,创建对应的图元对象;将当前图元属性赋予新创建的对象;在鼠标移动消息中调用 Moving 接口;如果再次按下鼠标左键调用 EndOperate 接口结束创建;如果按下鼠标右键或 ESC 键则调用 CancelOperate( )取消创建,删除对象。以上图元无需实现自己的创建函数,只需要实现离散、绘制功能即可。

自由曲线图元的创建逻辑:按下鼠标左键开始输入;再次按下鼠标左键输入下一点;在输入过程中,可以进行输入段类型的切换,切换前提是当前段已完成输入,如输入的是 3 点圆弧,当输入两点时不可改变为输入其他段,此判断在类内部计数进行;按下鼠标右键结束输入。结束前提也是当前段完成输入,否则不可结束。

　　Hermitte 图元的创建逻辑:按下鼠标左键开始创建对象;每次按下鼠标左键确定三元组第 1 点位置,即控制点位置;松开鼠标左键时决定三元组第 2、3 点,即切线方向和大小;按下鼠标右键结束创建。

　　2) 图元拾取

　　图元拾取是交互操作的基础,根据不同的拾取位置,图元可以进入移动关键点、整体移动等操作状态。将判断对应位置的操作封装为 HitTest( ) 函数,不但拾取时调用,当未拾取鼠标移动时也调用该函数,根据不同的"击中"位置改变鼠标光标形状以进行提示。

　　"击中"需要一定的容差,该值需定义在窗口坐标系下(地图坐标系下,由于地图缩放的原因,无法选择固定的容差);然后根据当前的映射关系计算该值在地图坐标系下的值,从而定义一个拾取的范围(正方形或圆形,本书采用正方形);最后进行判断。判断逻辑为:遍历每个关键点;如果击中位置(鼠标位置变换到地图坐标系)位于该关键点的容差正方形内,则"击中"关键点;如果图元为线集图元,构造以击中位置为中心、容差为边长的正方形,遍历图元的边,如果边与该正方形有交,则"击中"整个图元;如果图元为多边形图元,判断击中位置与多边形位置关系,如果击中位置位于多边形内部,则"击中"整个图元。

　　基于 HitTest,实现拾取函数 PickUp,主要是修改图元对象的操作状态变量,记录位置。拾取逻辑为:按下鼠标左键时,调用 PickUp 接口;如果拾取成功,则在鼠标移动消息中调用 Moving 接口;如果再次按下鼠标左键调用 EndOperate 接口则结束创建;如果按下鼠标右键或 ESC 键则调用 CancelOperate( )取消创建。

　　拾取逻辑的一个特例是 Hermitte 曲线图元,区别在于对关键点三元组重合情况的处理,此时鼠标左键第 1 次按下拾取到第 1 个点,第 2 次按下拾取到第 2 个点,依此类推。

　　3) 交互移动

　　当拾取结果是整个图元时,随着鼠标移动,整个图元随之移动,这仅需要改变每个关键点的位置即可。而当拾取结果是关键点时,处理相对复杂。

　　4) 移动关键点交互

　　第一种是矩形图元、椭圆图元、文字图元、扇形图元、椭圆弧图元、空白图元的移动角点交互。

　　以上图元的移动角点操作,首先要根据拾取到的角点,确定不动角点,如拾取到右上角的角点,则相当于以左下角角点为原点的缩放操作:根据移动前后角点位置,计算出矩形二轴向的变化比例;对于图元每个点,根据该图元在以不动角点为原点的局部坐标系下的坐标,进行比例变换。

如图 6-46 所示,椭圆图元具有 4 个角点,将V_0移动到V_1。此时O为不动角点,根据V_0、V_1和O,计算出比例关系,据此改变椭圆的长半轴和短半轴,离散后各顶点坐标为

$$P' = P + P \cdot x \times s_x + P \cdot y \times s_y \quad (6\text{-}15)$$

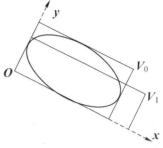

式中,P为顶点位置矢量;x、y为图中所示局部坐标系的坐标轴矢量;s_x、s_y为比例系数。该式的直观解释是:图元中的点距离原点的距离不同,在移动角点操作中移动的距离也应不同,以保持图元形状。如不按此方法,而是图元所有点移动相同距离,则图元会发生很不协调的变形。

图 6-46　移动角点操作

对于扇形图元和椭圆图元,除了与矩形图元一致的移动角点操作,还有移动起始角度关键点和终止角度关键点的操作。移动时并不能直接按鼠标位置移动,而是需要根据鼠标位置计算对应角度,然后根据角度计算对应的位于圆上的点。

第二种移动关键点是自由曲线图元。对于段内部的关键点,其移动逻辑遵循其内部一般准则即可,如移动后不可以造成填充多边形的自相交;移动后不可以造成图元超出符号范围;三点圆弧关键点不可以共线;半椭圆弧关键点不可以共线;等等。对于两段结合处的关键点,要依据其组合情况决定其移动逻辑:如两端都是 1/4 圆弧不可以移动,因为移动将无法保证两段继续都是 1/4 圆弧,等等。

第三种移动关键点是 Hermitte 曲线图元,对于表示位置的关键点,移动时切点做相应移动;对于切点,如果是平滑点要始终保持两个切点共线且在位置点的相反方向。

5）其他图元编辑功能

除上述通过鼠标交互的图元编辑功能,还有一些其他功能通过菜单项或按钮完成,以下简要阐述其实现机制。

设置定位点,严格来说,属于符号编辑功能,而非图元编辑功能。作为一种操作状态,按下鼠标时,将该位置作为符号的定位和旋转中心;修改图元属性,修改图元是否闭合、是否具有宽度、设置颜色等;删除图元,在符号组成中删除图元;图元上移、图元置顶、图元下移、图元置底,图元(基类符号指针的形式)在符号中组织为线性表,按由前到后的顺序进行绘制,此 4 个操作是改变图元在表中的顺序;图元闭合、图元开放,此 2 个操作改变图元是否闭合的属性。

2. 复制、剪切与粘贴功能

为了有效地利用已输入的图元、符号数据,复制、剪切与粘贴功能是编辑系统的一项重要功能,既包括对图元的复制、剪切和粘贴,也包括对符号和符号目录的复制、剪切和粘贴。

为了在不同的符号库之间进行复制操作,需要在进程间共享数据。进程间共享数据的方式包括消息、动态数据交换、剪贴板、管道、套接字、内存映射文件等,本书采用了内存映射文件技术。

1) 内存映射文件

内存映射文件是在内存中开辟一块存放数据的区域,该区域与硬盘上特定文件对应。进程将这块内存映射到自己的地址空间中,访问它与访问普通内存一样。当进程间需要共享的数据量较大时,内存映射文件是较好的选择。

内存映射文件的使用步骤为:创建或打开一个文件内核对象 OpenFileMapping();创建文件内核映射对象 CreateFileMapping();将文件映射对象的全部或部分映射到进程地址空间中 MapViewOfFile()。

为便于使用,将其封装为一个 Singleton 模式的类,需进行复制、粘贴时直接获得地址进行读写即可。

2) 实现方法

需利用内存映射文件交互的数据类型包括符号(目录)、线型、填充模式和图元,因此内存映射文件的前 4 个字节是标志位,用于表示当前缓存的数据类型。

图元的复制相对简单,如图 6-38 所示,所有图元都支持 SaveToBuffer 和 LoadFromBuffer 方法,实现将对象写入内存和利用内存中的数据流重建对象。而且由于图元类支持上述方法,因此符号、线型、填充模式在进行复制时也直接调用上述方法来实现组成图元的复制与粘贴。

填充模式和线型在界面中都以线性表形式呈现,其复制机制与图元基本类似,通过定义 SaveToBuffer 和 LoadFromBuffer 方法完成。

符号组织为树状目录,因此其复制相对复杂,必须支持树结构的保存和重建,其原理与存储到符号库中一样,在转换中采用相同的深度优先遍历顺序即可。

3. 符号库封装与应用

通过符号库编辑软件所建立的符号库,最终要应用到二维显示系统中,因此良好的封装就非常必要,通过定义一系列的类和函数实现,核心是图 6-3 所定义的符号实例、图 6-14 定义的线型实例和图 6-15 定义的填充模式实例。

符号类、符号库类、线型类、线型库类、填充模式类、填充模式库类也需封装并供显示系统调用,此外还有设置当前地图坐标系到屏幕坐标系变换关系(矩阵)的接口 SetRangeAndTrans( )、设置屏幕像素与符号坐标系比例关系的接口 SetGlobalMapScale( )、开发包初始化接口 APIInit( )等。

显示系统使用这些类的基本过程为:

(1)调用开发包的初始化接口,实现数据初始化、颜色模式库加载等。

(2)使用符号库类、线型库类和填充模式库类对象加载库。

(3)从文件或数据库中加载地图点、线、面矢量数据。

(4)每个点、线、面矢量,根据其类型生成点状符号实例对象、线型实例对象、填充模式实例对象。

(5)调用绘制算法进行绘制。

(6)根据交互操作或编程控制(如漫游)改变地图与屏幕的变换矩阵。

(7)根据交互操作设置屏幕像素与符号坐标系比例关系。

基于符号库的二维显示如图 6-47 所示。将屏幕像素与符号坐标系的比例关系改变后(仅改变线型的映射关系,点状符号和填充模式未改),显示如图 6-48 所示。可以看出,后者显示的线更宽。

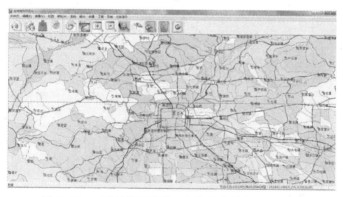

图 6-47　二维地图(屏幕 1 个像素映射为 0.25mm)

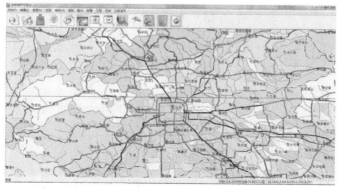

图 6-48　二维地图(屏幕 1 个像素映射为 0.15mm)

此外,二维绘制中还必须解决文字绘制问题。GDI 文字输出非常简单,但 OpenGL 输出文字稍微复杂一些,在 Windows 操作系统中采用绘制到位图或者直接以文字轮廓线绘制的技术。前者效率更高,后者虽可支持无级缩放,但是当地图中绘制大量较小文字时,效果并不理想,有时甚至不如前者。同时,在不同位置显示同一文字时,为了避免重复绘制文字位图,可采用显示列表或存储位图数据,供后续调用直接使用。

6.4　基于分块数据的二维态势系统

提高绘制效率可采用多种途径,如设计更有效的算法、应用内存池技术、使用效率更高的 OpenGL 而非 GDI 等。但无论如何,随着数据量的提升、使用者要求的提高,需显示的数据量必然会超出显存乃至内存的能力,不能期望把所有数据加载到内存并绘制。人们已经研究了应用层次细节技术进行二维显示的技术[23-27]。采用第五章的四叉树层次细节技术:生成不同层的地图矢量数据,根据要显示的比例关系,选择合适的层的数据进行绘制;对于同一层内的矢量数据,也不能同时加载和绘制,而是分块存储、加载和绘制。

6.4.1　矢量数据分块与入库算法

原始矢量数据往往按图幅给定,需经过拼接、分割、抽稀 3 个步骤才能加入到四叉树中。

1. 海量空间线矢量自动拼接[28]

目前,数字矢量地图多从纸质地图扫描得到,扫描时大多采用分幅生产,并以图幅为单位进行存储,因此造成了跨图幅的线矢量、面矢量的断裂。如图 6-49 所示,图幅 1 中线矢量 *b* 与图幅 2 中线矢量 *c* 是同一线对象的两段,由于分处不同图幅,被分成了两个线矢量。面矢量 *d* 与面矢量 *e* 亦如此。另外,在地图综合时,有时要对线矢量进行拼接,以综合抽象为更大地理范围的线对象。图幅 1 中的线矢量 *a* 与线矢量 *b* 均为公路对象,但是分处不同的行政区域,在公路对象综合时,可能需将矢量 *a*、*b* 拼接起来。实践中的这些问题,都对空间线、面矢量的拼接提出了要求。

根据大量实践数据分析,面矢量在图幅内断裂的情形极少,图幅内线矢量的断裂为数不少,且可以在图幅间线矢量拼接基础上解决。对于小数据量的矢量拼接,可通过商用软件或简单程序处理实现。以下重点讨论海量线矢量的自动拼接。

海量线矢量的自动拼接,根据解决的断裂性质不同,分为图幅内线矢量自动拼接和图幅间线矢量自动拼接。

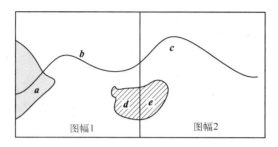

图 6-49　图幅拼接

1）图幅内线矢量自动拼接

海量图幅内线矢量自动拼接需解决的关键问题是，如何提高拼接效率，以减少线矢量拼接的时间。分析可知，对于图幅内线矢量数量庞大的情形，拼接效率的瓶颈，主要在于判断线矢量间是否拼接满足条件。如果采用线矢量两两判断，则在图幅内有 n 条线矢量时，其时间代价为 $O(n^2)$，效率极低。

最简单的优化技术是 6.2.4 节面状符号绘制算法中所应用的网格划分技术，对于每个线对象端点，划分到对应的网格中，在拼接时只需要比较网格内（或在一定容差范围的相邻网格）其他端点，即可完成拼接。网格划分算法的效率为 $O(n)$，如果网格划分较为合理，使得每个网格内的数仅为几个，则拼接算法效率也为 $O(n)$。在具体的数据结构上，网格组织为一个数组，数组中的元素是线对象指针数组，存储端点落在网格内的线对象指针。

线矢量拼接时，其拼接端必然具有相等的地理位置（图幅内部的容差不必取得很大），线矢量拼接的条件，在有多条线交于一端时，还必须加入两线夹角大小比较等附加条件。如图 6-50 所示，线对象 a、b、c、d 相交于点 P，当处理线对象 a 时，根据夹角条件，选择线对象 b 与其进行拼接。

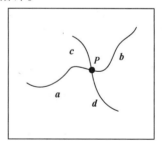

图 6-50　多线相交时的拼接

采用一个队列来表示未拼接的线对象（指针），算法如下：

算法 6-12　图幅内线对象拼接算法

01　　AddjointLine( ){
02　　　　for(所有线对象){
03　　　　　　取得线对象的 2 个端点，计算端点所在网格；
04　　　　　　将线对象指针加入到对应的网格数据结构中；

```
05          构造一个队列,将所有线对象指针加入队列中;
06          while(队列不空){
07              取出队列中第1个线对象;
08              根据端点坐标确定对应的网格,在网格中查找其他线对象是否与其拼接;
09              if(不拼接)线对象输出;
10              else 拼接后重新加入到队列中;}}
```

算法 6-12 中,第 02~04 行为网格划分的过程,第 05~10 行为拼接的过程。

2) 图幅间线矢量自动拼接

海量线矢量图幅间的拼接,线对象可能跨越多个图幅,但不能将全部图幅数据加载到内存进行拼接;如果按某种顺序访问各个图幅,又可能导致有些图幅被多次加载,应尽可能减少磁盘读写,因此提出"虚拼接"方法:

Step1　自动拼接前,在全部图幅范围内,将线矢量统一编号。

Step2　依次搜索各图幅,建立符合拼接条件的线矢量的索引。

Step3　在此基础上,判断哪些线矢量应拼接并建立拼接链。

Step4　根据拼接链,将同一拼接链中矢量 ID 映射一致,形成逻辑上完整的拼接后的矢量。

因矢量数据并没有真实拼接在一起,只是将其应拼接矢量 ID 映射成同一ID,故称此过程为"虚拼接"。"虚拼接"避免了大范围图幅间拼接数据重组,拼接结果满足 GIS 应用中的分析计算要求,从而简化程序,提高效率。

因为原始各图幅内线矢量为单独编号,因此图幅间会出现矢量 ID 重复。在图幅间拼接时首先统一编号就是为了给所有图幅的矢量一个全局唯一的 ID,可以在分别进行图幅内部拼接时进行 ID 统编。因此设定,进行图幅间线矢量拼接时,线矢量 ID 在全局范围内已经唯一。

如图 6-51 所示,同一线对象分布在相邻的 4 个图幅中,分别是 a_1、a_2、a_3、a_4、a_5、a_6、a_7。每个图幅在进行幅内拼接时,同时已经为每个拼接好的线对象分配了全局唯一 ID。设图 6-51 中各线的 ID 分别是 1~7。

虚拼接时按由左向右、由下向上的顺序遍历各个图幅,每个图幅只处理与其左、下方图幅的拼接关系。

当处理图幅 1 时,由于左、下方向都没有图幅,不需进行拼接,但需记录待拼接的线的信息。由于每条线可能由非常多的点组成,而且非边界线也不涉及拼接问题,因此只记录图幅

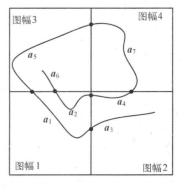

图 6-51　图幅之间线对象的拼接

中需要向右、向上拼接的线的信息,信息包括线的 ID、交点坐标、是在哪一侧拼接(右、上),而不要存储线所有的组成点,这样其数据量非常小。所记录的数据并不是一直存储在内存中,而是当处理完其上一行的图幅后将该行图幅的临时数据释放。图幅 1 所记录的信息共 4 组(交点略):(1,右)、(1,上)、(2,右)、(2,上)。

下一步将处理图幅 2,此时下方没有待拼接图幅,向左侧进行拼接,根据交点、属性等信息判断是否同一线对象。如果是同一线对象,并不拼接实际数据,而是生成 ID 对输出。图 6-51 中,生成 ID 对(1,3)、(2,4)。

按同样的方法处理图幅 3、图幅 4 后,生成的 ID 对为(1,3)、(2,4)、(1,5)、(2,6)、(4,7)、(5,7)。最后从某个具有非边界点的线对象出发,跟踪形成一个 ID 链,如由 3 出发,得到 3 - 1 - 5 - 7 - 4 - 2 - 6。则以上各线对象的 ID 统一设为 1,实现了虚拼接。

2. 基于多路归并的空间矢量数据库构建方法[29]

各图幅矢量数据虚拼接之后,将属性数据单独存储在数据库或文件中,几何数据则需加入到全球四叉树中(四叉树的逻辑结构与存储结构见第五章)。根据图幅比例尺的不同,映射到不同的四叉树层次,映射方法:根据比例尺确定 1mm(相当于最小粒度)所对应的实际尺寸,根据该实际尺寸对应的 DEM 数据四叉树的层次确定矢量数据的四叉树层次。

图幅只是提供了映射到某一层的矢量数据,以上各层数据需要由高精度数据抽稀得到,属于制图综合的技术领域,典型算法是抽稀线对象的道格拉斯算法。

由于建立的全球空间矢量四叉树数据库包含的层数(非四叉树层,而是地理信息系统中的层,指地物类型)达数十种,每层的文件可能达到上百 MB 甚至 GB 级,并且,每个节点可能覆盖多层多个文件。但由于内存容量限制,为了得到某个节点,不可能将所有的矢量层同时读入内存进行分割,也不可能将某一层数据先分割入库,然后逐一将其他层插入库中,这样会造成入库效率极低以及数据库磁盘空间破碎。

为有效解决上述海量入库矢量与有限内存间的矛盾,可以先将各层数据分割为单层的节点顺串并暂存到磁盘;然后对各顺串进行多路归并排序,形成有序的节点序列;再将序列中具有相同四叉树序号的节点合并为一个节点存入数据库。由于各顺串是在分割时自动形成的有序序列且各顺串的序号范围一致并均匀分布,因此采取多路归并排序的建库方法具有天然优势。整个建库过程可以分为两个阶段:矢量的四叉树分割;节点排序与合并输出。

按照四叉树节点序号大小顺序遍历各节点,将各节点与各层求交结果所得节点暂存到磁盘,便可以得到在各层节点范围内有序的节点序列,称为节点顺串。为了提高归并排序时文件读取的速度,将各节点顺串保存在一个大文件中,各层的起始位置记录在此分割节点矢量文件的头部。相较于分文件存储各节点顺串,应用内存文件映射技术读写各顺串,读写磁盘的速度基本等于读写内存的速度,可以提高 I/O 效率。

分割后存储的节点文件以顺串为单位,是局部有序的。节点排序,即对分割形成的顺串进行多路归并外排序,形成整体有序的节点序列。合并输出,即对此节点序列中四叉树序号相同的矢量节点合并其矢量数据,并存储到全球空间四叉树数据库中。

6.4.2　基于分块矢量数据的二维可视化

1. 视图管理与分块调度

二维态势系统最基本的功能是视图功能,即建立地图坐标系与屏幕坐标系的映射关系,一般用 3×3 矩阵表示。基本视图调度功能包括全图显示、地图放缩、地图平移等,其实质都是改变该映射关系矩阵。

显示调度的基本过程:①根据当前的比例和平移参数,计算屏幕坐标系所映射到的地图坐标系的范围(窗口四个角点所对应的经纬度坐标);②根据步骤①确定的显示参数计算当前显示内容所对应的四叉树层次;③根据所选四叉树层次中的节点大小和窗口 4 个角点的经纬度范围,确定窗口显示范围的四叉树节点编码;④对于每个四叉树节点,加载其点数据、线数据和面数据;⑤生成符号显示数据并显示。

根据当前地图坐标系与屏幕坐标系之间比例关系确定四叉树层次的方法:最原始情况,限定地图上经纬度范围 $180° \times 180°$ 映射为屏幕坐标系下 128×128 像素范围,针对每种支持的投影范围,计算对应的坐标单位与屏幕像素之间映射关系;得到当前地图坐标系与屏幕坐标系之间比例系数并除以原始比例,得到的值为 scale;计算与 scale 最接近的 2^n 值,n 即为所求层次。

显示时确定四叉树节点的方法:取屏幕坐标系 4 个角点,计算其对应的地图坐标系中位置;计算当前层节点边长(以经纬度表示);根据 4 个角点所限定的范围和节点边长,计算当前帧所覆盖的节点的编号。

为了优化速度,采用了多项技术。

1) 块二维数组

四叉树中可有各种比例尺、各个范围的数据,即四叉树非均衡,因此在确定视图关系后,屏幕坐标系所对应的范围之内可能有些四叉树节点数据存在,有些四叉树节点没有对应数据。对于不存在数据的四叉树节点,如果不显示显然不合理。如果直接回溯到上层四叉树节点进行显示，一是会带来管理的难度，二是会产生数据覆盖。

采用技术为：确定视图关系后，根据当前的比例关系，确定当前显示的四叉树层次；根据当前层四叉树节点的范围大小（以经纬度表示的边长），以及当前屏幕的范围，确定屏幕的分块（当前层的节点）数，以及块的位置，并将块按顺序组织为一个二维数组；对于二维数组中每一块，获取该块数据，如果对应四叉树节点有数据，取该数据；如果没有对应数据，则向上回溯，直到找到有数据的父节点，然后将节点中的数据实时分割到二维数组中对应块之中。

如图 6-52 所示，图中网格为根据当前比例关系确定的四叉树节点组成的数组，阴影区域为屏幕窗口对应的范围。将这些四叉树节点组织为一个二维数组。其中的 a、b、c、d 是空节点，没有对应数据，需要从上层节点的数据求交得到。

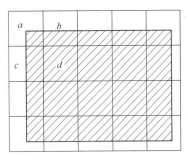

图 6-52　节点块数组

随着地图的不断放大，必然会出现全部节点都为空的情况，此时最简单的方法是进行控制，不允许继续放大。

2）缓存技术

缓存是提高速度的有效途径。在数据加载和显示过程中，应用多种缓存技术。

（1）读节点缓存。构造一个具有一定大小的块节点的最近使用优先队列。在读取节点时，先在此队列中查找所需节点是否存在，如存在就直接取节点数据，如不存在再去读取实际的数据。数据存储采用基于 IP 网络的分布式存储，读取数据时根据读取的节点编号，经由网络向服务器发送请求，服务器从磁盘中读取数据后，再将数据传送到客户端。以上过程既涉及磁盘操作，又涉及网络传输，较之于单纯在本地内存中的操作，从服务器读数据的时间消耗要大得多，节点缓存可减少从服务器读数据的次数。

用户可通过交互操作对地图放缩或平移，屏幕的显示范围、显示比例都发生改变，显示的节点可能发生变化；但有时一个操作改变了显示节点，下一次操作又重新显示最近显示过但上一帧未显示的节点，比如先向右平移，再向左平移；进行地图的放缩也会出现类似的情形。此时，利用节点缓存可减少从服务器读节点的次数。

另一种发挥节点缓存效用的情况是：对一个没有数据存在的四叉树节点，需向上回溯找到有数据的祖先节点，将其中的点线面数据实时裁剪到当前节点中。

在此过程中,普遍情形是一帧中多个节点回溯到同一祖先节点,如每个节点都经由网络到服务器取数据,效率过低。

(2)双数组。利用二维数组管理当前显示的所有节点,但并不仅仅使用一个二维数组,而是交替使用2个二维数组。双数组主要目的是实现线对象的帧间拼接,以使得拖动时线型稳定,但是也间接起到了缓存作用。在加载某个节点数据时,先在另一个二维数组中查找节点,找不到再到节点缓存优先队列中寻找。

(3)对象缓存。在地图的平移放缩过程中,涉及大量节点的改变,节点中的点线面对象也发生改变,即会发生大量对象被创建和销毁。有效的方法是采用对象缓存技术,此技术前已提及,不再赘述。

3)求交的优化

通过缓存技术已经有效地减少了从网络和磁盘加载四叉树节点的次数,6.2节的绘制算法也对绘制速度做了优化。此处还有一个需优化的环节,即根据祖先节点的数据求得子节点对应数据。对于祖先节点中的点对象,直接根据其位置是否落在子节点中,即可完成,线、面对象需要与子节点实时求交,必须具有较高的效率。

求交算法中的跟踪搜索仍然采用6.2.3节中所介绍的双策略跟踪,边求交可以进行优化。由于子节点是一个矩形,其边界视为水平边和垂直边,在计算线、面对象与子节点交点时,不必使用通用的线段求交算法,而是通过坐标比较分别处理水平和垂直边。如对于水平边,遍历线、面对象所有顶点,只有当2顶点坐标恰好跨越水平边的时候,才需计算交点,以此来优化求交的计算。

2. 分块矢量数据的符号化算法[30]

随着数据规模的不断增大,电子地图的实时显示也需要层次细节技术的支持。已经有学者针对各种地图要素,运用制图综合技术建立了地图矢量数据的LOD模型,也有学者研究了速度优化的具体技术。

在LOD模型中,电子地图绘制时只是根据当前参数选择某一个细节层次的数据,同时显示的内容包括多个数据块,而同一个线要素或面要素可以跨越多个块。此时,应用间接信息法产生绘制数据的策略有两种:①在任何需要更新绘制数据时,将各块中同一要素拼接为一个整体,然后应用传统的符号化算法;②对于分块内的要素单独更新,但保持整体效果。由于可以保持已有符号化结果而不必每次更新全部数据,后者具有明显的效率优势,尤其是对于地图平移的场合更为明显。但这需要新的符号化算法来支持,对于点状要素,只落在一个分块之内,并不需特殊处理,以下重点讨论线状要素和面状要素。

1)分块面状矢量的符号化算法

面状矢量的符号化算法是在面对象范围内重复配置点符号的过程,与传统符号化算法相比,分块后的面对象符号化算法基本以 6.2.4 节算法为主,但需特别处理两点。

（1）定位点问题。面状要素分割到各个数据块中,如图 6-52 所示,面要素 *ABCDEFG* 被分割到 12 个节点(图中 11、21、32 等所标示矩形)中,各节点分别独立生成符号化数据,必须保证整个面要素显示效果一致连续,如图中阴影节点所示。解决办法是各节点中同一面对象从相同定位起点开始进行符号重复配置。

（2）边界问题。如需显示面要素的边界,由于每个节点内的边界不一定是原始面要素的边界,因此采用如下方法处理:如果 2 个端点落在节点同一边上,则不显示;否则显示。如图 6-53 中节点 32 中,面要素分割的结果多边形为 *abcBd*,其中的 *ab*、*bc*、*da* 边均不显示,*cB*、*Bd* 边需要显示。

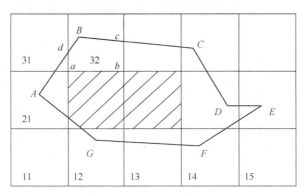

图 6-53　分块面状矢量的符号化算法

2）分块线状矢量的符号化算法

针对分块地图数据,提出基于距离控制的线型绘制数据生成算法和数据块间线矢量虚拼接方法,保证整体显示效果的分块显示。

（1）基于距离控制的节点内线型绘制数据生成算法。节点中的每个线元素有一个起始距离,设为 d_0,设线型符号的长度为 l,线元素总长度 tl,则线型绘制算法需要在 6.2.3 节所述算法基础上稍作调整:起点有控制距离,终点可能有控制距离 d_1,该值的获得将后续讨论;如起点和终点同时有控制距离,则调整线型符号长度(即调整图元由符号坐标系映射到地图坐标系的比例);沿定位线重复配置线型符号,以起点控制距离、线型符号长度的和控制重复配置。

算法 6-13　基于距离控制的节点内线型绘制数据生成算法

01　　AlgorithmGenerateLineData{

02　　　　if(终点有控制距离) $l = \dfrac{tl - (d_1 - d_0)}{\mathrm{int}(tl/l)}$

03　　　　定义累加距离 $x = d_0$;

04　　　　if$(x! = 0)$ 配置线型符号图元并裁剪; $x = l - d_0$;

05　　　　for$($ 线元素中每条线段$)\{$

06　　　　　　$x += $ 当前线段长度;

07　　　　　　根据 x/l ,生成本线段区间重复配置的线型数据;

08　　　　　　生成当前线段与下一线段之间的变形数据;

09　　　　　　$x = l - \mathrm{fmod}(x, l)$;$\}$

10　　　　配置终点处的图元并裁剪;$\}$

　　上述算法中,除距离控制之外,其他与6.2.3节的绘制算法基本一致。另一个区别是起点和终点处图元的裁剪,如果点位于四叉树节点边界上,则基于节点边界线进行半平面裁剪(确保不同四叉树节点分别独立显示的结果在整体上连续),否则基于与点所在线段垂直的直线进行半平面裁剪。

　　如图6-54所示,$ABCD$ 为线要素落在节点之内的部分,为与相邻节点中的同一线要素连续,起点 A 处有控制距离,在该处并非从一个完整线型开始,而是根据控制距离配置线型符号的图元,配置后图元需要用节点边界裁剪才能保持节点间数据的连续。在拐点 B 和 C 处需要进行图元的变形,终点 D 处还需再次配置图元并进行裁剪。

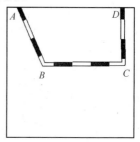

图6-54　基于距离的节点内线型绘制数据生成

　　(2) 不同节点间线要素的虚拼接。根据算法6-13,只需正确计算出各节点中线要素起点和终点的控制距离,而不需将显示范围内的同一线要素实际拼接起来,就可确保线要素整体显示效果的连续性,因此称为虚拼接。这涉及两种情况:①由于地图放缩等原因导致全部绘制数据都要重新更新;②地图平移时只需更新一个或少量几个节点的数据。对于这两种情况,每个节点内的处理方法是一样的,以前者为例说明。

　　如图6-55所示,节点按由左向右、由下向上顺序命名,如图中节点11、12、21、31等所示。线矢量为…$ABCDEFG$…,按先行后列的顺序处理各个节点:首先处理节点13中的线集 eFf ,此时起点的控制距离为0,终点无控制距离,但是保存其总长度;然后处理节点14中的线集 fGg ,此时其起点 f 的控制距离为相邻的13节点中线集 eFf 的总长度,终点无控

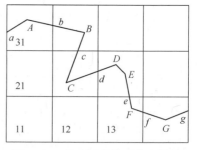

图6-55　节点间线状要素虚拼接

制距离,总长度等于起点控制距离与 fGg 总长度之和;下一个处理的是节点22中线集 cCd,由于此时并无相邻节点数据存在,因此起点控制距离为0,终点无控制距离;然后处理节点23中线集 $dDEe$,该线集起点和终点都能找到对应已处理数据,因此起点的控制距离为 cDd 的总长度,终点的控制距离为 eFf 的起点控制距离;直到处理完所有节点。节点内线矢量的虚拼接算法如算法6-14所示。

算法6-14　节点内线矢量的虚拼接算法

01	AlgorithmJoint{
02	if(起点位于节点边界上)
03	根据起点所位于的边界,查找相邻节点中是否存在同一线矢量数据;
04	如果该边界相邻节点存在同一线矢量,从该矢量获得起点控制距离;
05	否则,起点控制距离为0;
06	else 起点控制距离为0;
07	按同样方法处理终点;}

3）绘制结果与效率

生成数据后进行分块绘制,在每个节点内按面、线、点的顺序绘制。图6-56为分块绘制的结果,其中水平和垂直线为绘制的节点边界。从图中可以看出,不论是面状要素还是线状要素,虽各分块独立绘制,但整体效果连续,无拼接痕迹。

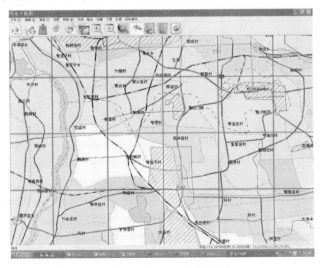

图6-56　分块绘制结果图

地图平移时,算法比非分块算法有较大提升,效率的提高程度与窗口大小、数据量等有关。表6-8为地图平移时典型帧耗时,其中数据个数是指分割到节点后的数据量。效率平均达非分块算法4倍以上。

表 6-8　分块与非分块绘制算法效率对比

窗口大小	点要素个数	线要素个数	面要素个数	耗时/ms	
				非分块	分块
1276×859	218	2218	1325	129	31
969×657	157	1638	723	87	25

传统符号化算法针对整个矢量设计,当应用于分块数据时,一方面由于每次绘制更新全部数据而降低效率,另一方面如果当前窗口只显示地图的一部分时,平移时重新对线、面进行符号化会产生线型、填充符号随地图移动而"流动"的效果,视觉上很不理想。所提出的算法有效解决了上述问题,平移时显示稳定、整体效果连续,能够实时漫游。

3. 地图投影

地理数据处理的一项重要内容是地图投影变换。目前支持的投影方式有高斯 6°带投影和高斯 3°带投影方式,其他投影方式暂时未加入系统,但其实现原理类似。

高斯投影是一种横轴等角切椭圆柱投影,将一椭圆柱横切于地球椭球体上。根据高斯投影的原理和计算公式,高斯 6°带投影是将每个 6°经度范围投影到一个平面上,且所有的 6°带所投影的平面坐标范围一样。由于要处理的是全球数据,所以要将各个 6°带隔离开,将全部 60 个 6°带展平在一个平面上。

因应这种要求,投影变换要进行如下修改:经纬度转换为高斯坐标时,要根据经度坐标,将变换后的结果平移,以东经 3°所投影的直线作为高斯平面的 y 轴,其他投影要平移,平移量是根据该经纬度所在的高斯带,再乘以每个高斯带的宽度;为了处理边界时的奇异情况,需单独指定中央经线的变换函数;由于高斯投影的特点,其展开后并不扑满整个高斯平面,而是存在很多空洞;同时显示可以位于无限平面的任何位置,所以在高斯反变换中,对于超出高斯变换范围的部分,要能够识别,并变换到最接近的经纬度位置。

实现高斯投影变换过程如下:

(1)初始化。预先计算出每个高斯投影带的范围(平移量)、完全展开后的坐标范围、相对于屏幕象素的基础变换关系(用于加载数据时确定当前屏幕显示比例所映射的四叉树层次)。

(2)数据调度。在数据调度环节,涉及投影变换的有两点:①要根据初始化时候针对投影方式计算得到的初始值和当前的地图坐标系与屏幕坐标系的比例关系,确定当前显示的四叉树层次;②对于屏幕的 4 个角点,首先计算其在高斯投影平面的坐标,然后计算其经纬度,这些点有可能落在高斯投影范围之外,所以计算得到的 4 个点在经纬度平面不再构成矩形,此时还要再遍历这 4 个点以计算出经纬度的包围盒,然后再利用包围盒计算要读取的四叉树节点范围。

(3)节点加载。对于一个节点中的线对象和面对象,可能跨越一个或多个高斯 6°带(3°带),此时对其每个点应用高斯变换,将导致整个对象严重的变形,同时覆盖不应有高斯投影结果的范围,这完全不符号高斯变换的原理。为此,采取的办法是对于节点中的线对象和面对象,与其所跨越的每个高斯 6°带求交,求交的结果作为新的线面对象,继续进行后续的各种处理,求交算法分别应用前述的线集、多边形与矩形求交算法。

(4)节点的投影变换。在单个节点加载之后,要对其进行投影变换,即对其中的点对象、经过各个 6°带求交之后的线面对象进行投影变换。投影变换中,由于大量对象会存在恰好位于 6°带边界上的点,所以要依据其所在的分度带进行变换。

全球范围的高斯 6°带投影显示方式如图 6-57(a)所示,地图放大后局部范围的高斯 6°带投影如图 6-57(b)所示,该窗口共跨过 5 个高斯 6°带。

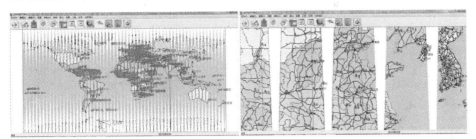

(a)全球范围高斯 6°带投影　　　　　　(b)局部地区高斯 6°带投影

图 6-57　投影变换结果图

6.4.3　基于 DOM 与 DEM 的二维可视化

在第五章已经讨论了基于数字高程模型 DEM 和数字正射影像 DOM 实现地形实时绘制的原理与方法,这些数据同样能应用在二维场合。以二维形式显示 DOM 和 DEM,可以直观地浏览地物和地形变化情况,也可以在其上叠加矢量图形,获得更为直观的印象。在 DOM 上叠加矢量显示,已经成为目前主流的商用软件的基本功能。

基于 DOM 和 DEM 的二维显示,在视图管理和数据调度方面,与 6.4.2 节中矢量数据的调度完全一致,也组织为四叉树节点数据块数组。

对于没有数据的节点,同样需要取其祖先节点的数据来获得。对于 DOM,采用与 5.5.3 节中地形纹理数据生成完全一样的技术。对于 DEM,算法也与之类似,只是数据形式和分辨率有所区别。

对于生成的节点数组数据,DOM 绘制方法是:根据节点四个角点的经纬度坐标,构造 1 个四边形,将 DOM 数据作为纹理,直接绘制四边形即可。与地形绘制一样,纹理的采样方式需为最近邻采用,线性插值将导致块与块之间出现拼接痕迹线。

图 6-58(a)为全球范围 DOM 的二维显示,图 6-58(b)为局部地区 DOM 的二维显示。

(a) 全球范围   (b) 局部范围

图 6-58 DOM 的二维可视化

DEM 的绘制相对复杂,由于 DEM 数据可能由父节点甚至更远的祖先节点得到,其原始分辨率不能保持一致。为了简化绘制算法,将所获得的 DEM 数据都加密为 33×33 的网格,即每一帧中所有节点块的分辨率相同。

DEM 的绘制采用 5.2.3 节所阐述的一维纹理映射的方法,只需要根据高度计算每个采样点的纹理坐标即可实现。

图 6-59(a)为全球范围 DEM 的二维显示,图 6-59(b)为局部地区 DEM 的二维显示,二者使用了不同的颜色映射表。

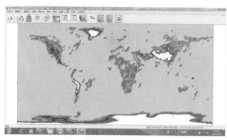 

(a) 全球范围   (b) 局部范围

图 6-59 DEM 的二维可视化

不论是 DEM,还是 DOM,都可以在其上叠加矢量数据(主要是线、点数据)。图 6-60(a)为 DOM 叠加矢量显示,图 6-60(b)为 DEM 叠加矢量显示。

(a) DOM 叠加矢量　　　　　　　　　　　(b) DEM 叠加矢量

图 6-60　叠加显示

在二维态势图上绘制轨道、覆盖、链路及其他空间分析结果的相关技术,在其他对应章节讨论。

参 考 文 献

[1] 廖克. 现代地图学[M]. 北京:科学出版社,2003:1.

[2] 祝国瑞,郭礼珍,尹贡白,等. 地图设计与编绘[M]. 武汉:武汉大学出版社,2001.

[3] 龚健雅. 地理信息系统基础[M]. 北京:科学出版社,2001.

[4] 蔡忠亮,李霖. 普通地图符号的全开放式设计[J]. 武汉测绘科技大学学报,1999,24(3):259-261.

[5] 何忠焕. GIS 符号库中复杂线状符号设计技术的研究[J]. 武汉大学学报-信息科学版,2004,29(2):132-134.

[6] 吴小芳,杜清运,徐智勇,等. 复杂线状符号的设计及优化算法研究[J]. 武汉大学学报-信息科学版,2006,31(7):632-636.

[7] 汪荣峰,廖学军. GPU 友好的线状符号绘制算法[J]. 测绘科学,2012,37(5):94-96.

[8] Rivero ML, Feito FR. Boolean operations on general planar polygons[J]. Computers and Graphics,2000,24(6):881-898.

[9] Peng Y,Yong JH,Dong WM,et al. A new algorithm for boolean operations on general polygons[J]. Computers and Graphics,2005,29(1):57-70.

[10] Schutte K. An edge labeling approach to concave polygon clipping(EB/OL). (2007-11-7)[2010-7-12]. http://citeseerx. ist. psu. edu/viewdoc/summary? doi=10.1.1.23.6997.

[11] Leonov MV,Nikitin AG. A closed set of algorithms for performing set operations on polygonal regions in the plane(EB/OL). (2002-11-24)[2010-7-12]. http://www. complex-a5. ru/polyboolean/downloads/polybool_eng. pdf.

[12] 朱雅音,王化文,万丰,等. 确定两个任意简单多边形交、并、差的算法[J]. 计算机研究与发展,2003,40(4):576-583.

[13] Weiler K, Atherton P. Hidden surface removal using polygon area sorting[A]. In: Proceedings of the SIGGRAPH'77. New York: ACM Press, 1977: 214 – 222.

[14] Vatti B R. A generic solution to polygon clipping[J]. Communications of the ACM, 1992, 35 (1): 56 – 63.

[15] Greiner G, Hormann K. Efficient clipping of arbitrary polygons[J]. ACM Transactions on Graphics, 1998, 17(2): 71 – 83.

[16] 刘勇奎, 高云, 黄有群. 一个有效的多边形裁剪算法[J]. 软件学报, 2003, 14(4): 845 – 856.

[17] 鲍虎军, 彭群生. 一个有效的多边形裁剪算法[J]. 自动化学报, 1995, 22(6): 741 – 744.

[18] 刘勇奎, 颜叶, 石教英. 一个有效的多边形窗口的线裁剪算法. 计算机学报, 1999, 22 (11): 1209 – 1214.

[19] 姚辉学, 卢章平. 一种任意复杂程度二维多边形的求交算法[J]. 工程图学学报, 2006, 2: 127 – 131.

[20] 陶陶, 张书亮, 李秀梅. 面向地理信息共享的通用线型编辑器的设计与实现[J]. 计算机应用与软件, 2005, 22(2): 52 – 53.

[21] 李兵, 叶海建, 方金云, 等. 图元法符号库的设计思想研究[J]. 计算机工程与应用, 2005, 17: 36 – 38.

[22] 汪荣峰, 廖学军, 唐立文. 通用矢量地图符号库中的图元设计[J]. 装备指挥技术学院学报, 2008, 19(2): 87 – 91.

[23] 胡志蕊, 祝国瑞, 徐智勇. LOD 技术与制图综合在多尺度地图适时显示中的应用[J]. 测绘科学, 2006, 31(5): 78 – 80.

[24] 张锦明, 游雄. 基于 LOD 的选取模型应用于电子地图多尺度显示的研究[J]. 测绘科学技术学报, 2008, 25(6): 420 – 424.

[25] 贾奋励, 宋国民. 电子地图显示中点状要素 LOD 模型的建立[J]. 测绘学院学报, 2003, (2): 62 – 64.

[26] 尹连旺, 李京. GIS 中基本要素的无级比例尺数据处理技术研究[J]. 北京大学学报 (自然科学版), 1999, 35(6): 842 – 849.

[27] 刘新贵, 孙群, 黄雅娟, 等. 实现电子地图快速显示的策略和方法[J]. 测绘通报, 2004, 1: 54 – 55.

[28] 张赢, 汪荣峰, 廖学军. 海量空间线矢量自动拼接研究[J]. 计算机应用, 2009, 29 (12): 222 – 224.

[29] 张赢, 汪荣峰, 廖学军. 基于多路归并的空间矢量数据库构建方法[J]. 计算机工程, 2010, 36(17): 39 – 41.

[30] 汪荣峰, 张海波. 分块地图矢量数据的符号化算法[J]. 测绘科学技术学报, 2013, 30 (2): 187 – 189.

第七章　空间态势量化分析技术

空间态势分析中可以得到量化结果的技术有很多,其中相当一部分与时间和空间有关。同时,简单输出数字形式的分析结果并不直观,需采用有效的可视化方法以满足人们的使用要求。

本章首先阐述作者提出的二次扫描的时间窗口快速计算算法,以及算法中涉及的各种模型以及时间窗口表现形式;在卫星区域覆盖分析方面,详细介绍作者提出的两种分析算法,以及与地理信息结合的分析结果可视化方法;最后,为解决单纯依赖卫星过境预报进行防御航天侦察的不足,对防御航天侦察的综合分析进行了初步探讨,并深入研究了安全窗口规划算法的实现技术。

7.1　时间窗口分析方法

时间窗口是空间态势中两个对象之间能够完成某项任务的时间段,在空间态势分析中具有非常重要的作用,既是很多分析方法需要得到的结果,也是一些分析规划方法的输入条件。本书认为,时间窗口分析方法可划分为两类:时间窗口计算和时间窗口规划。

时间窗口计算是指通过计算直接得到 1 个或多个时间窗口,包括卫星对地面目标的覆盖时间窗口、可见时间窗口,空间目标之间的可见时间窗口,地面雷达或测控设备对卫星的测控探测时间窗口,卫星对空间区域的过境时间窗口等。

时间窗口规划则是以时间窗口作为输入,在其他资源的约束下,按某种准则从多个时间窗口中选择一个或多个时间窗口作为输出,输出除时间窗口外,一般还包括其他信息。时间窗口规划包括星地数传时间窗口规划、中继卫星资源调度、测控任务规划等。

7.1.1　二次扫描的时间窗口快速计算方法

在时间窗口的计算方面,李冬等[1]提出一种通过偏近点角的超越方程计算时间窗口的方法,采用以大圆近似星下点轨迹的方法求解此方程;沈欣等[2]使用"特征圆锥"判断是否满足成像条件,将成像条件方程改写为关于偏近地点角的超越方程,采用基于"目标纬圈"的初值选择方法和星下点轨迹周期性漂移的初值过滤方法,保证了条件方程的可解;宋志明等[3]提出了首先分析未考虑地球自转时的卫星对地面目标的时间窗口,然后根据地球自转特征对计算结果进行迭代修正,从而得到该周期内卫星精确的时间窗口的算法。上述算法均采用了较为复杂的数学方法,且针对某类具体时间窗口计算问题,而非窗口计算的通用算法。

时间窗口计算的通用算法是传播法[4],它采用对卫星轨道连续跟踪采样逐次判断各采样点处卫星对目标的可观测性的方式计算时间窗口。该方法过程简单,能针对多种要求下时间窗口进行计算,计算结果可以任意精确,但时间窗口占卫星整个周期的比例小,通过全程跟踪卫星轨道计算时间窗口的方法效率较低。

本节主要阐述作者所设计的一种通过二次扫描来提高时间窗口计算效率的算法,算法从几何角度解决计算问题,只适于解析形式的轨道预推模型,如二体模型或 SGP4 模型。

时间窗口具有如下特点:①时间窗口存在所依赖的 2 个对象至少有 1 个是卫星等空间目标;②时间窗口存在的先决条件是某种空间关系的成立。

时间窗口定义为

TimeWindow = {

　　bt, et: QDateTime; } ;

即时间窗口由开始时刻和结束时刻定义。根据需要,时间窗口也可附着其他信息。

最简单的时间窗口计算方法是逐点判断:针对给定的时间区间,按照所要求的计算精度确定步长,预推出每个时刻的空间目标(1 个或 2 个)位置;根据 2 个对象的位置关系判断是否满足条件,如星地可见性判断可以根据 4.2.1 节的方法;将满足条件的连续时间搜索出来,得到各个时间窗口。算法如 7-1 所示。

算法7-1　时间窗口直接计算方法

```
01    Algorithm CaculateWindowTime( QDateTime t0, QDateTime t1 ) {
02        创建空的 TimeWindow 列表作为输出;
03        QDateTime t = t0;
04        while(1) {
05            计算 t 时刻的卫星位置;
06            if(待计算 2 对象满足条件) {
07                创建新的 TimeWindow 结果 tw;
08                while(1) {
09                    使用 t 更新 tw 结构;
```

10	t 增加 1s;
11	计算 t 时刻的卫星位置;
12	if(待计算 2 对象不再满足条件)break;}
13	将 tw 加入到输出列表;}
14	t 增加 1s;}}

　　上述算法,将轨道预推与扫描跟踪时间窗口结合在一起。算法第 04 行开始,根据待计算的时间范围控制循环;算法第 08~12 行,当遇到符合条件的时刻时,进行持续跟踪,直到遇到不符合条件的时刻,则形成一个时间窗口。如此不断进行,直到跟踪出所有的时间窗口。

　　如图 7-1 所示,为地面测控的时间窗口计算,其中以 O 为中心的半球为测控设备的测控范围,需计算相对卫星的可测控时间窗口。从开始时刻对应的 A 点开始逐秒计算,一直到 B 点都在测控范围之外,算法中主要执行第 05、14 两行,不进入内层循环;到 C 点所对应的时刻,卫星处于测控范围之内,进入内层循环,创建新的时间窗口;一直到 E 点,始终处于内层循环,更新时间窗口的结束时刻;到 F 点卫星超出了测控范围,内层循环终止,计算得到一个时间窗口。

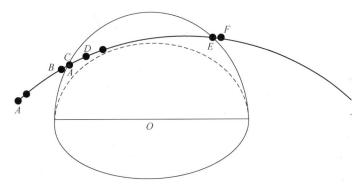

图 7-1　时间窗口直接计算

　　显然,上述算法中最为耗时的是逐秒计算卫星位置的运算,由于时间窗口在整个时间范围内只占很小的比例,因此存在大量的无效计算。

　　一个优化的思路是将逐秒计算卫星位置改为更长的时间间隔计算,如每分钟计算一次卫星位置,当此时卫星位置满足时间窗口条件时,才进一步按秒计算。如此可以有效减少计算量,但是存在的一个问题是会导致错误判断,过小的时间窗口可能会漏掉。

　　如图 7-2(a)所示,以分钟为单位的连续 2 个采样点 A、B,均不在测控范围之内,但是 2 个采样点之间却位于测控范围之内,即存在不到 1min 的时间窗口,如不进行任何处理则该窗口将被漏算。

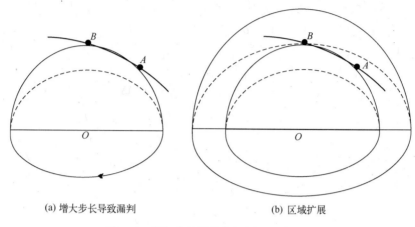

(a) 增大步长导致漏判　　　　　　　　(b) 区域扩展

图7-2　增加步长导致的问题及区域扩展

　　采用的对策是根据卫星最大运行速度和步长对区域进行扩展。如图7-2(b)所示,由于卫星运行的最大速度已知,因此其在1min内运行的距离也可以计算出来,根据此值将原有区域进行扩展,在进行大步长搜索时,根据扩展后的区域大小来进行判断。当然,由于此时区域扩大了,肯定会出现1个采样点落在扩展区域内但是并不在实际区域内的情况。

　　为使得算法具有较强的通用性,将时间窗口涉及的2个对象抽象为作用域。作用域定义为纯虚基类,所有参与时间窗口计算的对象都由作用域基类派生,时间窗口计算算法的参数为作用域基类指针。

　　作用域基类定义如图7-3(a)所示,主要实现4个方法:IsPtInRange,判断点是否符合作用域条件,如是否满足可见性、是否落在测控范围之内等;IsPtInRangeEx,判断点是否符合扩展作用域条件;IsFilteredByHeight,是否会被高度过滤掉,由于卫星轨道具有最小高度和最大高度,据此可以减少运算量;GetPos,获得某一时刻的位置,对于地面目标,其位置往往固定,空间目标位置处于变化中。

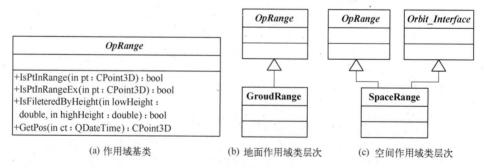

(a) 作用域基类　　　　　(b) 地面作用域类层次　　　(c) 空间作用域类层次

图7-3　算法数据结构设计

对于相对固定的对象,如地面站、地面区域,由 OpRange 基类直接派生;对于依赖于卫星的对象,如覆盖范围、数传范围等,则由 OpRange 基类和第二章的 Orbit_Interface 类派生。

基于上述数据结构,二次扫描的时间窗口计算算法如 7-2 所示。

算法 7-2　二次扫描的时间窗口计算方法

```
typedef bool( ( * IsRangeFitExFunc)( OpRange * r0,OpRange * r1));
typedef bool( ( * IsRangeFitFunc)( OpRange * r0,OpRange * r1));
```

01　Algorithm CaculateWindowTimeFast(QDateTime bt, QDateTime et,

　　OpRange * r0,OpRange * r1,IsRangeFitExFunc funcex,IsRangeFitFunc func) {

02　　　对 r0、r1 进行类型转换,如果可以转换为 Orbit_Interface,则获得其最大最小高度

03　　　进行高度过滤,如不在高度范围内,返回;

04　　　创建空的 TimeWindow 列表作为输出;

05　　　QDateTime t = bt;

06　　　while(1) {

07　　　　　计算 t 时刻的对象位置;

08　　　　　if(funcex(r0,r1)) {

09　　　　　　　t 减去 1 分钟;

10　　　　　　　while(1) {

11　　　　　　　　　计算 t 时刻的对象位置;

12　　　　　　　　　if(func(r0,r1)) {

13　　　　　　　　　　　创建新的 TimeWindow 结果 tw;

14　　　　　　　　　　　while(1) {

15　　　　　　　　　　　　　使用 t 更新 tw 结构;t 增加 1 秒;

16　　　　　　　　　　　　　计算 t 时刻的卫星位置;

17　　　　　　　　　　　　　if(! func(r0,r1)) break; }

18　　　　　　　　　　　将 tw 加入到输出列表;

19　　　　　　　　　　　break; } }

20　　　　　　　t 增加 1 秒; }

21　　　　　t 增加 1 分钟; } }

算法首先定义了 2 个函数指针 IsRangeFitExFunc 和 IsRangeFitFunc,用于判断 2 个对象是否满足作用条件和扩展的作用条件,之所以在 IsPtInRange 和 IsPtInRangeEx 之外再定义这样 2 个函数指针,是因为有些窗口涉及的 2 个对象无法抽象为点,如计算卫星对地面区域的覆盖时间窗口。针对不同的覆盖计算需求,只需分别实现对应的派生类和上述 2 个函数即可,算法本身不必做任何修改。

算法第 08 行,根据对应的 IsRangeFitExFunc 函数判断是否满足扩展的作用条件,如满足条件,从当前时间的前 1min 开始,利用 IsRangeFitFunc 进行逐秒的计算和搜索。由于大部分情况的计算步长为 1min,因此效率比算法 7-1 有较大提高。

7.1.2　计算模型

下面讨论对于不同的时间窗口计算需求,作用条件和扩展作用条件的模型及实现。根据实现机制,可分为两类。

一类是参与的 2 个对象中的 1 个或 2 个可抽象为点。如测控时间窗口计算,此时对于测控对象,进行的判断即判断点(卫星位置)是否落在代表测控范围的半球(或圆锥)之内;对于卫星对象,其判断始终为真即可。以上 2 个判断分别在对应类的 IsPtInRange 和 IsPtInRangeEx 实现即可。

另一类是参与的 2 个对象均无法抽象为点。如地面区域对象的覆盖时间窗口计算,对于地面区域,需判断卫星覆盖区域(圆锥、四棱锥或其他形状)在地面的投影是否与地面区域相交;对于卫星,需判断地面区域是否落在卫星覆盖范围之内。此时的判断需同时利用 2 个对象的区域数据,类的成员函数 IsPtInRange、IsPtInRangeEx 难以支持,需在算法 7-2 中的 IsRangeFitExFunc 和 IsRangeFitFunc 中实现。

1. 星间可见性模型

星间可见性计算 2 个空间目标之间所形成的可见时间窗口,可用于星间链路、天基空间目标监视等许多场合。

1)两个空间对象作用范围均为球形

不考虑方向性,每个空间目标形成的区域可视为以其位置为中心的一个圆球。圆球半径根据对象的物理意义设置,如根据星载中继天线的功率确定其作用距离作为半径,根据星载光学设备的分辨率等确定其探测距离作为半径。

星间可见的第一个条件是必须不被地球遮挡,如图 7-4(a)所示,空间目标 A、B,其连线与地球有交,则二者肯定不可见。判断两点是否被地球遮挡,一个技术是采用 2.3.2 节中式(2-115)~式(2-118)的方法,但此时要判断的是线段而非射线,因此判断条件是:如式(2-118)计算得到的参数 $t \in [0,1]$,则线段与地球有交,空间目标互不可见。

在不被遮挡的前提下,需根据空间目标作用半径进一步判断其可见性,如图 7-4(b)所示,空间目标 A、B,空间目标 A 落在空间目标 B 的作用范围之内,但反之并不成立,因此也不构成可见关系。此判断只需计算空间目标之间的距离,然后与作用球的半径进行比较,距离小于该半径则落入区域内部。

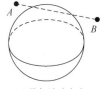
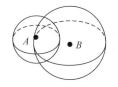

(a) 2 星与地球有交　　　　　　(b) 空间目标作用范围

图 7-4　空间目标作用可见性计算模型

当对卫星载荷信息一无所知或是空间碎片等其他目标时,此时上述模型改为:球的半径为无穷大,相应判断永远为真。如果进行计算的 2 个空间目标作用范围都为无穷大,相当于只依赖于地球遮挡进行判断。

相应的 IsPtInRange 函数逻辑如下:

算法 7-3　空间目标可见性的 IsPtInRange 函数逻辑

```
01    bool SpaceObject::IsPtInRange(CPoint3D& p){
02        根据式(2-115)~式(2-118)计算参数 t;
03        if(t < 0 || t > 1)return true;
04        计算 p 到本对象中心位置的距离 d;
05        if(d < radius)return true;
06        return false;}
```

如果球半径为无穷大,可设 radius 为 1e20 或其他足够大的值即可。后续其他各计算模型的对应函数实现与此类似,均不再详述。

当进行以分钟为单位的扩展判断时,地球遮挡和作用范围判断都需调整。

当前时刻二空间目标即使被地球遮挡,并不能保证在该时刻之后的各秒采样点处仍然被地球遮挡。采用如下方法:如图 7-5(a)所示,当 A、B 之间与地球有交时,计算地球球心到 AB 线段的垂直距离,如图中 a;以地球半径减去该距离,得到 $R-a$,如空间目标在 1min 的最大运动距离大于 $R-a$,则空间目标被地球遮挡的情况在 1min 内有可能变为不被遮挡,因此据此判断为真。

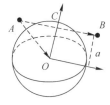

(a) 地球遮挡扩展　　　　　　(b) 空间目标作用范围扩展

图 7-5　空间目标作用可见性扩展计算模型

空间一点到直线垂直距离的计算方法是:构造 AB 矢量和 AO 矢量,将 AB 矢量归一化,然后计算 AO 矢量与其数量积,该数量积相当于 AO 矢量在 AB 矢量方向上的投影,即图 7-5(a)中 AC;此时 AO、AC 与 OC 构成直角三角形,前二者的值已知,通过平方差即可计算得到 OC 的长度,即 7-5(a)中 a。

对空间目标作用范围的扩展相对简单,如图 7-5(b)所示,在原有圆球的基础上增加半径,增加距离是空间目标在 1min 内的最大运动距离。增加后的判断原则与扩展前相同。

相应的 IsPtInRangeEx 函数逻辑如下:

算法 7-4　空间目标可见性扩展判断 IsPtInRangeEx 函数逻辑

```
#define DisOfOneMinute 7800 * 60
01    bool SpaceObject::IsPtInRangeEx(CPoint3D& p){
02        根据式 2-115 至 2-118 计算参数 t;
03        if( t < 0 || t > 1) return true;
04        计算地球中心 p 与本对象位置构成线段的距离 a;
05        If( R - a > DisOfOneMinute) return false;
06        计算 p 到本对象中心位置的距离 d;
07        if( d < radius + DisOfOneMinute) return true;
08        return false;}
```

按卫星运行的最大速度 7.8km/s,定义 1min 内的最大运动距离,根据此值进行扩展判断。后续其他各计算模型的对应函数实现与此类似,均不再详述。

2) 空间对象作用范围为圆锥形

如果 2 个对象中的一个具有明显的指向性和确定的形状、距离,则模型需做调整。如图 7-6(a)所示,空间对象 A 的作用范围呈简单圆锥形状,此形状适于表现数据中继等。图中空间对象 B 落入对象 A 的作用范围,而空间对象 A 在对象 B 的作用范围之外。

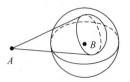 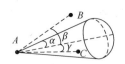 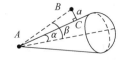

(a) 二目标的作用范围　　　(b) 落入圆锥范围的判断　　　(c) 圆锥扩展作用判断

图 7-6　一个空间对象作用范围是简单圆锥

点是否落在圆锥形状之内的判断非常简单:如图 7-6(b)所示,首先计算点到中心的距离,如果距离大于圆锥作用距离,则必然位于圆锥之外(圆锥作用距离也可能设为无穷大);构造由圆锥中心到待判断点的矢量,计算矢量与圆锥方向的夹角(矢量单位化后,计算数量积,然后利用反余弦计算);如果夹角小于圆锥的半锥角,则在圆锥内部,如图7-6(b)点 C,否则在圆锥之外,如图7-6(b)点 B。

圆锥的扩展判断方法:如图7-6(c)所示,构造圆锥中心到待判断点的矢量 AB,计算出矢量与圆锥方向的夹角后,计算该角与圆锥半角的差,据此计算出矢量在圆锥边界上的投影长度,如图7-6(c)中 AC;最后计算待判断点到圆锥的距离:

$$a = \sqrt{l \times l - l \times \cos(\beta - \alpha) \times l \times \cos(\beta - \alpha)} \qquad (7-1)$$

式中,l 为矢量 AB 的长度;α 为圆锥半角;β 为矢量 AB 与圆锥方向的夹角。

由于空间对象为点对象,即不论其传感器作用形状如何,待判断的空间对象始终可视为一个点。因此当2个空间对象作用范围都是圆锥时,只需分别应用上述方法即可。下述的空间对象作用范围是四棱锥形的情况与此相同。

3) 空间对象作用范围为四棱锥形

另一种典型的空间对象作用形状是四棱锥,可用于表达天基光学监视设备等。

严格来说,光学探测设备所形成的形状并不是四棱锥,而是如图7-7(a)所示的形状,虽然有4个棱,但是其前端为球形,有很多时候可以视为探测距离无穷远,此时就形成了不封闭的四棱锥。图7-7(a)中,空间对象 B 落在空间对象 A 的作用范围内,但是空间对象 A 在空间对象 B 的作用范围之外。

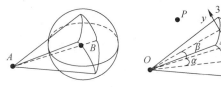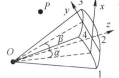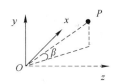

| (a) 2目标的作用范围 | (b) 落入四棱锥范围的判断 | (c) 计算矢量与平面夹角 |

图7-7 一个空间对象作用范围是四棱锥

(1) 精确判断:点在四棱锥作用范围内的判断,首先进行距离判断,距离超出设备作用距离的点肯定在作用范围之外。

四棱锥可视为由2个角度确定:如图7-7(b)所示,建立以四棱锥朝向为 z 轴的右手坐标系,y 轴向上;x 轴方向的半角为 α,y 轴方向的半角为 β。

判断点在四棱锥范围的第一种方法如下。

第一步,根据作用距离和 α、β 角度值,计算四棱锥的4个角点,如图7-7(b)中1、2、3、4点,此4点可通过矢量运算得到:

$$P = O + l \times z \mp l \times \tan\alpha \times x \mp l \times \tan\beta \times y \qquad (7-2)$$

式中,P 为待计算点矢量;O 为空间对象位置矢量;l 为作用距离;α、β 为确定四棱锥的 2 个半角;x、y、z 为局部坐标系各轴在世界坐标系中的矢量。

第二步,由空间对象位置和 4 个角点确定四棱锥的四个面,即 $O12$、$O23$、$O34$、$O41$,只需计算出每个平面的法矢量,但需确保该矢量朝向四棱锥内部。如图 7-7(b) 中平面 $O12$ 的法矢量,可采用 $O1$、$O2$ 组成的 2 个矢量的矢量积表示;$O41$ 的法矢量,可采用 $O4$、$O1$ 组成的 2 个矢量的矢量积表示。

第三步,对于空间任一待判断点,构造点 O 到该点的矢量,计算该矢量与 4 个锥面法向的数量积。该数量积如果大于 0,则在平面的正方向。如点同时位于 4 个平面的正方向,则点在锥内部;点落在任何一个平面的负面,则点在锥外部。

判断点在四棱锥范围的另一种方法可通过角度进行:如图 7-7(b) 所示,如果 OP 所构成矢量与 yz 平面的夹角(绝对值)小于 α,且与 xz 平面的夹角(绝对值)小于 β,则点落在四棱锥内部。

如图 7-7(c) 所示,确定局部坐标系后,计算点在局部坐标系中的坐标,则其与 xz 平面的夹角为

$$\beta = \arctan\left(\frac{y}{\sqrt{x^2 + z^2}}\right) \qquad (7-3)$$

与 xz 平面夹角的计算与此类似。

(2)扩展判断:四棱锥形状的扩展判断方法比圆锥更为复杂,基本原理是对于四棱锥外的点,根据其到四棱锥的距离判断是否满足扩展条件。

如图 7-8 所示,点 P 位于四棱锥之外,其到四棱锥的最近距离分为两种情况:一种是点位于四棱锥覆盖范围的延长区域内,如图 7-8 中点 P_0,此种情况下点到四棱锥的最近距离即为点到 O 的距离减去作用距离,判断点是否落在该延长区域,可通过构造卫星位置到点的矢量与 4 个锥面法矢量的数量积判断,参见精确判断第一种方法第 3 步;如果点未落在该延长区域,则情况相对复杂,其距离四棱锥的最近点既可能位于一个锥面内部,如图 7-8 点 P_1,也有可能落在四棱锥面的二直线边上(需处理 2 个面),如图 7-8 点 P_2,还有可能落在四棱锥面的圆弧边上,如图 7-8 点 P_3。下面主要阐述第二种情况的处理方法。

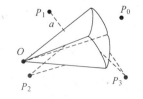

图 7-8　空间对象作用范围是四棱锥的扩展判断

首先需判断点是否位于 4 个锥面的背面(与面矢量的数量积为负值),点可能位于 1 个或 2 个锥面的背面,但是不可能同时落在 3 个锥面的背面。

当点位于 1 个锥面的背面时,类似于图 7-8 中

点 P_2,肯定是落在该扇面及其延长区域内,否则将处于 2 个锥面的背面。

此时,点到四棱锥最近距离的计算如图 7-9 所示:首先构造平面的局部坐标系,以卫星位置为原点,锥面的一条边界为 x 轴,以锥面的法向为 z 轴,按右手法则确定 y 轴;计算锥面扇面在局部坐标系下水平面的投影,如图中 O、A、B 点,其中,O 为原点,A 根据四棱锥作用距离确定,B 则根据四棱锥的对应半角确定;计算点在局部坐标系下的坐标,其 (x,y) 坐标相当于点在水平面上投影(即锥面上投影);根据投影点到原点的距离,可以判断点是否落在扇内,如图 7-9 中,点 P_0 的投影 V_0 落在扇内,此时点到四棱锥的距离即为 P_0V_0 的长度;如果点未落在扇内,如点图 7-9 中点 P_1 的投影 V_1,则计算出 OV_1 与 OA 的夹角 β(二矢量数量积的反余弦),根据夹角值计算出 OV_1 与圆弧 AB 的交点 I(根据角度和半径计算圆上点坐标),P_1I 的距离即为所求。

当点同时位于 2 个锥面的背面时,点在锥面上的投影不再落在扇状区域及其延长范围。如图 7-10 所示,OA、OB 及其延长线将平面区域划分为区域 1、2、3、4,此时点在锥面上的投影不是落在区域 4 范围,而是落在 1、2、3 范围。判断点投影落在哪个范围的方法:计算出点在平面投影后采用矢量叉乘法判断。

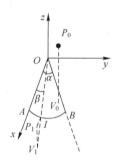
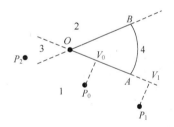

图 7-9　点仅位于 1 个锥面背面时　　　图 7-10　点位于 2 个锥面背面时
　　与四棱锥最近距离的计算　　　　　　　与四棱锥最近距离的计算

当投影点位于区域 1 时,点到四棱锥的最短距离计算方法:首先判断点在空间线段 OA 所确定直线上的投影是否落在 OA 范围内,如果投影点落在范围之内,如图 7-10 中点 P_0 的投影 V_0,则 P_0 到 V_0 的距离即为所求;如果投影点落在范围之外,如图 7-10 中点 P_1,则最短距离为点与 OA 两个端点距离中较小的值。

点到空间线段投影点的计算,可采用矢量计算:如图 7-10 点 P_0,构造矢量 OP_0,并与矢量 $\boldsymbol{OA}$ 归一化后的矢量计算数量积,然后以点矢量 O 与该数量积与归一化 $\boldsymbol{OA}$ 的乘积相加,即得到投影点;根据投影点与两个端点所构造矢量是否具有相同方向判断投影点是否落在区间内。

投影点落在区域 2 时的处理与区域 1 类似。当投影点位于区域 3 时,最近

距离即为点到 O 的距离。

2. 卫星与地面点目标关系的计算模型

空间目标与地面点目标的关系,可用于地面测控、地基空间目标监视、卫星对地覆盖、卫星对点目标的过境分析等,覆盖分析和可见性分析都可采用此模型实现。

从目标属性而言,此时空间目标和地面目标本身都属于点目标,可能具有一定的作用范围,但是在进行是否落在作用范围判断时,都将另一对象视为空间一个点。

1) 地面点目标作用范围为简单圆锥

在 7.1.1 节中图 7-1、图 7-2 阐述了最简单的地面点目标作用范围,而在实际应用时情况显然要复杂一些。

测控范围等往往可以采用如图 7-11(a) 所示的垂直向上的简单圆锥形状表示,该形状可以采用角度 α 和作用距离 l 定义,这也是很多可见性分析所采用的模型。可根据这两个参数判断空间目标是否落在范围之内,如图 7-11(a) 点 P_0 位于区域内部,点 P_1 不满足角度限制,点 P_2 不满足距离限制,均在区域外部。当 α 等于 0 时,形状退化为半球。作用距离也可为无限大。

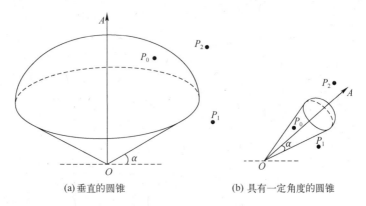

(a) 垂直的圆锥　　　　　(b) 具有一定角度的圆锥

图 7-11　地面点目标的作用范围

有些设备具有较为明显的方向性,因此其作用范围如图 7-11(b) 所示,表现为指向一定方向的圆锥形状。该形状的确定需要指向、作用距离与半锥角 3 个参数。图 7-11(b) 点 P_0 位于区域内部,点 P_1 不满足角度限制,点 P_2 不满足距离限制,均在区域外部。作用距离也可为无限大。

在点目标采用上述模型的情况下,其精确判断和扩展判断方法均与前述星间可见性模型中的圆锥形状判断方法基本一致,不再赘述。

即使地面点目标本身设备瞬时作用范围是四棱锥形状,如地基光学探测设备,但是考虑到设备本身具备较大范围的调整能力,其整体作用范围也不可视为四棱锥形状。如果必须采用四棱锥形状描述,亦可采用星间可见性中对应模型。

2）空间目标作用范围是简单圆锥或四棱锥

在地面点目标与空间目标关系的判断中,空间目标不可能为球形,即使是球形,也没有意义。比较常见的是简单圆锥和四棱锥两种。而这两种形状的精确判断和扩展判断,与星间可见性所讨论的对应方法基本一致,但当判断地面目标是否落在范围之内时,还需判断地面目标是否落在地球背向空间目标的一侧,这可通过二点连线与地球交点是否就是地面目标来判断。

3）地面目标或空间目标的作用范围是复杂圆锥

复杂圆锥除表现卫星传感器覆盖范围之外,还可表现地面雷达等设备的作用范围,用途也比较广泛。

在4.1.2节中图4-9已经讨论过复杂圆锥传感器,相当于由内锥半角和外锥半角所确定的扇形绕 z 轴旋转围成的形状。但是4.1.2节主要从显示的角度讨论,本章则需研究其计算问题。

如图7-12(a)所示,空间线段 OA、OB 及 AB 形成的弧段构成平面上的封闭图形,其中 OB 与 xy 平面的夹角为 α,OA 与 xy 平面的夹角为 β。当该形状绕 z 轴旋转一定角度后,就形成了复杂圆锥,如图7-12(b)所示。如果角度 α 为0,且绕 z 轴旋转360°,则形成如图7-12(c)所示的特殊形状。

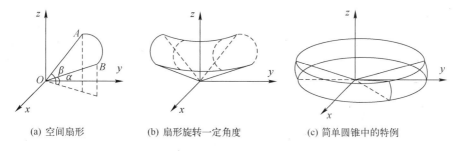

(a) 空间扇形　　　(b) 扇形旋转一定角度　　　(c) 简单圆锥中的特例

图7-12　作用范围为复杂圆锥

点是否落在复杂圆锥范围内的精确判断可通过计算原点到待判断点的矢量与 xy 平面的夹角确定。如图7-13(a)所示,空间点 $P_0(x_0,y_0,z_0)$,与 xy 平面的夹角为

$$\varphi = \arctan\left(\frac{z_0}{\sqrt{x_0^2+y_0^2}}\right) \tag{7-4}$$

C语言中,atn2函数可直接返回 $[-\pi,\pi]$ 之间的值。

得到角度后,可与定义复杂圆锥的角度比较,同时还要进行距离比较来进行判断。如图7-13(b)所示,P_0为落在复杂圆锥内部的点;P_1不满足距离约束,P_2不满足角度条件,都是落在简单圆锥之外的点。

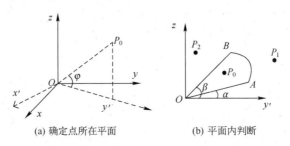

(a) 确定点所在平面　　　　　　　　(b) 平面内判断

图7-13　点与复杂圆锥位置关系的精确判断方法

扩展判断中,需要判断点到简单圆锥的距离,这同样可以转化到二维平面上进行。如图7-13(a)所示,点 P_0 在 $z'y$ 平面上的坐标为($\sqrt{x_0^2 + y_0^2}, z_0$)。在平面上,圆锥切面的2条边线分别是过原点且斜率为 $\tan\alpha$ 和 $\tan\beta$ 的直线,圆锥切面的弧段根据作用距离确定。

与图7-10所示的四棱锥扩展判断方法类似,在计算点到圆锥最近距离时,首先需判断点位于哪个范围,这可采用角度判断;判断之后,对于落在不同区的处理,与四棱锥完全一样。

地面点目标的作用范围,主要是简单圆锥和复杂圆锥,也有一些装备本身会造成一些更为复杂的形状,本书不做进一步讨论。相应的卫星作用范围,除简单圆锥、复杂圆锥,还可能为四棱锥、SAR 等形状,四棱锥的处理方法与星间关系判断一致,SAR 传感器形状参见第4章的讨论,此处也不再展开。

3. 地面面目标的卫星过境计算模型

此模型针对性较强,解决卫星经过地面某一区域的时间窗口计算问题。地面面目标是由地表一系列点所确定的区域,卫星也不考虑其载荷能力,而只考虑卫星本身经过区域上方的时间窗口。

如图7-14(a)所示,地面面目标是由地面点 ABCD 所确定的区域。当针对该区域计算卫星过境时间窗口时,由地心到每个地面点构造射线,所有射线按顺序围成一无限远的锥形,卫星的过境时间窗口即为经过该锥形的时间区间。

此时,对应于7.1.1节中二次扫描的精确判断算法为判断点是否落在该锥形中:连续的2条射线与地心确定一个平面,平面的法向指向锥内部;构造地心到待判断位置的矢量,计算矢量与每个平面法向量的数量积,数量积大于0,点落在平面的正侧,否则落在负侧;如果点落在锥所有组成平面的正侧,则位于锥内部。

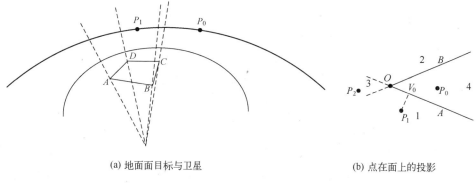

(a) 地面面目标与卫星　　　　　　　(b) 点在面上的投影

图7-14　地面面目标的卫星过境模型

扩展算法相当于计算点到锥的最近距离,需计算点位于其负侧的所有锥面的最短距离,所有最短距离的最小值即为所求。计算点到锥面的最短距离方法:首先计算点在每个平面上的投影,点在平面上投影的分布如图7-14(b)所示;如果投影点落在区域4,则最短距离即为点到平面的距离,如图7-14(b)中 P_0 点;如果投影点落在区域1、2,则计算点到射线 OA 的垂直距离、点到 O 的距离,取二者之中的小值作为最短距离,如图7-14(b)中 P_1 点;如果落在区域3,则点到 O 的距离即为所求。

4. 卫星与地面面目标的覆盖过境计算模型

上述地面面目标的卫星过境计算模型,并未考虑卫星的实际覆盖范围,而是将卫星假设为一个点。如果要考虑卫星覆盖范围,情况就会复杂很多。

如图7-15所示,地面面目标 $ABCD$,卫星载荷覆盖范围是简单圆锥形状。显然,卫星对地面区域对象形成覆盖并不等于卫星在面对象的上空,而是可能卫星距离图7-14(a)所示的锥形还有一定的距离。

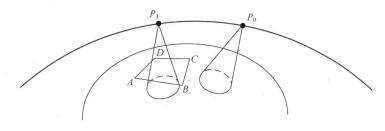

图7-15　考虑覆盖的地面面目标卫星过境模型

二对象之间的精确判断,采用投影到经纬度平面进行判断的方法:地面面目标采用经纬度定义,卫星覆盖采用4.1.1节中方法,先将表示覆盖范围的区域离散,然后计算射线与地球表面的交点或切点;在经纬度平面上,如果2个多边形相交,则视作卫星已对地面面目标形成过境。

如图7-16(a)所示,地面面目标为*ABCD*,简单圆锥传感器在经纬度平面上的投影为多边形2,矩形传感器的投影为多边形1(上述投影均为离散后计算得到)。显然,多边形2与面目标有交,已处于过境时间窗口内;多边形1与面目标无交,当前时刻尚未处于过境时间窗口。多边形的求交,可参见6.2.4节中相关讨论。

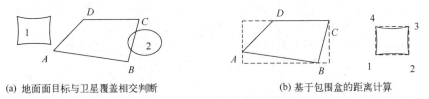

(a) 地面面目标与卫星覆盖相交判断   (b) 基于包围盒的距离计算

图7-16   经纬度平面上覆盖判断

扩展判断也可在经纬度平面上进行。直接计算2个多边形的最近距离的方法较为复杂耗时,由于扩展判断的目的主要是为了避免漏算时间窗口,因此适当放宽条件并不会导致错误,因此采用多边形包围盒来计算最短距离。如图7-16(b)所示,分别计算得到2个多边形的矩形包围盒。

两包围盒之间的位置关系有4种:相交,如图7-17(a)所示,此时最近距离视为0;水平相离而垂直方向有重合,如图7-17(b)所示,此时最短距离为左侧包围盒右端到右侧包围盒左端,如图7-17(b)中虚线的距离*d*;垂直相离而水平方向有重合,如图7-17(c)所示,此时最短距离为下方包围盒上端到上方包围盒下端,如图7-17(c)中虚线的距离*d*;水平垂直均相离,如图7-17(d)所示,此时最短距离为左下包围盒的右上角到右上包围盒的左下角,如图7-17(d)中1*C*之间距离。

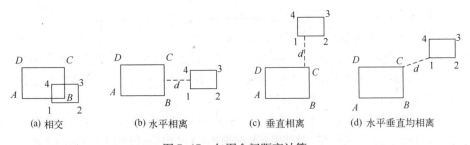

(a) 相交   (b) 水平相离   (c) 垂直相离   (d) 水平垂直均相离

图7-17   包围盒间距离计算

图7-17中都是经纬度平面上的坐标,将其变换为世界坐标系中的地球球面坐标时会产生变形,这对于最短距离计算有一定的影响。为此要确定2个合

适的点,变换到球面后,在世界坐标系下计算直线距离或球面距离。图 7-17
(d)中,2 个点直接确定;图 7-17(c)中,不同的垂线代表不同的经度,因此可在
12 线段和 CD 线段上任选 2 个经度相同的点;图 7-17(b)中,不同的水平线代表
不同的纬度,其空间距离不同,因此选择纬度最大的点,如图中区域在北半球,选
择点 4 与 BC 线上的同纬度点,如图中区域在南半球,选择点 1 与 BC 线上的同
纬度点。虽然球面的距离更为精确,但是直接按欧式距离计算也足够。

　　在前述各模型中,不管是精确判断还是扩展判断,不管是卫星还是地面目
标,事实上都是将待判断的对象视作一个点。此时,两次扫描算法应用类似算法
7-3、算法 7-4 逻辑,在所实现类内部完成判断。而在此模型中,由于待判断的
双方都是区域,在判断时需要访问其他类内部除位置外的其他数据,而对于不同
的类,其表示数据、模型并不相同,在基类中抽象共性方法会相对麻烦,且导致类
间关系复杂、耦合度增加。这也是在算法 7-2 中定义 IsRangeFitFunc 和 IsRange-
FitExFunc 函数指针的原因,前者用于精确判断、后者用于扩展判断。如需要访
问类间数据,则在上述二函数实现中访问 2 个对象数据、且实现相应模型,否则
只调用二对象的 IsPtInRange 和 IsPtInRangeEx 方法即可。

　　按上述算法,还可实现其他计算模型,如卫星与地面线目标位置关系等,不
再展开。同时,很多不同的应用可以采用同类模型实现,如星间链路的时间窗口
和天基目标监视的时间窗口,可采用不同参数配置的星间可见性模型实现。

7.1.3　时间窗口的表现方法

　　计算得到的时间窗口可作为进一步处理的输入,如可用于数传任务规划等。
很多时候,时间窗口需直接展现给使用者,因此时间窗口的表现方式也非常
重要。

　　实际应用中,计算得到的往往并不是一个单独的时间窗口,而且参与计算的
往往也并不仅是 2 个对象,而是一系列同类对象。在这样的需求下,探讨时间窗
口的表现方式。

　　最简单的表现方式是文本:在界面的文本框或文本文件中,按规定的格式,
每个时间窗口生成一行文字,可包括开始时间、结束时间、时长等信息,最后形成
时间窗口的报告。

　　其次可采用表格的形式表示时间窗口,以每个时间窗口生成表格中的一行,
相当于文本方式的规格化。文本和表格方式中,也可以把同一组对象的时间窗
口集中起来,作为一行数据;还可以对时间窗口进行各种排序。

　　采用图形的方式表现时间窗口,更为直观形象。如仅仅针对一组对象,如两
卫星间的可见时间窗口,单个卫星对单个地面目标的过境时间窗口等,完全可在

一个时间轴上以特殊的颜色、线宽、图标、填充等方式表现时间窗口,此处不讨论。本书研究的是对多个同类对象分析得到时间窗口的表现方式,如单一卫星对多个地面目标的过境时间窗口分析、多个卫星对同一地面目标的覆盖时间窗口分析、地面站对多个卫星的数传时间窗口分析等。

1. 时间窗口图形化表现的基本框架

以二维直角坐标系作为表现时间窗口的手段,水平轴为时间轴,时间窗口是在时间轴上的一个区间,不同对象在垂直轴方向表现。

如图 7-18 所示,为便于使用,图形窗口需支持放大、缩小。针对时间窗口显示的要求,将整个显示范围划分为多个区域:图例区,最上方设计为图例区,用于显示所用图形或颜色的含义;时间轴标记区,用于标记坐标轴上的时间,由于时间窗口位置非常重要,因此在上下两侧各设置时间轴标记,且在图形进行放大、缩小时,只是在水平方向进行放缩、垂直方向保持固定,确保使用者可以观察到时间;一组对象时间窗口显示区,用于一组对象的时间窗口,分析可为多个卫星对单个地面目标,也可为单个卫星对多个地面目标,图中每一行代表了进行分析的一组对象,如图 7-18 代表了多颗卫星在 2016:07:27:08 开始的 48h 对某地面目标的覆盖时间窗口分析结果,其中圈起的一行表示 USA-3 卫星对地面目标的覆盖时间窗口;对象标记区,显示不同的对象名称。

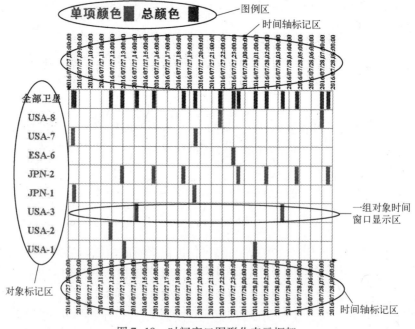

图 7-18　时间窗口图形化表示框架

显示时放缩操作主要作用于水平方向,通过一比例系统控制所有的绘制即可。

为了增强显示组件的通用性,采用分组管理时间窗口数据的方式,组定义为

GroupOfTimeWindow = {

　　　name:QString;

　　　timeWindows:QVector < TimeWindow > };

不管是哪类分析,都采用该数据结构管理数据并进行显示。如在图 7-18 中,每个卫星生成一组时间窗口,共 8 组数据。在将时间窗口加入的过程中,要完成时间窗口的排序。

图 7-18 中,除了显示 8 组数据外,还显示了总体的覆盖情况,这种显示需求也是经常存在的,为此还需进行组数据的合并。合并算法如下:

算法 7-5　多组时间窗口合并算法

```
01    Algorithm MergeWindowTime( QVector < TimeWindow > & mergeTWs) {
02        QVector < TimeWindow > tmp;
03        for( 所有组)将组中的每个 TimeWindow 加入 tmp;
04        tmp 排序;
05        for( int i = 0;i < tmp. size( );i + + ) {
06            TimeWindow a = tmp[ i ];
07            whilw( 1 ) {
08                i + + ;
09                TimeWindow b = tmp[ i ];
10                if( a 与 b 存在重合部分)修改 a 的结束时间;
11                else break;}
12            a 输出到 mergeTWs;} }
```

2. 定位示意性表现模式

设计的第一种时间窗口表现形式为定位示意性模式,图 7-18 即属于此种模式。此种模式下,所有的时间窗口都用等长的颜色块(或其他图形)表示,图形的水平中心位于时间窗口的中心点,但是图形的宽度并不代表实际的时间窗口长度。

图 7-19 为给定某颗卫星,在 2016:07:27:08 开始的 48h 内对多个地面目标进行侦察时覆盖分析得到的时间窗口,与图 7-18 的主要区别是此处垂直方向代表了不同的地面目标。

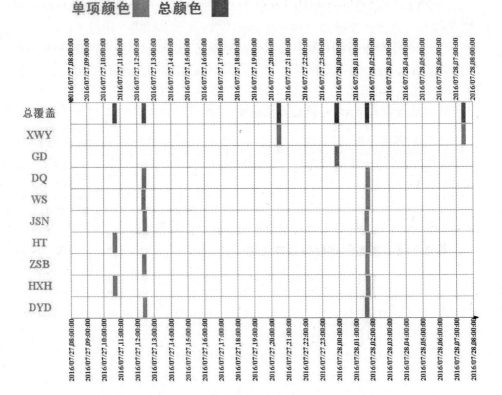

图 7-19　单星多地面目标覆盖分析定位示意性显示

3. 等距时间轴表现模式

通过图 7-18、图 7-19，只能知道时间窗口的存在和大致位置，并不能确定时间窗口的开始时刻、结束时刻、时长等参数，等距时间轴表现模式可以对此提供支持。

图 7-20 为图 7-19 所对应的等距时间轴显示，在该图中，每个时间窗口按照其实际的开始时刻和结束时刻绘制。这种表示方式的优点在于可以直观感受到时间窗口的长度；缺点是由于时间窗口可能很短，所以很多时候窗口显示不够突出。图 7-20 是对 48h 的显示范围进行放大后，截取其中一部分的结果，如果48h 的窗口全部显示在一起，每个时间窗口都非常小。

在显示中，也可以加入一些辅助线以便于从时间窗口查找对应的时间刻度，如图 7-21 所示。

从图 7-20、图 7-21 可以看出，其时间刻度与定位示意性有所区别：定位示意性表现方式中，只需要标示出整点的时间刻度即可；等距时间轴表现方式中，

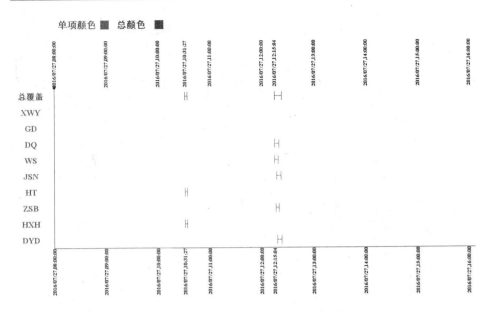

图 7-20　单星多地面目标覆盖分析等距时间轴显示

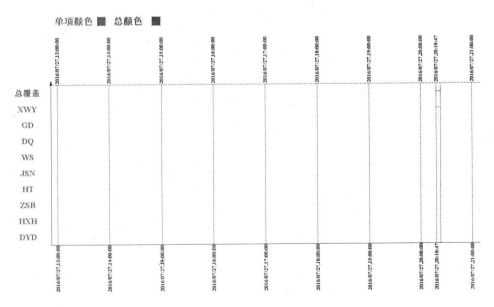

图 7-21　加入辅助线的等距时间轴显示

除了标示出整点的时间刻度外,还标示了各个时间窗口开始时刻和结束时刻的时间刻度,以便于使用者获得信息。

等距时间轴时间刻度处理涉及两个问题：①构造一数组，将整点时刻值和每个时间窗口开始时刻、结束时刻都加入到其中并排序，基于该数组进行时间刻度绘制；②整点时间刻度和窗口时间刻度以不同颜色绘制，整点时间刻度在任何情况下均绘制，窗口时间刻度则有相应绘制策略：根据当前的比例关系、字体的宽度等参数，确定该刻度绘制时不会和前后的时间刻度（可能为整点时间刻度和窗口时间刻度）发生覆盖的情况下，才进行绘制。按该策略，对图 7-21 局部放大后，效果如图 7-22 所示。

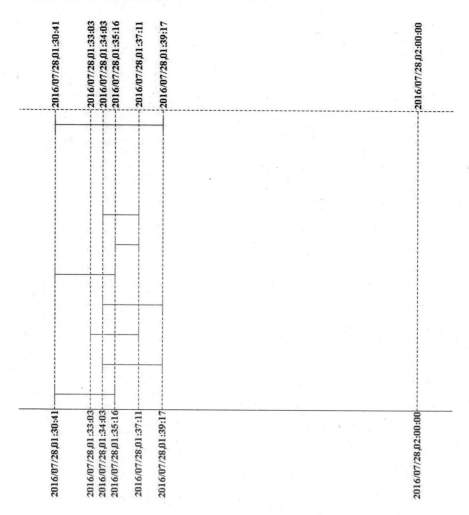

图 7-22　放大后等距时间轴局部截图

　　以上几图均是单颗卫星对多个地面目标的覆盖时间窗口分析结果,表现方式也可用于表现多颗卫星对单个地面目标的覆盖分析、可见性分析、数传时间窗口分析等。图7-23为与图7-19所对应的多卫星对单个地面目标的覆盖分析的等距时间轴显示,垂直方向表示不同的卫星。

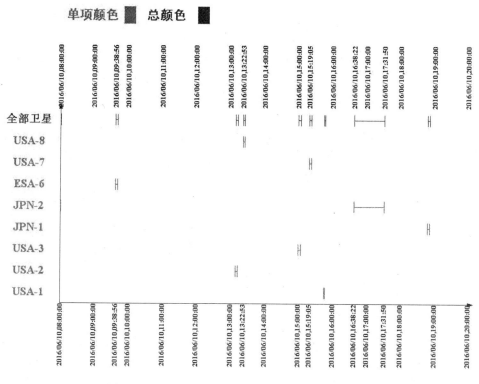

图7-23　多星单目标覆盖分析等距时间轴表现模式

4. 不等距时间轴表现模式

　　定位示意性表现模式可以突出时间窗口,但是缺少精确的时间信息;等距时间轴模式可获得精确时间信息,但是在整体观察情况下时间窗口不够突出。为此设计了一种不等距时间轴表现模式。

　　如图7-24所示,将所有时间窗口的开始时刻和结束时刻组织在一起,每个时间点作为一个时间轴刻度,2个时间轴刻度之间用一个固定大小的网格表示(网格大小不等距,因此称为不等距时间轴表现模式),对于每个时间窗口,将其所跨越的网格用特殊颜色或图形绘制出来。

　　这种模式也可用于多颗卫星对单个地面目标时间窗口分析等,不再赘述。

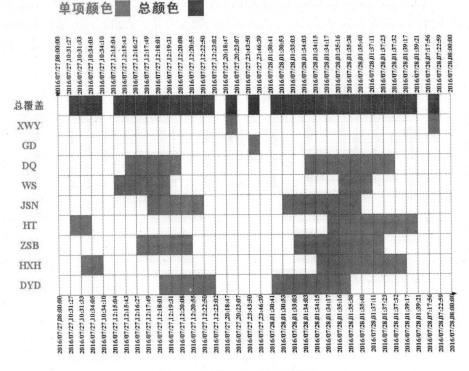

图 7-24　不等距时间轴表现模式

7.2　卫星区域覆盖分析方法

卫星区域覆盖分析对于卫星任务规划[5]、星座设计[6]等都具有非常重要的意义,其主要任务是计算单颗或多颗卫星(星座)在给定时间范围对待分析区域的覆盖率、覆盖次数、总覆盖时间、平均覆盖时间、最大覆盖间隔和平均覆盖间隔等指标[7],其中覆盖率是核心指标。

卫星区域覆盖分析方法主要有解析法、网格点法和基于几何运算的方法。解析法[8]基于卫星与地球的几何关系,直接得到覆盖面积计算的解析公式。这种方法只适于单颗卫星覆盖性能分析,且待分析区域必须包含卫星覆盖范围。

目前最常用的是网格点法[9,10],待分析区域划分为一系列网格(可按经纬度、距离和面积划分网格点),对于每颗卫星按一定步长计算其覆盖网格,根据覆盖网格数与总网格数的关系得到覆盖率等指标。这种方法易于实现、应用广泛,且可以避免重合覆盖区域的多次统计;但计算量大、重复计算多、计算结果受网格大小影响,基于网格交点和按一定步长的计算方式都有可能导致误判。秦睿杰等[11]提出了网格中抽样的快速算法,但精度会受到一定影响。

白萌等[12]将卫星瞬时覆盖投影到二维平面上形成覆盖多边形,通过多边形并运算获得总的覆盖多边形,从而得到总瞬时覆盖率。该方法效率高,且计算得到的面积较为精确;但只适于瞬时覆盖分析,且只能得到总覆盖率,无法得到覆盖次数等其他信息。

7.2.1 基于多边形布尔运算的卫星区域覆盖分析算法

提出了一种基于多边形布尔运算的卫星区域覆盖分析算法,算法通过计算卫星在经纬度平面上覆盖带与待分析区域的相交多边形,一方面减少了网格点法中各步长覆盖之间的重复计算,另一方面消除了步长取值过大所导致的漏判。通过多边形交、差运算将区域覆盖多边形划分为具有单一覆盖属性的子多边形,算法不但可用于瞬时覆盖分析,也可用于一段时间的覆盖分析;不但可计算总覆盖率,也可计算各卫星覆盖率、覆盖次数等其他关键指标。算法的时间复杂度与分解后多边形数有关,而不像网格点法取决于划分的网格数目,效率更高。在覆盖面积和覆盖率的计算上,采用多边形三角剖分之后运用球面三角形面积公式计算的方法,计算结果稳定,不像网格法会受到网格大小之类因素影响。

1. 待分析区域内卫星覆盖多边形的计算

待分析区域往往以经纬度坐标给定,在经纬度平面上既可能是规则矩形,也可能是复杂多边形,如某个国家或地区。卫星飞行过程中只有有限时间经过该区域,首先计算这段时间形成的覆盖多边形。

卫星传感器覆盖其星下点周围一定范围,沿卫星飞行方向在地球表面形成覆盖带,如图7-25(a)所示。根据卫星位置,计算覆盖带两侧点的经纬度坐标,如图7-25(a)中 a、b、c、d 点:根据卫星位置和覆盖角,构造三维空间中射线,计算该射线与地球表面的交点,根据交点坐标反算其经纬度;卫星轨道高、覆盖角大时,射线可能与地球表面无交,此时构造过该射线和地球中心的平面,以该平面与地球表面的切点作为覆盖带边界点。得到覆盖带在经纬度平面的投影,如图7-5(b)所示。

首先利用多边形求交算法计算相交的覆盖带,对于卫星轨道上每个采样点,算法如下:

算法7-6 相交覆盖带计算算法

```
01    Algorithm CoverageStreet{
02        for(卫星轨道每个采样点)
03            利用该采样点的2个覆盖边界点和下一采样点的覆盖边界点构造一四
```

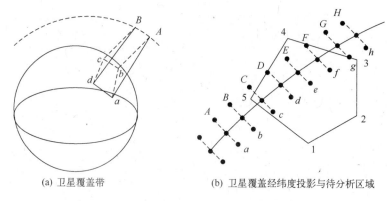

(a) 卫星覆盖带　　　　　　　(b) 卫星覆盖经纬度投影与待分析区域

图 7-25　　与待分析区域有交的卫星覆盖带计算

边形；

04　　　　　　　if(四边形与待分析区域有交)

05　　　　　　　　　if(无已形成的相交区域)构造 2 个空的点表 leftpts 和 rightpts；

06　　　　　　　　　将边界点分别输出到 leftpts 和 rightpts 中；

07　　　　　　　　else if(leftpts 和 rightpts 不为空)合并 leftpts 和 rightpts 为多边形并输出；}

以图 7-25(b)为例,开始 AabB 与区域 12345 无交,继续下一采样点;BbcC 与 12345 有交,则将 BC 输出到 leftpts 中,bc 输出到 rightpts 中;依次处理,分别将 DEFG 加入到 leftpts,defg 加入到 rightpts 中;GghH 不再与 12345 有交,则将 leftpts 和 rightpts 合并为 bcdefgGFEDCB,即为相交的覆盖带。

上述算法中,对卫星轨道上第一个和最后一个采样点,要根据传感器类型进行特殊处理。如果是圆锥形传感器,则需要在对应方向加入半圆(离散为多边形);如果是四棱锥形传感器,则需要在对应方向扩展出 2 个点。

上述算法仅得到了与待分析区域有交的覆盖带,还非实际的区域内覆盖,如图 7-26(a)所示,还必须将得到的多边形与待分析区域求交,进一步得到区域内覆盖多边形,如图 7-26(b)所示。如果待分析区域跨越 180°经度,将其以 180°经度为界分解为 2 个或多个区域,然后再应用本算法求解。

2. 区域覆盖多边形分解与面积计算

经过第 1 步处理,得到的相交多边形并不能直接计算覆盖率,因为存在某个区域被多颗卫星覆盖,或者被同一卫星多次覆盖等情况,即多边形存在复杂的相交情况。如果仅仅计算总覆盖率 1 个指标,可以通过对所有多边形求解并实现。为了支持其他指标的计算,将这些相交多边形分解为独立的具有单一覆盖属性的小多边形,即分解后的每个小多边形覆盖次数、覆盖卫星等情况一致。

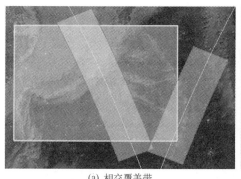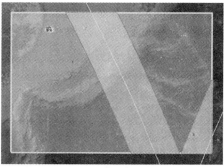

(a) 相交覆盖带　　　　　　　　　　　(b) 区域覆盖多边形

图 7-26　区域内覆盖多边形计算

　　如图 7-27 所示，*ABCD* 和 *abcd* 为一颗卫星的覆盖，*EFGH* 为另一颗卫星的覆盖，三者之间都存在相交关系，需分解为单一覆盖性质的小多边形。*AE*21、1*bB*、5*cF*、*a*47*d* 为仅被第 1 颗卫星覆盖的区域；*DH*43、*CG*76 为仅被第 2 颗卫星覆盖的区域；*ED*32、*FC*65 为被第 1 颗和第 2 颗卫星同时覆盖的部分；125*cB* 为被第 1 颗卫星 2 次覆盖的区域；2365 则是被第 1 颗卫星覆盖 2 次、第 2 颗卫星覆盖 1 次的区域。

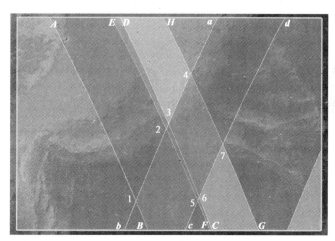

图 7-27　相交多边形分解示意图

　　基于多边形交、差运算进行覆盖多边形分解，任意二多边形之间关系分为 4 种：①二多边形无交，不必特殊处理，当多边形与所有其他多边形都无交的时候，该多边形已经是分解的最终结果，可以输出；②二多边形有交，且交与二多边形均不重合，如图 7-28（a）所示，*ABCD* 和 *abcd* 两个多边形，首先计算得到交

1234,其覆盖属性为二多边形属性的和,然后计算 *ABCD* 与 *abcd* 的差,得到 *A*14*D* 和 *BC*32,最后计算 *abcd* 与 *ABCD* 的差,得到 *bc*21 和 *da*43,差的覆盖属性仍维持原来的值;③二多边形的交为第 1 个多边形,如图图 7-28(b)所示,多边形 *AabD* 与 *ABCD* 求交,结果为 *AabD*,此时首先将 *AabD* 的覆盖属性改为 2 多边形覆盖属性之和,然后计算第 2 个多边形与第 1 个多边形之差,得到 *BCba*,其覆盖属性维持不变;④二多边形的交为第 2 个多边形,与第③种情况类似处理。多边形的覆盖属性定义为一个数组,每一项包括覆盖的卫星、分辨率等各种指标,覆盖属性合并即为该数组的合并。

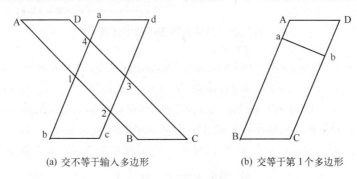

(a) 交不等于输入多边形　　　　(b) 交等于第 1 个多边形

图 7-28　2 多边形相交关系

　　通过一个先进/先出队列来实现覆盖多边形分解,首先创建队列并将第 1 步计算得到的覆盖多边形加入队列,然后以队列是否为空来控制循环,执行如下逻辑:取出队列中第 1 个多边形;判断该多边形与队列中所有其他多边形的关系,如果均无交,则输出;否则按上一段的描述生成新多边形并加入到队列尾部。

　　以上算法中,需使用多边形交、差布尔运算,由于各多边形相交情况复杂,布尔运算组合情况多,因此在多次运算后会出现多边形有公共点、公共边的情形,对算法稳定性要求高,因此使用开源几何引擎(Geometry Engine - Open Source, GEOS)作为多边形布尔运算工具。而在第 1 部分的相交覆盖带计算算法中,不存在上述奇异情况,但由于对卫星轨道上每个采样点都需应用多边形求交运算,对效率要求高,因此使用效率更高的算法[13]。

　　不同于网格点法以网格数比值来表示覆盖率,本算法通过计算每个分解多边形的面积来实现。采用的方法是:首先将多边形三角化,然后将其反算到地球表面,使用球面三角形面积公式进行计算。

　　使用 OpenGL 的 GLU 辅助库中的 GLUtesselator 来实现多边形三角化。GLUtesselator 对多边形剖分的结果是 OpenGL 中的基本图元,而并非都是三角形。因此,通过其回调函数记录剖分结果之后,再根据图元类型(包括三角形扇、三角形带、矩形、凸多边形等),将其转化为三角形。

虽然也有椭球面三角形面积的计算算法[14],但是其计算复杂、计算量大,对地球采用球形近似对精度影响很小,因此采用球面三角形面积计算公式[15]

$$S = R^2(A + B + C - \pi) \tag{7-5}$$

式中,S 为三角形球面面积;A、B、C 分别为球面三角形的 3 个内角(大圆弧在交点处切线的夹角);R 为地球半径。

内角计算方法:根据顶点经纬度坐标计算地心坐标,过地心到顶点构造单位矢量;每两个矢量计算矢量积得到大圆平面的法向量;通过单位法向量的数量积,反余弦计算得到内角。

3. 结果的分类统计与统计结果的可视化

通过统计分解后的多边形信息,可以得到区域覆盖率等指标。累加所有分解多边形的面积,得到总覆盖面积;将待分析区域三角化后,计算得到区域总面积;以总覆盖面积除以总面积,得到覆盖率。

由于每个分解后的多边形是具有单一覆盖属性的最小单元,因此除了覆盖面积,总覆盖率之外,还可以依据分解后多边形覆盖属性进行分类统计,得到相应信息。

1) 统计结果显示组件设计

设计实现了覆盖分析结果显示组件,支持柱形图和饼图两种显示模式。

如图 7-29(a)所示,是以柱形图的形式显示不同卫星和卫星组合对区域的覆盖情况,图中卫星 A 覆盖了 6.18% 的范围,卫星 B 覆盖了 9.03% 的范围,卫星 C 覆盖了 11.05% 的范围,而同时被卫星 A、B 覆盖的范围是 4.02%。显然,这种分析算法及显示方式不但可以获得总的覆盖率,也可以展示更为详细的覆盖情况。图 7-29(b)则是以饼图形式显示按覆盖次数统计的覆盖百分比情况。

显示组件划分为图表头、图例、统计图等区域。组件的输入包括:表头文字及字体;图例文字及颜色;每个显示对象及其颜色,如图 7-29(a)中的卫星 A、B、C;待显示的数值及其对象组合,如图 7-29(a)中对象只有 3 个,但是待显示数值却有 7 个;此外还包括显示位置等其他参数。

柱状图的绘制过程:组件根据输入的待显示数值后,自动计算垂直方向划分的网格数(5 个或 10 个)及标尺、比例关系;为每个输入的对象,从预先设置好且可编辑的颜色表中分配颜色;根据比例关系和组的值计算柱的高度并进行绘制,如果组中只有一个对象,则以单一颜色绘制,如图 7-29(a)中卫星 A、卫星 B、卫星 C,如果组中有多个对象,则将柱分段绘制,如图 7-29(a)中卫星 A、B 同时覆

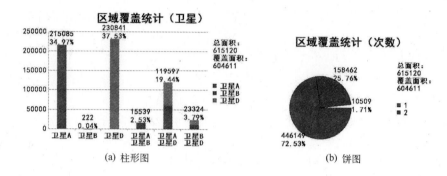

(a) 柱形图　　　　　　　　　(b) 饼图

图 7-29　统计结果显示组件

盖部分,以两卫星对应颜色将柱均分为 2 段进行绘制;此外还包括坐标系、标尺等的绘制。

饼图可清晰反映百分比情况,其过程是:计算出每个组的百分比以及累加百分比;根据各组累加百分比和百分比,确定其在饼图中的开始角度和终止角度;分配颜色并进行绘制,与柱状图一样,每个对象分配一种颜色,多个对象合成的组以多个颜色绘制。如图 7-29(b)所示。

2)按卫星统计覆盖分析结果

算法中最后得到的每个不再继续分割的多边形具有相同的覆盖属性,并且已经计算出其面积,支持按各种不同方式进行结果统计。

按卫星统计,就是统计不同的卫星组合所覆盖的面积及其百分比。按卫星统计时,首先要遍历所有的分割结果多边形,从而获得所有的卫星组合。每个卫星具有唯一的 ID,卫星组合采用 ID 数组表示,定义一 ID 组合的输出数组;每遍历一个结果多边形,判断其卫星组合是否已经在输出数组中,如不在,加入到输出数组。

第二次遍历则是生成统计数据:定义大小为卫星组合数的面积数组;遍历结果多边形时,根据其 ID 组合值,将其面积值累加到对应的面积数组项中。最后将面积数组中的值除以总面积得到每种卫星组合的覆盖百分比。

按卫星统计的柱状图如图 7-29(a)所示,饼图的显示效果略。

3)按覆盖次数统计覆盖分析结果

按覆盖次数统计,即统计被覆盖不同次数的区域的面积和百分比。按覆盖次数统计非常简单,只需对所有的结果多边形进行一次遍历即可:结果多边形由几个原始多边形相交得到,其覆盖次数,将相同覆盖次数的所有多边形面积相加,得到统计结果。需要指出的是,同一区域的多次覆盖可能来自于同一卫星。

按覆盖次数统计的显示也较按卫星统计简单,因为对于显示组件而言,此时对象代表覆盖 1 次、2 次……,而并不存在一组中有多个对象的情况,即柱状图中每个柱和饼图中每个扇均为单一颜色。按覆盖次数统计的柱状图如图 7-29(b)所示,柱状图略。

4)按分辨率统计覆盖分析结果

按分辨率统计,仅针对成像侦察卫星有意义,从技术实现角度与按卫星统计非常类似:首先进行一次遍历,得到所有的分辨率组合;第二次遍历的时候获得每种分辨率组合的统计数据。

图 7-30(a)为按分辨率统计结果的柱形图,可以看出,其中既有单个分辨率覆盖的区域,也有多个分辨率同时覆盖的区域;图 7-30(b)为按分辨率统计结果的饼图。

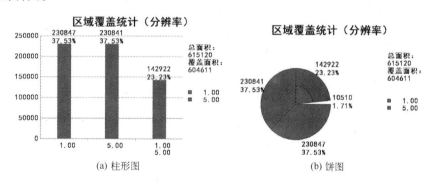

图 7-30　按分辨率统计的覆盖分析显示

由于支持上述不同的统计方式,可以从不同角度了解区域覆盖情况,较之单纯的覆盖率一个指标,具有更为精确的分析结果。

4. 精度效率分析

首先对本书算法和网格点法的效率进行简单的理论分析。极端情况下,任意两个卫星覆盖条带都有交,相交多边形为 n^2 量级,此时多边形布尔运算次数为 n^3 量级;对于网格点法,卫星个数为 n 个,网格划分为 m 个,采用判断覆盖条带与网格关系的方法(原始网格点法是针对卫星轨道上每个采样点,对所有网格进行判断,非常耗时,但可记录每个网格的时间信息尤其是持续信息,这是本算法和采用覆盖条带与网格相交关系方法无法支持的),其运算量为 nm。有两个条件决定了本书算法的效率优势:①卫星区域覆盖分析一般针对星座或有限多颗卫星进行(一方面 n 值有限(20～30),另一方面这些卫星轨道具有一定的相关性,任意 2 个覆盖带都相交的极端情况出现的可能性非常小);②m 的值远远大于 n,如对于经纬度范围 1° 左右的区域,按 1km 划分网格,其 m 值约为

10000，即 nm 远大于 n^3。

对东经 110°～130°，北纬 35°～45°之间的区域，分析 12 颗卫星（两行轨道根数略，覆盖角均为 5°）在 20140501T080000 时刻开始 24h 的覆盖情况，网格点法和本文算法得到的覆盖率及用时如表 7-1 所示。

表 7-1 网格点法和本文算法覆盖率计算结果及用时对比

方法	覆盖率/%	用时/ms
网格点法(50km 网格)	87.86	267
网格点法(20km 网格)	82.43	2938
网格点法(10km 网格)	78.23	14637
网格点法(5km 网格)	77.50	78293
网格点法(1km 网格)	76.64	283275
本书算法	76.32	13336

可以看出，网格点法计算精度受到网格大小的影响。在本算例中，网格大小约为 1km 时，其精度才接近本书算法。在算法效率方面，本文算法用时与网格大小为 10km 左右时接近，而与精度接近的 1km 网格相比，用时不到网格点法的 1/20。需要指出的是，本算法对比所用的网格点法实现中，已经采用了本算法第 1 部分的技术对卫星轨道采样点进行了快速排除，否则其效率更低。

与网格点法相比，本书提出算法在覆盖面积和覆盖率计算的精度和效率方面有明显优势，存在的主要不足有三点：①无法支持总覆盖时间、平均覆盖时间等与时间有关指标的分析，这是由于网格点法可以将时间作为网格的属性，但是本书算法使用的多边形大小不一，无法做此处理，应用中相应指标可以通过 7.1 节中的对地面目标的覆盖时间窗口分析技术来获得；②采用的面积计算方法，假定地球为球形，与应用椭球模型或地理投影方式相比，存在可忽略的微小误差；③当卫星轨道倾角很大，地表覆盖带很宽，且待分析区域也在高纬度地区时，星下线转折相对陡峭。算法第 1 步中，星下线两侧点位置关系可能错乱，如图 7-25 中 Aa、Bb、Cc 可能相交，此时生成的覆盖多边形有时不再是简单多边形，结果不再准确。

7.2.2 基于覆盖带的卫星区域覆盖分析网格法

卫星区域覆盖分析的传统算法是网格点法，既可以把待分析区域视作一个个网格，也可以将其作为网格点，然后基于各采样时刻的卫星位置、传感器参数等计算卫星对各采样点的覆盖情况。由于每个采样时刻需要计算卫星与所有网格点的覆盖关系，因此其运算效率较低。下面探讨利用覆盖带实现的网格点法优化算法。

1. 原理

将待分析区域剖分为一系列网格,计算网格与各卫星覆盖带是否有交,通过统计有交网格占所有网格的比例来得到覆盖率,通过分类统计来得到需要的其他结果。

如图7-31所示,区域划分为24个网格,卫星覆盖带为abcd和ABCD(覆盖带计算方法采用7.2.1节图7-25方法,但不需再进行图7-26所表示的覆盖带与多边形求交过程)。图中,与覆盖带多边形abcd有交的网格为11、21、31、22、32、23、33、43、24、34、54,与覆盖带多边形ABCD有交的网格为41、32、42、33、43、34,被覆盖的网格共13个,网格总数为24个,则总的覆盖率为13/24 = 54%。网格34、33、43、32是同时被2颗卫星覆盖的网格,其他是被1颗卫星覆盖的网格,据此可得到其他分类统计信息。

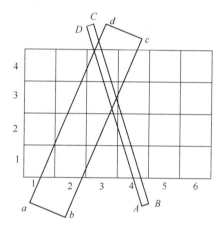

图7-31　基于覆盖带的网格法区域覆盖分析

2. 网格划分方法

算法首先需对待分析区域进行网格划分,最简单的方法是:首先计算出待分析区域的包围盒,然后对该包围盒所限定的范围进行均匀的网格划分。如图7-32(a)所示,将待分析区域的包围盒划分为均匀的网格。由于算法在经纬度平面上处理问题,因此这种方法最大的问题是所划分的网格实际大小不一致,纬度越高,实际的地理范围越小。

为此,根据不同的纬度采用不同的网格大小。图7-32(b)为待分析区域位于地球北半球的情况,此时在经纬度平面上,最下一行的网格尺寸最小,随着纬度增加,网格尺寸加大,如果待分析区域位于地球南半球,则与此相反;图7-32

（c）为待分析区域跨越赤道的情况，此时纬度 0° 网格的尺寸最小，向两侧网格尺寸增加。非均匀网格动态划分方法如算法 7-7 所示。

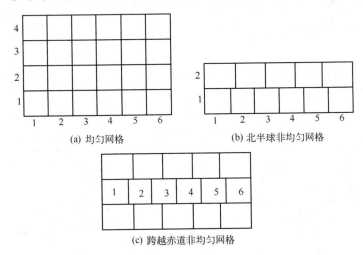

(a) 均匀网格　　　　　　(b) 北半球非均匀网格

(c) 跨越赤道非均匀网格

图 7-32　网格划分方法

算法 7-7　经纬度平面非均匀网格动态划分算法

```
01    Algorithm DynamicGrid{
02        计算区域的包围盒；
03        根据要求的网格尺寸(km)计算对应的经纬度尺寸(赤道)gridsize；
04        if(在北半球){
05            double y0 = ymin；
06            while(y0 < ymax - TOLER){
07                根据 gridsize 定义网格；
08                double y1 = y0 + gridsizex；
09                if(y1 > ymax)y1 = ymax；
10                处理 y0 和 y1 之间形成的网格；
11                y0 + = gridsizex；
12                gridsize * = (cos(y0 * PI/180.0)/cos(y0 * PI/180.0))；}}
13        else if(在南半球)
14            类似北半球处理；
15        else{
16            gridsize * = (1.0/cos(ymin * PI/180.0))；
17        其他处理与北半球类似；}}
```

上述算法中，第 11、12 行为对网格进行调整的过程，大小调整时需同时调整水平方向和垂直方向。

3. 多边形与单行网格的求交算法

由于网格并不均匀,所以判断覆盖带是否与网格有交只能针对一行网格进行。多边形与网格进行 2 次求交。

首先需要判断网格是否位于待分析区域多边形内部或有交,对内部和有交网格设置标志,同时统计网格总数,如图 7-33(a)所示,待分析区域多边形为 *ABCDEFGHI*,当前行的网格为 1~6,落在多边形内部或与多边形有交的网格是 2、3、5,网格 1、4、6 则完全位于待判断区域之外。

算法 7-7 中第 10 行是处理每个单行的算法,由于网格总数及每行的个数不定,因此采用的方法是处理一行、生成其对应的网格对象数组,对于其中每个网格对象,设置一个标志表示其是否落在待判断区域之外。最后当统计网格总数的时候,根据网格标志进行统计。

第二次求交发生在覆盖带多边形与网格之间,如图 7-33(b)所示,覆盖带多边形 *abcd* 与网格求交的结果是 3、4,而网格 4 属于待分析区域之外的网格,只需在网格 3 对应的对象中记录相应卫星信息。

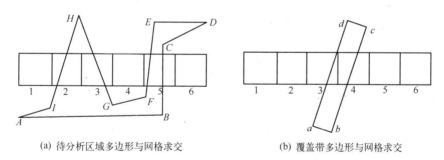

(a) 待分析区域多边形与网格求交　　　　　　(b) 覆盖带多边形与网格求交

图 7-33　多边形与单行网格求交

关于多边形与网格求交的算法,在 6.2.4 节图 6-28~图 6-31 分别研究了边相交判断、左侧填充、区间判断等方法。此处可直接应用区间判断的方法,且不需处理多行网格,方法更为简化。

另外,也可采用如下方法:遍历多边形所有边,计算出每条边与网格两条水平边的所有交点;水平边上二交点之间的网格为与多边形有交或在多边形内部的网格。

如图 7-34(a)所示,*ABCDE* 为多边形的一部分,与当前网格的 2 个水平行形成的交点分别为 1、2、3、4 和 5、6、7、8。按上述规则确定为多边形内部或相交网格的包括:交点 1、2 之间 2 个网格和 3、4 之间的网格,交点 5、6 之间 2 个网格和7、8 之间的 1 个网格。显然,如单独利用一个水平行的交点进行判断可能产生误判。

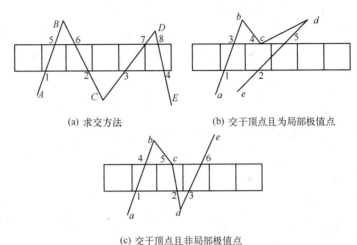

(a) 求交方法　　　　　　　(b) 交于顶点且为局部极值点

(c) 交于顶点且非局部极值点

图 7-34　基于交点的多边形与单行网格求交方法

　　需要特殊处理的是多边形边与网格水平线交于顶点的特殊情况。第一种情况是相交的顶点是局部极值点,即与其相邻的两个顶点同时位于其上方或下方,如图 7-34(b)所示,边 bc、cd 与网格水平线交于顶点 c,此时如果把其当作普通的交点处理,会发生错误,c 和 5 之间的网格就会漏掉。这种情况的处理方法是该顶点不作为交点处理,即图 7-34(b)中网格上方水平线与多边形交点为 3、5,将 3、5 之间所有网格判断为多边形内部或有交网格。

　　如果与水平线相交的顶点不是局部极值点,与其相邻的两个顶点位于该点的上下两侧,此时将该顶点作为一个交点处理。如图 7-34(c)所示,边 bc、cd 与网格水平线交于顶点 c,此时将该点视作一个交点处理即可。

　　更为特殊的情况是多边形边恰好落在网格水平边之上。第一种情况是局部极值边,如图 7-35(a)所示,边 cd 位于水平边之上,相邻顶点均在边的上方,此时的处理方法是不将其视作交点。

　　第二种情况是非局部极值边,如图 7-35(b)所示,多边形边 cd 位于网格水平边上,但其相邻顶点分别位于水平线的上下侧。此时并不能简单地将其视作一个交点,因为在处理时无法确定该顶点在交点序列中的位置,如图中如果视作一个交点显然应该将顶点 d 视作交点,但如 cd 边位于交点 3 左侧时,则须将左侧顶点视作交点。采用的处理办法:构造一个二元组表示交点,同时记录两个顶点的位置;所有交点进行排序时,以二元组中小值作为排序依据;排序后,奇数位置二元组交点取小值,偶数位置二元组交点取大值。

上述第一种情况的一个极端情况如图 7-35(c)所示,多边形 *abcd* 为矩形,其包围盒即为自身。当处理上一行网格的上方水平线时,虽然 *cd* 边属于局部极值边、不视作交点、不进行任何网格的判断,但利用 *ad* 边与网格下方水平线交点 1 和 *bc* 边与网格下方水平线交点 2,可以对涉及的所有网格进行正确判断。

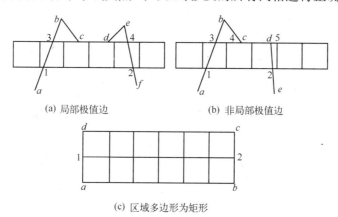

(a) 局部极值边　　　　　　　　(b) 非局部极值边

(c) 区域多边形为矩形

图 7-35　多边形边位于网格水平线之上的特殊情况

4. 网格覆盖情况的统计

得到所有网格的覆盖情况后,可通过覆盖网格数与网格总数的比例计算覆盖率,也可进行各种分类统计。

图 7-36 为网格法得到的统计图。图 7-36(a)为按卫星进行统计的柱形图,图 7-36(b)为按覆盖次数统计的饼图。可以看出,其中统计的值不再是面积,而是网格数。

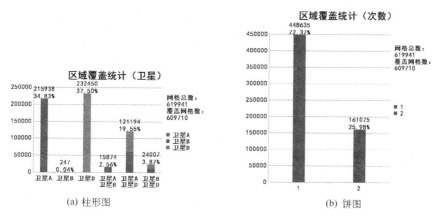

(a) 柱形图　　　　　　　　　　(b) 饼图

图 7-36　网格法统计输出

方法采用覆盖带与网格求交的方法,效率高于原始的网格点法,但不如7.2.1 节方法。同时由于每个网格均需生成一个对象以记录其覆盖信息,因此算法的空间占用较大。

7.2.3 区域覆盖分析情况的二维可视化方法

在二维和三维态势中以直观的方式表现覆盖情况,也是使用者分析判断的有效手段,图 7-26、图 7-27 均是以全球遥感影像作为显示底图,在经纬度平面上绘制区域覆盖情况的结果。

1. 主要绘制要素

除遥感影像之外,主要的绘制要素包括区域、覆盖带、网格、图例、卫星星下线与卫星军标等。图 7-37 中绘制了遥感影像、卫星星下线、卫星军标,其绘制技术在第 6 章已经进行了讨论。

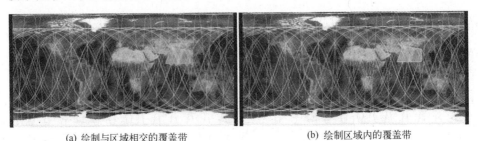

(a) 绘制与区域相交的覆盖带　　　　　　　　(b) 绘制区域内的覆盖带

图 7-37　区域覆盖带的二维绘制

既然是区域覆盖分析,则待分析区域显然属于必须绘制的内容。待分析区域需要绘制两项内容:具有一定透明度的区域内部和具有一定宽度的区域边界。在绘制区域内部时,由于区域并不一定为凸多边形,因此在绘制时不能直接使用OpenGL 的图元,而是需要先进行凸分解,第 3 章和第 6 章对此均有讨论。区域的边界只需按顺序连线即可。图 7-37(a)和图 7-37(b)中均绘制了区域。

针对 7.2.1 节的区域覆盖分析算法,其二维表现形式主要是将覆盖带叠加在区域之上,可让使用者获得覆盖的直观印象。第 1 种表现形式是将与区域相交的卫星覆盖带叠加在区域之上,如图 7-37(a)所示,图 7-26(a)也属于此种情况;第 2 种表现形式是将覆盖带多边形与待分析区域求交之后再绘制,如图 7-37(b)所示,图 7-26(b)也属于此种情况。上述两种情况的绘制方法有所区别:第 2 种情况,覆盖带求交之后得到的多边形,采用与区域绘制相同的技术实现;第一种情况,由于覆盖带是由成对的顶点所确定的,因此采用 GL_QUAD_STRIP 图元绘制即可。

7.2.2 节算法需可视化网格的覆盖情况,绘制用网格和分析用网格有所区别,后面再进行分析,此处阐述网格的绘制算法。根据不同的分析要求,单个网格可以有不同的覆盖情况,如有多个卫星、多个不同分辨率覆盖了网格。因此,网格并不是以某一颜色透明绘制即可,而是根据覆盖的个数,组合使用相应颜色分块进行绘制:首先确定颜色映射表,每个颜色对应一颗卫星、一种分辨率或次数;根据网格的覆盖情况将网格分为多个小块,分别取得对应的颜色绘制这些小块;最后绘制网格的边界。

图 7-38 是区域网格覆盖情况的可视化表现形式。其中图 7-38(a)是按覆盖次数进行分析的情况,由于每个网格的覆盖次数只有 1 种,因此网格为单一颜色。图 7-38(b)为按覆盖卫星进行分析的情况,由于每个网格可以被多颗卫星覆盖,可以看出,其中有些网格是单一颜色,有些则由多个颜色填充。

(a) 按次数覆盖的网格　　　　　　　　　(b) 按卫星覆盖的网格

图 7-38　区域覆盖网格的二维绘制

图 7-38 右下角所显示的为图例,即网格中所用颜色的含义。图 7-38(a)中用 2 种颜色表示覆盖 1 次和 2 次。图 7-38(b)中则用 4 种颜色表示不同的卫星,被多个卫星覆盖的网格绘制时使用图例中颜色。图例对应的颜色表可编辑。

2. 网格大小根据视图动态调整

在采用网格法进行覆盖分析时,网格越小,则分析结果越精确,相应的计算量也较大。如果绘制网格大小与分析网格大小一致,一方面计算量过大,无法实时计算;另一方面网格数量过大,也难以实时绘制。因此,绘制所采用的网格大小按像素定义,根据视图比例关系的改变实时调整大小,根据视图位置映射动态确定网格。

算法 7-8　绘制网格动态实时分析算法

```
01    Algorithm RenderGridAnalysis{
02        根据当前视图映射关系和规定的网格像素数计算网格的经纬度尺寸;
03        根据算法 7-7 确定每行网格;
04        for(每行网格)
```

```
05          if(网格行在垂直方向落在屏幕范围之外)continue;
06          计算网格行与屏幕范围水平方向的交点网格;
07          遍历相交范围内的网格并进行分析;
08          位于边界的网格,需计算网格与多边形的交以进行绘制;
```

图 7-39 显示了网格大小随视图调整的情况。图 7-39(a)是视图范围内显示全球范围的情况,图 7-39(b)是局部放大后的情况。不管何种视图中,网格都按像素保持固定大小,即其所对应的经纬度大小动态调整。

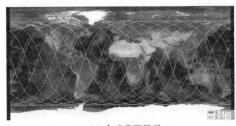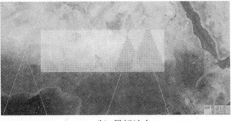

(a) 全球范围显示　　　　　　　　　　　　　　　　(b) 局部放大

图 7-39　网格大小根据视图动态调整

算法 7-8 中第 05~07 行的作用是只针对屏幕范围之内的网格进行计算与绘制,如果不做此处理,随着视图显示比例不断放大,会导致网格数越来越多,计算和绘制都无法实时完成。

3. 网格大小根据纬度动态调整

图 7-39 中的两幅图,网格固定大小(经纬度平面),但其实际的空间大小并不一致,当跨越纬度范围较大时,网格大小的差距较大。根据纬度动态调整网格大小的算法在前面已经讨论。

图 7-40 为网格大小随纬度动态调整的情况。图 7-40(a)中,待分析区域位于南半球,在经纬度平面上,位于上方的网格最小,随着纬度升高,网格逐渐变大;图 7-40(b)种,待分析区域跨越赤道,赤道附近的网格最小,向上下方向网格都逐渐变大。

(a) 南半球　　　　　　　　　　　　　　　　　　(b) 跨越赤道

图 7-40　网格大小根据纬度动态调整

本书提及的两种实现方法,都从效率角度进行了优化,但由于直接利用了覆盖带,因此均无法计算网格点覆盖开始时刻、覆盖结束时刻以及平均覆盖时间等指标。

7.3　防御航天侦察综合分析与辅助决策技术初探

近几场战争表明,航天侦察手段在现代战争中发挥着越来越重要的作用,对抗双方尤其是处于相对劣势的一方,在战争中必须有效地防御航天侦察。单纯采用卫星过境预报表的形式进行防御航天侦察,存在着诸多不足。本节对防御航天侦察的问题进行了分析,并探讨了结合装备设备、防御手段的防御航天侦察综合分析与辅助决策方法。但由于时间有限,7.3.1 节和 7.3.2 节中的内容作者尚未实现,其中很多图是使用 Visio 绘制而非软件截图。7.3.3 中内容则是作者已完成的工作。

7.3.1　防御航天侦察综合分析与辅助决策系统设计

1. 问题分析

采用卫星过境预报进行防御航天侦察主要存在如下不足:

(1) 缺乏与装备、卫星载荷的结合,针对性弱,不实用。

不同单位配属装备、设施不同,不同类型载荷甚至不同分辨率的卫星,对其是否构成威胁以及威胁的程度并不相同。如同一颗 3m 分辨率的光学成像侦察卫星,对大型水面舰船构成有效的侦察威胁,但是并不能发现没有大型装备的小分队。笼统地提供卫星过境预报,就把本应由航天支持处理的工作,直接交给了非专业的航天信息使用者。

同一单位对不同卫星的防御等级有别;过境情况下,同一卫星对不同单位的侦察能力也有区别。从防御航天侦察角度,应根据单位装备情况,对过境卫星进行筛选,把对单位真正形成侦察威胁的卫星找出来,避免使用者在大量的数据面前无所适从。

(2) 缺乏与防御手段、措施的结合,指导性弱,不好用。

根据卫星轨道预报,当卫星过境时进行机动规避、无线电静默等,是防御航天侦察的一种有效手段。除此之外,随着技术的不断发展,各种防御手段、措施逐步应用,都能够起到防御航天侦察的作用。但任何手段、措施都不可能对所有载荷的卫星都起作用;同时这些手段、措施也和装备相关,针对不同装备需应用不同的防御手段。

防御航天侦察系统,除预报卫星过境及其对单位、装备造成的威胁外,还应根据受到的航天侦察威胁情况,进行防御手段辅助决策,提供应采用的防御手段、措施建议,并给出不同防御手段、措施所产生的效果。

(3)表现形式尤其是图形化表现形式少,不易用。

较简单系统过境预报往往采用文字、表格形式,复杂一些的系统仿照 STK 的几种简单示意性图形形式。采用这些过境表现形式,要完成防御航天侦察任务,还有大量数据挖掘和进一步分析需使用者手工完成,使用不便。

因此,有必要创新运用图形、报表等各种表现形式,支持显示不同类型、级别、能力等特征和对比分析显示,支持威胁程度、防御手段运用效果等的可视化,把数据用活,提供足够多的视图,提高易用性。

(4)过境预报模型还有改进余地,不精确。

有些过境预报采用计算卫星与地平线夹角进行判断的方法,但这不符合卫星侦察实际,会导致错误扩大威胁时间范围,不够精确。对于不同模型的区别,在 7.1 节中已经进行了讨论。

2. 解决思路

为解决上述问题,结合装备和防御手段来进行防御航天侦察预报分析,人员视为特殊的装备。防御航天侦察的任务描述为:分析出在某个时间段内覆盖单位(装备/设施/人员)位置的、载荷战技指标满足一定要求的所有卫星,并针对防御手段的运用进行辅助决策。

为完成上述任务,通过轨道预推模型确定卫星位置,根据载荷参数确定覆盖时间窗口,结合装备、载荷参数和防御手段(如坦克尺寸、成像侦察卫星分辨率)提供防御手段运用决策。

为此需在装备、卫星、防御手段之间搭建桥梁。提出 3 个概念:①卫星的"航天侦察属性";②装备的"防御航天侦察属性";③防御手段的"防御手段属性"。

图 7-41(a)定义卫星的航天侦察属性。如对于某成像侦察卫星的侦察属性集合为:(可见光成像、分辨率、1m)、(近红外成像、分辨率、3m)……。表示该卫星携带了分辨率 1m 的可见光成像传感器和分辨率 3m 的近红外成像传感器。

图 7-41(b)定义装备的防御航天侦察属性。根据卫星的空间分辨率与地面装备的大小,定义发现、识别、确认、详细描述 4 个目标识别等级。如某坦克,根据其大小确定的防御航天侦察属性集合如下:(可见光成像,分辨率,发现,优于 3m)、(可见光成像,分辨率,识别,优于 2m)、(可见光成像,分辨率,确认,优于 1m)、(可见光成像,分辨率,详细描述,优于 0.6m)、(近红外成像,分辨率,发

航天侦察属性	防御航天侦察属性	防御手段属性
—卫星侦察类型 —卫星指标类型 —值	—卫星侦察类型 —卫星指标类型 —值域 —威胁等级	—卫星侦察类型 —卫星指标类型 —值域
(a) 航天侦察属性	(b) 防御航天侦察属性	(c) 防御手段属性

图 7-41　防御航天侦察相关属性定义

现,优于 4m)……(多光谱成像,分辨率,发现,优于 5m)……。这些属性表示了不同波段的不同分辨率卫星传感器对该坦克的威胁程度。

结合卫星的航天侦察属性和装备的防御航天侦察属性,对过境的卫星可进行进一步分析。如对于前述坦克,如过境卫星搭载了 1m 分辨率的可见光成像侦察卫星,对其威胁程度为"确认";而 5m 分辨率的过境卫星,没有任何威胁。

图 7-41(c)定义防御手段的防御航天侦察属性。如某防护迷彩的防御手段属性集合为:(可见光、分辨率、3m)、(近红外、分辨率、3m)。表示该防护迷彩对分辨率劣于 3m 的可见光、近红外侦察,能够起到防护作用。进一步也可考虑在防御手段属性中加入识别概率等属性,但暂时定义为能防御或不能防御。

对于每个具体的防御手段,定义了防御手段属性集合后,就可以根据形成威胁的卫星侦察类型、指标和值,进行辅助决策,在多种防御手段中选择最为合适的手段。

以上定义 3 类属性中,(卫星侦察类型,指标类型,值或值域)都存在,以此为纽带,结合卫星轨道预推、覆盖分析,进行针对装备的防御航天侦察分析。分析过程如下:

(1) 单位由装备组成,装备(包括其防御航天侦察属性集合)存储在装备库中;防御手段及其防御属性集合构成防御航天侦察手段库;根据战训实际要求,对装备应用防御手段。

(2) 匹配装备的防御侦察属性集合和卫星的侦察属性集合,根据"卫星侦察类型"字段确定所有待分析卫星。如某装备只需防御电子侦察,则导弹预警、光学成像侦察等类型的卫星不必考虑。

(3) 计算出所有待分析卫星对该装备的覆盖时间窗口。

(4) 根据用户需求,进行分类、分级、分能力的分析和输出,包括:卫星覆盖窗口总体情况;单位的不同类型卫星的覆盖情况,包括可见光成像侦察覆盖窗口图表、近红外成像侦察覆盖窗口图表、电子侦察覆盖窗口图表等;单个装备的不同类型卫星覆盖情况;不同类型卫星覆盖装备情况;通过匹配装备航天侦察属性和防御手段属性的相应字段,根据装备本身所运用的防御手段,输出在运用防御手段的情况下各种卫星覆盖窗口图表;使用与未使用防御手段情况下,覆盖情况的对比分析显示图表;其他辅助分析可视化手段,如卫星能力与装备映射图表等;防御手段辅助决策,根据单位或装备所受航天侦察威胁、配属或现有的防御手段,提供采用防御手段的建议。

3. 系统组成

1)系统架构

系统应采用 B/S 或 C/S 架构,建立数据中心统一管理卫星轨道数据、装备数据和防御手段数据,根据用户权限发布数据。如图 7-42 所示。

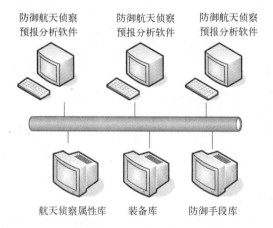

图 7-42　防御航天侦察综合分析与辅助决策系统架构

服务器端建立主要航天国家航天侦察属性库,包括卫星轨道根数及其侦察属性集合;建立装备库,包括装备及其防御航天侦察属性;建立防御手段库,包括防御手段及其属性。建立分级、分类的数据管理机制,根据权限进行数据分发,如采用网络、光盘介质等分发给授权用户。

2)客户端软件组成

客户端软件是应用的核心,需保有服务器端数据的一个子集。

客户端软件的主要模块如图 7-43 所示。图中未包括如三维显示、二维显示、GUI 等软件一般的组成,同时为描述方便,按分层方式而非逻辑关系描述软件组成。

(1)数据层。数据层相当于在客户端本地采用文件形式管理服务器端发布的数据。如服务器端可根据软件所部署单位实际配备装备,发布相应的装备防

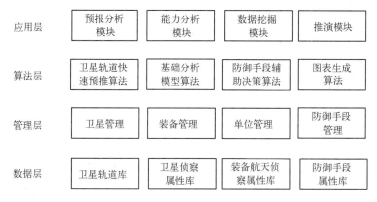

図 7-43　防御航天侦察综合分析与辅助决策系统客户端软件组成

御航天侦察属性数据到客户端,而不能也不必将单位未配备装备的属性发布;防御手段属性数据也是如此,根据单位实际发布数据。

（2）管理层。管理层构造相应的数据结构,实现对应数据的加载、修改、删除等操作。防御航天侦察综合分析时针对装备部队进行,但是从用户角度看应该是针对单位开展。单位是装备、设施、人员的集合,既可以是一支部队,也可以是某个民用商用机构。单位管理类似于软件开发中的"工程",把这些基本组成组合在一起管理。如一支部队,有 2 辆装甲车、3 辆坦克、若干人员……。

（3）算法层。算法层包括软件实现所需核心算法,主要包括:卫星轨道预推快速算法;基础分析算法包括覆盖分析、可见性分析等最基本的支撑算法,以及在此之上结合装备防御航天侦察属性、卫星航天侦察属性、防御手段属性等设计的防御航天侦察综合分析算法,其输出多为时间窗口集合;防御手段辅助决策算法的基础是覆盖分析得到的时间窗口集合,结合时间窗口的卫星侦察属性和各种防御手段的属性,得到不同时间范围可采用的防御手段;图表生成算法,需开发相对独立的模块,在数据驱动下实现各种图表显示方式,上述算法均需对应的图表输出。

（4）应用层。在前 3 者之上构造的应用模块,包括:预报分析模块,即前述各种预报分析功能的实现和相应的交互界面;能力分析模块,主要结合装备属性,提供卫星的侦察能力视图;数据挖掘模块,根据大量的卫星轨道根数、姿态的历史数据进行威胁分析,如可以分析某个装备、地区受到侦察的次数等;推演模块,以三维或二维形式,直观显示某个时间点、某个视点下,装备或部队受到侦察的场景。

7.3.2 防御航天侦察可视化分析功能设计

防御航天侦察综合分析和辅助决策最终需以友好的可视化方式将分析结果呈现给使用者,下面讨论所设计的各种功能。

1. 简单覆盖分析、可见性分析功能

实现简单的覆盖分析、可见性分析功能,实现对给定地面点、线、面目标的分析功能。在7.1节尤其是7.1.3节中,已对其实现算法和可视化表现方法进行了详细讨论,此处不再赘述,这是后续各种功能的前提和基础。

2. 结合装备防御航天侦察属性的预报分析功能

结合装备的防御航天侦察属性,设计预报分析结果的可视化表现形式,如图7-44所示。

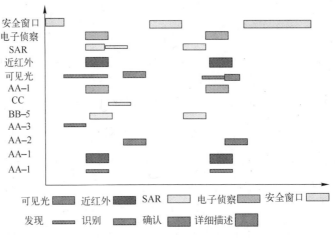

图7-44　结合装备防御航天侦察属性的预报分析示意图

图7-44中,水平轴为时间轴;垂直轴方向,由下数1~7行为单颗卫星的单类载荷的覆盖情况,8~11行是各种侦察类型的总体覆盖情况。

分析结果是各个时间窗口,但是考虑到装备的防御航天侦察属性之后,需要以可视化形式表现两种信息:航天侦察类型和威胁程度。航天侦察类型包括可见光、近红外、SAR和电子侦察等,威胁程度包括发现、识别、确认、详细描述等,对于电子侦察、导弹预警等,威胁程度也可采用不同的数字等级表示,如1~10级。

可运用颜色、粗细、线型、填充等来区别航天侦察类型和威胁程度。在图7-44中,以红、蓝、黄、绿颜色表示航天侦察类型,以不同的宽度表示威胁程度。

图 7-44 中,针对某装备,AA－1 所携可见光载荷、近红外载荷的威胁程度分别为发现、详细描述,电子侦察载荷的侦察结果不分级,只有发现与否。AA－1 的分析结果分别在 1、2、7 行。

关于图 7-44,进一步说明几点设计考虑:

(1) 图中垂直方向是卫星载荷而非卫星,一颗卫星可以占据多行。

(2) 每一行的分析,都结合卫星载荷和装备的防御航天侦察属性进行。

(3) 支持分类、分级的分析和结果表现。如单纯针对可见光、电子侦察等进行分析,得到分类输出结果;如只分析构成详细描述威胁程度的卫星,得到分级输出结果。以上图为基础可得到各种分类、分级输出结果。

(4) 在分类显示的时候,同时也显示分类总时间窗口和安全窗口。图 7-44 中,最上 1 行是安全窗口,上数第 2～5 行是分类的总时间窗口。

(5) 生成分类时间窗口时,如果有多个卫星的覆盖存在交叉,则按威胁大小进行合并,如图 7-44 中上数第 2～5 行。

(6) 安全窗口是没有任何航天侦察威胁的时间范围。

(7) 由于不同载荷的参数(如侧摆角等)并不相同,因此同一卫星在不同行的时间窗口可能并不一致。

(8) 可见光、近红外的威胁分析要考虑季节、昼夜等导致的光照影响。

3. 结合防御手段的预报分析功能

进一步结合装备当前所采用的防御手段,设计预报分析图,如图 7-45 所示。

图 7-45 中要素的涵义与图 7-44 基本相同。采用透明且具有一定填充图案的色块表示防御手段运用的时间窗口。

图 7-45 中,运用了迷彩和烟幕两种防御手段,两者对可见光侦察都可以起到防御作用,烟幕还可以防御近红外侦察。在图中相应行,显示了防御手段窗口(以半透明的形式遮挡卫星侦察窗口)。

关于图 7-45,进一步说明几点设计考虑:

(1) 对于多个防御手段同时起作用的情况,如图中可见光侦察,选择其中一种显示。

(2) 支持防御手段所遮挡的威胁窗口的显隐,以体现防御手段运用之前、之后的对比。

(3) 安全窗口较之于图 7-44 变长,体现了防御手段的作用。

针对装备的防御航天侦察分析结果,主要是以图 7-44、图 7-45 为基础的各种变形,得到分类、分级的结果。图 7-45 关闭防御手段后,得到图 7-44。

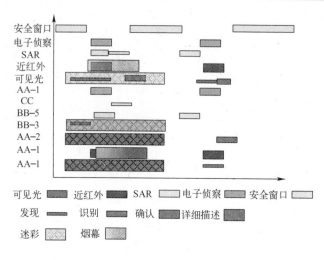

图7-45　结合防御手段的预报分析示意图

　　此外,还可采用表格输出形式,具体能输出何种表格取决于字处理工具及其二次开发API。最理想的情况是将图中每一行转换为表格的一行;最不理想的情况是将图中每个窗口转换为表格中的一行。

　　4. 装备的防御航天侦察辅助决策功能

　　装备的防御航天侦察辅助决策,根据装备航天侦察威胁分析的结果,给出运用航天侦察防御手段的建议。

　　1) 辅助决策结果输出

　　辅助决策图,设计如图7-46所示。

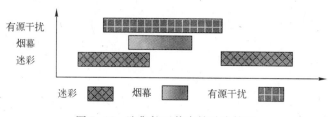

图7-46　防御航天侦察辅助决策图

　　图7-46给出了各个防御手段运用的时机。

　　(1) 辅助决策需根据配置的防御手段,结合航天侦察、装备属性来进行,即针对侦察威胁来选择防御手段。

　　(2) 辅助决策需设定一些原则,如防御手段展开和撤收次数尽可能少原则、最接近覆盖侦察窗口原则、不影响部队作战原则等,否则最简单的方法就是在所有时间范围内运用所有的防御手段,但这显然会导致资源的浪费或方案的不可行。

（3）对于每种防御手段,可根据实际,给出展开和撤收时刻,作为决策的重要参数。

2）防御手段运用方案编辑

图 7-46 是自动计算得到的辅助决策结果,但使用者不一定满意,可对方案进行修改、调整,因此需进行方案编辑。仍以图 7-46 的形式作为交互界面,支持对于防御手段窗口的创建、删除、移动、改变长度、分裂、合并等操作,交互形成不同的防御手段运用方案。

3）决策方案的效果

对于不同的决策方案,采用图 7-45 的形式来表达决策方案的效果。

5. 单位的防御航天侦察预报分析功能

前述各图都是针对装备设计,在应用中还需考虑针对单位（多个装备、人员的组合）考虑如何表现防御航天侦察预报分析。设计了两种分析图。

1）单位总体防御航天侦察预报分析图

根据各个装备的预报分析窗口,综合得到单位整体情况,采用类似图 7-44 的方式,设计如图 7-47 所示。

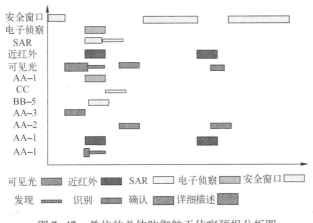

图 7-47　单位的总体防御航天侦察预报分析图

图 7-47,有如下设计说明:

（1）对于同一单位的不同装备,卫星的侦察窗口基本一致,选择所有装备受到的最大威胁作为整个单位受到的威胁。

（2）对于每个装备的威胁窗口,是指运用了防御手段之后计算得到的窗口,如图中最下一行,同一窗口中既有"确认",也有"发现",就是由于在相应时间开始运用了一定的防御手段导致后来威胁程度降低;有些会存在于图7-44、图7-45中的窗口,由于运用了防御手段,已经不再出现。

（3）由于单位可能存在大量装备、人员的聚集,导致侦察威胁等级上升,如单个装备的侦察等级只是"发现",但当成百上千装备部署在同一地区时,侦察等级可能上升为"详细描述"。

2）卫星对单位装备的侦察威胁分析图

表示某个时间范围内,各卫星对单位各装备的侦察威胁情况,设计如图7-48所示。

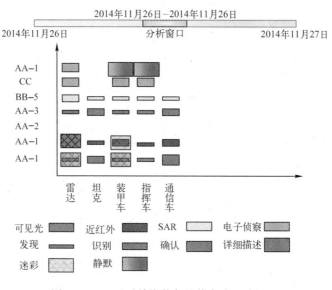

图7-48　卫星对单位装备的侦察威胁分析图

图7-48中,水平方向为单位所属的各装备,垂直方向为各卫星载荷。图的上方为可编辑的时间选取条,确定进行分析的时间范围。图中分析指定时间范围卫星对装备的侦察威胁,只能表示该时间范围威胁存在与否以及威胁的程度,不能表示威胁的精确时间窗口位置及长度。

关于图7-48,有以下设计考虑:

（1）如卫星在分析时间范围内形成对部队的覆盖,则基本会对所有装备形成覆盖,但不一定对所有装备都形成侦察威胁,如图中上数第1、2行。

（2）在该时间范围卫星可以均不形成覆盖,如图中上数第5行。

（3）图中可同时表示运用防御航天侦察手段的情况,如图中上数第1行和下数 1、2 行。

6. 防御航天侦察临近预报功能

防御航天侦察临近预报更强调紧迫感和实时性，设计了 3 种预报方式。

1）装备航天侦察威胁实时动态表格式预报

采用类似于列车到站预报方式，每个将要形成航天侦察威胁的卫星如图 7-49 所示。

AA-1	
到达时刻	12:30:31
离开时刻	12:45:32
距当前时间	01:11:30
装备	
坦克车12	发现
装甲车2	识别
…	…

图 7-49　装备航天侦察威胁实时动态表格预报

关于图 7-49 设计，有如下考虑：

（1）表动态更新，根据卫星到达时刻进行排序，显示指定时间范围内将到达的卫星。

（2）表内容动态更新，随时间改变。

（3）装备的"发现"、"识别"等也可采用图例表示。

（4）装备行中，可表现被哪颗卫星威胁，如果被多颗卫星威胁或者同一卫星多个载荷威胁，处理方法有两种，即一个装备用多行显示，或一行内同时显示多个图例。

2）单位航天侦察威胁动态表格预报

同时表示多个卫星对单位的整体侦察威胁，不具体到装备级，如图 7-50 所示。

卫星	到达时刻	离开时刻	距当前时间	侦察威胁
AA-1	12:30:31	12:40:31	00:10:20	识别（光学）、　电子
CC	18:10:31	18:30:31	08:10:20	发现（SAR）
…	…	…	…	…

图 7-50　单位总体航天侦察威胁动态表格预报

图 7-50 的表现形式虽然可能与以往采用的方式较为类似,但是该表格中最后一列事实上代表了对单位所有装备综合分析的结果,因此信息比传统的过境预报要丰富得多。

3) 态势嵌入预报

在二维或三维态势图中各单位地理位置附近,显示未来一段时间卫星的侦察威胁情况。二维态势中嵌入预报的设计如图 7-51 所示。

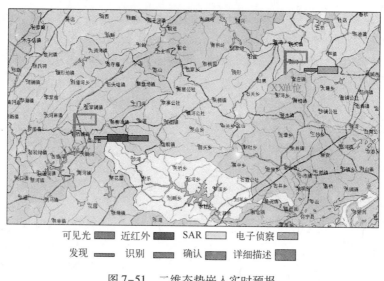

可见光 ▬▬　近红外 ▬▬　SAR ▬▬　电子侦察 ▬▬

发现 ▬▬　识别 ▬▬　确认 ▬▬　详细描述 ▬▬

图 7-51　二维态势嵌入实时预报

图 7-51 中,采用在单位附近顺序绘制航天侦察威胁图例的方法,表示单位在未来一段时间内面临的航天侦察威胁。图例的颜色属性表示航天侦察类型,宽度表示侦察威胁程度。如左侧单位,面临 3 种威胁:发现(可见光成像)、确认(近红外成像)、识别(可见光)。每个图例可以拾取、展开,显示卫星、装备等更具体的信息。

在二维态势和三维态势中,更有效的实时预报方法是采用伴随卫星的方法:对于场景中的卫星(以实体模型或军标表示),当其距离形成威胁还有一定时间(如 30min)时,以特殊的颜色、图例、修饰、闪烁等方式突出显示,当形成覆盖和直接威胁时,再以另外的模式突出显示,前者称为"告警状态",后者称为"威胁状态"。不管是"告警状态"还是"威胁状态",运用的显示方式都可考虑把威胁等级、类型等表示出来,如在卫星模型旁边加前述各图中所运用的图例。

7. 基于指标的静态分析功能

从卫星指标出发,显示卫星对于装备所构成的威胁情况,这类分析与时间、轨道无关,仅与卫星能力、装备特性、防御手段的能力有关,可辅助使用者进行防御航天侦察决策。设计了几种表现形式。

1) 单指标侦察能力分析

设计如图 7-52 所示。

图 7-52 中,水平方向是部队所属各装备,垂直方向为各单项指标。图中由下向上分别是可见光 0.1m 分辨率、可见光 1m 分辨率、可见光 3m 分辨率、近红外 1m 分辨率和电子侦察频段。指标左侧以列表形式显示具备该指标的卫星;图例则以颜色代表类型,宽度代表侦察程度。

图 7-52 中,0.1m 分辨率可"详细描述"所有装备,3m 分辨率则只能"发现" 2 个装备,电子侦察只有侦察与否 2 个等级。

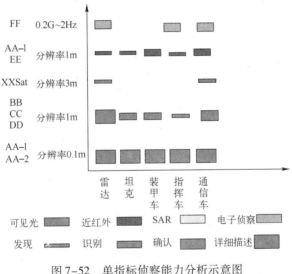

图 7-52 单指标侦察能力分析示意图

2) 成像侦察分辨率指标的威胁分析

成像侦察分辨率是一个特殊的指标,单独设计了一种表现形式,如图 7-53 所示。

图 7-53 中,水平轴(非均匀轴)为分辨率,在轴的下方标示分辨率,分辨率下方标示具备该分辨率的卫星,图中 5m 分辨率有 2 颗卫星;垂直轴为部队所配属的各装备;图例用于表示对应的分辨率范围对装备的航天侦察威胁程度,以颜色表示航天侦察类型,宽度表示航天侦察威胁程度。图中的坦克装备,10m 分辨

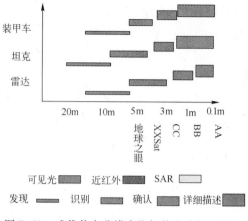

图 7-53　成像侦察分辨率指标能力分析示意图

率发现、5m 分辨率识别、3m 分辨率确认、优于 1m 分辨率详细描述。

图 7-53 中,考虑到分辨率指标具有一定的动态适应性,如可能在某个分辨率范围都能发现,而不是只有某个分辨率才能发现。如对于图中的雷达装备,由10 多米到 5m 的分辨率均可发现。

3）防御手段能力分析

防御手段能力采用列表表现,设计如图 7-54 所示。

×× 迷彩	
可见光 分辨率劣于1m	近红外 分辨率劣于2m
CC	AA
BB	地球之眼
……	BB
	CC

图 7-54　防御手段能力分析列表

图 7-54 的表现形式非常简单,列出该防御手段起作用的所有卫星。每列针对一种航天侦察类型,图中 2 列分别为对可见光成像侦察和近红外成像侦察的防御能力。每行列举满足该航天侦察类型和指标的卫星。

这种表现方式有两个缺点:①不够直观;②没有表达不能防御的航天侦察威胁。因此设计图 7-55 的形式。

图 7-55 是针对单项指标(如成像侦察空间分辨率、电子侦察频段)的防御能力分析结果。以指标值为水平轴,卫星为纵轴,每个卫星具有一定指标值(或

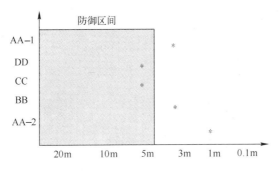

图 7-55　防御手段单项指标防御能力示意图

指标范围),在图中构成散点图(卫星指标具有单个值,如分辨率)或水平柱状图(如电子侦察的频段范围)。图中构造防御区间(以半透明矩形表示),如果代表卫星的散点或柱状图落在防御区间内,表示可防御。

8. 基于历史数据的航天侦察威胁统计分析功能

历史数据主要指所记录的各卫星过往的轨道参数,以及可能获得的卫星姿态数据(间接得到了传感器指向)。

假设一大型阵地铺设了伪装,当前可以起到较好的防御效果。但必须考虑到,在阵地建设的很长时期内,并没有伪装,可能被敌方侦察了很多次,即阵地上装备可防御航天侦察,但阵地本身却早已暴露,因此有必要基于历史数据进行信息挖掘。

1) 基于历史数据的航天侦察威胁统计分析

基于历史数据的航天侦察威胁统计分析设计如图 7-56 所示。

针对图 7-56,有如下设计说明:

(1) 水平轴为时间区间,不一定均匀分布,可根据待分析地的情况将时间划分为若干阶段,如阵地建设可考虑划分为地质施工、铺设水泥、搭建设备等一些阶段。

(2) 垂直方向表示被侦察次数,每颗卫星的每个传感器单独一列显示,颜色表示航天侦察类型,宽度表示威胁程度。

(3) 图中可分析出待分析地被航天侦察的次数及其简单对比,如敌方卫星有明显的高密度侦察,可直接看出。如图中所表示的对象,2008:04:01 ~ 2008:12:22 期间,被 BB 卫星可见光成像侦察"发现"1000 余次,被 AA - 1 卫星近红外成像侦察"确认"100 次。

(4) 如已获得敌方姿态数据,进而确定传感器指向等参数,可得到更为精细的分析结果。

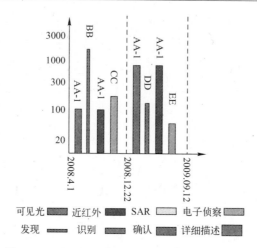

图 7-56　基于历史数据的航天侦察威胁统计分析

2）基于历史数据的单颗卫星侦察统计分析

针对单颗卫星，设计历史数据统计分析表现形式，如图 7-57 所示。

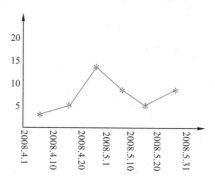

图 7-57　基于历史数据的单颗卫星侦察统计分析

关于图 7-57，有如下设计说明：

（1）水平方向采用均匀的时间轴（也可不均匀，尽量均匀），统计时间刻度之间的侦察次数。

（2）该曲线一般情况应比较平坦，易于发现高频度侦察。

上述各设计主要从表现形式角度分析了防御航天侦察综合分析与辅助决策系统应具备的功能，具体实现方面的技术与方法，作者将逐渐开展研究。

7.3.3　防御航天侦察安全窗口规划方法

7.3.1 节和 7.3.2 节所讨论的内容尚未完全编码实现，下面讨论作者已实现的一项防御航天侦察中的基本技术,即安全窗口计算与规划方法。这些技术也是实现7.3.1节和7.3.2节所述复杂功能的基础。

毫无疑问,航天侦察对于地面目标是一个巨大的威胁,地面目标没有被航天侦察即是安全。因此,地面目标的安全窗口定义为:对于给定地面目标和一组卫星,地面目标没有被任何卫星侦察威胁的时间范围就是地面目标的安全窗口。地面目标可以是单位、装备,也可仅仅是一个地点,而地点又可以是点目标、线目标或面目标。

1. 安全窗口计算方法

此处只讨论最基本的安全窗口计算方法,不考虑装备属性和防御手段属性,只要卫星对目标形成覆盖或可见关系,即认为存在威胁。

利用7.1节的算法,可计算出卫星的覆盖或可见性时间窗口,将所有卫星的时间窗口合并得到总的时间窗口,如图7-20所示,多个卫星时间窗口的合并算法见算法7-5。整个时间范围减去总时间窗口,即为安全窗口。

根据总时间窗口集合,计算安全窗口集合的算法非常简单:按顺序遍历总时间窗口集合,前一时间窗口的结束时刻和后一时间窗口的开始时刻,构成了1个安全窗口。例外是第1个安全窗口和最后1个安全窗口,第1个安全窗口的开始时刻为待分析时间范围的开始时刻,最后1个安全窗口的结束时刻为待分析时间范围的结束时刻。

图7-20、图7-24的表现形式也可用于表现安全窗口。另外,安全窗口也适合采用表格形式表现,如图7-58所示。

图7-58中,表格的每一行表示一个安全窗口,其中包括开始时间、结束时间、窗口长度等信息。

2. 安全窗口规划方法

首先对本书中安全窗口规划的任务加以界定:为获得给定时长的安全窗口,在给定防御卫星个数的前提下,确定防御航天侦察的目标卫星。

如图7-58中,最长的安全窗口约3h,但单位在执行任务时可能需要更长的安全窗口,以完全避免被敌方卫星侦察,此时显然必须采取一定的防御手段。但是受限于防御手段、任务要求等,所能采用的防御手段并不能对所有的卫星起作用,作用时间也未必足够长,更有效的是针对1颗或多颗卫星运用防御手段。要确保防御手段运用后能获得足够时长的安全窗口,就需要进行安全窗口规划。当然,7.3.1节和7.3.2节所讨论的设想,就是要把类似任务的自动化程度进一步提高,但其实现也离不开此处安全窗口规划技术的支持。

为完成安全窗口规划任务,可考虑各种任务规划算法,如贪婪算法、遗传算

定位示意性 | 等距时间轴 | 不等距时间轴 | 安全窗口规划 | 打击结果对比 | 安全窗口计算结果

	范围	开始时刻	结束时刻	时长
1	3-4小时	2016/7/27 8:26:49	2016/7/27 11:41:55	3小时15分钟
2	2-2.5小时	2016/7/27 19:26:19	2016/7/27 21:34:45	2小时8分钟
3	2-2.5小时	2016/7/28 8:53:53	2016/7/28 11:09:13	2小时15分钟
4	2-2.5小时	2016/7/28 11:11:52	2016/7/28 13:38:37	2小时26分钟
5	1-2小时	2016/7/27 14:05:58	2016/7/27 15:11:09	1小时5分钟
6	1-2小时	2016/7/27 16:00:49	2016/7/27 17:57:49	1小时57分钟
7	1-2小时	2016/7/27 21:41:50	2016/7/27 22:48:48	1小时6分钟
8	1-2小时	2016/7/27 23:24:34	2016/7/28 0:49:12	1小时24分钟
9	1-2小时	2016/7/28 5:01:38	2016/7/28 6:48:37	1小时46分钟
10	1-2小时	2016/7/28 14:23:53	2016/7/28 16:23:29	1小时59分钟
11	1-2小时	2016/7/28 17:12:18	2016/7/28 19:11:21	1小时59分钟
12	1-2小时	2016/7/28 20:01:29	2016/7/28 21:51:27	1小时49分钟
13	1-2小时	2016/7/28 21:58:12	2016/7/28 23:09:31	1小时11分钟
14	1-2小时	2016/7/29 0:40:11	2016/7/29 1:48:35	1小时8分钟
15	1-2小时	2016/7/29 3:29:24	2016/7/29 5:17:33	1小时48分钟
16	1-2小时	2016/7/29 6:12:56	2016/7/29 8:00:00	1小时47分钟
17	小于1小时	2016/7/27 8:00:00	2016/7/27 8:14:56	0小时14分钟
18	小于1小时	2016/7/27 8:19:28	2016/7/27 8:21:59	0小时2分钟
19	小于1小时	2016/7/27 11:45:05	2016/7/27 12:30:23	0小时45分钟
20	小于1小时	2016/7/27 13:03:06	2016/7/27 14:00:59	0小时57分钟

图 7-58　安全窗口表格表示

法、模拟退火算法等,但为便于用户选择,本书采用穷举法计算出所有的可能。算法时间复杂度高,当卫星数量很多时,显然不可行。但实际上防御航天侦察有其特殊性,需要防御的卫星实际上非常有限,不需像一般算法那样考虑问题规模极大的情况。

安全窗口规划算法的输入包括:①规划的开始和结束时刻;②进行规划的卫星(轨道根数);③待防御的卫星个数;④地面目标的经纬度;⑤需要的安全窗口时长。算法输出为:所有满足安全窗口时长要求的卫星组合及其安全窗口。

算法分为 3 个步骤:①根据起止时刻、卫星轨道根数和地面目标经纬度,计算每个卫星的侦察时间窗口;②根据防御卫星个数,求出所有的卫星组合;③对于每种卫星组合,计算安全窗口,如果有满足长度要求的安全窗口,则该组合为算法的可行解。

上述过程的第 1 步,应用 7.1 节算法即可;第 3 步的安全窗口计算方法,本节已经进行了讨论。因此,主要讨论第 2 步,即根据防御卫星个数,求出所有卫星组合。为每个卫星定义一编号,则问题转化为:给定整数 1、2、…、n,求出包括其中 m 以上个数的所有组合,其中 m 等于卫星个数 n 减去防御卫星个数。

采用如下方法:首先构造出所有要减去的整数组合(待防御卫星),然后从所有数中减去该组合,所得即为要计算的组合。待减整数组合采用从空集合扩展的思路。

构造待减整数组合的算法如算法 7-9 所示。

算法7-9　待减卫星组合生成算法

01　　void　GenerateGroupNums(int range,int desnum,QVector < IntVector > & cuts){

02　　构造一个空的 IntVector 类型队列 cutsin;

03　　向队列中加入一个空的 IntVector;

04　　while(cutsin 队列不空){

05　　　　取出队列第 1 项(unit)并将其输出到 cuts 中;

06　　　　if(unit 中元素个数等于 desnum)continue;

07　　　　取 unit 中最后元素值 j;

08　　　　for(int i = j + 1; i < range; i + +){

09　　　　　　将 i 添加到 unit 中,并将 unit 重新添加到队列 cutsin 尾部;}}}

设共 8 颗卫星,拟最多防御 2 颗卫星,问题为生成 1~8 之间所有 6、7、8 个数的组合。根据算法 7-9 的逻辑,首先构造一个空的整数数组加入到队列中,队列为{{}},然后执行算法第 04~09 行之间的循环。首先将空的数组取出,并输出,空数组对应所有卫星都选中的组合;然后执行第 07~09 行的逻辑,生成包含 1 个数值的 8 个数组,并加入队列,队列为{1},{2},{3},{4},{5},{6},{7},{8};再次执行第 04~09 行循环,取出队列头部的元素{1}并将其输出,由于{1}中元素个数小于防御卫星个数 2,因此可继续执行第 07~09 行逻辑,生成包括 2 个元素的 7 个数组并加入到队列,即{1,2},{1,3},{1,4},{1,5},{1,6},{1,7},{1,8};随后的几次循环分别处理{2},{3},{4},{5},{6},{7},{8},也是将其输出并生成新的数组;当队列头元素为{1,2}等具有 2 个值的数组时,第 07~09 行的逻辑不被执行。算法中的第 07 行取得数组中最大值,并以该值控制第 08~09 行的循环,避免了{2,1}之类重复组合数的产生。

针对算法 7-9 得到的待减组合,用{1,2,3,4,5,6,7,8}全集减去该组合,得到计算安全窗口所需的组合。然后,对于每个组合,取得对应卫星的覆盖窗口,并计算安全窗口,如果安全窗口满足时长要求,即可作为备选方案。

图 7-59 为安全窗口规划结果。左侧为卫星组合:如果卫星对应格中有"√"标记,表示组合中包括该卫星;右侧为安全窗口,以半透明的填充图案表示安全窗口的范围,时间轴为等距时间轴。图 7-59 表示安全窗口规划的结果有 2 种组合,分别是防御 JPN-2 和 USA-2 卫星的情况下,能够得到足够时长的安全窗口,其他组合均不满足要求。

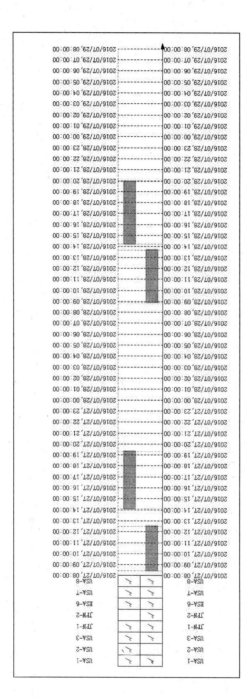

图7-59　安全窗口规划结果

参 考 文 献

[1] 李冬,易东云,罗强,等.基于J2项摄动的星地链路时间窗口快速算法[J].航天控制,2010,28(1):27-31.

[2] 沈欣,李德仁,姚璜.一种面向成像任务规划的光学遥感卫星成像窗口快速预报方法[J].武汉大学学报(信息科学版),2012,37(12):1468-1471.

[3] 宋志明,戴光明,王茂才,等.卫星对地面目标时间窗口快速预报算法[J].现代防御技术,2015,43(1):87-93.

[4] GILMORE J S. W OLHUTER R. Predicting Low Earth Orbit Satellite Communications Quality and Visibility Over Time[c]//Southern African Telecommunication Networks and Applications Conference (SATNAC),ser. Access Networks,2009.

[5] 王慧林,邱涤珊,黄小军,等.面向区域覆盖的电子侦察卫星规划方法研究[J].兵工学报,2011,32(11):1365-1372.

[6] 曾德林.快速响应小卫星星座设计及覆盖性能仿真分析[J].计算机仿真,2014,31(6):73-77.

[7] 刘文,张育林.区域覆盖低轨卫星移动通信系统星座优化设计[J].上海航天,2007(4):43-47.

[8] 张润.基于重访周期的对地侦察小卫星星座设计[D].西安:西安电子科技大学,2011:23-32.

[9] 马吉康.通信卫星组网仿真系统的设计与实现[D].北京:北京邮电大学,2008:18-23.

[10] 沈欣.光学遥感卫星轨道设计若干关键技术研究[D].武汉:武汉大学,2012:67-68.

[11] 秦睿杰,戴光明,王茂才,等.一种计算星座区域覆盖率的高效抽样网格点法[J].计算机应用研究,2015,32(4):65-68.

[12] 白萌,李大林,陈梦云.卫星对地覆盖区域的融合算法研究[C]//中国空间科学学会.第二十三届全国空间探测学术交流会论文集.厦门:中国空间科学学会,2010:341-346.

[13] 汪荣峰,廖学军.格网划分的双策略跟踪多边形裁剪算法[J].图学学报,2012,33(6):45-49.

[14] 施一民,朱紫阳.利用测地坐标计算椭球面上凸多边形面积的算法研究[J].同济大学学报:自然科学版,2006,36(4):504-507.

[15] 张楚宾.球面三角学[M].北京:人民教育出版社,1978.